普通高等教育“十二五”规划教材

# 电工电子实验技术

代　伟　主编

肖顺文　谢春茂
周文辉　罗　鹏　副主编

科学出版社

北　京

## 内 容 简 介

本书是根据教育部颁发的《高等理工科学校电工、电子实验课程教学基本要求》，结合作者多年电工、电子实验教学实践经验编写而成的，具有“内容新、体系新”的特点。本书在介绍电工、电子实验技术的实验理论和实验方法的同时，突出工程应用，注重新器件、新技术的介绍和应用。全书共分为八章。第一至第五章为电工、电子基本实验技能介绍，其主要由基本仪器一般使用、电子元器件、焊接工艺及整机组装实验技术构成；第六章为电工实验技术，其主要由电工基础实验技术、电力拖动实验技术两大部分构成；第七章为模拟电子实验技术；第八章为数字电子实验技术。本书所选实验实训项目均具有代表性、突出实用性，所选实验设备具有通用性，实验内容可根据各院校不同专业教学需要进行选择。

本书可作为师范院校物理学专业和电子相关专业“电工学”、“电路分析”、“模拟电子技术”、“数字电子技术”等课程的实验用书，也可供从事相关工作的技术人员参考使用。

**图书在版编目(CIP)数据**

电工电子实验技术/代伟主编. —北京：科学出版社，2012
普通高等教育“十二五”规划教材

ISBN 978-7-03-034410-6

Ⅰ.①电… Ⅱ.①代… Ⅲ.①电工试验-普通高等教育-教材②电子技术-实验-高等职业教育-教材 Ⅳ.①TM-33②TN-33

中国版本图书馆 CIP 数据核字（2012）第 105116 号

责任编辑：艾冬冬 宋 芳/责任校对：马英菊
责任印制：吕春珉/封面设计：耕者设计工作室

科学出版社出版
北京东黄城根北街 16 号
邮政编码：100717
http://www.sciencep.com

北京鑫丰华彩印有限公司印刷
科学出版社发行 各地新华书店经销

*

2012 年 7 月第 一 版 开本：787×1092 1/16
2020 年 1 月第五次印刷 印张：20 3/4 字数：490 000

**定价：50.00 元**

（如有印装质量问题，我社负责调换〈鑫丰华〉）
销售部电话 010-62136230 编辑部电话 010-62135712-8603（VT）

# 前言

“电工、电子实验技术”是一门重要的基础实验课程，是师范类大学物理学专业和电子相关专业以及普通高等院校理工科相应专业的必修基础课，其目的是通过电工、电子基础实验技术的训练，训练学生科学实验方法和实验技能，培养学生的实践能力和创新精神。近半个世纪以来，随着现代科学技术不断发展，各学科相互交叉渗透，带动了电工、电子实验内容和实验方法不断更新，进而提高了实验技术和实验水平。近几年来，不少高校加大了实验教学改革和实验室建设的力度，增加了许多智能化、数字化的新设备和新仪器。而教材作为教学内容的载体，是教学水平、教学质量的基本保证，也是课程体系和教学内容改革成果的核心体现。教学内容应反映当代教育思想和高科技成果，实验教学方法和内容应改变过去的单一验证性模式，高校培养的学生应“基础扎实、视野开阔、动手能力强、富有创新精神”。“电工、电子实验技术”课程的任务是通过实验培养学生发现、分析和解决电工、电子相关问题的能力，让学生系统地掌握电工、电子实验的基本知识、基本方法和基本技能。因此，从 21 世纪科技发展和对人才科学素质要求的角度考虑，电工、电子实验教学及其改革势在必行。

本书根据电工、电子基础教学要求，从培养 21 世纪创新人才的目标出发，重视传授知识与能力、提高素质、增强创新意识等并重，加强实验技能训练，经过作者反复的实验教学实践，在修改原有的“电路分析”、“电工学”、“模拟电路实验”、“数字电路实验”、“PLC 实验”和“电子工艺”实验讲义的基础上编写而成。为了使学生能系统地掌握电工、电子实验的基本知识和基本方法，本书将电工、电子实验基础技术训练放在前面集中介绍，然后再对“电工实验技术”、“模拟电子实验技术”、“数字电子实验技术”作具体介绍。

本书在编写的过程中，首先注意到了在师范类物理学专业和电子相关专业独立设置“电工、电子实验技术”课程的必要性与教材体系的完整性。教材在传统的验证性实验、常规仪器使用训练的基础上，重新选择、组织和调整实验内容，增添综合性、设计性、具有延伸性的实验内容，目的是让学生通过“电工、电子实验技术”课程的学习，达到以下几个目标：

① 接受基本实验理论和操作技能的训练，熟练掌握电工、电子基础实验技术，能合理选择与正确使用基本仪器，能正确运用电路分析方法并掌握基本的实验数据的测量方法，能对实验结果作出正确的分析和判断。

② 用实验的方法去观察、研究电工、电子基础电路的实验现象、规律，应用所学的理论知识指导实验，从理论和实验的结合上加深、扩展对电工、电子基本概念和基本定律的认识，加强理论联系实际和提高电路设计的能力。

③ 充分理解每个电工、电子实验的构思、分析和解决问题的方法、仪器选用、实验步骤、测量技术、以及实验数据的处理和分析判断等思想。本书主要内容包括“电

工、电子基本技能实验技术”、“电工实验技术”、“模拟电子实验技术”、“数字电子实验技术”四大部分。

其次，本书编写严格遵循实验能力培养的规律性。本书对电工、电子实验技术的基本知识、基本仪器和基本方法等部分力求介绍的详细，并按不同层次由易到难，逐步加强对知识的灵活应用，能力的综合训练。

再次，注重实验教学的各个环节，每个实验都编写了实验预习要求和思考题，促使学生实验前认真准备积极思考，加深理解实验目的、原理等内容。

最后，注重了计算机在电工、电子实验教学中的应用，对电路进行计算机仿真作了简要介绍。

参加本书编写工作的有代伟（第一章，第六章）、肖顺文（第三章，第四章，第五章）、谢春茂（第二章）、周文辉（第七章）、罗鹏（第八章）。全书由代伟负责策划和统稿。

由于电子电工技术的飞速发展及编者学识和水平有限，书中难免有缺点和错误，恳请使用本书的师生和广大读者批评指正。

编　者

2011 年 10 月

# 目　录

# 绪　　论

## 电工、电子实验技术须知

电工、电子技术实验是应用电工、电子技术的基本理论进行基本实验技能训练的主要环节。除了介绍必要的实验理论和实验方法外，主要是通过学生自己的实践，学习基本的电量和非电量的电工测试技术，学习各种常用的电工仪器、仪表、电机、电器及电子仪器的使用方法，培养学生进行科学实验的基本技能，为专业学习和从事工程技术工作打下一定基础。为使实验正确、顺利地进行，保证设备、仪器仪表和人身的安全，在作电工、电子技术实验时，必须注意以下几方面的问题。

### 一、实验预习

每次实验前，学生应通过自学实验教材，掌握必要的实验理论和方法，明确本次实验的目的和任务，拟定实验线路、数据表格，选择仪器及仪表的类型和量程，计算出相关理论数据，以便和测量数据相比较，做到任务明确，心中有数。没有预习者不得参加实验。

### 二、实验操作

1）实验前应仔细查对实验仪器及设备，合理布置好各种仪表及设备，弄清实验桌上电源种类和电压大小。

2）在实验中必须严格遵守安全用电制度和操作规程。

在接线、改线、拆线前必须断开电源开关，严禁带电操作。接好线后应自己仔细检查，确认无误后才能接通电源开始实验。若本人无把握者可请教师协助检查。

3）实验时应根据规定的（或自拟的）实验步骤独立操作和测量，注意观察实验现象，并作必要的记录。遇有疑难问题或设备故障应举手请教师指导。要注意培养自己独立分析问题和解决问题的能力。

4）一项实验任务做完后应立即分析实验数据是否合理，若有异常应重新测量或请教师指导，获得正确结果后才能改接电路继续实验。

5）实验完毕后要整理好实验数据，请教师审查。然后断开电源，拆除线路，整理好仪器设备，请教师验收，才能离开实验室。

### 三、实验报告

实验报告是理论联系实际，培养分析问题能力的重要环节之一。学生应认真编写实验报告，用学过的理论知识对实验所得数据和观察到的现象进行实事求是的分析、计算和讨论。报告应书写整洁，各种曲线要用方格纸认真描绘。实验报告应包括以下几项内容：

1）实验目的。

2）实验线路。

3）实验仪器和设备。

4）实验内容。

5）实验数据表格及实验曲线。

6）数据分析及实验结论。

# 仪表选择及数据处理

## 一、电流表与电压表的使用

电流表应与被测电路串联，电压表应与被测电路并联。电压表一般通过两支红、黑表笔跨接在被测电路两端（注意：表笔不允许接在电流表上，以免引起短路事故）。

## 二、仪表的选择

1）根据被测电路所用电源、测量对象和被测数值范围，选择仪表的种类及量程。

2）根据测量要求的精度选择仪表的准确度等级。

仪表在正常工作条件下，由于本身的原因造成的测量误差称为基本误差。仪表的准确度为最大基本绝对误差 $\Delta A_m$ 与量程 $A_m$ 之比的百分数，即

$$\gamma = \frac{\pm \Delta A_m}{A_m} \times 100\%$$

仪表的准确度通常分为 0.1、0.2、0.5、1.0、1.5、2.5、4.0 七个等级。

同样等级的仪表相对额定误差一定，被测量越小而选用的量程越大，则可能产生的相对误差越大。例如准确度为 1.0 级的电压表，选量程为 50V，用来测量 10V 和 40V 的电压，可能产生的相对误差分别为

$$\gamma_{10} = \frac{\pm 1.0\% \times 50}{10} \times 100\% = \pm 5\%$$

$$\gamma_{40} = \frac{\pm 1.0\% \times 50}{40} \times 100\% = \pm 1.25\%$$

这里 $\Delta A_m = \pm 1.0\% \times 50\text{V} = \pm 0.5\text{V}$ 是仪表的最大基本绝对误差，它不受被测电压大小的影响，只取决于准确度等级和量程。又如选用准确度 1.0 级的电流表测量 0.4A 电流，若用 1.0A 和 0.5A 两个不同量程测量，则可能产生的相对误差分别为

$$\gamma_{1.0} = \frac{\pm 1.0\% \times 1.0}{0.4} \times 100\% = \pm 2.5\%$$

$$\gamma_{0.5} = \frac{\pm 1.0\% \times 0.5}{0.4} \times 100\% = \pm 1.25\%$$

要获得准确的测量结果，不仅要选用准确度高于测量要求精度的仪表，还应选择适当的量程。如测量要求误差小于±5%，考虑到仪表的其他附加误差，那么应选用 1.0 级的仪表，且量程应小于被测量的两倍，或被测量应大于量程的一半。通常选用仪表量

程时，应使指针能偏转到满刻度的三分之一以上。

3）根据被测电路输入阻抗的大小，选择适当的仪表灵敏度。

仪表的灵敏度通常与仪表的内阻有关，电流表的内阻越小，其灵敏度越高；电压表的内阻越大，其灵敏度越高。仪表的灵敏度越高，对被测电路影响越小，测量越准确。但对仪表灵敏度提出过高的要求将增加制造成本。

## 三、实验数据处理及误差分析

关于实验数据处理和误差分析计算的基本知识在物理实验课中已作过详细介绍。这里根据电工学实验的一些具体情况，介绍一些常用的具体处理方法。

### 1. 有效数字的选取

一般直读式指示仪表的读数应根据仪表最小刻度再估计 1 位来选取。如量程为 1A 的电流表，满刻度 100 格，估计值最小为 0.1 格，即为 0.001A。这样有效数字为 3 位，其中第 3 位是估计值。对于数字式仪表则可根据其显示的有效位数读取，但最后 1 位也是估计值，是不准确的。在分析计算中，可根据要求的精确度来选取，一般选取 3 位有效数字即可。第 4 位以后的尾数是无实际意义的，也是不准确的。

### 2. 误差计算及原因分析

实验误差包括系统误差和随机误差，在许多工程应用场合，常采用以下方法进行误差计算及分析：

1）规定某些理论值或计算值为真值，求实测值的误差，分析实测值产生误差的原因。

2）以精度较高的仪表测量结果为真值，分析其他仪表测量结果的误差和产生的原因。

3）以实测值为真值，分析理论值的误差和产生原因，用以验证工程设计的正确性。

在确定真值的时候，应尽可能消除系统误差，也可用多次测量消除偶然误差。

### 3. 实验曲线的绘制

绘制实验曲线首先应正确规定比例尺，坐标应由原点开始。曲线不应点点通过，而应根据变化趋势画出带规律性的曲线。一般可徒手或用曲线板画出平均曲线，要求严格时可采用回归法进行曲线拟合。

# 第一章　常用电子电工仪器仪表的使用

本章主要介绍电子电工测量仪器仪表的基本知识，以及万用表、电压表、电流表、毫伏表、信号源等常用电子电工测量仪器仪表的工作原理、使用方法及注意事项。正确使用这些常用电子电工测量仪器仪表是完成电路实验的基础，是电子电工测量的基础，也是工程测量的基础。

## 第一节　万　用　表

万用表是测量电阻、电压、电流等参数的仪表，具有携带方便、使用灵活、检测项目多、检测精度高、造价低廉等优点。它是电子电工测量中使用最广泛、最频繁的普及型测试仪器。万用表按指示方式可分为数字式和模拟式两大类：数字万用表是以数字方式直接显示测量结果的，模拟万用表是以指针的形式显示测量结果的。本节以 UT33、DT92、MF500、MF47 型四种万用表来介绍数字万用表、模拟万用表的性能和使用方法。

### 一、数字万用表

数字万用表是一种多功能的数字显示仪表。它可以用来测量直流和交流电压、电阻器和电容器、二极管和三极管的一些参数等，其测量结果直接由数字表示。数字万用表的显示用 $3\frac{1}{2}$位、$4\frac{1}{2}$位等表示，其中$\frac{1}{2}$位指的是首位只能显示“0”或“1”两数码，而其余各位都能显示 0～9 的十进制数码。下面以目前常用的 UT33 和 DT92 型数字万用表为例，介绍数字万用表的使用方法。

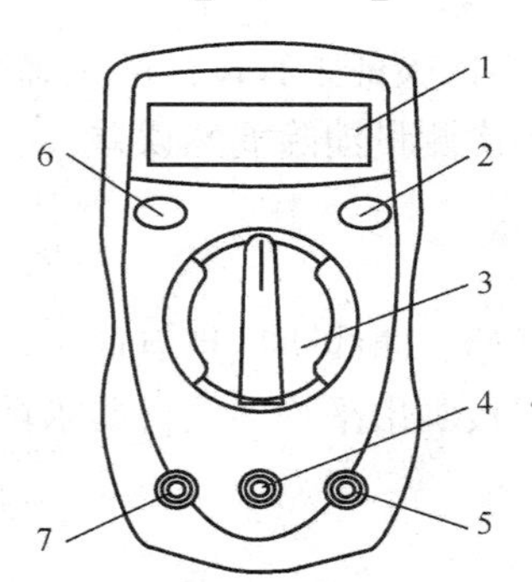

图 1-1-1　UT33 型数字万用表的外表结构

1—LCD 显示屏；2—背光选择按键；3—量程开关；4—其余测量输入端（VΩmA）；5—公共输入端（COM）；6—数据保持选择按键；7—10A 电流输入端

1. UT33 型数字万用表的使用

UT33 型万用表是一种功能齐全、性能稳定、结构新颖、安全可靠的小型手持式 $3\frac{1}{2}$数字万用表，可用于测量交直流电压、直流电流、电阻、温度、二极管正向压降及电路通断等，其种类分为 B 型、C 型和 D 型，除了有上述基本的功能外，还有其他特殊用途和功能。

UT33 型万用表的外表结构如图 1-1-1 所示。

其中两个按键的功能如下。

1）数据保持显示：按下黄色 HOLD 键，仪表 LCD

显示屏上保持显示当前测量值，再次按下该键则退出数据保持显示功能。

2）背光控制：按下蓝色按键即点亮 LCD 的背光灯，再次按下该键则关闭背光灯，否则背光灯会长期点亮。

测量前首先要注意检查 9V 电池，将量程开关置于所需测量的位置，如果电池不足，LCD 显示屏上会出现 [电池符号] 符号。注意测试笔插口之旁的感叹号符号，这是警告要留意测试电压和电流不要超出指示数值。

下面分别介绍 UT33 型数字万用表的几种测量操作。

（1）直流电压测量

直流电压测量如图 1-1-2 所示。

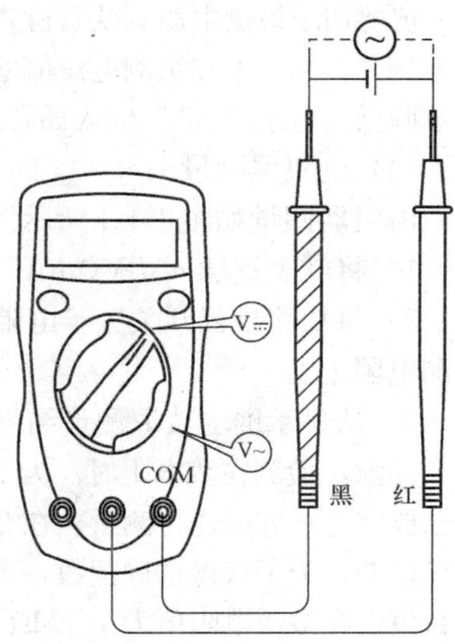

图 1-1-2　直流电压测量

1）将红表笔插入“VΩmA”插孔，黑表笔插入“COM”插孔。

2）将功能量程开关置于直流电压挡位，并将表笔并联到待测电源或负载上。

3）从显示屏上读取测量结果。

注意：不要测量高于 500V 的电压，虽然有可能读得读数，但是会损坏内部电路及伤害到自己。在测量之前如不知被测量电压值的范围时，应将量程开关置于高量程挡，根据读数需要逐步调低测量量程挡。当 LCD 显示屏只在高位显示“1”时，说明已超量程，需调高量程。在每一个量程挡，仪表的输入阻抗均为 10MΩ，这种负载效应在测量高阻电路时会引起测量误差，如果被测电路阻抗≤10kΩ，误差可以忽略（0.1%或更低）。

（2）交流电压测量

交流电压测量的方法基本上与直流电压相同，只是要注意将功能量程开关置于交流电压挡。

（3）直流电流测量

直流电流测量如图 1-1-3 所示。

1）将红表笔插入 VΩmA 或 10A 插孔，黑表笔插入 COM 插孔。

2）将功能量程开关置于直流电流挡位，并将表笔串联到待测电源或电路中。

3）从显示屏上读取测量结果。

注意：UT33B/C/D 型万用表虽已设置了过压保护，但当输入端子与地之间的电压超过安全电压 60V 时，切勿尝试进行直流电流的测量，以避免仪表或被测设备的损坏及伤害到自己，因为这类电压会有电击的危险。在测量

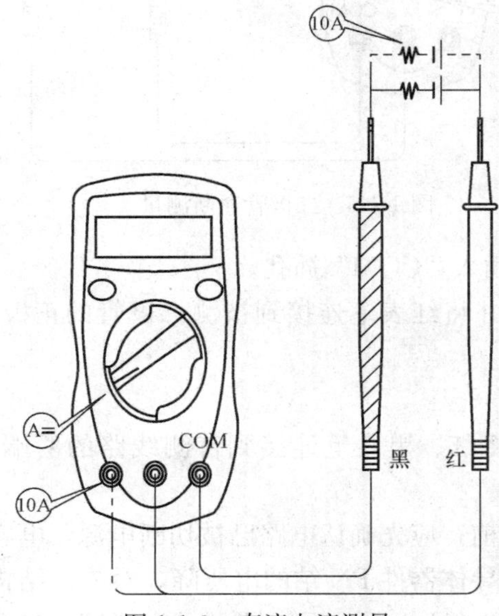

图 1-1-3　直流电流测量

前一定要切断被测电源，认真检查输入端子及量程开关位置是否正确，确认无误后，才可通电测量。如果不知被测电流值的范围时，应将量程开关置于高量程挡，根据读数需要，逐步调低。对于“mA”输入插孔，输入过载会将内装熔丝熔断，需予以更换。

（4）电阻器测量

由阻器测量如图 1-1-4 所示。

1）将红表笔插入“VΩmA”插孔，黑表笔插入“COM”插孔。

2）将功能量程开关置于电阻测量挡位（即欧姆挡，又称电阻挡），并将表笔并联到待测电阻上。

3）从显示屏上读取测量结果。

注意：检测在线电阻时，为了避免仪表受损，必须确认被测电路已关掉电源，同时电容已放完电，方能进行测量。在 200Ω 挡测量时，测试表笔引线会带来 0.1～0.3Ω 的电阻测量误差，为了获得精确读数，可以将读数减去红、黑两支表笔短路的读数值，作为最终读数值。在被测电阻值大于 1MΩ 时，仪表需要数秒后方能稳定读数，属于正常现象。

（5）二极管通断测量

二极管通断测量如图 1-1-5 所示。

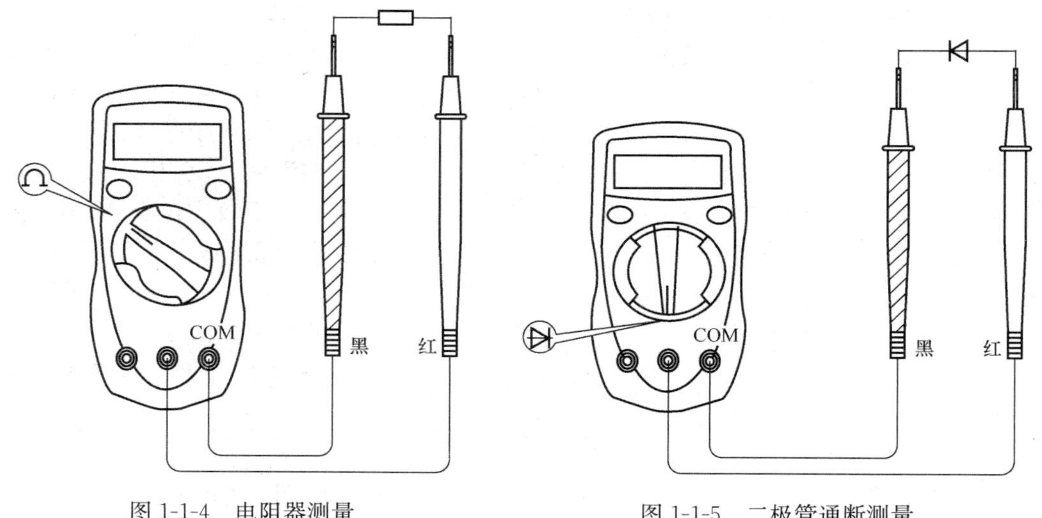


图 1-1-4　电阻器测量　　　图 1-1-5　二极管通断测量

1）将红表笔插入“VΩmA”插孔，黑表笔插入“COM”插孔。

2）将功能量程开关置于二极管测量挡位，并将红表笔连接到被测二极管的正极，黑表笔连接到被测二极管的负极。

3）从显示器上读取测量结果。

4）UT33C/D 型万用表有通断测试功能。将红、黑表笔连接到待测线路的两端，如果两端之间电阻值低于 70Ω，内置蜂鸣器发声。

注意：为了避免仪表损坏，在线测试二极管前，应先确认电路已被切断电源，电容已放完电。用二极管挡可以测量二极管及其他半导体器件 PN 结的电压降，对一个结构正常的硅半导体，正向压降的读数应该在 0.5～0.8V 之间，反向即显示为“1”，为开路状态，此时黑表笔对应的为“＋”极，红表笔对应的为“－”极。

（6）方波试验信号输出

UT33D型万用表可以输出方波信号，方法是将功能量程开关置于方波挡，则仪表“VΩmA”和“COM”端之间输出方波信号。

注意：方波试验信号的谐波较为丰富，可作为简易信号源修理音响设备等。频率约为50Hz，在接1MΩ负载情况下输出幅度大于3V。为了避免仪表损坏，严禁输出端（红表笔）接触高于10V以上的电压。

2. DT92型数字万用表的使用

DT92型数字万用表也是常用的数字式万用表，DT92型万用表面板如图1-1-6所示。它的基本功能和用法以及注意事项与UT33型数字万用表类似，下面只介绍与UT33型万用表不同的功能。

（1）对电容器的测量

将功能量程开关置于所需的CAP量程范围，接上电容器以前，显示可以缓慢地自动校零，把被测电容器直接插进电容器输入插孔（不用测试棒），对有极性的电容器要注意极性的连接。

（2）三极管$h_{FE}$参数的测试

将功能开关置于$h_{FE}$挡，首先确定三极管是PNP型还是NPN型，然后将被测管的E、B、C三脚分别插入面板中对应的三极管插孔内，此时显示屏显示的是$h_{FE}$的近似值，测试条件为基极电流约10μA，$U_{ce}$约为2.8V。

图1-1-6　DT92型万用表面板

## 二、指针万用表

1. MF500型指针万用表

指针万用表是一种磁电式仪表，它是电工与电子测量中最常用的仪表。在指针万用表中，MF500型万用表又以其高灵敏度成为首选。

MF500型万用表可以测量直流电压、直流电流、中频交流电压、音频电平和电阻。由于测量所消耗的电流极小，因此在测量高内阻的电路参数时，对电路造成的影响很小，是从事电子测量工作常备的仪表。

MF500的测量范围如下。

1）直流电流：0～500mA，共分六挡。

2）直流电压：0～500V，共分六挡，2500V挡专用。

3）交流电压：0～500V，共分六挡，2500V挡专用。

4）电阻：0～20MΩ，共分六挡。

5）音频电平：－10～＋50dB。

MF500型万用表的准确度等级如下：

1）直流电流电压：2.5（以标尺工作部分上量限的百分数表示）。

2）交流电压：5.0（以标尺工作部分上量限的百分数表示）。

3）电阻：2.5（以标尺工作部分长度的百分数表示）。

MF500 型指针万用表的外形如图 1-1-7 所示。使用之前必须调整调零器“S3”使指针准确地指示在标度尺的零位上。MF500 型万用表可以进行以下几种测量。

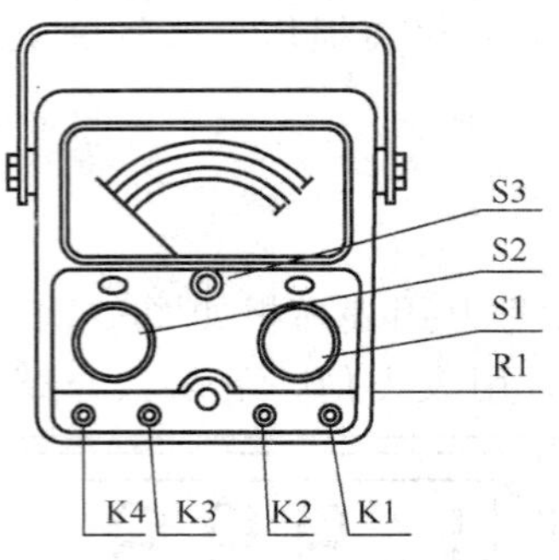


图 1-1-7　MF500 型万用表

（1）直流电压测量

将测试杆短杆分别插在 K1 和 K2 内，转换开关旋钮 S1 旋至“～V”位置上，转换开关旋钮 S2 旋至待测量直流电压的相应量程位置上，再将测试杆长杆跨接在被测电路两端，当不能估测被测直流电压数值时，将开关旋钮旋在最大量程的位置上，然后根据指示值选择适当的量程位置，使指针得到最大的偏转。测量 2500V 电压时，将测试杆短杆插在 K1 和 K4 插口中。

（2）交流电压测量

将开关旋钮 S1 旋至“～V”位置上，开关旋钮 S2 旋至待测量交流电压值相应的量程位置上，测量方法与直流电压测量相同。50V 与 50V 以上各量程的指示值见“≃”刻度，10V 量限见“10V”专用刻度。

（3）直流电流测量

将开关旋钮 S2 旋至“A”位置上，开关旋钮 S1 旋到需要测量直流电流值相应的量程位置上，然后将测试杆串接在被测电路中，就可测量被测电路中的直流电值。指示值见“”刻度。

（4）电阻器测量

将开关旋钮 S2 旋到“Ω”位置上，开关旋钮 S1 旋到“Ω”量限内，先将两测试杆短路，使指针向满刻度偏转，然后调节电位器 R1 使指针在欧姆标度尺“0Ω”位置上（当调节电位器 R1 不能使指针指示到欧姆零位时，表示电池电压不足，应更换新电池）。再将测试杆分开即可测量未知电阻器的阻值。指示值见“Ω”刻度。

（5）音频电平测量

将测试杆插在 K1 和 K3 插口内，转换开关旋钮 S1 和 S2 分别放在“～V”和相应的交流电压量程位置上。音频电平刻度系根据 0dB＝（1mW，600Ω）输送标准而设计。标度尺指示值为－10～＋22dB，（～10V 量程）在～50V 或～250V 量程进行测量，指示值应按表 1-1-1 所示数值进行修正。

**表 1-1-1　修正值范围**

| 量程/V | 按电平刻度增加量 | 电平的范围/dB | 量程/V | 按电平刻度增加量 | 电平的范围/dB |
|---|---|---|---|---|---|
| ～50 | 14 | ＋4～＋36 | ～250 | 28 | ＋18～＋50 |

为了测量时获得良好效果，仪表在使用时，应遵守下列事项：

1）仪表在测试时，不能旋转开关旋钮。

2）当被测量不能确定数值时，应首先将量程转换开关旋到最大量程的位置上，然后根据指示值选择适当的量程，使指针得到最大的偏转。

3）测量电路中的电阻阻值时，应将被测电路的电源切断，如果电路中有电容器，应先将其放电后才能测量。切勿在电路带电情况下测量电阻。

4）仪表在携带时或每次用毕后，最好将开关旋钮 S2 旋在“·”位置上，使测量机构两端接成短路，S1 旋在“·”位置上，使仪表电路成开路状态。

5）为了确保安全，测量交直流 2500V 高压时，应将测试杆一端固定在电路地电位上，将测试杆的另一端去接触被测高压电源，测试过程中应严格执行高压操作规格，双手应戴高压绝缘橡胶手套，地面上应铺置高压绝缘橡胶板。

6）一旦因量程选择错误，保护电路工作并使仪表输入（+）端与内部电路断开，此时可打开仪表背面的电池盒盖，取出 9V 电池，更换熔丝管。

2. MF47 型指针万用表

MF47 型万用表是磁电系整流式多量限万用表，除了可以测量直流、交流电压电流和电阻等以外，还可以对晶体管直流参数进行测量；另外，如果配有厂家专用的高压探头也可以测量电视机内 25kV 以下高压。图 1-1-8 所示为 MF47 型万用表面板。

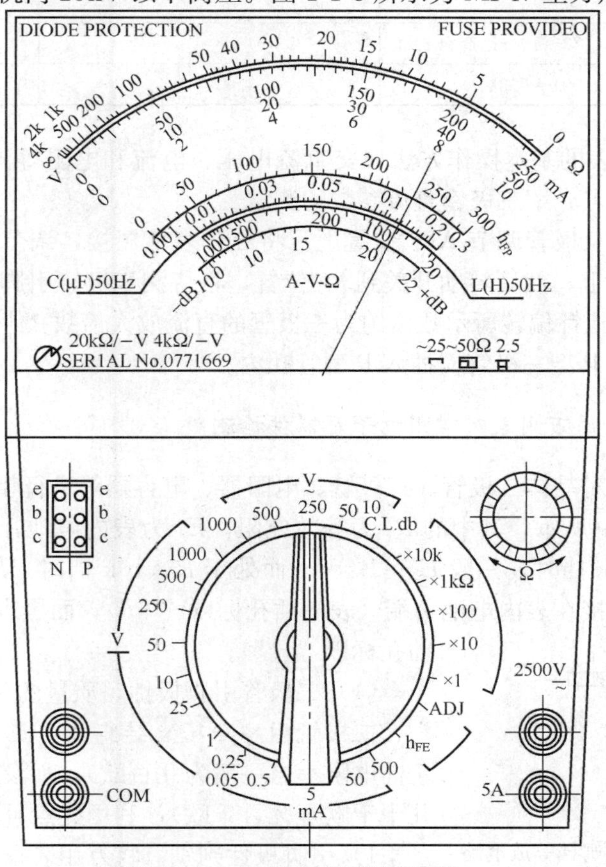


图 1-1-8　MF47 型万用表面板

MF47 型万用表的技术参数见表 1-1-2。

**表 1-1-2　MF47 型万用表的技术参数**

| 量限规范 | | 灵敏度及电压降 | 精度 | 误差表示方法 |
|---|---|---|---|---|
| 直流电流 | 0，0.05mA，0.5mA，5mA，50mA，500mA | 0.25V | 2.5 | 以上量限的百分数计算 |
| | 5A | | 5 | |
| 直流电压 | 0，0.25V，1V，2.5V，10～50V | 20kΩ/V | 2.5 | 以上量限的百分数计算 |
| | 250V，500V，1000V | | | |
| | 2500V | | | |
| 交流电压 | 0，10V，50V，250V，500V，1000V，2500V | 9kΩ 或 4kΩ | 5 | 以上量限的百分数计算 |
| 直流电阻 | $R\times1$，$R\times10$，$R\times100$ $R\times1\text{k}$，$R\times10\text{k}$ | R×1 中心刻度为 16.5Ω | 2.5 | 以上弧长的百分数计算 |
| | | | 10 | 以示值百分数计算 |
| 音频电平 | −10～+22dB | 0dB=(1mW，600Ω) | | |
| 三极管直流放大器 | 0～300$h_{FE}$ | | | |
| 电感 | 20～100H | | | |
| 电容 | 0.001～0.3μV | | | |

MF47 型万用表的基本操作方法如交直流电压、电流和电阻等测量与 MF500 型万用表类似。下面重点介绍三极管直流参数的测量。

先转动开关至三极管调节 ADJ 位置上，将红黑表笔短接，调节欧姆旋钮，使指针对在 300$h_{FE}$刻度线上，然后转动开关到 $h_{FE}$位置，将待测三极管引脚分别插入三极管测试座 ebc 管座内，指针偏转所示数值约为三极管的直流放大倍数 $\beta$ 值。注意 N 型三极管应插 N 型管孔内，P 型三极管应插入 P 型管孔内。

### 3. 实训项目：用万用表对常用电子元器件检测

用万用表可以对晶体二极管、三极管、电阻器、电容器等进行粗测。万用表欧姆挡等放电路如图 1-1-9 所示，其中的 $R_0$ 为等效电阻，$E_0$ 为表内电池，当万用表处于 $R\times1$、$R\times100$、$R\times1\text{k}$ 挡时，一般 $E_0=1.5\text{V}$；而处于 $R\times10\text{k}$ 挡时，$E_0=9\text{V}$。测试电阻时要记住，红表笔接在表内电池负端（表笔插孔标以“+”），而黑表笔接在正端（表笔插孔标以“−”）。

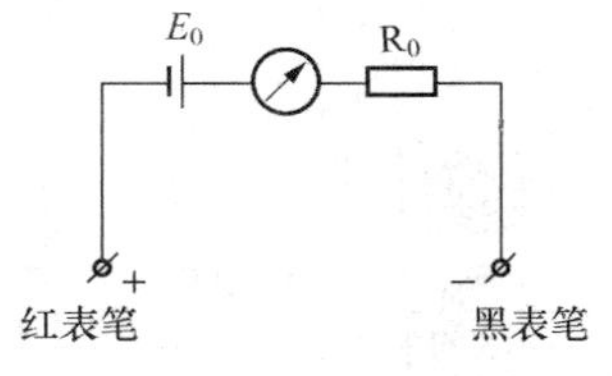

图 1-1-9　万用表欧姆挡等放电路

(1) 二极管引脚极性、质量的判别

二极管由一个 PN 结组成，具有单向导电性，其正向电阻小（一般为几百欧），而反向电阻大（一般为几十千欧至几百千欧），利用此点可进行判别。

1) 引脚极性判别。将万用表拨到 $R\times100$（或 $R\times$

1k）的欧姆挡，把二极管的两个引脚分别接到万用表的两支表笔上，如图 1-1-10 所示。如果测出的电阻较小（约几百欧），则与万用表黑表笔相接的一端是正极，另一端就是负极。相反，如果测出的电阻较大（约百千欧），则与万用表黑表笔相接的一端是负极，另一端就是正极。

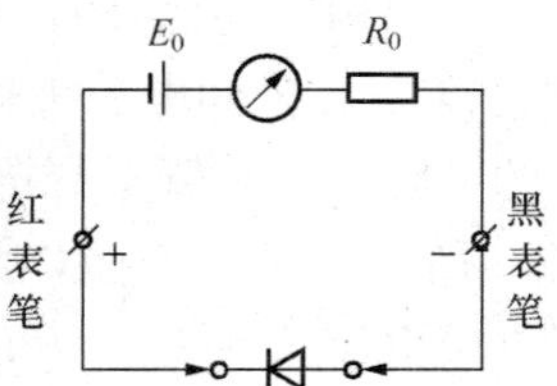

图 1-1-10　判断二极管极性

2）判别二极管质量的好坏。一个二极管的正、反向电阻差别越大，其性能就越好。如果双向电阻值都较小，说明二极管质量差，不能使用；如果双向电阻值都为无穷大，说明该二极管已经断路，如果双向电阻值均为零，说明二极管已被击穿。

利用数字万用表的二极管挡也可判别正、负极，此时红表笔（插在“V · Ω”插孔）带正电，黑表笔（插在“COM”插孔）带负电。用两支表笔分别接触二极管两个电极，若显示值在 1V 以下，说明二极管处于正向导通状态，红表笔接的是正极，黑表笔接的是负极；若显示溢出符号“1”，说明二极管处于反向截止状态，黑表笔接的是正极，红表笔接的是负极。

（2）三极管引脚、质量判别

可以把三极管的结构看作是两个背靠背的 PN 结，对 NPN 型管来说基极是两个 PN 结的公共阳极，对 PNP 型管来说基极是两个 PN 结的公共阴极，如图 1-1-11 所示。

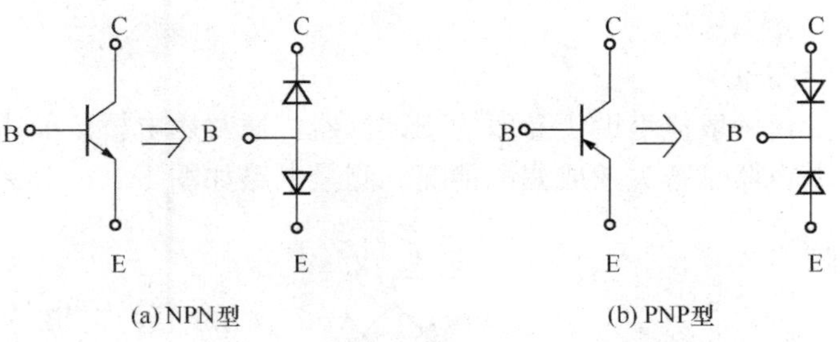

图 1-1-11　三极管结构示意图

1）管型与基极的判别。万用表置于电阻挡，量程选 $R\times1\text{k}$ 挡（或 $R\times100$ 挡），将万用表任一表笔先接触某一个电极——假定为公共极，另一表笔分别接触其他两个电极，若两次测得的电阻均很小（或均很大），则前者所接电极就是基极；若两次测得的阻值一大、一小，相差很多，则前者假定的基极有错，应更换其他电极重测。

根据上述方法，可以找出公共极，该公共极就是基极 B，若公共极是阳极，该管属 NPN 型管，反之则是 PNP 型管。

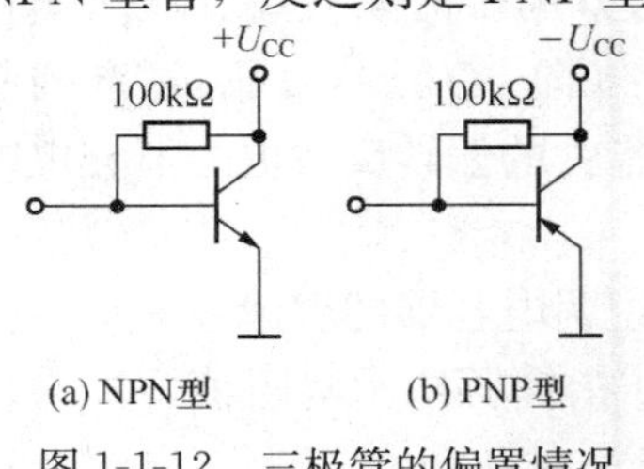

图 1-1-12　三极管的偏置情况

2）发射极与集电极的判别。为使三极管具有电流放大作用，发射结需加正偏置电压，集电结加反偏置电压，如图 1-1-12 所示。

当三极管基极 B 确定后，便可判别集电极 C 和发射极 E，同时还可以大致了解穿透电流 $I_{CEO}$ 和电流放大系数 $\beta$ 的大小。

以 PNP 型管为例，若用红表笔（对应表内电池的负极）接 C 极，黑表笔接 E 极，(相当 C、E 极间电源极性正接)，如图 1-1-13 所示，这时万用表指针摆动很小，它所指示的电阻值反映管子穿透电流 $I_{CEO}$ 的大小（电阻值大，表示 $I_{CEO}$ 小）。如果在 C、B 间跨接一 $R_B=100k\Omega$ 电阻，此时万用表指针将有较大摆动，它指示的电阻值较小，反映了集电极电流 $I_C=I_{CEO}+\beta I_B$ 的大小，且电阻值减小越多表示 $\beta$ 越大。如果 C、E 极接反(相当于 C、E 极间电源极性反接)，则三极管处于反置工作状态，此时电流放大系数很小（一般小于 1），于是万用表指针摆动很小。因此，比较 C-E 极两种不同电源极性接法，便可判断 C 极和 E 极了。同时还可大致了解穿透电流 $I_{CEO}$ 和电流放大系数 $\beta$ 的大小，如万用表上有 $h_{FE}$ 插孔，可利用 $h_{FE}$ 来测量电流放大系数 $\beta$。

(3) 检查整流桥堆的质量

整流桥堆是把四只硅整流二极管接成桥式电路，再用环氧树脂（或绝缘塑料）封装而成的半导体器件。桥堆有交流输入端（A、B）和直流输出端（C、D），如图 1-1-14 所示。采用判定二极管的方法可以检查桥堆的质量。从图中可看出，交流输入端 A-B 之间总会有一只二极管处于截止状态使 A-B 之间总电阻趋向于无穷大。直流输出端D-C 之间的正向压降则等于两只硅二极管的压降之和。因此，用数字万用表的二极管挡测 A-B 之间的正、反向电压时均显示溢出，而测 D-C 时显示大约 1V，即可证明桥堆内部无短路现象。如果有一只二极管已经击穿短路，那么测 A-B 之间的正、反向电压时，必定有一次显示 0.5V 左右。

(4) 电容器的测量

电容器的测量，一般应借助于专门的测试仪器，通常用电桥。而用万用表仅能粗略地检查一下电解电容器是否失效或漏电情况。测量电路如图 1-1-15 所示。

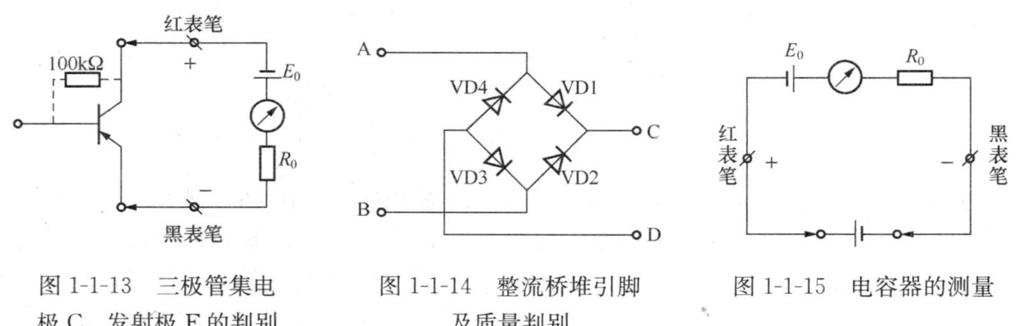


图 1-1-13　三极管集电极 C、发射极 E 的判别

图 1-1-14　整流桥堆引脚及质量判别

图 1-1-15　电容器的测量

测量前应先将电解电容器的两个引出线短接一下，使其上所充的电荷释放。然后将万用表置于 R×1k 挡，并将电解电容器的正、负极分别与万用表的黑表笔、红表笔接触。在正常情况下，可以看到表头指针先是产生较大偏转（向 0Ω 处），以后逐渐向起始零位（高阻值处）返回。这反映了电容器的充电过程，指针的偏转反映电容器充电电流的变化情况。

一般说来，若表头指针偏转越大，返回速度越慢，则说明电容器的容量越大；若指针返回到接近零位（高阻值），则说明电容器漏电阻很大，指针所指示电阻值，即为该电容器的漏电阻。对于合格的电解电容器而言，该阻值通常在 500kΩ 以上。电解电容器失效后（电解液干涸，容量大幅度下降），表头指针就偏转很小，甚至不偏转。已被击穿的电容器，其阻值接近于零。

对于容量较小的电容器（如云母电容器、瓷质电容器等），原则上也可以用上述方法进行检查，但由于它们的电容量较小，表头指针偏转幅度也很小，而返回速度又很快，因此难以对它们的电容量和性能进行鉴别，仅能检查它们是否短路或断路。若要测量小容量电容器的短路或断路应选用 R×10k 挡。

## 第二节　兆欧表的使用

绝缘材料在使用过程中常因受潮、发热、污染、老化等原因，使其绝缘电阻值降低，漏电流变大，甚至绝缘损坏，造成短路、漏电等故障。所以，检查电气设备绝缘材料的性能是保证这些设备安全运行的必要手段。兆欧表就是专门用来测定电机、电器设备以及线路绝缘电阻的便携式仪表。

兆欧表是利用磁电系比率计的原理制成的，其标度尺刻度为“MΩ”，它能比较正确地反映绝缘电阻在高压作用下的电阻值。兆欧表的外表如图 1-2-1 所示。

绝缘电阻是衡量电器设备绝缘性能的重要指标。绝缘电阻大小又与所加电压高低有关。根据电工技术规程，测量电器设备绝缘电阻时，要求测量电压不得低于该设备的正常工作电压。例如，测量高压设备的绝缘电阻，不能用额定电压 500V 以下的兆欧表，因为这时测量结果不能反映工作电压下的绝缘电阻。当然，也不能用额定电压太高的兆欧表来测量低压电器设备的绝缘电阻，以免损坏绝缘。此外，兆欧表的测量范围也应与被测绝缘电阻的范围相吻合。

图 1-2-1　兆欧表的外表

### 一、兆欧表的选择

测量绝缘电阻的仪表内部附加一个产生一定工作电压的电源。电源一般由手摇发电机或晶体管变频器构成，输出电压从 100V 到 5000V 不等。

主要根据所测量的电气设备的情况，选择兆欧表的最高电压和测量范围。现将不同额定电压的兆欧表的使用范围列于表 1-2-1。

**表 1-2-1　不同额定电压的兆欧表的使用范围**

| 测　量　对　象 | 被测量设备的绝缘电压/V | 兆欧表的额定电压/V |
|---|---|---|
| 线圈的绝缘电阻 | 500 以下 | 500 |
| | 500 以上 | 1000 |
| 发电机绕组的绝缘电阻 | 380 以下 | 1000 |
| 电力变压器、发电机、电动机绕组的绝缘电阻 | 500 以上 | 1000～2500 |

续表

| 测　量　对　象 | 被测量设备的绝缘电压/V | 兆欧表的额定电压/V |
|---|---|---|
| 电气设备绝缘 | 500 以下 | 500～1000 |
| | 500 以上 | 2500 |
| 绝缘子、母线、刀开关 | | 2500～5000 |

注意：有的兆欧表的起始刻度不是 0Ω，而是 1MΩ 或者是 2MΩ，这种兆欧表不合适测量潮湿环境下的低压电器设备的绝缘电阻。在潮湿环境中，低压电器设备的绝缘电阻很小，有可能小于 1MΩ，这时仪表上不能读出数据。

## 二、兆欧表的使用方法

1）被测设备在测试前，要先切断电源，并将设备充分放电，以确保人身和设备安全。被测设备的表面要处理干净，以获得正确的测量结果。

2）已被兆欧表测量过的电器设备，如果需要再次测试也要及时对地放电，以获得正确的测量结果。

3）有可能感应出高电压的设备，要采取措施，消除感应高电压后，才能测量。

4）兆欧表在使用前要进行一次开路和短路实验，检查兆欧表是否良好。即把兆欧表的 L 端、E 端短接，缓慢摇动手柄达到额定转速（120r/min）时，指针应指在标度尺的“∞”位。否则，兆欧表会有测量误差。

5）兆欧表与被测量设备之间的连接线，应当采用单股绝缘导线，不可采用双股绝缘导线。

6）摇动手柄要由慢到快，当指针已指零时，停止摇动手柄，以防兆欧表内线圈烧坏。测量时手摇发电机的转速应在 120r/min 左右，过快或过慢都将使指针左右颤动。

7）测量具有大电容设备的绝缘电阻时，读数后不能立即停止摇动手柄，否则已被充电的电容器将对兆欧表放电，有可能烧坏兆欧表。正确的方法是在读数后，一面减小摇速，一面拆掉兆欧表 L 端的接线。

8）在兆欧表停止转动和被测设备充分放电之后，才能用手触及被测设备的导电部分。

9）兆欧表接线柱有三个，即“线”（L）、“地”（E）、“屏”（G）。在进行一般测量时，只要把被测绝缘电阻接在“线”和“地”之间即可。

10）在测定电缆芯对缆壳绝缘电阻时，应将电缆壳与缆芯之间的绝缘物接“保护环”，以消除表面漏电而引起的误差。

# 第三节　钳形表的使用

在电工测量中，可以利用改变线圈匝数和接线的方法扩大交流电流表的量程，以达到测量交流电路中大电流的目的。但是，当测量容量较大的设备（如电动机、工频电炉以及电焊机等）时，由于设备的电压高、电流大，继续采用这种方法，将使仪表的损耗功率大为增加，且不安全。因此，电流值超过 20A 时应采用电流互感器来扩大量程，使测量仪表与高压电路隔开，以保证人身和设备安全。

## 一、钳形表的基本知识

钳形表（全称是钳形电流表）也称测流钳，它是交流电流表和变压器的组合，其铁芯如同一钳子，用弹簧压紧。使用时只要压动手柄，将被测电流的导线钳压在钳形表的 U 形口内，便可以从电流表头直接读出被测电流的数值。利用钳形表可以随时随地测量线路中的电流值，不必像普通电流互感器那样必须固定在一处，或者在测量时一定要断开电路而将一次绕组串进去。

普通的钳形表可以测量 1～1000A 的交流电流，其准确度为 2.5 级。随着新产品的研制开发，钳形表由指针式发展到数字式，由单一功能发展到多功能。它的测量范围基本上包括电路的全部常规电参数，如电流、电压、电阻、有功功率、频率、相位角、功率因数等，测量准确度也有很大程度的提高，得到人们的普遍关注。目前，人们常用的是指针式钳形表，指针式钳形表如图 1-3-1 所示。

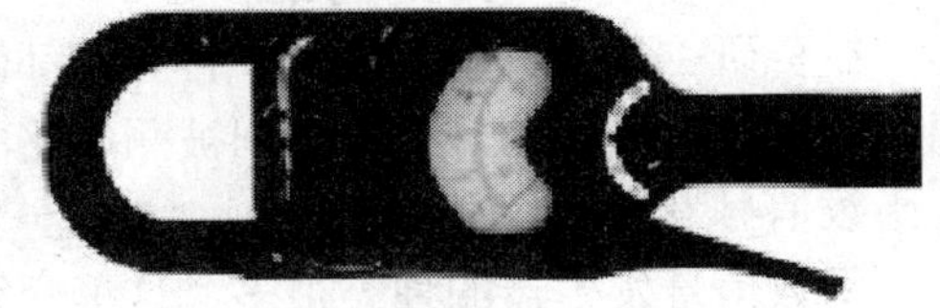

图 1-3-1　钳形表的外表

## 二、钳形表的使用方法

### 1. 钳形表的使用

根据所要测量对象的不同，选用不同的钳形表。

1）测量时，为了减小误差，被测导线应置于钳口内中心位置。

2）钳形表的钳口应保持良好接触，当被测导线置于钳口后，若发现有明显的噪声或表针振动现象，应将钳形表的手柄转动几次或重新开合几次；如果噪声依然存在，应检查钳口处有无污垢。

3）为消除铁芯中剩磁的影响，应将钳口开、合数次。

4）选择合适的量程。在无法估计被测量的大小时，应选择大量程测量，然后根据指示值，由大变小，转到合适的挡位。转换量程挡位时，应在不带电的情况下进行（先将钳形表远离被测导线，切换量程后再次测量）。

5）钳形表的最小量程是 5A。测量较小的电流时，为了读数准确，在条件允许的情况下，可将被测导线多绕几圈，再放入钳口进行测量。实际电流值等于读数除以放入钳口的导线的圈数。

6）钳形表应存放在干燥的室内，钳口、铁芯相接处应保持清洁和接触紧密，在携带和使用时，应避免受到震动。

7）测量后一定要把调节开关放在最大量程位置，以免下次使用时由于选量程而造成仪表损坏。

2. 钳形表的选择

钳形表的种类很多，在选择时主要考虑被测导线的形状、粗细、被测电流的大小以及所需测量的功能等。

## 三、实训项目

钳形实训项目包括：

1）使用钳形表测量三相电动机的空载电流。

2）用 500V 兆欧表测相—相、相—地之间的绝缘电阻。

# 第四节　YB1600 系列函数信号发生器的使用

在科研、教学、生产等各个行业，都需要用信号源来产生不同频率、不同波形、不同幅的电压或电流信号，提供到被测电路的输入端，这种提供测试用的电信号的装置称为函数信号发生器。

函数信号发生器的种类很多，这里介绍目前常用的 YB1600 系列函数信号发生器的使用方法。

## 一、YB1600 系列函数信号发生器功能介绍

YB1600 系列函数信号发生器可以输出正弦波、方波、三角波等波形；输出频率在 0.2Hz～2Hz 范围内连续可调，有电压输出、TTL 输出和功率输出等三种输出方式；还可作为一个 10MHz 的频率计使用；信号频率由 6 位 LED 显示器显示。

图 1-4-1 是函数信号发生器面板外观，面板上各序号代表的按键及作用如下。

1）频率范围选择按键（兼频率计数闸门开关）：按键式开关共分六个频段，按下其中对应按键，可得到相应的频率输出。

2）频率调节旋钮：调节此旋钮可以改变输出信号频率。顺时针旋转，频率增大；逆时针旋转，频率减小。

3）电源开关按钮：将电源线接入，按下电源开关按键，电源接通。将电源开关按键弹出，电源断开。

4）LED 显示屏：此屏指示输出信号的频率。当“外测”开关接入时，则显示外测信号的频率。

5）对称性按键：将对称性按键按下，对称性指示灯亮，调节对称性旋钮，可改变波形的对称性。

6）波形选择按键：按下对应波形的一个按键，可以获得需要的波形；三个按键都未按下时，无信号输出，此时输出为直流电平。

7）电压输出衰减按键：按下此键，输出信号获得衰减。衰减按键分两挡，分别为20dB和40dB，同时按下两个按键可以得到衰减率60dB的输出信号。

8）功率输出按键：按下此键，功率指示灯变绿色；如果该指示灯由绿色变为红色，则说明输出短路或过载。

9）功率输出插孔：此端为电路负载提供功率输出。负载应为纯电阻，若为感性负载，应当串入10W/50Ω左右的电阻器。

10）直流偏置按键：按下此键，直流偏置指示灯亮，此时调节直流偏置调节选钮，可以改变输出的直流电平。

11）幅度调节旋钮：顺时针调节此旋钮，可增大“电压输出”、“功率输出”的输出幅度；逆时针调节此旋钮，可减小“电压输出”、“功率输出”的输出幅度。

12）电压输出插孔：电压输出信号由此插孔输出。

13）TTL电平输出插孔：由此插孔输出TTL电平。

14）外测信号输入插孔：被测信号由此插孔输入。

15）外测按键：按下此键，LED显示窗显示外接被测信号的频率，外测信号由外测信号输入插孔输入。

16）单次脉冲按键：按下此键，单次脉冲指示灯，仪器处于单次脉冲输出状态；按一次此键，电压输出插孔输出一个单次脉冲波形。

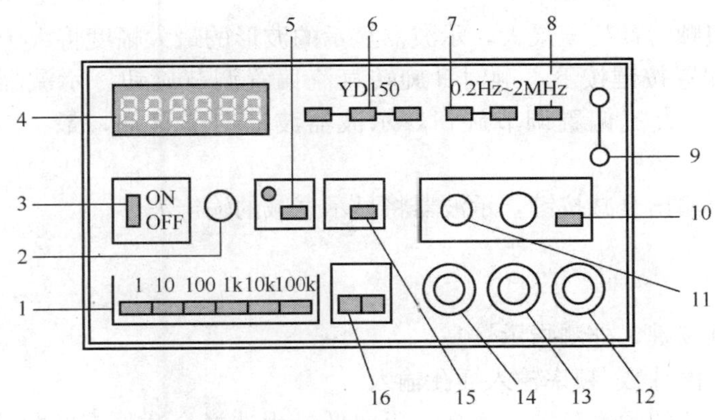


图 1-4-1 函数信号发生器面板图

1—频率范围选择按钮；2—频率调节旋钮；3—电源开关按钮；4—LED显示屏；5—对称性按键；6—波形选择按键；7—电压输出衰减按键；8—功率输出按键；9—功率输出插孔；10—直流偏置按键；11—幅度调节旋钮；12—电压输出插孔；13—TTL电平输出插孔；14—外测信号输入插孔；15—外测按键；16—单次脉冲按键

## 二、YB1600系列函数信号发生器的使用方法

打开电源开关之前，应首先检查输入的电压，将电源线插入后面板上的交流插孔，然后按表1-4-1要求设定各个控制键。

表 1-4-1　控制键的设定

| 控制键名称 | 设定位置 | 控制键名称 | 设定位置 |
| --- | --- | --- | --- |
| 电源（POWER） | 电源开关按钮弹出 | 衰减开关（ATTE） | 衰减开关弹出 |
| 波形开关（WAVE FORM） | 任意按入一键 | 外测频开关（COUNTER） | 外测频开关弹出 |
| 功率开关（POWER OUT） | 功率开关键弹出 | 直流偏置开关（OFFSET） | 直流偏置开关弹出 |

所有的控制键依表 1-4-1 设定后，打开电源，此时 LED 显示窗口显示本机输出信号频率，具体操作如下。

1. 连线

将电压输出信号由电压输出插孔通过连线送至示波器的 Y 输入插孔。

2. 确定输出信号波形

1）按下波形选择按键正弦波、方波、三角波中的任意一个，此时示波器荧光屏上将显示函数信号发生器的波形输出。

2）改变频率选择按键，示波器显示的波形频率及 LED 窗口的示数将随着变化。

3）幅度旋钮顺时针旋至最大，示波器显示的波形的最大幅度将大于等于 20V。

4）将直流偏置按键按下，顺时针旋转直流偏置调节旋钮，示波器上的波形向上移动；逆时针旋转直流偏置调节旋钮，示波器波形向下移动，最大变化量在±10V 以上。

5）按下电压输出衰减按键，示波器将显示衰减的输出波形。

3. 外测频率

1）按下外测按键，外测指示灯亮。

2）外测信号由计数/频率输入插孔输入。

3）选择适当的的频率范围，由高量程向低量程选择合适的有效数值，以确保测量精度。

4. TTL 输出

1）TTL 输出插孔接示波器 Y 轴输入端。

2）示波器将显示方波或脉冲波，该输出插孔可以用作数字电路实验时的信号源。

5. 功率输出

按下功率输出按键，上方左侧指示灯亮，功率输出插孔有信号输出；调节幅度电位器，输出幅度随之改变；当输出过载时，右侧指示灯亮。

# 第五节 示 波 器

## 一、概述

示波器是用于观察电信号波形的电子仪器。它能够借助阴极射线示波管 CRT 电子射线的偏转，快速地将人眼看不见的电信号转成可见图像。示波器通常用于观测被测信号的波形，或用于测量被测信号的电压、周期、频率、相位、调制系数等，有时也用于间接观测电路的有关参数及元器件的伏安特性，或者利用传感器测量各种非电量。

### 1. 示波器的基本结构

示波器的种类很多，但都包含下列基本组成部分，如图 1-5-1 所示。

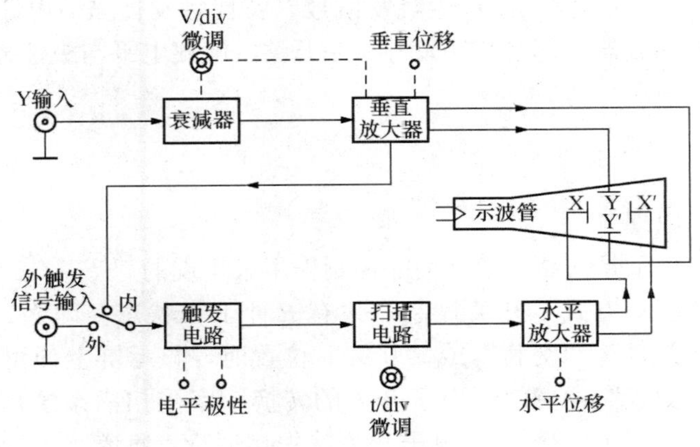


图 1-5-1 示波器的基本结构

（1）主机

主机包括示波管及其所需的各种直流供电电路，在面板上的控制旋钮有辉度、聚焦、水平移位、垂直移位等按钮。

（2）垂直通道

垂直通道主要用来控制电子束按被测信号的幅值大小在垂直方向上的偏移。它包括 Y 轴衰减器、Y 轴放大器和配用的高频探头。通常示波管的偏转灵敏度比较低，因此在一般情况下，被测信号往往需要通过 Y 轴放大器放大后加到垂直偏转板上，才能在显示屏上显示出一定幅度的波形。Y 轴放大器的作用是提高示波管 Y 轴偏转灵敏度。为了保证 Y 轴放大不失真，加在 Y 轴放大器的信号不宜太大，但是实际的被测信号幅度往往在很大范围内变化，在 Y 轴放大器前还必须加一 Y 轴衰减器，以适应观察不同幅度的被测信号。示波器面板上设有“Y 轴衰减器”（通常称“Y 轴灵敏度选择”开关）和“Y 轴增益微调”旋钮，分别调节 Y 轴衰减器的衰减量和 Y 轴放大器的增益。

对 Y 轴放大器的要求是：增益大，频响好，输入阻抗高。为了避免杂散信号的干扰，被测信号一般都通过同轴电缆或带有探头的同轴电缆加到示波器 Y 轴输入端。但必须注意，被测信号通过探头后幅值将衰减（或不衰减），其衰减比为 10∶1（或 1∶1）。

（3）水平通道

水平通道主要是控制电子束按时间值在水平方向上偏移，主要由扫描发生器、水平放大器、触发电路组成。

1）扫描发生器。扫描发生器又称锯齿波发生器，用来产生频率调节范围宽的锯齿波，作为 X 轴偏转板的扫描电压。锯齿波的频率（或周期）调节是由“扫描速率选择”开关和“扫速微调”旋钮控制的。使用时，调节“扫速速度选择”开关和“扫速微调”旋钮，使其扫描周期为被测信号周期的整数倍，保证显示屏上显示稳定的波形。

2）水平放大器。水平放大器的作用与垂直放大器一样，将扫描发生器产生的锯齿波放大到 X 轴偏转板所需的数值

3）触发电路。触发电路用于产生触发信号以实现触发扫描的电路。为了扩展示波器应用范围，一般示波器上都设有触发源控制开关、触发电平与极性控制旋钮和触发方式选择开关等。

2. 示波器的二踪显示

（1）二踪显示原理

示波器的二踪显示是依靠电子开关的控制作用来实现的。

电子开关由“显示方式”开关控制，共有五种工作状态，即 Y1、Y2、Y1＋Y2、交替、断续。当开关置于“交替”或“断续”位置时，显示屏上便可同时显示两个波形。当开关置于“交替”位置时，电子开关的转换频率受扫描系统控制，工作过程如图 1-5-2所示。电子开关首先接通 Y2 通道，进行第一次扫描，显示由 Y2 通道送入的被测信号的波形；然后电子开关接通 Y1 通道，进行第二次扫描，显示由 Y1 通道送入的被测信号的波形；接着接通 Y2 通道……这样便轮流地对 Y2 和 Y1 两通道送入的信号进行扫描、显示。由于电子开关转换速度较快，每次扫描的回扫线在显示屏上不显示出来，借助于显示屏的余辉作用和人眼的视觉暂留特性，使用者便能在显示屏上同时观察到两个清晰的波形。这种工作方式适合用于观察频率较高的输入信号场合。

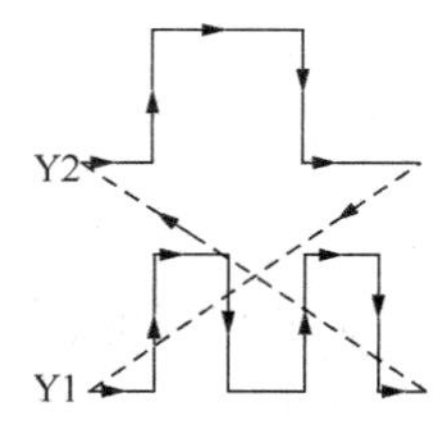

图 1-5-2　交替方式显示波形

当开关置于“断续”位置时，相当于将一次扫描分成许多个相等的时间间隔。在第一次扫描的第一个时间间隔内显示 Y2 信号波形的某一段；在第二个时间间隔内显示 Y1 信号波形的某一段；以后各个时间间隔轮流地显示 Y2、Y1 两信号波形的其余段，经过若干次断续转换，使显示屏上显示出两个由光点组成的完整波形，如图 1-5-3（a）所示。由于转换的频率很高，光点靠得很近，其间隙用肉眼几乎分辨不出，再利用消隐的方法使两通道间转换过程的过渡线不显示出来［图 1-5-3（b）］，因而同样可达到同时清晰地显示两个波形的目的。这

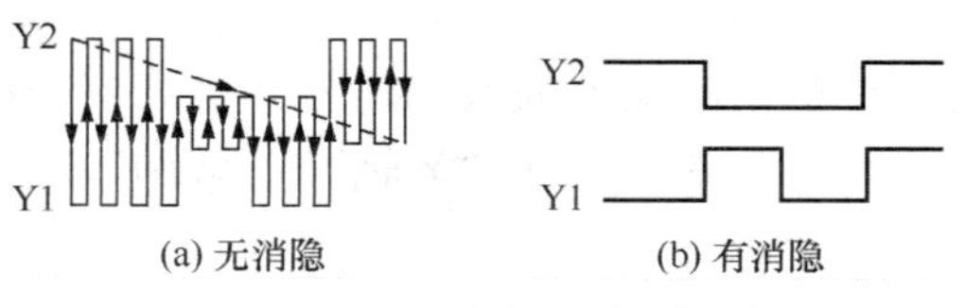

图 1-5-3　断续方式显示波形

种工作方式适合输入信号频率较低时使用。

（2）触发扫描

在普通示波器中，X 轴的扫描总是连续进行的，称为“连续扫描”。为了能更好地观测各种脉冲波形，在脉冲示波器中，通常采用“触发扫描”。采用这种扫描方式时，扫描发生器将工作在待触发状态。它仅在外加触发信号作用下，时基信号才开始扫描，否则便不扫描。这个外加触发信号通过触发选择开关分别取自“内触发”（Y 轴的输入信号经由内触发放大器输出触发信号），也可取自“外触发”输入端的外接同步信号。其基本原理是利用这些触发脉冲信号的上升沿或下降沿来触发扫描发生器，产生锯齿波扫描电压，然后经 X 轴放大后送 X 轴偏转板进行光点扫描。适当地调节“扫描速率”开关和“电平”调节旋钮，能方便地在显示屏上显示具有合适宽度的被测信号波形。

## 二、YB4324 型示波器

### 1. 技术性能

YB4324 型示波器为一便携式二踪示波器。它具有 0～20MHz 的频带宽度，垂直偏转系数为 5mV/div 并可通过扩展功能键将灵敏度提高至 1mV/div。该机的扫描系统采用了全频带触发式自动扫描电路。触发系统有可供分别选择某一通道信号或外输入信号触发的功能，另外还设一个交替触发功能，具有能同时观察两路不相关信号的优点。YB4324 型示波器具 TV-TV 同步和触发锁定功能，可稳定地观察各种电视信号。

YB4324 型示波器的技术性能见表 1-5-1。

**表 1-5-1　YB4324 型示波器的技术性能**

| 项　　目 | 性能指标 |
|---|---|
| 1. Y 轴系统 | |
| 工作方式 | Y1、Y2、交替、断续、叠加、X－Y |
| 偏转系数 | 5mV/div～10V/div 按 1－2－5 进位 |
| （Y1 或 Y2） | 共分 11 挡，误差±5％ |
| 扩展倍率 | ×5 误差±10％ |
| 频带宽度 | AC：10Hz～20MHz－3dB |
| | DC：0～20MHz－3dB |
| 上升时间 | ≤17.5ns |
| 上冲 | ≤5％ |
| 阻尼 | ≤5％ |
| 耦合方式 | AC、⊥、DC |
| 输入阻容 | 1±2％MΩ//≤30pF（直接） |
| | 10±5％MΩ//≤23pF（经探极） |
| 最大输入电压 | 400V（DC＋AC） |
| 极性转换 | Y2 可转换 |

续表

| 项　　目 | 性 能 指 标 |
| --- | --- |
| 2. 触发系统 | |
| 触发源 | Y1、Y2、交替、电源、外 |
| 耦合 | AC/DC（外）常态/TV |
| 极性 | +、− |
| 同步频率范围 | 自动 50Hz～20MHz<br>触发 10Hz～20MHz |
| 最小同步电平 | 内 1div；外 0.2V（峰值）<br>TV 内 2div；外 0.3V（峰值） |
| 3. 水平系统 | |
| 扫描方式 | 自动、触发、锁定、单次 |
| 扫描时间系数 | 1μs/div～0.2s/div 按 1—2—5<br>进位共分 20 挡，误差±5% |
| 扩展 | ×5 误差±10% |
| 4. X——Y 方式 | |
| 信号输入 | X 轴：Y1；Y 轴：Y2 |
| 偏转系数 | 同 Y1 |
| 频率响应 | AC：10Hz～1MHz−3dB；DC：0～1MHz−3dB |
| 输入阻容 | 同 Y1 |
| 最大输入电压 | 同 Y1 |
| X——Y 相位差 | ≤3°（DC～50kHz） |
| 5.. Z 轴系统 | |
| 最小输入电平 | TTL 电平 |
| 最大输入电压 | 50V（DC+AC） |
| 输入电阻 | 10kΩ |
| 输入极性 | 低电平加亮 |
| 频率范围 | DC1MHz |
| 6. 校准信号 | |
| 波形 | 方波 |
| 最大幅度 | 5V±0.2V |
| 频率 | 1kHz±2% |
| 7. 示波管 | |
| 型号 | 15SJ118Y41 |
| 工作面 | 8cm×10cm（1cm=1div） |
| 8. 电源 | |
| 电压 | 220V±10% |
| 频率 | 50Hz±5% |
| 视在功率 | 约 35V·A |

2. 控制件作用

(1) 控制件位置

YB4324 型示波器各控制件位置如图 1-5-4 所示。

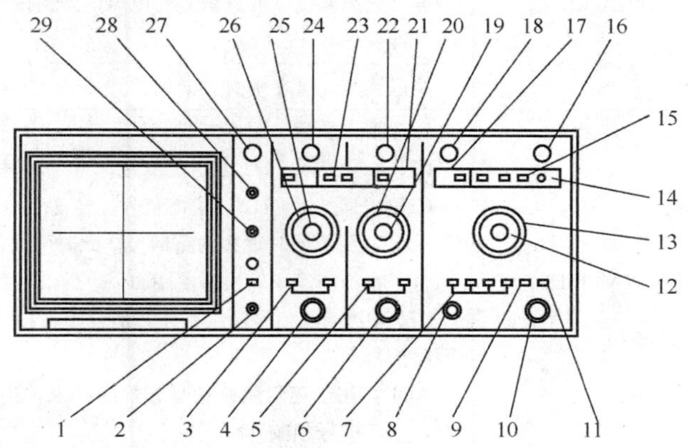


图 1-5-4　YB4324 型示波器各控制件位置

(2) 控制件的作用

YB4324 型示波器各控制件的作用见表 1-5-2。

**表 1-5-2　YB4324 型示波器各控制件的作用**

| 序号 | 控制件名称 | 控制件作用 |
|---|---|---|
| 1 | 电源开关（POWER） | 按下此开关，仪器电源接通，指示灯亮 |
| 2 | 亮度（INTENSITV） | 光迹亮度调节，顺时针旋转光迹增亮 |
| 3 | 聚焦（FOCUS） | 用以调节示波管电子束的焦点，使显示的光点成为细而清晰的圆点 |
| 4 | 光迹旋转（TRACE ROTATION） | 调节光迹与水平线平行 |
| 5 | 校准信号（PROBE ADJUST） | 此端口输出幅度为 0.5V、频率为 1kHz 的方波信号 |
| 6 | 耦合方式（AC GND DC） | 用以校准 Y 轴偏转系数和扫描时间系数。<br>垂直通道 1 的输入耦合方式选择，AC：信号中的直流分量被隔开，用以观察信号的交流成分；DC：信号与仪器通道直接耦合，当需要观察信号的直流分量或被信号的频率较低时应选用此方式；GND：输入端处于接地状态，用以确定输入端为零电位时光迹所在位置 |
| 7 | 通道 1 输入插座（CH1 OR X） | 双功能端口，在常规使用时，此端口作为垂直通道 1 的输入口；当仪器工作在 X－Y 方式时此端口作为水平轴信号输入口 |
| 8 | 通道 1 灵敏度选择开关（VOLTS/DIV） | 选择垂直轴的偏转系数，从 5mV/div～10V/div 分 11 个挡调整，可根据被测信号的电压幅度选择合适的挡 |

续表

| 序号 | 控制件名称 | 控制件作用 |
| --- | --- | --- |
| 9 | 微调拉×5（VARIABLE PULL×5） | 用以连续调垂直轴的偏转系数，调节范围≥2.5 倍，该旋钮顺时针旋足时为校准位置，此时可根据“VOLTS/DIV”开关度盘位置和屏幕显示幅度读取该信号的电压值。当该旋钮在拉出位置时，增益扩展 5 倍 |
| 10 | 垂直位移（POSITION） | 用以调节光迹在垂直方向的位置 |
| 11 | 垂直方式（MODE） | 选择垂直系统的工作方式。<br>CH1：只显示 CH1 通道的信号。<br>CH2：只显示 CH2 通道的信号。<br>ALT：用于同时观察两路信号，此时两路信号交替显示，该方式适合于在扫描速率较快时使用。<br>CHOP：两路信号断续工作，适合于在扫描速率较慢时同时观察两路信号。<br>ADD：用于显示两路信号相加的结果，当 CH2 极性开关被按入时，则两信号相减 |
| 12 | 耦合方式（AC GND DC） | 作用于 CH2 功能同时控制件（6） |
| 13 | 通道 2 输入插座 | 垂直通道 2 的输入端口，在 X－Y 方式时，作为 Y 轴输入口 |
| 14 | 垂直位移（POSITION） | 用以调节光迹在垂直方向的位置 |
| 15 | 反相 | 此按键未按下时，CH2 的信号为常态显示；按下此键时，CH2 的信号被反相 |
| 16 | 通道 2 灵敏度选择开关 | 功能同（8） |
| 17 | 微调拉×5 | 功能同（9） |
| 18 | 水平位移（POSITION） | 用以调节光迹在水平方向的位置 |
| 19 | 极性（SLOPE） | 用以选择被测信号在上升沿或下降沿触发扫描 |
| 20 | 电平（LEVEL） | 用以调节被测信号在变化至某一电平时触发扫描 |
| 21 | 扫描方式（SWEEPMODE） | 选择产生扫描的方式。<br>扫描光迹，一旦有触发信号输入、电路自动转换为触发扫描状态，调节电平可使波形稳定的显示在屏幕上。<br>自动（AUTO)：当无触发信号输入时，屏幕上显示幕上，此方式适合观察频率在 50Hz 以上的信号。<br>常态（NORM)：无信号输入时，屏幕上无光迹显示；有信号输入时，且触发电平旋钮在合适位置上，电路被触发扫描，当被测信号频率低于 50Hz 时，必须选择该方式。锁定：仪器工作在锁定状态后，无须调节电平即可使波形稳定地显示在屏幕上。单次：用于产生单次扫描，进入单次状态后，按动复位键，电路工作在单次扫描方式，扫描电路处于等待状态，当触发信号输入时，扫描只产生一次，下次扫描需再次按动复位按键 |
| 22 | 触发（准备）指示（TRIG'D READY） | 该指示灯具有两种功能指示，当仪器工作在非单次扫描方式时，该灯亮表示扫描电路工作在被触发状态；当仪器工作在单次扫描方式时，该灯亮表示扫描电路在准备状态，此时若有信号输入将产生一次扫描，指示灯随之熄灭 |

续表

| 序号 | 控制件名称 | 控制件作用 |
|---|---|---|
| 23 | 扫描速率（SEC/DIV） | 根据被测信号的频率高低，选择合适的挡级。当扫速“微调”置校准位置时，可根据度盘的位置和波形在水平轴的距离读出被测信号的时间参数 |
| 24 | 微调拉×5<br>（VARIABLE PULL×5） | 用于连续调节扫描速率，调节范围≥2.5倍。顺时针旋足为校准位置。拉出此旋钮水平增益被扩展5倍，因此扫描速度旋钮的指示值应为原来的1/5 |
| 25 | 触发源（TRIGGER SOURCE） | 用于选择不同的触发源。<br>CH1：在双踪显示时，触发信号来自CH1通道；在单踪显示时，触发信号则来自被显示的通道。<br>CH2：在双踪显示时，触发信号来自CH2通道；在单踪显示时，触发信号则来自被显示的通道。<br>交替（ALT）：在双踪显示时，触发信号交替来自于两个Y通道，此方式用于同时观察两路不相关的信号。<br>电源（LINE）：触发信号来自于市电压。<br>外接（EXT）：触发信号来自于触发输入端口 |
| 26 | GND | 机壳接地端 |
| 27 | AC/DC | 外触发信号的耦合方式，当选择外触发源，且信号频率很低时，应将开关置DC位置 |
| 28 | 常态/TV（NORM/TV） | 一般测量时此开关置常态位置，当需观察电视信号时，应将此开关置TV位置 |
| 29 | 外触发输入（EXT INPUT） | 当选择外触发方式时，触发信号由此端口输入 |
| 30 | Z轴输入 | 亮度调制信号输入端口 |
| 31 | 带熔丝电源插座 | 仪器电源进线插口 |

3. 探头的检查

探头分别接入两Y轴输入接口，将VOLTS/DIV开关调至10mV，探头衰减置×10挡，显示中应同样显示图1-5-5所显示的波形，如波形有过冲或下塌现象，可用高频旋具调节探极补偿元件，使波形最佳。

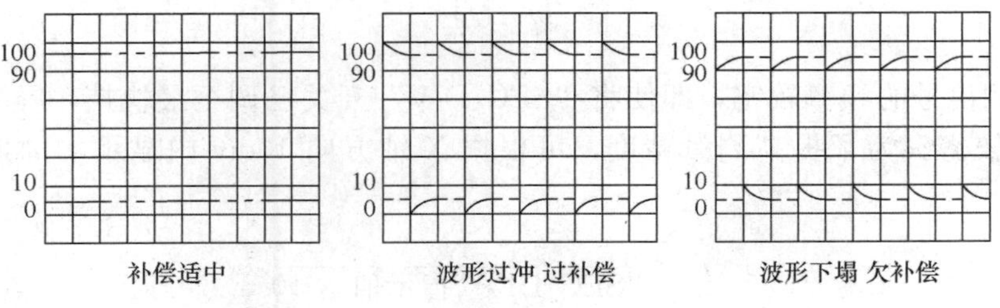


图 1-5-5

4. 测量

(1) 电压测量

在测量时一般把"VOCIS/DIV"开关的微调装置以顺时针方向旋至满度的校准位置，这样可以按"VOLTS/DIV"的指示值直接计算被测信号的电压辐值。

由于被测信号一般都含有交流和直流两种成分，在测试时应根据下述方法操作：

1) 交流电压的测量。当只需测量被测信号的交流成分时，应将Y轴输入耦合方式开关置"AC"位置，调节"VOLTS/DIV"开关，使波形在屏幕中的显示幅度适中，调节"电平"旋钮使波形稳定，分别调节Y轴和X轴位移，使波形显示值方便读取。根据"VOLTS/DIV"的指示值和波形在垂直方向显示的坐标(DIV)，按下式读取：

$$V_{PP} = n(\mathrm{V/DIV}) \times H(\mathrm{DIV})$$

$$V_{有效值} = \frac{V_{PP}}{2\sqrt{2}}$$

如果使用的探头置10∶1位置，应将该值乘以10。

2) 直流电压的测量。当需测量被测信号为直流或含直流成分的电压时，应先将Y轴耦合方式开关置"GND"位置，调节Y轴位移使扫描基线在一个合适的位置上，再将耦合方式开关转换到"DC"位置，调节"电平"旋钮使波形同步。根据波形偏移原扫描基线的垂直距离，用上述方法读取该信号的各个电压值。

(2) 时间测量

对某信号的周期或该信号任意两点时间参数的测量，可首先按上述操作方法，使波形获得稳定同步后，根据该信号周期或需测量的两点间在水平方向的距离乘以"SEC/DTV"开关的指示值获得，当需要观察该信号的某一细节（如快跳变信号的上升或下降时间）时，可将"SEC/DIV"开关的扩展旋钮拉出，这时显示的距离在水平方向得到5倍的扩展，调节X轴位移，使波形处于方便观察的位置，此时测得的时间应除以5。测量两点间的水平距离，按下式计算出时间间隔：

$$时间间隔 = \frac{两点间的水平距离(格) \times 扫描时间系数(时间/格)}{水平扩展系数}$$

(3) 频率测量

对于重复信号的频率测量，可先测出该信号的周期，再根据公式进行计算：

$$f = \frac{1}{T}$$

若被测信号的频率较密，即使将"SEC/DIV"开关已调至最快挡，屏幕中显示的波形仍然较密。为了提高测量精度，可根据X轴方向10div内显示的周期数用下式计算：

$$f = \frac{N}{\text{"SEC/DIV"}指示值 \times 10}$$

式中　$N$——周期数。

(4) 两个相关信号的时间差或相位差的测量

根据两个相关信号频率，选择合适的扫描速度，并将垂直方式开关根据扫描速度的快慢分别置“交替”或“断续”位置，将“触发源”选择开关置被设定作为测量基准的通道，调节“电平”旋钮使波形稳步同步，根据两个波形在水平方向某两点间的距离，用下式计算出时间差：

$$\text{时间差}=\frac{\text{水平距离}\times\text{扫描时间系数}}{\text{水平扩展系数}}$$

若测量两个信号的相位差，可在用上述方法获得稳定显示后，调节两个通道的“VOLTS/DIV”开关和微调旋钮，使两个通道显示的幅度相等。调节“SEC/DIV”微调旋钮，使被测信号的周期在屏幕中显示的水平距离为整数，得到

$$\text{每格的相位角}=\frac{360^{\circ}}{\text{一个周期的水平距离}}$$

再根据另一个通道信号超前或滞后的水平距离乘以每格的相位角，得出两相关信号的相位差。

(5) 两个不相关信号的测量

当需要同时测量两个不相关信号时，应将垂直方式开关置“ALT”位置，并将触发源选择开关“CH1”、“CH2”两个按键同时按入，调节“电平”旋钮可使波形获得同步。

在使用本方式工作时，应注意以下两点：

1) 由于该方式仅限于在“垂直方式”为“交替”时使用，因此被测信号的频率不宜太低，否则会出现两个通道的交替闪烁现象。

2) 当其中一个通道无信号输入时，将不能获得稳定同步。

(6) 电视信号的测量

YB4324 型示波器设有电视场同步信号分离电路，当需观察电视场信号时可将触发耦合开关“TV”键按入，根据被测电视信号的极性，选择合适的触发极性，调节“电平”旋钮可获得电视场信号的稳定同步。对于电视行信号的一般观察，可用“NORM”方式获得同步。

(7) X-Y 方式的应用

在某些特殊场合，X 轴的光迹偏转需由外来信号控制，或需要 X 轴也作为被测信号的输入通道。例如，外接扫描信号、李沙育图形的观察或作为其他设备的显示装置等，都需要用到该方式。

X-Y 方式的操作：将“SEC/DIV”开关逆时针方向旋足至“X-Y”位置，由“CH1 OR X”端口输入 X 轴信号，其偏转灵敏度仍按该通道的“VOLTS/DIV”开关指示值读取，但该方式的 X 轴灵敏度扩展则是扫描“微调挡×5”来控制。

(8) 外部亮度控制

由仪器背面的 Z 轴输入插座可输入对波形亮度的调制信号，调制极性为负电平加亮，正电平消隐，当需要对被测波形的某段打入亮度标记时，可采用本功能获得。

# 第六节　SX2172型交流毫伏表

## 一、SX2172型交流毫伏表的概述

SX2172型交流毫伏表是参照国外先进样机而研制的产品。该仪器具有测量准确度高、频率影响误差小、输入阻抗高的特点，且换量程不用调零，使用方便；有交流电压输出；能用作宽频带、低噪声、高增益放大器或其他电子仪器的前置放大器。

该仪器用于测量频率为5Hz～2MHz、电压为100μV～300V的正弦波有效值电压。它广泛应用于工厂、科研单位、部队和学校。

## 二、SX2172型交流毫伏表的技术参数

SX2172型交流毫伏表的技术参数见表1-6-1。

**表1-6-1　SX2172型交流毫伏表的技术参数**

<table>
<tr><td>交流电压测量范围</td><td>100μV～300V</td><td>最大输入电压</td><td>AC峰值+DC=600V</td></tr>
<tr><td rowspan="2">仪器共分<br>12挡量程</td><td>1、3、10、30、100、300mV</td><td>噪声</td><td>输入短路时小于2%</td></tr>
<tr><td>1、3、10、30、100、300V</td><td>放大器</td><td></td></tr>
<tr><td>dB量程分<br>12挡量程</td><td>−60、−50、−40、−30、−20、−10、0、+10、+20、+30、+40、+50dB</td><td>输出电压</td><td>在每一个量程上、当指针指示满刻度“1.0”位置时，输出电压应为1V（输出端不接负载）</td></tr>
<tr><td colspan="2">本仪器采用两种dB电压刻度<br>（0dBm=1V，0DB：0.775V）</td><td>频率特性</td><td>10Hz～500kHz−3dB<br>（以1kHz为准）</td></tr>
<tr><td>电压固有误差</td><td>满刻度的±2%（1kHz）<br>（以1kHz为基准）</td><td>输出电阻</td><td>600Ω允许误差±20%</td></tr>
<tr><td rowspan="4">基准条件下的<br>频率影响误差</td><td rowspan="4">5Hz～2MHz±10%<br>10Hz～500kHz±5%<br>20Hz～100kHz±2%</td><td>失真系数</td><td>在满刻度上小于1%（1kHz）</td></tr>
<tr><td>工作温度范围</td><td>0～40℃</td></tr>
<tr><td>工作湿度范围</td><td>小于90%</td></tr>
<tr><td>电源</td><td>220V±10%50/60Hz/2.5W</td></tr>
<tr><td rowspan="2">输入电阻</td><td>1～300mV　8MΩ±10%</td><td rowspan="2">输入电容</td><td>1～300mV，小于45pF</td></tr>
<tr><td>1～300V　10MΩ±10%</td><td>1～300V，小于30pF</td></tr>
</table>

## 三、SX2172型交流毫伏表的使用

SX2172型交流毫伏表的面板如图1-6-1所示。

SX2172型交流毫伏表的一般使用步骤如下：

1）当电源关时，如果表头指针不是指在零位上，则用一把绝缘螺丝刀调节机械螺钉，使指针置于零位。

2）插入电源。

3）预先将量程开关置于300V量程上。

4）当把电源开关打到“开”上时，指示灯应当亮。指针大约有5s不规则的摆动，但是不表明有故障。

5）加电后大约5s机器将稳定，这时可以开始测量。

6）把电压加在输入的两端，表头指示电压的存在和大小。

7）如果读数小于满刻度的30%，逆时针方向转动量程开关逐渐地减小量程，当指针指在大于满刻度的30%又小于满刻度的位置，读出示值。

8）在刻度上有两个最大的电压校准“1”和“3”，表1-6-2说明了“量程”旋转的位置与电压刻度之间的关系。

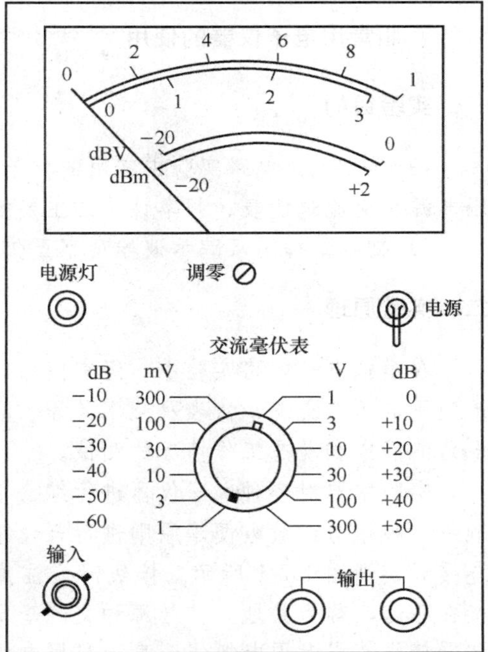


图1-6-1 SX2172型交流毫伏表的面板

**表1-6-2 量程的位置与电压刻度之间的关系**

| 量程 | 刻度 | 倍乘器 | 电压V/刻度 |
|---|---|---|---|
| 300V | 0～3 | 100 | 10V |
| 100V | 0～1 | 100 | 2V |
| 30V | 0～3 | 10 | 1V |
| 10V | 0～1 | 10 | 0.2V |
| 3V | 0～3 | 1 | 0.1V |
| 1V | 0～1 | 1 | 0.02V |
| 300mV | 0～3 | 100 | 0.01V |
| 100mV | 0～1 | 100 | 2mV |
| 30mV | 0～3 | 10 | 1mV |
| 10mV | 0～1 | 10 | 0.2mV |
| 3mV | 0～3 | 1 | 0.1mV |
| 1mV | 0～1 | 1 | 0.02mV |

9）当在满刻度上指针指示“1.0”时，无论量程开关在什么位置，没有负载时在“输出”端都能得到1V的输出。这时连接到输出端的示波器能够作为测量信号波形的监视器，或者示波器的前置放大器。

## 实训 常用电子仪器的使用

### 一、实验目的

1）学习电子电路实验中常用的电子仪器——示波器、函数信号发生器、直流稳压电源、交流毫伏表、频率计等的主要技术指标、性能及正确使用方法。

2）初步掌握用双踪示波器观察正弦信号波形和读取波形参数的方法。

### 二、实验原理

在模拟电子电路实验中，经常使用的电子仪器有示波器、函数信号发生器、直流稳压电源、交流毫伏表及频率计等。它们和万用电表一起，可以完成对模拟电子电路的静态和动态工作情况的测试。

实验中要对各种电子仪器进行综合使用，可按照信号流向、以连线简捷、调节顺手、观察与读数方便等原则进行合理布局，各仪器与被测实验装置之间的布局与连接如实训图 1-7-1 所示。接线时应注意，为防止外界干扰，各仪器的接地端应连接在一起，称为共地。信号源和交流毫伏表的引线通常用屏蔽线或专用电缆线，示波器接线使用专用电缆线，直流稳压电源的接线用普通导线。

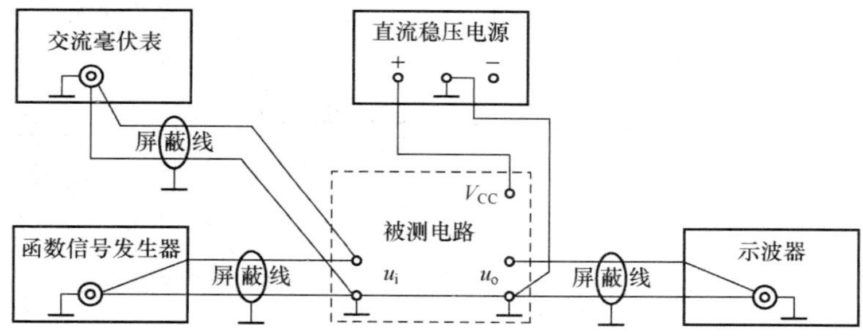


实训图 1-1-1　模拟电子电路中常用电子仪器布局图

1. 示波器

示波器是一种用途很广的电子测量仪器，它既能直接显示电信号的波形，又能对电信号进行各种参数的测量。现着重指出下列几点。

1）寻找扫描光迹。将示波器 Y 轴显示方式置“Y1”或“Y2”，输入耦合方式置“GND”。开机预热后，若在显示屏上不出现光点和扫描基线，可按下列操作找到扫描线：适当调节亮度旋钮，触发方式开关置“自动”，适当调节垂直（⇅）、水平（⇄）“位移”旋钮，使扫描光迹位于显示屏中央。（若示波器设有“寻迹”按键，可按下“寻迹”按键，判断光迹偏移基线的方向。）

2）双踪示波器一般有五种显示方式，即“Y1”、“Y2”、“Y1＋Y2”三种单踪显示方式和“交替”、“断续”两种双踪显示方式。“交替”显示一般适用于输入信号频率较高时使用。“断续”显示一般适用于输入信号频率较低时使用。

3）为了显示稳定的被测信号波形，“触发源选择”开关一般选为“内”触发，使扫描触发信号取自示波器内部的Y通道。

4）触发方式开关通常先置于“自动”，调出波形后，若被显示的波形不稳定，可置触发方式开关于“常态”，通过调节“触发电平”旋钮找到合适的触发电压，使被测试的波形稳定地显示在示波器显示屏上。

有时，由于选择了较慢的扫描速率，显示屏上将会出现闪烁的光迹，但被测信号的波形不在X轴方向左右移动，这样的现象仍属于稳定显示。

5）适当调节“扫描速率”开关及“Y轴灵敏度”开关使显示屏上显示一到两个周期的被测信号波形。在测量幅值时，应注意将“Y轴灵敏度微调”旋钮置于“校准”位置，即顺时针旋到底，且听到关的声音。在测量周期时，应注意将“X轴扫速微调”旋钮置于“校准”位置，即顺时针旋到底，且听到关的声音。此外，还要注意“扩展”旋钮的位置。

根据被测波形在显屏坐标刻度上垂直方向所占的格数（div或cm）与“Y轴灵敏度”开关指示值（V/div）的乘积，即可算得信号幅值的实测值。

根据被测信号波形一个周期在显示屏坐标刻度水平方向所占的格数（div或cm）与“扫速”开关指示值（t/div）的乘积，即可算得信号频率的实测值。

### 2. 函数信号发生器

函数信号发生器按需要输出正弦波、方波、三角波三种信号波形。输出电压最大可达20V。通过输出衰减开关和输出幅度调节旋钮，可使输出电压在毫伏级到伏级范围内连续调节。函数信号发生器的输出信号频率可以通过频率分档开关进行调节。

注意：函数信号发生器作为信号源，它的输出端不允许短路。

### 3. 交流毫伏表

交流毫伏表只能在其工作频率范围之内，用来测量正弦交流电压的有效值。为了防止交流毫伏表过载而损坏，测量前一般首先把量程开关置于量程较大位置上，然后在测量中逐挡减小量程。

## 三、实验设备

实验设备见实训表1-1-1。

**实训表1-1-1　实验设备**

| 序号 | 名称 | 型号与规格 | 数量 | 备注 |
|---|---|---|---|---|
| 1 | 函数信号发生器 |  | 1 | DG03 |
| 2 | 双踪示波器 |  | 1 | 自备 |
| 3 | 交流毫伏表 |  | 1 | 自备 |

## 四、实验内容

### 1. 用机内校正信号对示波器进行自检

(1) 扫描基线调节

将示波器的显示方式开关置于“单踪”显示（Y1 或 Y2），输入耦合方式开关置于“GND”，触发方式开关置于“自动”。开启电源开关后，调节“辉度”、“聚焦”、“辅助聚焦”等旋钮，使显示屏上显示一条细而且亮度适中的扫描基线。然后调节“X 轴位移”（⇄）和“Y 轴位移”（⇅）旋钮，使扫描线位于显示屏中央，并且能上下左右移动自如。

(2) 测试“校正信号”波形的幅度、频率

将示波器的“校正信号”通过专用电缆线引入选定的 Y 通道（Y1 或 Y2），将 Y 轴输入耦合方式开关置于“AC”或“DC”，触发源选择开关置于“内”，内触发源选择开关置于“Y1”或“Y2”。调节 X 轴“扫描速率”开关（t/div）和 Y 轴“输入灵敏度”开关（V/div），使示波器显示屏上显示出一个或数个周期稳定的方波波形。

(3) 校准“校正信号”幅度

将“Y 轴灵敏度微调”旋钮置“校准”位置，“Y 轴灵敏度”开关置适当位置，读取校正信号幅度，记入实训表 1-1-2。

**实训表 1-1-2　校正信号幅度值**

| | 标准值 | 实测值 | | 标准值 | 实测值 |
|---|---|---|---|---|---|
| 幅度 $U_{p-p}$/V | | | 上升沿时间/μs | | |
| 频率 $f$/kHz | | | 下降沿时间/μs | | |

注：不同型号示波器标准值有所不同，请按所使用示波器将标准值填入表格中。

1) 校准“校正信号”频率。将“扫速微调”旋钮置“校准”位置，“扫速”开关置适当位置，读取校正信号周期，记入实训表 1-1-2。

2) 测量“校正信号”的上升时间和下降时间。调节“Y 轴灵敏度”开关及“微调”旋钮，并移动波形，使方波波形在垂直方向上正好占据中心轴上，且上、下对称，便于查看。通过“扫速”开关逐级提高扫描速度，使波形在 X 轴方向扩展（必要时可以利用“扫速扩展”开关将波形再扩展 10 倍），并同时调节“触发电平”旋钮，从显示屏上清楚地读出上升时间和下降时间，记入实训表 1-1-2。

### 2. 用示波器和交流毫伏表测量信号参数

调节函数信号发生器有关旋钮，使输出频率分别为 100Hz、1kHz、10kHz、100kHz，有效值均为 1V（交流毫伏表测量值）的正弦波信号。改变示波器“扫速”开关及“Y 轴灵敏度”开关等位置，测量信号源输出电压频率及峰峰值，记入实训表 1-1-3。

**实训表 1-1-3　测量信号源输出电压频率及峰峰值**

| 信号电压频率 | 示波器测量值 | | 信号电压 毫伏表读数/V | 示波器测量值 | |
|---|---|---|---|---|---|
| | 周期/ms | 频率/Hz | | 峰峰值/V | 有效值/V |
| 100Hz | | | | | |
| 1kHz | | | | | |
| 10kHz | | | | | |
| 100kHz | | | | | |

3. 测量两波形间相位差

1）观察双踪显示波形“交替”与“断续”两种显示方式的特点。Y1、Y2 均不加输入信号，输入耦合方式开关置“GND”，“扫速”开关置扫速较低挡位（如 0.5s/div 挡）和扫速较高挡位（如 5ms/div 挡），把“显示方式”开关分别置“交替”和“断续”位置，观察两条扫描基线的显示特点，记录下来。

2）用双踪显示测量两波形间相位差。按实训图 1-1-2 连接实验电路，将函数信号发生器的输出调至频率为 1kHz、幅值为 2V 的正弦波，经 RC 移相网络获得频率相同但相位不同的两路信号 $U_i$ 和 $U_R$，分别加到双踪示波器的 Y1 和 Y2 输入端。为便于稳定波形，比较两波形相位差，应使内触发信号取自被设定作为测量基准的一路信号。

把显示方式开关置“交替”挡位，将 Y1 和 Y2 输入耦合方式开关置“⊥”挡位，调节 Y1、Y2 的（⥮）位移旋钮，使两条扫描基线重合。

将 Y1、Y2 输入耦合方式开关置“AC”挡位，调节触发电平旋钮、扫速开关及 Y1、Y2 灵敏度开关位置，使在显示屏上显示出易于观察的两个相位不同的正弦波形 $u_i$ 及 $u_R$，如实训图 1-1-3 所示。根据两波形在水平方向差距 $X$ 及信号周期 $X_T$，通过下面的公式可求得两波形相位差，即

$$\theta = \frac{X}{X_T} \times 360°$$

式中　$X_T$——一周期所占格数；

$X$——两波形在 X 轴方向差距格数。

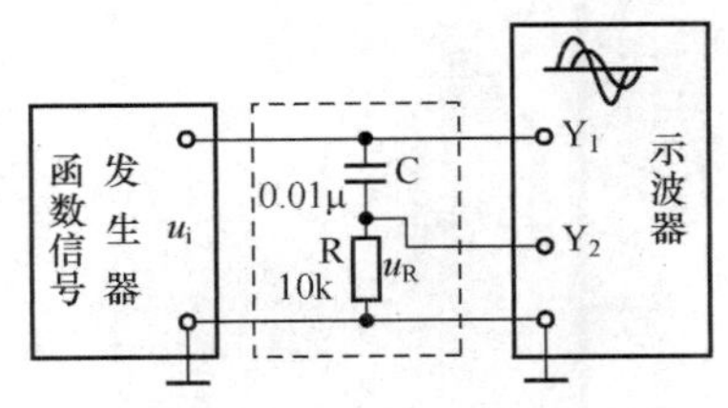


训图 1-1-2　两波形间相位差测量电路

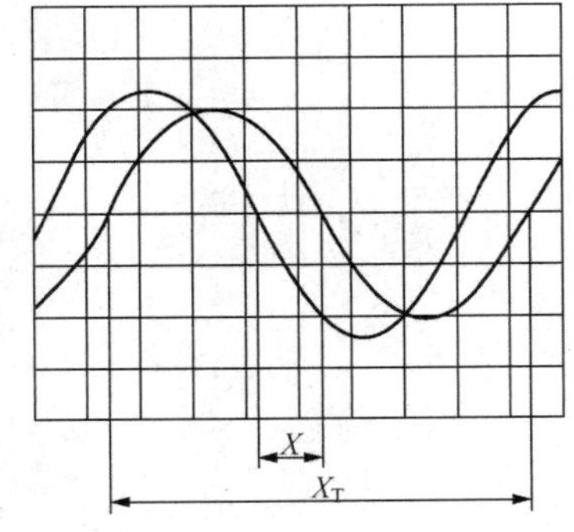


实训图 1-1-3　双踪示波器显示两相位不同的正弦波

记录两波形相位差于实训表 1-1-4。

**实训表 1-1-4　两波形相位差**

| 一周期格数 | 两波形 X 轴差距格数 | 相位差 | |
|---|---|---|---|
| | | 实测值 | 计算值 |
| $X_T=$ | $X=$ | $\theta=$ | $\theta=$ |

为读数和计算方便，可适当调节扫速开关及微调旋钮，使波形一周期占整数格。

## 五、实验总结

1）整理实验数据，并进行分析。

2）问题讨论：

① 如何操纵示波器有关旋钮，以便从示波器显示屏上观察到稳定、清晰的波形？

② 用双踪显示波形，并要求比较相位时，为在显示屏上得到稳定波形，应怎样选择下列开关的位置？

a. 显示方式选择（Y1、Y2、Y1+Y2、交替、断续）；

b. 触发方式（常态、自动）；

c. 触发源选择（内、外）；

d. 内触发源选择（Y1、Y2、交替）。

3）函数信号发生器有哪几种输出波形？它的输出端能否短接，如用屏蔽线作为输出引线，则屏蔽层一端应该接在哪个接线柱上？

4）交流毫伏表是用来测量正弦波电压还是非正弦波电压？它的表头指示值是被测信号的什么数值？它是否可以用来测量直流电压的大小？

## 六、预习要求

1）阅读本实训中有关示波器部分内容。

2）已知 $C=0.01\mu F$、$R=10k\Omega$，计算实训图 1-1-2 中 RC 移相网络的阻抗角 $\theta$。

# 第二章　电子元器件

电子元器件是组成电子产品的最小单元，本章主要介绍电路中常用的电子元器件的作用、命名方法、电路符号和电气参数，以及电子元器件的识别和检测方法。

## 第一节　电　阻　器

电阻器是组成电路的基本元件之一，在电路中用来稳定和调节电流、电压，也可以作分流器和分压器，并可作为消耗能量的负载电阻。

### 一、电阻器的分类

电阻器的分类方法很多，主要可根据阻值是否变化、所用材料以及功能来分类。

1）根据阻值是否变化，可分为固定电阻器、可变电阻器、敏感电阻器。

2）根据制作电阻的材料，可分为碳膜电阻器、金属膜电阻器、金属氧化膜电阻器、金属玻璃釉电阻器、无机实心电阻器、有机实心电阻器、化学沉积膜电阻器、合成碳膜电阻器、线绕电阻。

3）根据用途，可分为通用电阻器、高阻电阻器、高压电阻器、高频电阻器、精密电阻器。

4）根据结构，可分为圆柱形电阻器、管形电阻器、圆盘形电阻器、片式电阻器、纽扣型电阻器、排式电阻器。

5）根据引线形式，可分为轴向引线型电阻器、同向引线型电阻器、无引线型电阻器、领带式引线型电阻器、径向引线型电阻器。

6）根据熔断特性，可分为一次性熔断电阻器、可恢复型熔断电阻器。

7）对于敏感电阻器，可分为热敏电阻器、光敏电阻器、压敏电阻器、磁敏电阻器、温敏电阻器、气敏电阻器、力敏电阻器。

8）对于可变电阻器，可分为电位器、半可变电阻器（微调电阻器）。

常见电阻器的外形如图 2-1-1 所示。

### 二、电阻器的命名方法

我国对电阻器的第二部分型号命名方法由以下四部分组成：

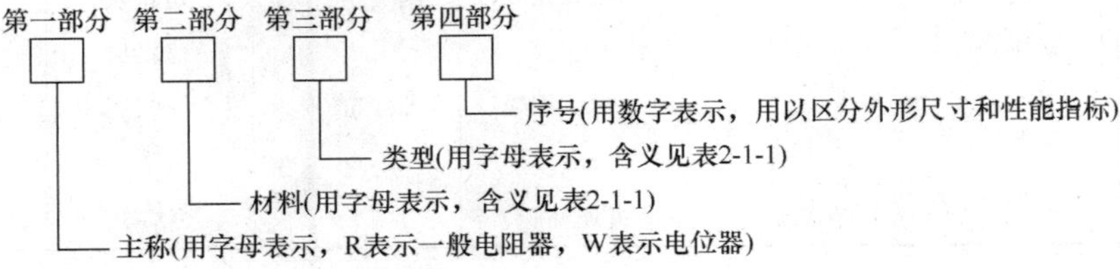

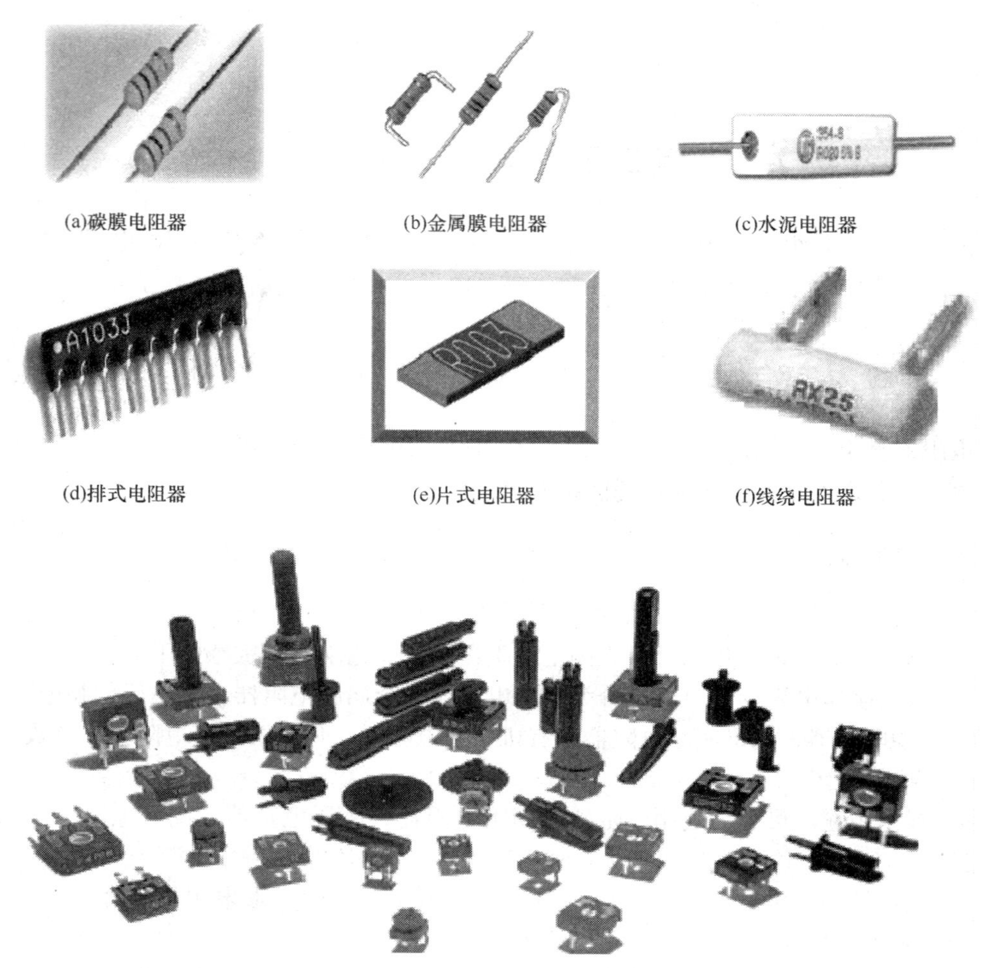


(a)碳膜电阻器　(b)金属膜电阻器　(c)水泥电阻器

(d)排式电阻器　(e)片式电阻器　(f)线绕电阻器

(g)各类电位器、微调电阻器

图 2-1-1　常见电阻器的外形

例如，RT21 代表普通型碳膜电阻器，RJ71 代表精密型金属膜电阻器。电阻器型号中字母和数字的含义见表 2-1-1。

**表 2-1-1　电阻器型号中材料、类型及序号的含义**

| 第一部分：主称 | | 第二部分：材料 | | 第三部分：类型 | | 第四部分：序号（用数字表示） |
|---|---|---|---|---|---|---|
| 字母 | 含义 | 字母 | 含义 | 字母或数字 | 含义 | |
| R | 电阻器 | T | 碳膜 | 1，2 | 普通 | 包括： |
| W | 电位器 | P | 硼碳膜 | 3 | 超高频 | 额定功率 |
| M | 敏感电阻器 | U | 硅碳膜 | 4 | 高阻 | 阻值 |
| | | C | 化学沉积膜 | 5 | 高温 | 允许误差 |
| | | H | 合成膜 | 6 | — | 精度等级 |
| | | I | 玻璃釉膜 | 7 | 精密 | |

续表

| 第一部分：主称 | | 第二部分：材料 | | 第三部分：类型 | | 第四部分：序号（用数字表示） |
|---|---|---|---|---|---|---|
| 字母 | 含义 | 字母 | 含义 | 字母或数字 | 含义 | |
| | | J | 金属膜（箔） | 8 | 电阻；高压 | |
| | | Y | 氧化膜 | 9 | 特殊 | |
| | | S | 有机实心 | G | 高功率 | |
| | | N | 无机实心 | T | 可调 | |
| | | X | 线绕 | X | 小型 | |
| | | | | L | 测量用 | |
| | | | | W | 微调 | |
| | | | | D | 多圈 | |

## 三、电阻器的图形符号与阻值单位

### 1. 电阻符号

根据国家标准的规定，各种电阻器的图形符号如图 2-1-2 所示。

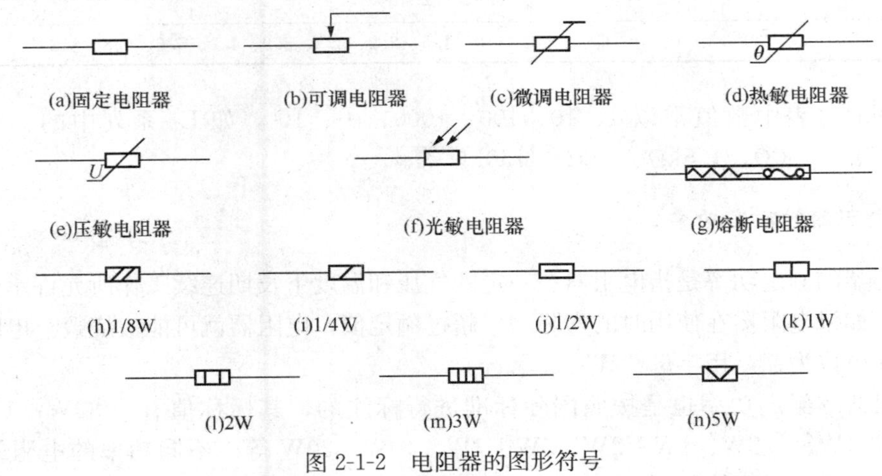


图 2-1-2　电阻器的图形符号

### 2. 电阻器的阻值单位

电阻器的阻值单位是欧姆（Ω），比欧姆大的单位有千欧（kΩ）、兆欧（MΩ）、吉欧（GM）等。它们之间的换算关系是：

$$1\mathrm{T\Omega}=10^{3}\mathrm{G\Omega}=10^{6}\mathrm{M\Omega}=10^{9}\mathrm{k\Omega}=10^{12}\Omega$$

## 四、电阻器的主要参数

### 1. 标称阻值

标称阻值是指电阻器表面所标的阻值，标称阻值不是任意标定的。国际上规定了一系列的阻值，厂家必须按这一系列阻值生产标注。

2. 电阻器的阻值误差

由于生产电阻器的工艺水平的差别，产品的实际阻值与标称阻值之间将产生一定的误差。电阻器的阻值误差表征了电阻的精度，通常用相对误差来表示。

阻值误差一般分为三级：Ⅰ级误差为±5%，Ⅱ级误差为±10%，Ⅲ级误差为±20%。在实际应用中有时精度会更高，我们称之为精密电阻器。阻值误差越小，制造成本越高。

电阻器标称阻值系列与误差间的关系见表 2-1-2。

**表 2-1-2　电阻器标称阻值系列与误差间的关系**

| 阻值系列 | 允许误差 | 误差等级 | 电阻标称阻值 |
| --- | --- | --- | --- |
| $E_{24}$ | ±5% | Ⅰ | 1.0、1.1、1.2、1.3、1.5、1.6、1.8、2.0、2.2、2.4、2.7、3.0、3.3、3.6、3.9、4.3、4.7、5.1、5.6、6.2、6.8、7.5、8.2、9.1 |
| $E_{12}$ | ±10% | Ⅱ | 1.0、1.2、1.5、1.8、2.2、2.7、3.3、3.9、4.7、5.6、6.8、8.2 |
| $E_6$ | ±20% | Ⅲ | 1.0、1.5、2.2、3.3、3.9、4.7、5.6、6.8、8.2 |

使用时将表中数值乘以 1、10、100、1000、…、$10^n$，如 $E_{24}$ 系列中的 1.5 就有 1.5Ω、15Ω、150Ω、1.5kΩ、15kΩ、150kΩ 等。

3. 电阻器的额定功率

电阻器的额定功率是指电阻器在一定的气压和温度下长期连续工作所允许承受的最大功率。如果电阻器在使用时的实际功率超过额定值，电阻器就可能被烧毁。电阻器的额定功率单位为瓦，用字母“W”表示。

电阻器的额定功率也是按照国际标准进行标注的，其标称值有 1/32W、1/16W、1/8W、1/4W、1/2W、1W、2W、5W、7W、10W、20W 等。不同功率的电阻器在电路中的标注采用图形符号法和直标法，如图 2-1-2（h）～（n）所示。

在选用电阻器时，通常选用额定功率为实际负载功率的一倍左右。

## 五、电阻器的标称阻值与误差的标注方法

电阻器的标称阻值与误差的标注方法通常分为直标法、文字符号法和色标法三种。一般大功率电阻器采用直标法和文字符号法，而一般的小功率电阻器采用色标法。

1. 直标法

直标法就是将电阻器的标称阻值及其误差直接标注在电阻器的表面，有的电阻器还标出额定功率，如图 2-1-3 所示。

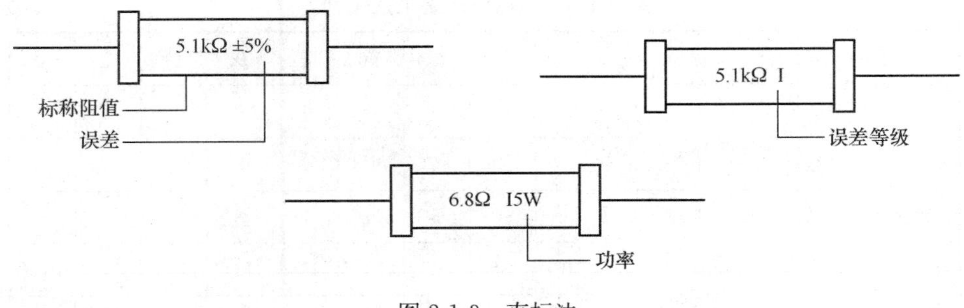


图 2-1-3　直标法

2. 文字符号法

文字符号法就是将文字、字母和数字有规律地组合起来，直接标注在电阻器的表面，标出电阻器的标称阻值和误差。例如，4Ω7 表示 4.7Ω，3R9 表示 3.9Ω，6k2 表示 6.2kΩ，2M4 表示 2.4MΩ 等。其中 Ω、R、k、M 代替了小数点。

文字符号法中的阻值误差也是用字母表示的，其字母代表的含义见表 2-1-3。

**表 2-1-3　阻值误差与字母对照表**

| 字　母 | 阻值误差/% | 字　母 | 阻值误差/% |
|---|---|---|---|
| W | ±0.05 | G | ±2 |
| B | ±0.1 | J | ±5 |
| C | ±0.25 | K | ±10 |
| D | ±0.5 | M | ±20 |
| F | ±1 | N | ±30 |

例如，3R3K 表示电阻器的电阻值为 3.3Ω，误差为±10%；2M7M 表示电阻器的电阻值为 2.7MΩ，误差为±20%。

3. 色标法

色标法是将电阻器的标称阻值与误差用不同的颜色环标注在电阻器的表面。色标法分为四环表示法和五环表示法两种，见表 2-1-4 和表 2-1-5。

**表 2-1-4　四环色环表示法规则**

| 色环序号 | 颜色 | 黑 | 棕 | 红 | 橙 | 黄 | 绿 | 蓝 | 紫 | 灰 | 白 | 金 | 银 | 无色 |
|---|---|---|---|---|---|---|---|---|---|---|---|---|---|---|
| 第一道环 | 第一位有效数 | 0 | 1 | 2 | 3 | 4 | 5 | 6 | 7 | 8 | 9 | | | |
| 第二道环 | 第二位有效数 | 0 | 1 | 2 | 3 | 4 | 5 | 6 | 7 | 8 | 9 | | | |
| 第三道环 | 倍乘数 | $10^0$ | $10^1$ | $10^2$ | $10^3$ | $10^4$ | $10^5$ | $10^6$ | $10^7$ | $10^8$ | $10^9$ | $10^{-1}$ | $10^{-2}$ | |
| 第四道环 | 误差/% | | | | | | | | | | | ±5 | ±10 | ±20 |

**表 2-1-5　五环色环表示法规则**

| 色环序号 | 颜色 | 黑 | 棕 | 红 | 橙 | 黄 | 绿 | 蓝 | 紫 | 灰 | 白 | 金 | 银 | 无色 |
|---|---|---|---|---|---|---|---|---|---|---|---|---|---|---|
| 第一道环 | 第一位有效数 | 0 | 1 | 2 | 3 | 4 | 5 | 6 | 7 | 8 | 9 | | | |
| 第二道环 | 第二位有效数 | 0 | 1 | 2 | 3 | 4 | 5 | 6 | 7 | 8 | 9 | | | |
| 第三道环 | 第三位有效数 | 0 | 1 | 2 | 3 | 4 | 5 | 6 | 7 | 8 | 9 | | | |
| 第四道环 | 倍乘数 | $10^0$ | $10^1$ | $10^2$ | $10^3$ | $10^4$ | $10^5$ | $10^6$ | $10^7$ | $10^8$ | $10^9$ | $10^{-1}$ | $10^{-2}$ | |
| 第五道环 | 误差/% | | ±1 | ±2 | | | ±0.5 | 0.25 | ±0.1 | | | ±5 | ±10 | ±20 |

在色环法中，第一道环紧靠电阻器的一端引脚，其单位为 Ω。例如，四环电阻器如图 2-1-4（a）所示为红紫橙金，表示阻值为 27kΩ，误差为±5%；五环电阻器如图 2-1-4（b）所示为白棕绿金棕，表示阻值为 91.5Ω，误差为±1%。

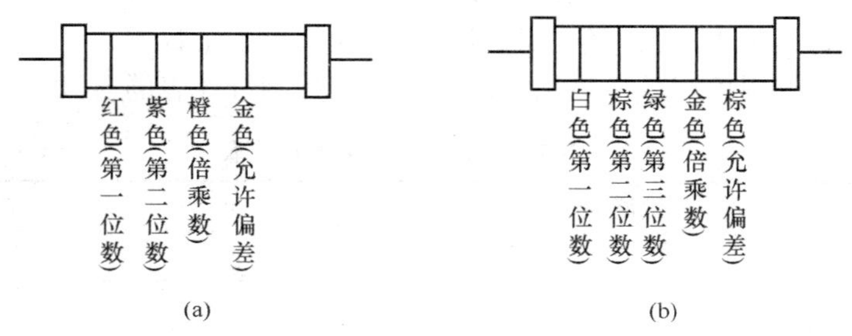


图 2-1-4　色环电阻的标注方法

除以上三种表示方法外，目前在片式电阻器、钮式电阻器或可调电阻器中还有一种新的用 3 位数字或 2 位数字标注电阻值的方法。这种方法的标注规则是：前面的数字为实际标称阻值的有效数字，最后 1 位数字为倍乘，即 10 的次方数。例如，203 表示阻值为 $20\times10^3$，即 20kΩ；241 表示 $24\times10^1$，即 240Ω；32 表示 $3\times10^2$，即 300Ω。

## 六、电阻器的检测

对电阻器的检测主要看其实际阻值与标称阻值是否相符。检测的方法分为开路检测和在路检测两种。

### 1. 开路检测

首先外观检看引脚是否松动，接触是否良好，标志是否清晰，以及表皮漆是否脱落等。

阻值开路检测就是用万用表欧姆挡拨至适合的量程，将两表笔放在电阻器两引脚的引线上，测其阻值，看万用表显示的阻值与标称阻值是否相符。注意不能用双手同时接触被测电阻的两端引脚，尤其是检测阻值较大的电阻器，否则人体电阻将会影响实际测量值。同时还要注意每次更换万用表量程后，要将万用表进行欧姆校零。

2. 在路检测

在电路断电状态，将万用表拨至欧姆挡适合的量程，欧姆校零后，把两表笔直接放在被测电阻器的两端两根引脚或引线上，正反两次测量，阻值一次大、一次小。正常的电阻器，万用表显示的最大一次阻值应小于被测电阻的标称阻值，如果大于标称阻值，则电阻器内部断路或开路，不能使用。这种测量对电阻器短路、电阻器在电路中并接阻值很小的线圈或其他元件时，测量无意义。

电阻器在更换时，应尽可能选用同规格型号、阻值相同的电阻器，若无适合的电阻器可选，则可采用串并联方式，在满足电路要求的条件下代用。对功率不同的电阻器，只能使用功率大的电阻器去代替功率小的电阻器。

### 七、电位器的检测

电位器是阻值可以调节变化的电阻器，主要应用于分压、电流调节等场合。电位器通常有三个引出端子，其中两个为固定端子，其间的阻值最大为电位器的标称阻值，另一端子为活动端子，通过改变活动端子与固定端子间的位置，可以改变相应端子间的电阻值。

电位器的主要参数除标称阻值、额定功率和误差外，还包括阻值变化规律。所谓阻值变化规律是指电位器中间轴（或滑动臂）的旋转角度与电阻值的变化规律。按照变化规律的不同，电位器可分为线性电位器、指数式电位器、对数式电位器等。

电位器的阻值一般采用直标法和文字符号法进行标注。用万用表欧姆挡测量电位器两个固定端子的总电阻值与标称阻值进行比较，若测量的值比标称阻值大很多，则说明电位器内部电阻片断裂或焊片松动或接触不良。

在电位器总阻值正常的情况下，将一支表笔放在电位器的任意一个固定端子，另一支表笔放在阻值活动的端子上。缓缓调节电位器转轴或滑柄，观察表针是否连续平稳均匀地变化，若变化不连续或变化时不均匀，表针乱摆、跳动、抖动、停顿，说明内部滑动片接触不良。

另外有一种带开关的电位器在检测开关时，可用万用表检测其通断是否可靠。将万用表置 R×1 挡，两表笔分别接在电位器的开关端子上，每次通断，万用表表针能发生大幅度摆动，且开关声音清晰，说明电位器开关正常。

## 第二节　电　容　器

电容器是一种储能元件，它是由两个彼此相互靠近、互相绝缘的导体（或金属板）组成的。两个极板之间的绝缘物质称为电介质，它们可以是空气、云母、塑料薄膜或陶瓷等。电容器除了具有隔直和分离各种不同频率的能力外，在电路中还可以用作旁路、耦合信号、滤波和谐振元件等。

## 一、电容器的分类

常用电容器的种类很多，其分类方法也各有不同。

1）根据介质材料分类，可分为气体介质电容器、电解介质电容器、有机介质电容器、无机介质电容器。

气体介质电容器又分为空气介质电容器和真空介质电容器。

电解介质电容器又分为铝电解电容器、铌电解电容器、钽电解电容器。电解电容器又称为有极性电容器，其他电容器称为无极性电容器。电解电容器在电路中使用时，“+”、“−”极不能接反，否则会造成电路无法正常工作。在高电压、大电流的电路中使用，还会造成电解电容器的爆炸现象。

有机介质电容器又分为纸介电容器、塑料薄膜电容器、涤纶电容器、聚苯乙烯电容器、聚丙乙烯电容器等。

无机介质电容器又分为陶瓷电容器、云母电容器、玻璃釉电容器。

2）根据容量调节方式分类，可分为固定电容器、可变电容器、微调电容器。

3）根据用途分类，可分为高频电容器、高压电容器、低频电容器、低压电容器。

4）根据封装形式分类，可分为圆柱形电容器、长方形电容器、圆片电容器、管形电容器、球形电容器、方形电容器等。

5）根据引线方向分类，可分为轴向引线电容器、径向引线电容器、同向引线电容器、无引线电容器。

常见电容器的外形如图 2-2-1 所示。

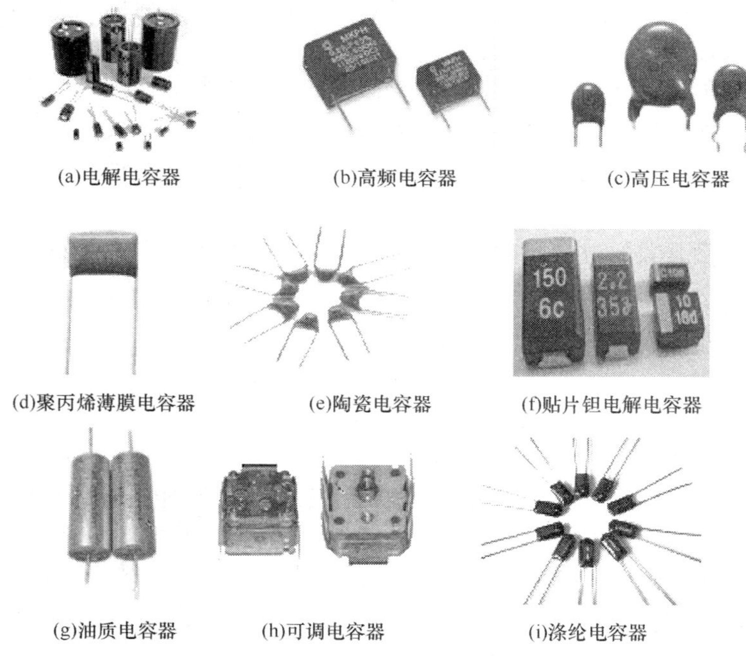


(a)电解电容器　(b)高频电容器　(c)高压电容器

(d)聚丙烯薄膜电容器　(e)陶瓷电容器　(f)贴片钽电解电容器

(g)油质电容器　(h)可调电容器　(i)涤纶电容器

图 2-2-1　常见电容器的外形

## 二、电容器的型号命名

电容器的型号命名由以下四个部分组成。

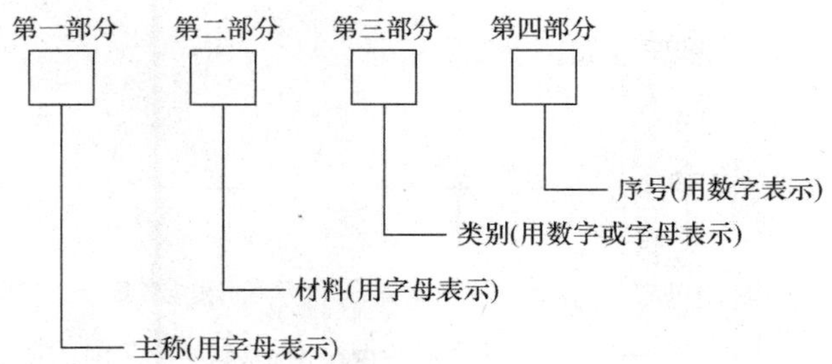


电容器的型号命名方法见表 2-2-1。

**表 2-2-1　电容器的型号命名方法**

| 第一部分（用字母表示） | | 第二部分（用字母表示） | | 第三部分（用字母表示） | | 第四部分（用字母或数字表示） |
|---|---|---|---|---|---|---|
| 符号 | 含义 | 符号 | 含义 | 符号 | 含义 | |
| | | C | 瓷介 | T | 铁电 | |
| | | I | 玻璃釉 | W | 微调 | |
| | | O | 玻璃膜 | J | 金属化 | |
| | | Y | 云母 | X | 小型 | |
| | | V | 云母纸 | S | 独石 | |
| | | Z | 纸介 | D | 低压 | |
| | | J | 金属化纸 | M | 密封 | |
| | | B | 聚苯乙烯 | Y | 高压 | |
| | | F | 聚四氟乙烯 | C | 穿心式 | |
| | | L | 涤纶（聚酯） | | | 以区分产品外形尺寸和性能指标（如温度、直流工作电压、误差等） |
| | | S | 聚碳酸酯 | | | |
| | | Q | 漆膜 | | | |
| | | H | 脂膜复合 | | | |
| | | D | 铝电解 | | | |
| | | A | 钽电解 | | | |
| | | G | 金属电解 | | | |
| | | N | 铌电解 | | | |
| | | T | 钛电解 | | | |
| | | M | 压敏 | | | |
| | | E | 其他材料 | | | |

## 三、电容器的图形符号与电容器的容量单位

### 1. 电容器在电路中的图形符号

电容器在电路中的图形符号如图 2-2-2 所示。

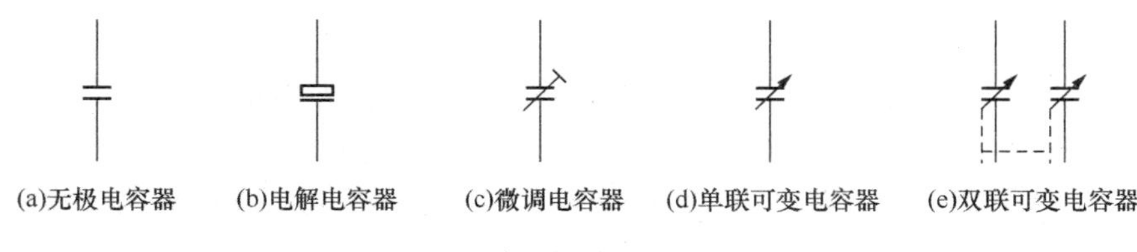


图 2-2-2　常见电容器的图形符号

### 2. 电容器的容量单位

电容器的基本单位为法拉（F），其他常用单位有微法（μF）、纳法（nF）、皮法（pF），它们之间的换算关系为：

$$1\text{F} = 10^3\text{mF} = 10^6\mu\text{F} = 10^9\text{nF} = 10^{12}\text{pF}$$

## 四、电容器的主要参数

电容器的主要参数有标称容量、允许误差、额定耐压、绝缘电阻及漏电流等。

### 1. 电容器的标称容量与允许误差

（1）标称容量

标在电容器外壳上的电容量数值称为电容器的标称容量。为了便于生产和使用，规定了一系列容量值作为产品标准。$E_{24}$、$E_{12}$、$E_6$、$E_3$系列是目前使用的标准，见表 2-2-2。

**表 2-2-2　电容器的标称容量与允许误差**

| 标称值系列 | 允许误差/% | 标称容量值 | | | | | | | | | | | |
|---|---|---|---|---|---|---|---|---|---|---|---|---|---|
| $E_{24}$ | ±5 | 1.0 | 1.1 | 1.2 | 1.3 | 1.5 | 1.6 | 1.8 | 2.0 | 2.2 | 2.4 | 2.7 | 3.0 |
| | | 3.6 | 3.9 | 4.3 | 4.7 | 5.1 | 5.6 | 6.2 | 6.8 | 7.5 | 8.2 | 9.1 | |
| $E_{12}$ | ±10 | 1.0 | 1.2 | 1.5 | 1.8 | 2.2 | 2.7 | 3.3 | 3.9 | 4.7 | 5.6 | 6.8 | 8.2 |
| $E_6$ | ±20 | 1.0 | 1.5 | 2.2 | 3.3 | 4.7 | 6.8 | | | | | | |
| $E_3$ | >20 | 1.0 | 2.2 | 4.7 | | | | | | | | | |

注：在实际应用时，将所列数值再乘以 10*n*，其中 *n* 为正整数或负整数。

（2）允许误差

允许误差是指电容器的标称值与实际容量之差除以标称值所得的百分数。误差一般分为三个等级，可写为Ⅰ级、Ⅱ级、Ⅲ级，即±5%、±10%、±20%。

2. 电容器的额定耐压值

额定工作电压又称作耐压值，是表示电容器接入电路后，能长期、连续、可靠的工作而不被击穿所能承受的最高工作电压。在实际应用时，绝对不允许超过这个耐压值，否则电容器就会损坏或被击穿。

3. 漏电流和绝缘电阻

电容器中的介质是非理想绝缘体，在一定工作温度及条件下，电容器两极板间存在漏电流。一般的，电解电容器的漏电流较大些，其他类电容器的漏电流较小。绝缘电阻等于加到电容极板上的直流电压与漏电流之比，常用来表征电容器的绝缘性能。一般电容器的绝缘电阻都在数百兆欧。

## 五、电容器主要参数的标注方法

1. 直标法

直标法是指在电容器的表面直接用数字或字母标注出标称容量、额定电压等参数。例如，电容器上标有“CY-8、620pF、200V”字样，就表示这一电容器是云母电容器，标称容量是620pF，额定电压是200V。

2. 字母与数字混合标注法

1）该种标注法的具体做法是：用2～4位数字和一个字母混合后表示电容器的容量大小。其中数字表示有效数值，字母表示数值的量级。常用的字母有m、μ、n、p等。字母m表示毫法（$10^{-3}$F）、μ表示微法（$10^{-6}$F）、n表示纳法（$10^{-9}$F）、p表示皮法（$10^{-12}$F）。

例如，100m表示标称容量为100mF＝100 000μF，10μ表示标称容量为10μF，10n表示标称容量为10nF＝10 000pF，10p表示标称容量为10pF。

2）字母有时也表示小数点。例如，3μ3表示标称容量为3.3μF，3F32表示标称容量为3.32F，2p2表示标称容量为2.2pF。

3）有的是在数字前面加R或P等字母时，表示零点几微法或皮法。例如，R22表示标称容量为0.22μF、P50表示标称容量为0.5pF。

3. 3位数字的表示法

3位数字的表示法也称作电容量的数码表示法。3位数字的前2位数字为标称容量的有效数字，第3位数字表示有效数字后面零的个数，它们的单位都是pF。

例如，102表示标称容量为1000pF，221表示标称容量为220pF。

在这种表示法中有一个特殊情况，就是当第3位数字用“9”表示时，是用有效数字乘上$10^{-1}$来表示容量大小。例如，229表示标称容量为$22\times10^{-1}$pF＝2.2pF。

4. 4位数字的表示法

4位数字的表示法也称作不标单位的直接表示法。这种标注方法是用1～4位数字表示电容器的电容量，其容量单位为pF。如用零点零几或零点几表示容量时，其单位为μF。例如，3300表示标称容量为3300pF，680表示标称容量为680pF，7表示标称容量为7pF。

5. 色标法

电容器的色标法与电阻器的色环法基本一样，是在元件外表涂上色带或色点表示容量，色环颜色表示的意义同电阻器。

## 六、电容器容量允许误差的标注方法

电容器容量允许误差的标注方法主要有三种。

1）用字母表示误差。各字母表示的意义见表2-2-3。

**表2-2-3 字母表示误差法中各字母表示的意义**

| 字母 | B | C | D | F | G | J | K |
|---|---|---|---|---|---|---|---|
| 误差/% | ±0.1 | ±0.25 | ±0.5 | ±1 | ±2 | ±5 | ±10 |

| 字母 | M | N | Q | S | Z | P |
|---|---|---|---|---|---|---|
| 误差/% | ±20 | ±30 | +30～−10 | +50～−20 | +80～−20 | +100～−0 |

例如，223Z表示电容器容量为22 000pF（即0.022μF），字母Z表示误差为−20%～+80%。

2）直接标出误差的绝对值。例如，68pF±0.2pF表示电容器的电容量为68pF，误差在±0.2pF之间。

3）直接用数字表示百分比的误差。例如，0.068/5中的5就表示误差为±5%，这里将%省去了。

## 七、电容器的检测

电容器是各种电子产品中都要采用的元件，使用数量较多，其故障的发生率要比电阻器高，而且检测要比电阻器麻烦。

由于电容器的种类很多，容值范围较宽，结构又有所不同，所以要采用下面不同的检测方法。

1. 固定电容器的检测

（1）漏电电阻的测量

选用万用表的欧姆挡（$R\times10$k或$R\times1$k挡，视电容器的容量而定。测量大容量的电容器时，选择小量程；测量小容量的电容器时，选择大量程），把两支表笔分别接触电容器的两个引线脚。此时表针快速向顺时针方向（电阻为零的方向）摆动，逐渐退回到原来的无穷大位置上，然后断开表笔，将红、黑表笔对调，重复测量电容器，如表针仍按上述的方法摆动，说明电容器的漏电电阻很小，电容器性能良好，能够正常使用。

当测量中发现万用表的指针不能回到无穷大位置时，此时表针所指的阻值就是该电容器的漏电电阻值。表针距离阻值无穷大位置越远，说明电容器漏电越严重。有的电容器在测量其漏电电阻时，表针退回到无穷大位置，然后又慢慢向顺时针方向摆动，摆动得越多表明电容器漏电越严重。

（2）电容器断路的测量

电容器的容量范围很宽，用万用表判断电容器的断路情况时，首先要看电容器的大小。对 0.01μF 以下的小容量电容器，用万用表不能准确判断其是否断路，只能用其他仪表进行鉴别（如 Q 表）。

对于 0.01μF 以上的电容器，用万用表测量时，必须根据电容器容量的大小，选择合适的量程进行测量，才能正确地给予判断。

当测量 300μF 以上的电容器时，可选用 $R\times10$ 或 $R\times1$ 挡；当测量 10～300μF 电容器时，可选用 $R\times100$ 挡；当测量 0.47～10μF 的电容器时，可选用 $R\times1\text{k}$ 挡；当测量 0.01～0.47μF 的电容器时，可选用 $R\times10\text{k}$ 挡。

按照上述方法选择好量程后，便可将万用表的两支表笔分别接电容器的两个引脚。测量时，如果表针不动，可将表笔对调后再测量。若表针仍不动，说明电容器断路。

（3）电容器短路的测量

选用万用表的欧姆挡，将万用表的两支表笔分别接电容器的两个引脚。如果表针所示阻值很小或为 0Ω，而且表针不再退回到无穷大位置，说明电容器已经击穿短路。需要注意的是，在测量容量较大的电容器时，要根据容量的大小，依照上述介绍的量程选择方法来选择合适的量程，否则就会把电容器的充电误认为击穿。

### 2. 电解电容器漏电电阻的检测

依照上述介绍的量程选择方法，选择合适的量程。将红表笔接电解电容器的负极，黑表笔接正极。此时，表针向电阻为 0Ω 的方向摆动，摆到一定幅度后，又反向回摆，直到某一位置停下，此时表针所指的阻值便是电解电容器的正向漏电电阻。正向漏电电阻越大，说明电容器的性能越好，其漏电电流越小。将万用表红、黑表笔对调，再进行测量，此时表针所指的阻值为电容器的反向漏电电阻，该值应比正向漏电电阻小一些。测得的正、反向漏电电阻值如果很小（几百千欧以下），则表明电解电容器的性能不良，不能使用。

### 3. 可变电容器的检测

（1）可变电容器的故障现象

可变电容器的主要故障是转轴松动、动片与定片之间相碰断路。如果是固体介质的密封可变电容器，其动片与定片之间有杂质与灰尘时还可能有漏电现象。

（2）检查方法

对于碰片短路与漏电的检查方法是：选择万用表的 R×10k 挡，测量动片与定片之间的绝缘电阻，即用两支表笔分别接触电容器的动片、定片，然后慢慢旋转动片，如碰到某一位置阻值为 0Ω，则表明有碰片短路现象，应予以排除。如动片转到某一位置时，表针不为无穷大，而是出现一定的阻值，则表明动片与定片之间有漏电现象，应清除电容器内部的灰尘后再用。若将动片全部旋进、旋出后，阻值均为无穷大，表明可变电容器良好。

## 八、电阻器和电容器的检测实训

### 1. 实验目的

1）熟悉电阻器、电容器的外形与型号命名法。
2）学习用万用表检测电阻器、电容器的方法。

### 2. 实验设备

实验设备见表 2-2-4。

**表 2-2-4　实验设备**

| 序号 | 名称 | 型号与规格 | 数量 | 备注 |
|---|---|---|---|---|
| 1 | 万用表 | | 1 | |
| 2 | 电阻器 | | 若干 | |
| 3 | 电容器 | | 若干 | |

### 3. 实验内容和步骤

1）电阻器的识别和检测，将结果填入表 2-2-5 中。

**表 2-2-5　电阻器的识别和检测**

| 序号 | 标志 | 识　别 | | | | 测量 | | 合格否 |
|---|---|---|---|---|---|---|---|---|
| | | 材料 | 阻值 | 允许误差 | 功率 | 量程 | 阻值 | |
| | | | | | | | | |

2）色环电阻器的识别和检测，将结果记录于表 2-2-6 中。

**表 2-2-6　色环电阻器的识别和检测**

| 序号 | 色环颜色（按顺序填写） | 识　别 | | | 测量 | | 格否 |
|---|---|---|---|---|---|---|---|
| | | 阻值 | 允许误差 | 功率 | 量程 | 阻值 | |
| | | | | | | | |

3）电容器的识别和检测，将结果记录于表 2-2-7 中。

**表 2-2-7　电容器的识别和检测**

| 序号 | 标志 | 识别 | | | 测量漏电电阻 | | 合格否 |
|---|---|---|---|---|---|---|---|
| | | 材料 | 容量 | 耐压 | 量程 | 阻值 | |
| | | | | | | | |

# 第三节　电　感　器

用漆包铜线或纱包铜线按照一定的规格参数绕制成的线圈，被称作电感线圈，又称作电感器。电感线圈具有通直流阻交流的特性，电感线圈可以在交流电路中作阻流降压、交连耦合。当电感器和电容器配合时，可以作调谐、滤波、选频、退耦等。

利用线圈的互感作用又可以制成变压器，变压器是由两组以上的线圈紧紧靠在一起而组成的。变压器主要用于耦合、阻抗变换、变压、变流等。

## 一、电感器的分类

1）根据电磁感应方式分类，可分为自感线圈、互感线圈。

2）根据电感量是否变化分类，可分为固定电感、可变电感、微调电感。

3）根据导磁性分类，可分为空心线圈、磁芯线圈、铁芯线圈、铜芯线圈、磁芯可调线圈、铜芯可调线圈、空心滑动触点可调电感线圈。

4）根据工作频率分类，可分为低频电感线圈、中频电感线圈、高频电感线圈。

5）根据用途分类，可分为电源滤波线圈、高频滤波线圈、高频阻流线圈、低频阻流圈、行偏转线圈、场偏转线圈、行线性校正线圈、行振荡线圈。

6）根据线圈的绕制层数，可分为单层线圈、多层线圈。

7）根据线圈引脚方式，可分为立式线圈、卧式线圈、无引线片式线圈等。

8）变压器根据用途，可分为电源变压器、脉冲变压器、音频变压器等。

9）变压器根据绕组的形式，可分为隔离变压器、自耦变压器。

10）变压器根据导磁性质，可分为空心变压器、铁芯变压器、磁芯变压器。

常见电感器的外形如图 2-3-1 所示。

## 二、电感器的命名方法

我国对电感线圈的型号命名方法由以下四部分组成。

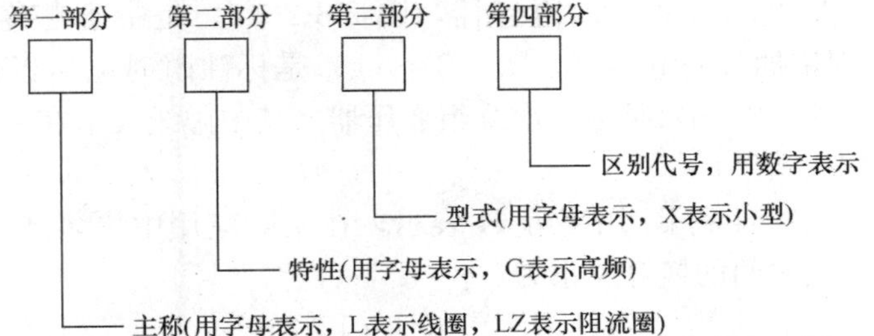

(a)磁芯线圈　(b)环形磁芯线圈　(c)单层空心线圈

(d)天线线圈　(e)分层绕空心线圈　(f)电源变压器(1)

(g)电源变压器(2)　(h)环形电源变压器　(i)开关电源变压器

图 2-3-1　常见电感器的外形

例如，LGX 表示小型高频电感线圈。

我国对变压器的型号命名方法由以下三部分组成。

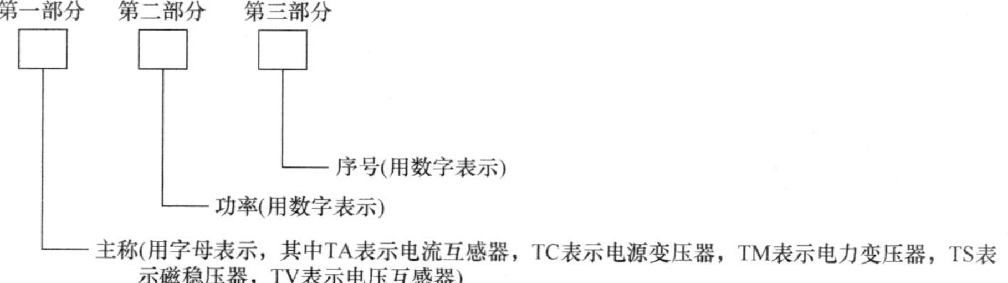


## 三、电感器的图形符号及其电感量单位

图 2-3-2 为常用电感器及变压器在电路中的常用符号。其中，图 2-3-2（a）是不含磁芯的一般电感器，图 2-3-2（b）是带磁芯的电感器，图 2-3-2（c）是带屏蔽层的电感器，图 2-3-2（d）是磁芯有间隙的电感器，图 2-3-2（e）是带磁芯连续可变电感器，图 2-3-2（f）是带固定抽头的电感器，图 2-3-2（g）是标注瞬时电压极性（同名端）的双绕组变压器，图 2-3-2（h）是多二次绕组变压器（其中虚线表示在一次绕组与二次绕组间有一个屏蔽层）。

电感量的单位为亨［利］，用字母 H 表示，在实际应用中更多地采用毫亨（mH）和微亨（$\mu$H），它们之间的换算关系为

$$1\text{H} = 10^3\text{mH} = 10^6\mu\text{H}$$

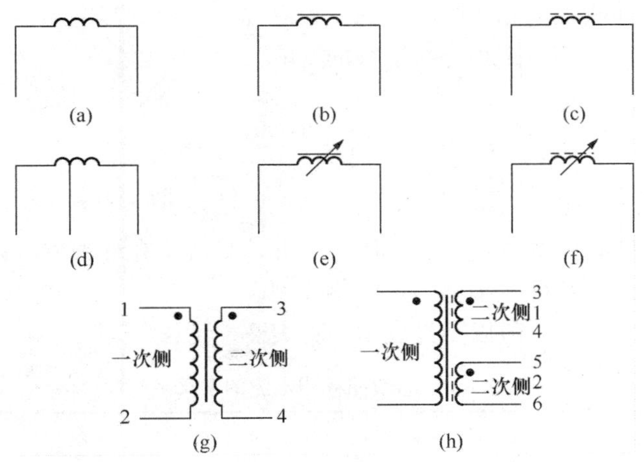


图 2-3-2　常用电感器及变压器的图形符号

## 四、电感器的主要参数

电感线圈的主要参数有电感量及允许偏差、品质因数、标称（额定）电流和分布电容等，变压器的常用技术参数有额定功率、匝比、效率等。

### 1. 电感量及允许偏差

线圈电感量的大小，主要取决于线圈直径的尺寸、线圈匝数、有无磁芯及磁芯的材料等。允许偏差是指制造过程中电感量偏差的大小，通常有三个等级：Ⅰ级为±5%，Ⅱ级为±10%，Ⅲ级为±20%。

### 2. 品质因数

品质因数又称 $Q$ 值，是表示线圈质量的一个量。它是指线圈在某一频率的交流电压下工作时，线圈所呈现的感抗和线圈直流电阻的比值，用公式表示为

$$Q=\frac{2\pi fL}{R}$$

式中　$f$——工作频率；
$L$——线圈的电感量；
$R$——导线的总损耗电阻。

### 3. 额定电流

额定电流是指电感器正常工作时所允许通过电感器的最大电流。当通过电感器的工作电流大于这一电流值时，电感器将有烧坏的危险。

### 4. 分布电容

分布电容指线圈的匝与匝间、线圈与地间、线圈与屏蔽罩间、线圈的层与层之间存

在的电容，相当于并联在电感线圈两端的一个总等效电容。当电感器工作在高频电路时要尽可能合理地设计电路，减小分布电容的影响。

## 五、电感线圈的参数标注方法

### 1. 直标法

用字母表示电感线圈的额定电流，用Ⅰ、Ⅱ、Ⅲ表示允许误差。采用这种数字与符号直接表示其参数的，就称为小型固定电感线圈。

电感线圈的标称电流一般以字母表示，见表 2-3-1。

**表 2-3-1　电感线圈标称电流的字母及意义**

| 字母 | A | B | C | D | E |
|---|---|---|---|---|---|
| 意义 | 50mA | 150mA | 300mA | 0.7A | 1.6A |

例如，电感线圈外壳上标有 C、Ⅱ、330$\mu$H，表明电感线圈的电感量为 330$\mu$H、最大工作电流为 300mA、允许误差为±10%。

例如，电感线圈外壳上标有 100$\mu$H、B、Ⅱ，表明电感线圈的电感量为 100$\mu$H、最大工作电流为 150mA、允许误差为±10%，如图 2-3-3 所示。

### 2. 色标法

在电感线圈的外壳上，使用颜色环或色点表示其参数的方法就称作色标法。采用这种方法表示电感线圈主要参数的小型固定高频电感线圈就称为色码电感线圈。色码电感线圈的色标法如图 2-3-4 所示。

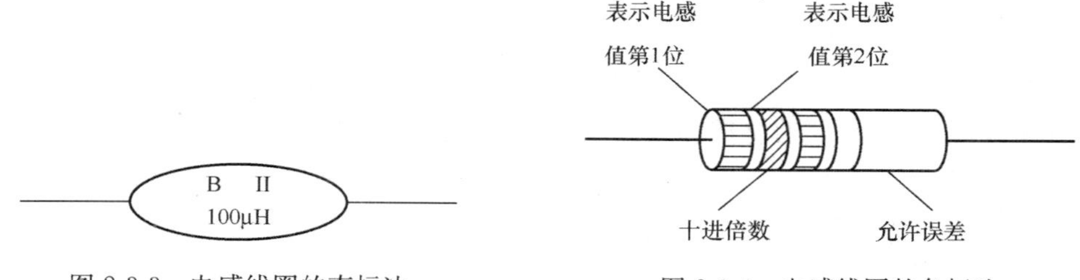


图 2-3-3　电感线圈的直标法　　图 2-3-4　电感线圈的色标法

如某一电感线圈的色环依次为蓝、灰、红、银，表明此电感线圈的电感量为 6800$\mu$H，允许误差为±10%。

## 六、电感线圈的检测

电感线圈性能的检测在业余条件下是无法进行的。即对电感量、$Q$ 值的检测均需要专门的仪器，对于一般使用者来说无法做到。此时可从下面两个方面进行检测：

1）从电感线圈外观查看是否有破裂现象，线圈是否有松动、变位的现象，引脚是否牢靠；查看电感器的外表上是否有电感量的标称值；还可进一步检查磁芯旋转是否灵活，有无滑扣等。

2）用万用表检测通断情况。将万用表置于 R×1 挡，用两支表笔分别碰接电感线圈的引脚。当被测的电感阻值为 0Ω 时，说明电感线圈内部短路，不能使用。如果测得电感线圈有一定阻值，说明正常。电感线圈的阻值与电感线圈所用漆包线的粗细、圈数多少有关。判断阻值是否正常可通过相同型号电感线圈的正常值进行比较。

当测得的阻值为∞时，说明电感线圈或引脚与线圈接点处发生了断路，此时不能使用。

### 七、变压器的检测

变压器出现的故障有短路、断路、绝缘不良引起的漏电噪声等。当变压器出现故障时，应及时检查更换，尤其是电源变压器，出现焦煳味、冒烟、输出电压降低很多且温升很快时，应切断电源，找出故障所在。下面介绍电源变压器的检查方法。

1）检测一、二次绕组的通断。将万用表置于 R×1 挡，用两支表笔分别碰接一次绕组的两个引出线。阻值一般为几十欧到几百欧，若出现∞，则为断路；若阻值为 0Ω，则为短路。用同样的方法测二次绕组的阻值，一般为几欧到几十欧（降压变压器）。如果二次绕组有多个时，输出标称电压值越小，其阻值越小。

绕组断路时，无电压输出。断路的原因有外部引线断线、引线与焊片脱焊、受潮后内部霉断等。

2）检测各绕组间、绕组与铁芯间的绝缘电阻。将万用表置于 R×10k 挡，将一支表笔接一次绕组的一个引出线，另一支表笔分别接二次绕组的引出线，万用表所示阻值应为∞；若小于此值时，表明绝缘性能不良，尤其是阻值小于几百欧时表明绕组间有短路故障。

用上述方法再继续检测绕组与铁芯之间的绝缘电阻（一支表笔接铁芯，另一支表笔接各绕组引出线）。

3）测试变压器的二次空载电压。将变压器一次侧接入 220V 电源，将万用表置于交流电压挡，根据变压器二次侧的标称值，选好万用表的量程，依次测出二次绕组的空载电压，允许误差一般不应超出 5%～10%（在一次电压为 220V 的情况下）。

若出现二次电压都升高，表明一次绕组有局部短路故障；若二次侧的某个绕组电压偏低，表明该线圈有短路故障。

4）若电源变压器出现嗡嗡声，可用手压紧变压器的绕组，若嗡嗡声立即消失，表明变压器的铁芯或绕组有松动现象，也有可能是变压器的固定位置有松动。

## 第四节　开关和接插件

开关和接插件的作用是断开、接通或转换电路。开关和接插件大多是串接在电路中，其质量及可靠性直接影响电子系统或设备的可靠性。其中突出的问题是接触问题。接触不可靠不仅影响电路的正常工作，而且是噪声的重要来源之一。合理地选择和正确使用开关及接插件，将会大大降低电子设备的故障率。

影响开关和接插件质量及可靠性的主要因素是温度、湿度、工业气体和机械振动等。温度、湿度、工业气体易使触点氧化，致使接触电阻增大，绝缘性能下降。振动易使接触不稳。为此，选用时应根据产品的技术条件规定的电气、机械、环境、动作次数、镀层等合理地进行选择。

### 一、开关

开关在电子设备中作接通和切断电路用，其中大多数都是手动式机械结构。由于此结构操作方便，价廉可靠，目前使用十分广泛。随着新技术的发展，各种非机械结构的开关不断出现，如气动开关、水银开关以及高频振荡式、电容式、霍尔效应式的各类电子开关。常用的开关有波段开关、按钮开关、键盘开关、琴键开关、纽子开关、拨动开关和薄膜按键开关等。其中薄膜按键开关又简称薄膜开关，它是近年来国际流行的一种集装饰与功能为一体化的新型开关。它按基材不同可分为软性和硬性两种，按面板类型的不同可分为平面型和凹凸型，按操作感受可分为触觉有感式和无感式。

薄膜开关工作电压一般在 DC 36V 以下，工作电流一般在 100mA 以下。开关只能瞬时接通且不能自锁。

### 二、接插件

接插件按工作频率分为低频接插件（通常是指频率在 100MHz 以下的连接器）和高频接插件（是指频率在 100MHz 以上的连接器），按外形结构特征分为圆形插座、矩形插座、印制板插座、带状电缆接插件等。

### 三、选用开关和接插件应注意的问题

1）首先要根据使用条件和功能来选择合适类型的开关及接插件。

2）开关、接插件的额定电压、电流要留有一定的余量。

3）为了接触可靠，开关的触点或接插件的线数要留有一定余量，以便并联使用或备用。

4）尽量选用带定位的接插件，避免插错而造成故障。

5）触点的接线和焊接可靠，为防止断线和短路，焊接处应加套管保护。

## 第五节　二　极　管

晶体二极管又称半导体二极管，是由 P 型半导体材料和 N 型半导体材料结合而形成的单晶半导体器件。晶体二极管有两个电极，具有单向导电性。二极管的正向压降随正向电流的增大略有增加，随温度升高而下降。二极管的种类较多，这里只介绍使用最普遍的常见二极管，常用的二极管具有整流、检波、稳压等作用。

## 一、二极管的分类

二极管的种类很多，分类方法也不尽相同。

1）根据材料不同，可分为锗二极管、硅二极管和砷化镓二极管。在锗二极管和硅二极管中又分为 P 型和 N 型两种。

2）根据制作工艺不同，可分为面接触型和点接触型。

3）根据用途不同，可分为整流二极管、检波二极管、稳压二极管、开关二极管、阻尼二极管、发光二极管、磁敏二极管、温敏二极管、变容二极管、光敏二极管、快恢复二极管、双向触发二极管等。

4）根据封装形式，可分为玻璃封装二极管、塑料封装二极管、金属封装二极管。

5）根据二极管的工作频率，可分为高频二极管、中频二极管、低频二极管。

6）根据二极管的功率大小，可分为大功率二极管、中功率二极管、小功率二极管。

常见二极管的外形如图 2-5-1 所示。

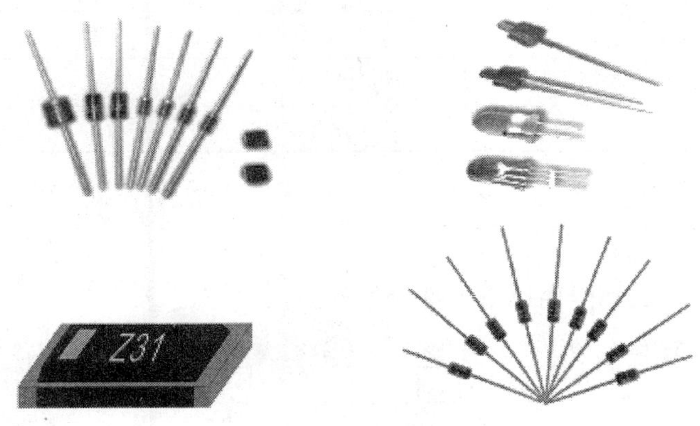


图 2-5-1　常见二极管的外形

## 二、二极管的命名方法

### 1. 国产半导体器件型号命名方法

国产半导体器件的型号由以下五部分组成：

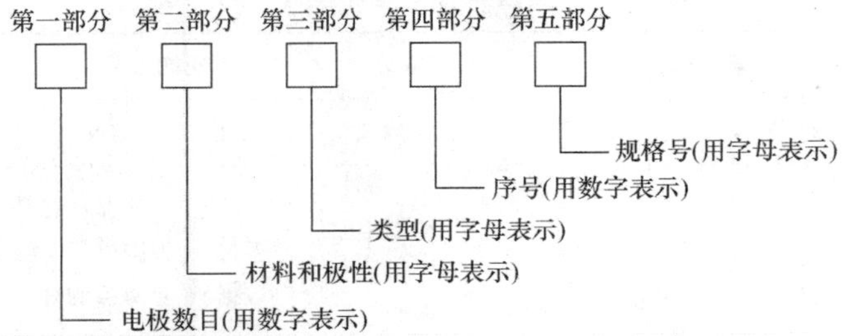


国产半导体器件型号命名方法见表 2-5-1。

**表 2-5-1　国产半导体器件型号命名方法**

| 第一部分 | | 第二部分 | | 第三部分 | |
|---|---|---|---|---|---|
| 2 | 二极管 | A | N 型锗材料 | P | 普通二极管 |
| | | B | P 型锗材料 | W | 稳压二极管 |
| | | C | N 型硅材料 | Z | 整流二极管 |
| | | D | P 型硅材料 | L | 整流二极管 |
| | | | | K | 开关二极管 |
| | | | | N | 阻尼二极管 |
| | | | | F | 发光二极管 |
| | | | | U | 光电二极管 |
| | | | | S | 隧道二极管 |
| 3 | 三极管 | A | PNP 型锗材料 | X | 低频小功率三极管 |
| | | B | NPN 型锗材料 | G | 高频小功率三极管 |
| | | C | PNP 型硅材料 | D | 低频大功率三极管 |
| | | D | NPN 型硅材料 | A | 高频大功率三极管 |
| | | E | 化合物材料 | | |

2. 美国半导体器件型号命名方法

美国半导体器件的型号由以下五部分组成：

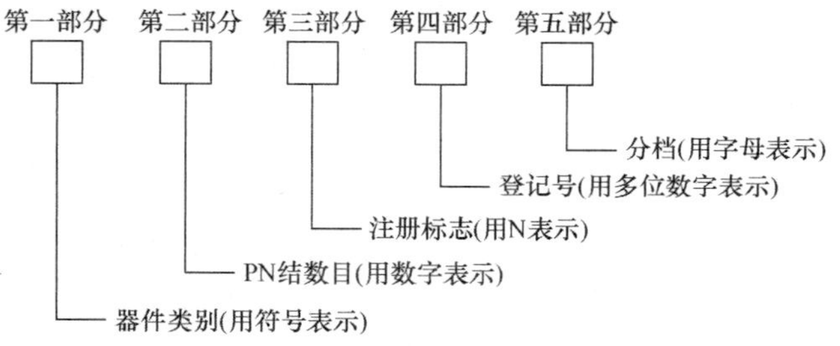


美国半导体器件型号命名方法见表 2-5-2。

**表 2-5-2　美国半导体器件型号命名方法**

| 第一部分 | | 第二部分 | | 第三部分 | | 第四部分 | | 第五部分 | |
|---|---|---|---|---|---|---|---|---|---|
| 符号 | 含义 | 符号 | 含义 | 符号 | 含义 | 符号 | 含义 | 符号 | 含义 |
| JAN或J | 军用品 | 1<br>2 | 二极管<br>三极管 | N | 该器件是在美国电子工业协会注册登记的半导体器件 | 多位数据 | 该器件在美国电子工业协会的登记号 | A<br>B<br>C<br>… | 同一型号器件的不同挡别 |
| | 非军用品 | 3<br>$n$ | 三个 PN 结器件<br>$n$ 个 PN 结器件 | | | | | | |

3. 日本半导体器件型号命名方法

日本半导体器件的型号由以下五部分组成：

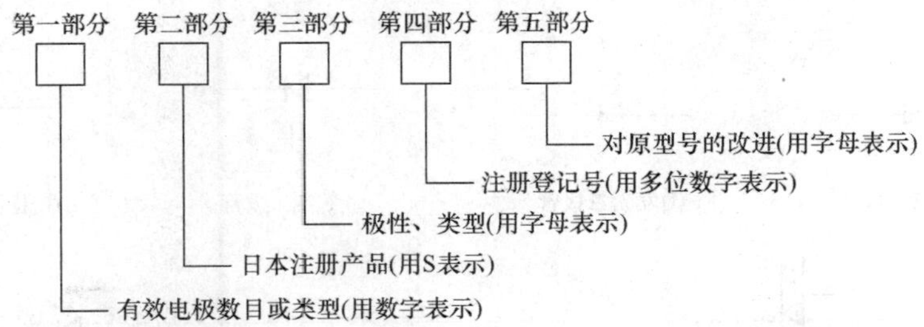


日本半导体器件型号命名方法见表 2-5-3。

**表 2-5-3　日本半导体器件型号命名方法**

| 第一部分 | | 第二部分 | | 第三部分 | | 第四部分 | | 第五部分 | |
|---|---|---|---|---|---|---|---|---|---|
| 序号 | 含义 | 序号 | 含义 | 序号 | 含义 | 序号 | 含义 | 序号 | 含义 |
| 0 | 光电二极管或光电三极管 | S | 已在日本电子工业协会注册登记的半导体器件 | A | PNP 高频三极管及快速开关管 | 多位数据 | 该器件在日本电子工业协会的注册登记号 | A<br>B<br>C<br>D<br>⋮ | 该器件为原型号产品的改进产品 |
| | | | | B | 低频大功率 PNP 型三极管 | | | | |
| | | | | C | 高频快速开关 PNP 型三极管 | | | | |
| 1 | 二极管 | | | D | 低频大功率 NPN 型三极管 | | | | |
| 2 | 三极管、晶闸管或有三个电极的其他器件 | | | E | P 控制极晶闸管 | | | | |
| | | | | G | N 控制极晶闸管 | | | | |
| | | | | H | 基极单结晶体管 | | | | |
| | | | | J | P 沟道场效应管 | | | | |
| 3 | 四个电极的器件 | | | K | N 沟道场效应管 | | | | |
| | | | | M | 双向可控硅 | | | | |

## 三、二极管的图形符号

二极管的图形符号如图 2-5-2 所示，在电路中用“V”或“VD”表示。

## 四、二极管的主要参数

1. 额定电流

二极管的额定电流是指其正常连续工作时，能通过的最大正向电流值。在使用时电路的最大电流不能超过此值，否则二极管就可能因过热而烧毁。

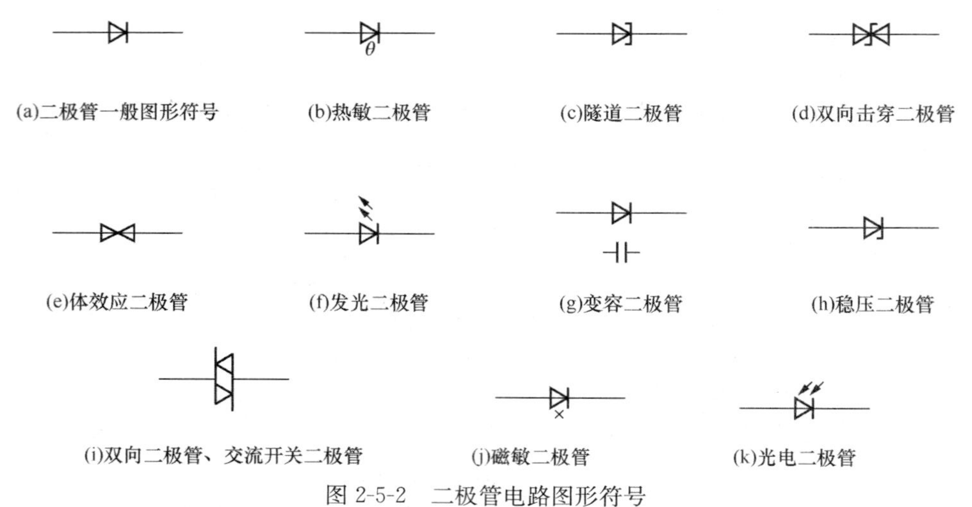


图 2-5-2　二极管电路图形符号

2. 最高反向工作电压

二极管的最高反向工作电压是指二极管正常工作时所能承受的最高反向电压值。它是击穿电压值的一半，也就是说将一定的电压反向加在二极管两端，二极管的 PN 结不致引起击穿。在使用时，一般不要超过此值。

3. 最大反向电流

二极管的最大反向电流是指二极管在最高反向工作电压下允许流过的反向电流。反向电流的大小反映了二极管单向导电性能的好坏。

4. 最高工作频率

二极管的最高工作频率是指二极管在正常工作下的最高频率。如果通过二极管的电流频率大于此值，二极管将不能起到应有的作用。在选用二极管时应选用满足电路频率要求的二极管。

5. 正向电压降

二极管的正向电压降是指二极管导通时，其二极管两端产生的正向电压降。此值越小越好。

6. 功率损耗

二极管的功率损耗是指二极管在正常工作时所消耗的功率。

## 五、二极管的导电特性与结构

1. 导电特性

二极管是一个单向导电的器件，就是说在二极管两端加上电压，电流只能从正极流向负极，而不能从负极流向正极，这种特性称为二极管的单向导电性。二极管的另一个导电特性是：加在二极管上的正向电压必须达到某一个定值后才能导通，这个电压就称为导通电压。硅二极管的导通电压为0.6～0.7V，锗二极管的导通电压为0.2～0.3V。

2. 二极管的结构

二极管是在同一块半导体基片中通过掺杂的工艺使其两边分别形成N型和P型半导体，在它们的交界处就形成了一个特殊的薄层，这就是PN结，如图2-5-3所示。在P型半导体与N型半导体上各加上一根引线，然后进行封装，便构成一只二极管。其中P型半导体的引线称正极，N型半导体的引线称负极。

由于制作工艺的不同，二极管可分为点接触型和面接触型两类。点接触型二极管由于金属触丝与半导体的接触面很小，故只能通过较小的电流，但能够在较高的频率下工作，多用于检波电路。面接触型二极管由于P型与N型半导体的接触面较大，可以通过较大的电流，但由于结电容较大，工作频率较低，故不能用于检波，适用于整流等电路。

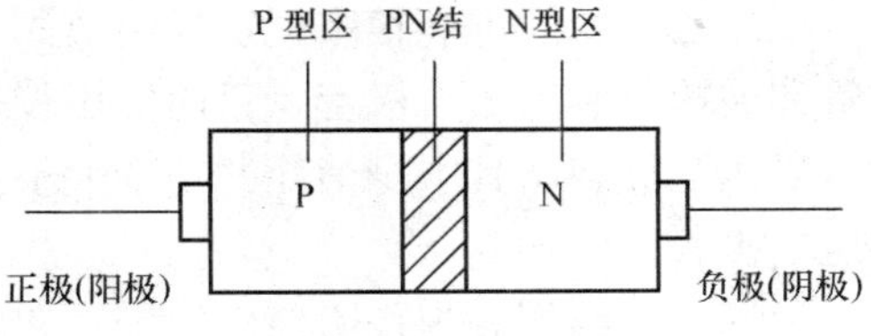

图2-5-3　二极管的PN结

## 六、常用二极管的选用与识别

1. 检波二极管的特点与选用

检波二极管的特点是要求结电容小、工作频率高、反向电流小。它的作用是把调制在高频载波上的音频信号检出来。检波二极管多用点接触结构，封装形式多用玻璃封装，以保证良好的高频特性。

检波二极管一般选用2AP系列和进口的1N60、1N34、1S34等型号的二极管。2AP系列的二极管型号较多，常用的有2AP1～2AP7、2AP9～2AP11、2AP12～2AP17等。选择检波二极管时，主要考虑的是检波二极管的工作频率要满足电路的要求。

2. 整流二极管的特点与选用

整流二极管是利用PN结的单向导电特性，把交流电变成脉动直流电。整流二极管整流电流较大，多数采用面接触型硅材料制成的金属封装或塑料封装的二极管。另外，整流二极管的参数除前面介绍的几个外，还有最大整流电流。最大整流电流是指整流二极管长时间工作所允许通过的最大电流值。它是整流二极管的主要参数，是选用二极管的主要依据。

3. 稳压二极管的特点与种类

(1) 稳压二极管的特点

稳压二极管是电路中常用的一种二极管，是一种用于稳定电压，且工作在反向击穿状态下的二极管。

反向击穿状态是指给二极管加反向电压，加到一定值后被击穿。此时流过二极管的电流虽在变化，但电压的变化都很小，即电压维持在一个恒定值范围内，稳压二极管就是利用二极管的此种特性进行稳压的。如果通过二极管的反向电流在一定范围内变化时，则二极管两端的反向电压就能保持基本不变；如果反向电流超过允许值，稳压二极管就会烧毁。为此，稳压二极管一定要在允许的工作电流范围内使用。

稳压二极管的参数除与前述的相同外，还有特有参数——稳定电压。稳定电压是指稳压二极管在起稳压作用时，其两端的反向电压值。稳压二极管型号不同，其稳压值也不同。

（2）稳压二极管的种类

稳压二极管的种类很多，从封装形式上分为塑料封装稳压二极管、金属封装稳压二极管和玻璃封装稳压二极管，目前应用较多的为塑料封装稳压二极管。

稳压二极管从其本身消耗的功率大小分为小功率稳压二极管（1W 以下）和大功率稳压二极管。

根据内部结构分为普通稳压二极管和温度互补型稳压二极管。温度互补型稳压二极管在工作时，一个反向击穿，一个正向导通，其管压温度的变化特性正好相反，所以二者能起到互补的作用。

稳压二极管一般采用硅材料制成，其热稳定性比锗材料的稳压二极管要好得多。

#### 4. 发光二极管的特点

发光二极管与普通二极管一样也是由 PN 结构成，具有单向导电特性，是采用磷化镓（GaP）或磷砷化镓（GaAsP）材料制成的。它与普通二极管的不同之处是能将电能直接转换为光能，发出红、绿、黄、橙等单色光或多色光。

发光二极管的体积都比较小，而且功耗也很小，同时还具有相响速度快、寿命长以及抗震、工作电压可用直流也可用交流等优点，故应用范围很广。目前，在各种家用电器中的指示器件多数为发光二极管。

发光二极管的形状有圆形、矩形、方形等，圆形发光二极管的外径有 3mm、5mm 等。

## 第六节　三　极　管

晶体三极管又称半导体三极管，简称三极管或晶体管，是电子电路中最主要的器件之一。三极管的作用是对信号放大或工作在开关状态，对电路进行控制。三极管是一种电流控制型器件。

### 一、三极管的结构、图形符号与分类

#### 1. 三极管的结构与图形符号

它由发射结、集电结、N 型半导体与 P 型半导体构成，有三个电极，即基极（B）、

发射极（E）、集电极（C）。PNP 型三极管由两块 P 型半导体和一块 N 型半导体构成，NPN 型三极管由两块 N 型半导体和一块 P 型半导体构成。P 型半导体与 N 型半导体的交界处称为 PN 结，基极与集电极之间的 PN 结称为集电结，基极与发射极之间的 PN 结称为发射结。三极管的结构及图形符号如图 2-6-1 所示。

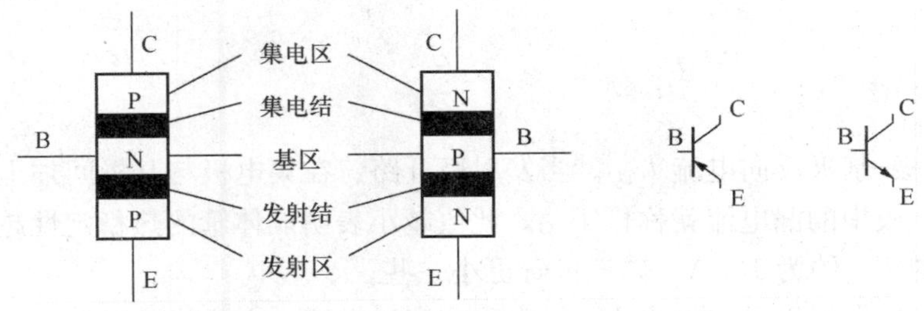


图 2-6-1　三极管的结构及图形符号图

2. 三极管的分类

1）根据材料和极性，可分为硅材料的 NPN 与 PNP 三极管、锗材料的 NPN 与 PNP 三极管。

2）根据用途，可分为高中频放大三极管、低频放大三极管、低噪声放大三极管、光电三极管、开关三极管、高低压三极管、达林顿三极管、带阻尼三极管等。

3）根据功率，可分为小功率三极管、中功率三极管、大功率三极管等。

4）根据频率，可分为低频三极管、高频三极管、超高频三极管。

5）根据工艺，可分为平面型三极管、合金型三极管、扩散型三极管。

6）根据封装形式不同，可分为金属封装三极管、玻璃封装三极管、陶瓷封装三极管、塑料封装三极管。

常见三极管的外形如图 2-6-2 所示。

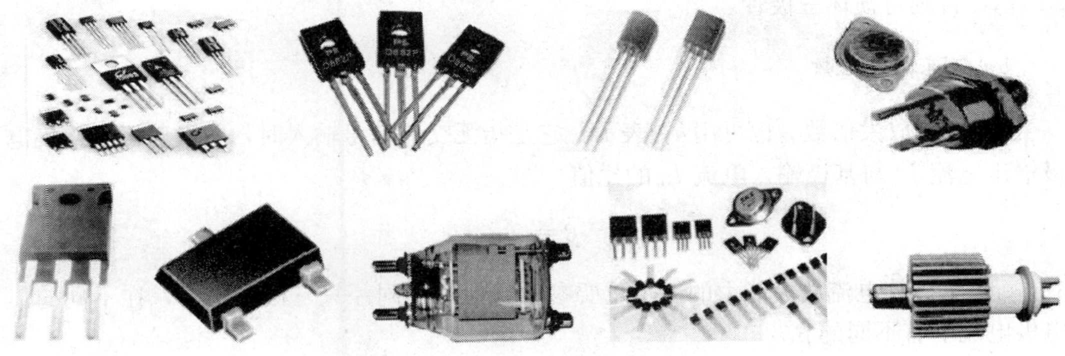

图 2-6-2　常见三极管的外形

## 二、三极管的命名

三级管的命名方法与同二极管的命名方法相同，在此不再详叙。

## 三、三极管的主要参数

三极管的参数可分为直流参数、交流参数、极限参数。三极管的参数是使用与选用三极管时的重要依据。为此，了解三极管的参数可以避免因选用或使用不当而引起三极管的损坏。

### 1. 直流参数

1）集电极-基极反向电流 $I_{CBO}$。当发射极开路、在集电极与基极间加上规定的反向电压时，集电极中的漏电流就称作 $I_{CBO}$，此值越小表明晶体管的热稳定性越好。一般小功率三极管的 $I_{CBO}$约为 10$\mu$A，硅三极管更小一些。

2）集电极-发射极反向电流 $I_{CEO}$，也称作穿透电流。它是指基极开路时，在集电极与发射极之间加上规定的反向电压时集电极的漏电流，此值越小越好。硅三极管的 $I_{CEO}$ 一般较小，在 1$\mu$A 以下。如果测试中发现此值较大，此管就不宜使用。

### 2. 极限参数

1）集电极最大允许电流 $I_{CM}$。当三极管的$\beta$值下降到最大值的一半时，三极管的集电极电流就称为集电极最大允许电流。因此，实际应用时 $I_C$ 要小于 $I_{CM}$。

2）集电极最大允许耗散功率 $P_{CM}$。当三极管工作时，集电极要耗散一定的功率而使集电结发热，当温度过高时就会导致参数变化，甚至烧毁三极管。为此规定，三极管集电极温度升高到不至于将集电结烧毁所消耗的功率，就称为集电极最大消耗功率。使用时为了提高 $P_{CM}$值，可给大功率三极管加上散热源，散热源越大，其 $P_{CM}$值就提高得越多。

3）集电极-发射极反向击穿电压 $BU_{CEO}$。当基极开路时，集电极与发射极之间允许加的最大电压称作 $BU_{CEO}$。在实际应用时，加到集电极与发射极之间的电压一定要小于 $BU_{CEO}$，否则将损坏三极管。

### 3. 电流放大倍数

1）直流放大倍数$\bar{\beta}$也可用$h_{FE}$表示。它是指无交流信号输入时，共发射极电路集电极输出电流 $I_C$ 与基极输入电流 $I_B$ 的比值，即

$$\bar{\beta}=\frac{I_C}{I_B}$$

$\bar{\beta}$是衡量三极管电流放大能力的一个重要参数，但对于同一只三极管来说，在不同的集电极电流下有不同的$\bar{\beta}$。

2）交流放大倍数$\beta$也可用$h_{FE}$表示。这个参数是指有交流信号输入时，共发射极电路中集电极电流的变化量 $\Delta I_C$ 与基极电流的变化量 $\Delta I_B$ 的比值，即

$$\beta=\frac{\Delta I_C}{\Delta I_B}$$

$\bar{\beta}$、$\beta$分别表明了三极管对直流电流和对交流电流的放大能力。但由于这两个参数值近似相等，即$\beta \approx \bar{\beta}$，因此在实际使用时一般不再区分。

由于生产工艺的原因，即使是同一批生产出来的三极管，其值也是不一样的。为方便使用，厂家将$\beta$值标记在三极管上。标记的方法有两种，即色标法和英文字母法。

色标法是在三极管的顶部标上不同颜色的色点，表示不同的值。锗高低频小功率管、硅高低频小功率管、硅低频大功率管D系列、DD系列、3CD系列分档标记见表2-6-1。

**表2-6-1　色点的含义**

| 色点 | 棕 | 红 | 橙 | 黄 | 绿 | 蓝 | 紫 | 灰 | 白 | 黑 |
|---|---|---|---|---|---|---|---|---|---|---|
| $\bar{\beta}$ | 5～15 | 15～25 | 25～40 | 40～55 | 55～80 | 80～120 | 120～180 | 180～270 | 270～400 | 400～600 |

4. 特征频率 $f_T$

三极管的$\bar{\beta}$值随工作频率的升高而下降，频率越高，$\bar{\beta}$下降得越严重。三极管的特征频率$f_T$是指$\bar{\beta}$值下降到1时的频率值。也就是说，在这个频率下工作的三极管已失去放大能力，即$f_T$是三极管使用中的极限频率。因此在选用三极管时，一般三极管的特征频率$f_T$要比电路的工作频率至少高出三倍。但并不是$f_T$越高越好，如果选得太高，就会引起电路的振荡。

## 四、三极管极性和型号的识别

1. 三极管极性的识别

三极管的识别内容主要包括对三极管的极性和类型识别两大方面。常用的方法有直观识别法、字符标志识别法和检测识别法三种（检测识别法具体见后续章节介绍）。

（1）直观识别法

直观识别法是指根据三极管引脚排列规律和维修人员的经验，对三极管各引脚极性进行识别的方法。

（2）字符标志识别法

字符标志识别法是指通过三极管所标注的字符代号，按照相应的命名规则对三极管材料和类型进行识别的方法。

2. 三极管的型号识别

由于三极管的型号很多，为了能在使用中很好地识别三极管的型号，应注意以下几点：

1）国内合资企业生产的三极管有相当一部分采用国外同类产品的型号，如2SC1815、2SA562等。

2）有些日本生产三极管受管面积较小的限制，为打印型号的方便，往往把型号前面的2S省掉。例如，2SA733可简写为A733，2SD869可简写为D869，2SD903可简写为 D903 等。

3）表面封装的三极管因受体积微小的限制，其型号是用数字表示的，使用时应将数字表示的型号与标准型号相对应，以防用错。

4）美国生产的三极管型号是用 2N 开头的，N 是美国电子工业协会注册标志，其后面的数字是登记序号。从型号中无法反映出三极管的极性、材料、高低频特性和功率的大小，如 2N6275、2N5401、2N5551 等。

5）欧洲国家生产的三极管各部分字母和数字所表示的含义见表 2-6-2，如 BU408D、BU607D、BU206A、BC548、BD234、BD410、BF458 等。

**表 2-6-2 欧洲国家三极管型号中字母与数字的含义**

| 第一部分 | 第 二 部 分 | 第三部分 | 第四部分 |
|---|---|---|---|
| A 表示锗材料<br>B 表示硅材料 | C—低频小功率三极管；D—低频大功率三极管；<br>F—高频小功率三极管；L—高频大功率三极管；<br>S—小功率开关三极管；U—大功率开关三极管 | 三位数字表示登记号 | $\beta$表示分档标志 |

6）韩国三星电子公司生产的三极管在我国电子产品中的应用也很多，以 4 位数字表示三极管的型号。常用的有 9011～9018 等几种型号，其中 9011、9013、9014、9016、9018 为 NPN 型三极管；9012、9015 为 PNP 型三极管；9016、9018 为高频三极管，它们的特征频率 $f_T$ 都在 500MHz 以上；9012、9013 为功放三极管，耗散功率为 625mW。

7）日本生产三极管的型号中第四部分表示注册登记的顺序号，其数字越大，则表明生产日期距当前时间越近。

# 第七节 晶 闸 管

晶闸管是“晶体闸流管”的简称，旧称可控硅。晶闸管是一种大功率半导体可控器件，主要用于整流、逆变、调压、开关四个方面，应用最多的是整流。它具有输出电压可调等特点。晶闸管的种类很多，有普通单向晶闸管和双向晶闸管、可关断晶闸管、光控晶闸管等。

## 一、单向晶闸管的结构与工作原理

### 1. 晶闸管的结构

晶闸管具有三个 PN 结四层结构。晶闸管有三个电极，分别为阳极（A）、阴极（K）、控制极（G）。晶闸管主要有螺栓型、平板型、塑封型和三极管型。晶闸管外形、结图与图形符号如图 2-7-1 所示。

### 2. 晶闸管的工作原理

晶闸管的工作原理可以通过图 2-7-2 所示电路进行说明。

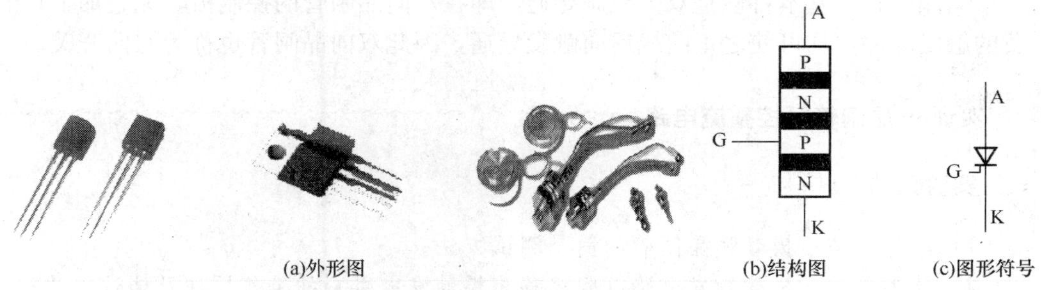

(a)外形图　(b)结构图　(c)图形符号

图 2-7-1　晶闸管的外形图、结构图和图形符号

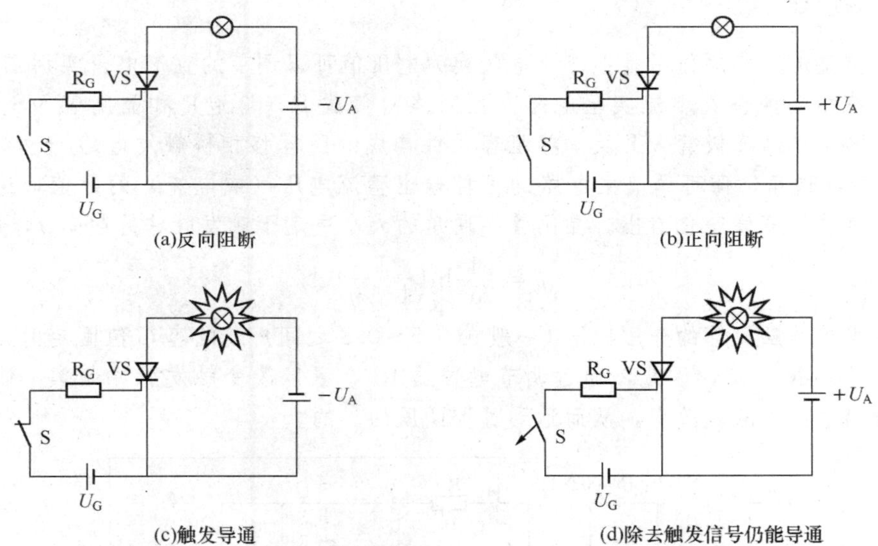

(a)反向阻断　(b)正向阻断

(c)触发导通　(d)除去触发信号仍能导通

图 2-7-2　晶闸管的工作情况

晶闸管是一个可控制的单向开关器件，它的导通条件为：一是在阳极到阴极之间加上阳极比阴极高的正偏电压；二是在控制极要加控制极比阴极电位高的触发电压。而关断条件为：晶闸管阳极接电源负极，阴极接电源正极，或使晶闸管中电流减小到维持电流以下。

## 二、双向晶闸管的结构与工作原理

双向晶闸管是交流开关器件，其图形符号如图 2-7-3 所示。双向晶闸管也有三个电极，控制极为 G，另外两个电极不分阳极和阴极，而统称为主电极 T1 和 T2。小功率双向晶闸管一般采用塑料封装。典型产品有 BCM1AM(1A/600V)、BCM3AM(3A/600V)、2N6075(4A/600V)、MAC218－10(8A/800V) 等。

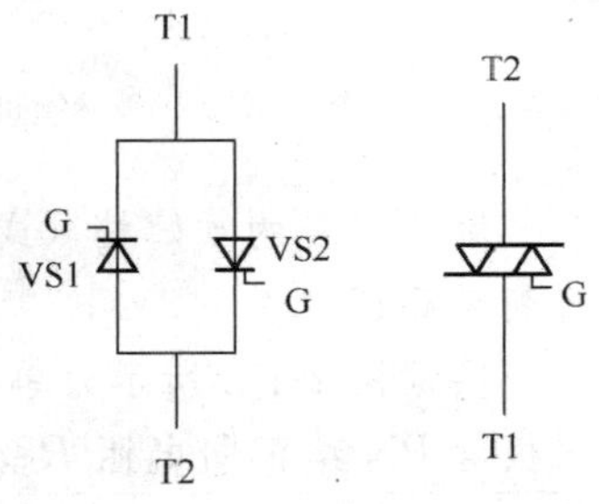

图 2-7-3　双向晶闸管的图形符号图

双向晶闸管的基本特性是双向控制导通，即在双向晶闸管的控制极，无论加上正的或负的触发脉冲，均可使之正向或反向触发导通，因此双向晶闸管也称为双向开关。

## 实训一 晶闸管可控整流电路

### 一、实验目的

1）学习单结三极管和晶闸管的简易测试方法。

2）熟悉单结三极管触发电路（阻容移相桥触发电路）的工作原理及调试方法。

3）熟悉用单结三极管触发电路控制晶闸管调压电路的方法。

### 二、实验原理

可控整流电路的作用是把交流电转换为电压值可以调节的直流电。实训图 2-1-1 所示为单相半控桥式整流实验电路。主回路由负载 R（灯泡）和晶闸管 VS 组成，触发电路由单结三极管 VT 及一些阻容元件构成的阻容移相桥触发电路。改变晶闸管 VS 的导通角，便可调节主电路的可控输出整流电压（或电流）的数值，这点可由灯泡负载的亮度变化看出。晶闸管导通角的大小决定于触发脉冲的频率 $f$，即

$$f = \frac{1}{RC}\ln\left(\frac{1}{1-\eta}\right)$$

可知，当单结三极管的分压比 $\eta$（一般在 0.5～0.8 之间）及电容 $C$ 值固定时，则频率 $f$ 大小由 $R$ 决定，因此，通过调节电位器 RP，可以改变触发脉冲频率，使主电路的输出电压也随之改变，从而达到可控调压的目的。

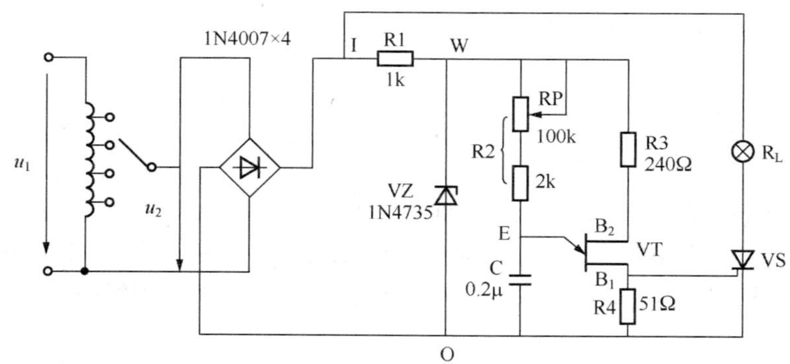


实训图 2-1-1　单相半控桥式整流实验电路

用万用表的欧姆挡（或用数字万用表二极管挡）可以对单结三极管和晶闸管进行简易测试。

实训图 2-1-2 所示为单结三极管 BT33 引脚排列、结构图及图形符号。好的单结三极管 PN 结正向电阻 $R_{EB1}$、$R_{EB2}$ 均较小，且 $R_{EB1}$ 稍大于 $R_{EB2}$，PN 结的反向电阻 $R_{B1E}$、$R_{B2E}$ 均应很大，根据所测阻值，即可判断出各引脚及单结三极管的质量优劣。

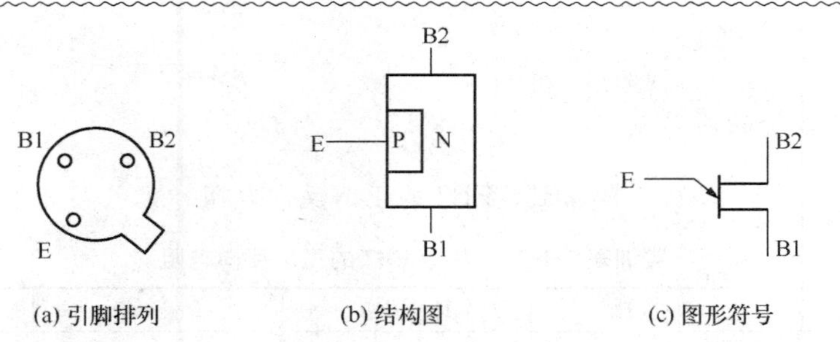


实训图 2-1-2　单结三极管 BT33 引脚排列、结构图及图形符号

实训图 2-1-3 所示为晶闸管 3CT3A 引脚排列、结构图及图形符号。晶闸管阳极（A）-阴极（K）及阳极（A）-控制极（G）之间的正、反向电阻 $R_{AK}$、$R_{KA}$、$R_{AG}$、$R_{GA}$ 均应很大，而 G-K 之间为一个 PN 结，PN 结正向电阻应较小，反向电阻应很大。

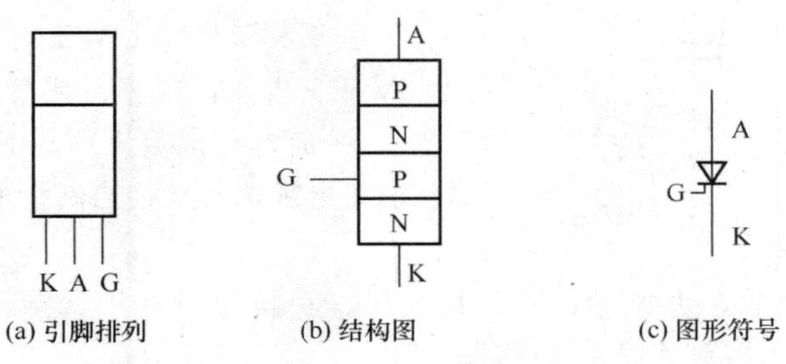


实训图 2-1-3　晶闸管引脚排列、结构图及图形符号

## 三、实验设备

实验设备见实训表 2-1-1。

实训表 2-1-1　实验设备

| 序号 | 名　　称 | 型号与规格 | 数量 | 备　注 |
|---|---|---|---|---|
| 1 | 直流电流 | ±5V、±12V | | |
| 2 | 可调工频电源 | | | |
| 3 | 万用表 | | | |
| 4 | 双踪示波器 | | | |
| 5 | 交流毫伏表 | | | |
| 6 | 直流电压表 | | | |
| 7 | 晶闸管 | 3CT3A | | |
| 8 | 单结三极管 | BT33 | | |
| 9 | 二极管 | 1N4007×4 | | |
| 10 | 稳压二极管 | IN4735 | | |
| 11 | 灯泡 | 12V/0.1A | | |

## 四、实验内容

### 1. 单结三极管的简易测试

用万用表 R×10 分别测量 EB1、EB2 的正、反向电阻，记入实训表 2-1-2。

**实训表 2-1-2　EB1、EB2 的正、反向电阻**

| $R_{EB1}/\Omega$ | $R_{EB2}/\Omega$ | $R_{B1E}/k\Omega$ | $R_{B2E}/k\Omega$ | 结论 |
|---|---|---|---|---|
| | | | | |

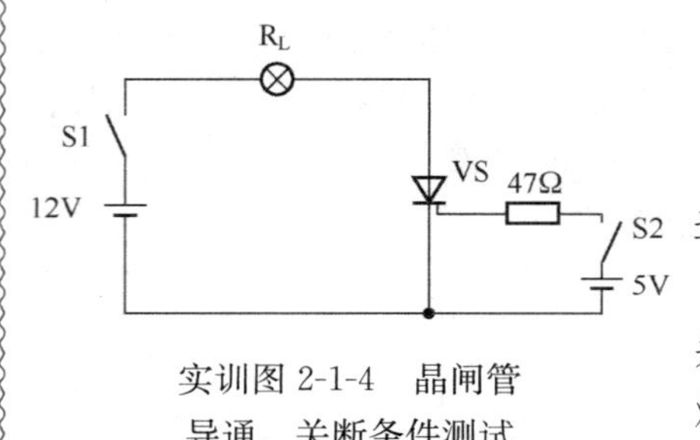

实训图 2-1-4　晶闸管导通、关断条件测试

### 2. 晶闸管导通、关断条件测试

断开±12V、±5V 直流电源，按实训图 2-1-4 连接实验电路。

1) 晶闸管阳极加 12V 正向电压，控制极开路，并加 5V 正向电压，观察晶闸管是否导通（导通时灯泡亮，关断时灯泡熄灭）晶闸管导通后，去掉+5V 控制极电压，并反接控制极电压（接－5V），观察晶闸管是否继续导通。

2) 晶闸管导通后，去掉+12V 阳极电压、反接阳极电压（接－12V），观察晶闸管是否关断，并记入实训表 2-1-3 中。

**实训表 2-1-3**

| $U_2$ | $U_2$ | $U_W$ | $U_E$ | $U_{81}$ | 移相范围 |
|---|---|---|---|---|---|
| | | | | | |

### 3. 晶闸管可控整流电路

按实训图 2-1-1 连接实验电路。取可调工频电源 14V 电压作为整流电路输入电压 $u_2$，电位器 RP 置中间位置。

(1) 单结三极管触发电路

1) 断开主回路（把灯泡取下），接通工频电源，测量 $U_2$ 值。用示波器依次观察并记录交流电压 $u_2$、整流输出电压 $u_I$（I—0）、削波电压 $u_W$（W—0）、锯齿波电压 $u_E$（E—0）、触发输出电压 $u_{B1}$（$B_1$—0）。记录波形时，注意各波形间对应关系，并标出电压幅度及时间。记入实训表 2-1-4 中。

2) 改变移相电位器 RP 阻值，观察 $u_E$ 及 $u_{B1}$ 波形的变化及 $u_{B1}$ 的移相范围，记入实训表 2-1-4。

(2) 可控整流电路

断开工频电源，接入负载灯泡 $R_L$，再接通工频电源，调节电位器 RP，使灯泡由暗到中等亮，再到最亮，用示波器观察晶闸管两端电压 $u_{VS}$、负载两端电压 $u_L$，并测量

负载直流电压 $U_L$ 及工频电源电压 $U_2$ 有效值，记入实训表 2-1-4。

**实训表 2-1-4　测量值**

| | 暗 | 较亮 | 最亮 |
|---|---|---|---|
| $u_L$ 波形 | | | |
| $u_{VS}$波形 | | | |
| 导通角 $\theta$/(°) | | | |
| $U_L$/V | | | |
| $U_2$/V | | | |

## 五、实验总结

1）总结晶闸管导通、关断的基本条件。

2）画出实验中记录的波形（注意各波形间对应关系），并进行讨论。

3）对实验数据 $U_L$ 与理论计算数据。

$$U_L = 0.9U_2 \frac{1+\cos\alpha}{2}$$

进行比较，并分析产生误差原因。

4）分析实验中出现的异常现象。

## 六、预习要求

1）复习晶闸管可控整流部分内容

2）可否用万用表 R×10k 欧姆挡测试管子，为什么？

3）为什么可控整流电路必须保证触发电路与主电路同步？本实验是如何实现同步的？

4）可以采取哪些措施改变触发信号的幅度和移相范围？

5）能否用双踪示波器同时观察 $u_2$ 和 $u_L$ 或 $u_L$ 和 $u_{T1}$ 波形？为什么？

## 实训二 双向晶闸管组成的灯光调压电路

依照实训图 2-2-1 连接电路，参考并按实训一的步骤自行完成本实训。

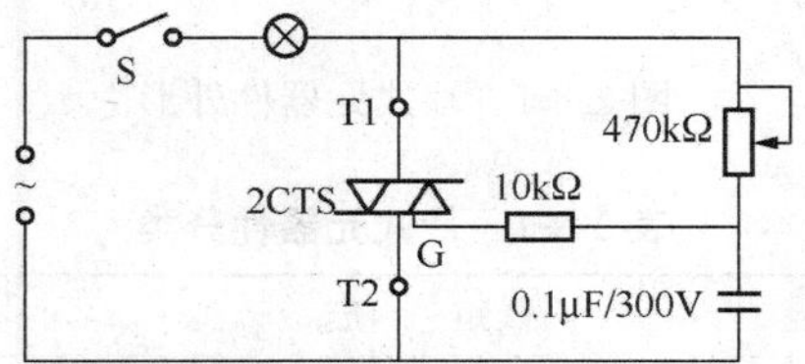


实训图 2-2-1　调光电路

# 第八节　片式元器件

电子产品的微型化，使电子产品的性能和可靠性进一步提高。电子元器件向小、轻、薄方向发展，出现了表面安装技术（Surface Moumt Technology，SMT）。SMT 是包括表面安装器件（SMD）、表面安装元件（SMC）、表面安装线路板（SMB）及点胶涂膏、表面安装设备、焊接及在线测试等在内的一套完整工艺技术的统称。SMT 发展的重要基础是 SMD 和 SMC。

## 一、片式元器件的特点

表面安装元器件（SMD 和 SMC）又称为片式元器件或贴片元器件，它包括电阻器、电容器、电感器及半导体器件等，是无引线或短引线的新型微小型元器件。它适合于在没有通孔的印制板上贴焊安装，是表面安装技术的专用元器件，与传统的通孔元器件相比，片式元器件直接安装在印制板表面，具有如下优点：

1）尺寸小、质量小，安装密度高。体积和质量仅为通孔元器件的 60%。

2）可靠性高，抗震性好。引线短，形状简单，贴焊牢固，可抗震动和冲击。

3）高频特性好。减少了引线分布特性影响，降低了寄生电容和电感，增强了抗电磁干扰和射频干扰能力。

4）易于实现自动化。组装时无须在印制板上钻孔，无剪线、打弯等工序，降低了成本，易于大规模生产。

目前，片式元器件已在电子产品中得到广泛应用。

## 二、片式元器件的种类

片式元器件按其形状可分为矩形、圆柱形和异形（如翼形、钩形等）三类，如图 2-8-1所示；按功能可分为无源元件、有源元件和机电元件三类，见表 2-8-1。

(a)　(b)

图 2-8-1　片式元器件外形

**表 2-8-1　片式元器件分类**

| 种类 | | 矩形 | 圆柱形 |
|---|---|---|---|
| 片式元件 | 片式电阻器 | 厚膜/薄膜电阻器、热敏电阻器 | 碳膜/金属膜电阻器 |
| | 片式电容器 | 陶瓷独石电容器、薄膜电容器、云母电容器<br>微调电容器、铝电解电容器、钽电解电容器 | 陶瓷电容器<br>固体钽电解电容器 |

续表

| 种类 | | 矩形 | 圆柱形 |
|---|---|---|---|
| 片式元件 | 片式电位器 | 电位器、微调电位器 | |
| | 片式电感器 | 绕线电感器、层叠电感器、可变电感器 | 绕线电感器 |
| | 片式敏感元件 | 压敏电阻器、热敏电阻器 | |
| | 片式复合元件 | 集成电阻、滤波器、谐振器、集成陶瓷电容器 | |
| 片式有源元件 | 小型封装二极管 | 塑封稳压二极管、整流二极管、开关二极管、齐纳二极管、变容二极管 | 玻封稳压二极管、整流二极管、开关二极管、齐纳二极管、变容二极管 |
| | 小型封装晶体管 | 塑封 PNP、NPN 型三极管、塑封场效应管 | |
| | 小型集成电路 | 扁平封装、芯片载体 | |
| | 裸芯片 | 带形载体、倒装芯片 | |
| 片式机电元件：包括片式开关、连接器、继电器和薄型微电机等，多数片式机电元件属翼形结构 | | | |

目前常用的片式元器件，有片式电阻器、片式 NTC 热敏电阻器、片式压敏电阻器、片式集成电阻器、片式陶瓷电容器、片式钽电容器、片式铝电解电容器、片式薄膜电容器、片式云母电容器、片式线圈、片式继电器、连接器、开关、电机、陶瓷滤波器、LC 滤波器、压变器、谐振器、陷波器、延迟线、微调电阻器、微调电容器、可调线圈等。

### 1. 片式电阻器

(1) 矩形片式电阻器

矩形片式电阻器通常是在96%氧化铝陶瓷基片上，经印制电阻体和电极后制成的。电阻体材料一般有金属玻璃釉（厚膜电阻）和金属被覆层（厚膜导体）。金属玻璃釉过去用氧化钌系较多，现在也采用钽系。电极用二层或三层结构，第一层是 AgPd 电极，直接与电阻体连接，电阻体比 AgPd 层要薄。第二层是为了防止电极上的银层在焊接时被熔锡吃掉（熔化），在 AgPd 电极上再镀上 Ni 或 Cu，以起阻挡作用。第三层镀锡，是为了保证片式电阻器的焊接性能。矩形片式电阻器一般用于电子调谐器和移动通信等频率较高的产品中，可提高安装密度和可靠性，制造薄型整机。

矩形片式电阻器有厚膜片式电阻器和薄膜片式电阻器两种类型，外形如图 2-8-1 (a) 所示。目前常用的是厚膜片式电阻器。

片式电阻器的命名，目前尚无统一规则，常见的主要命名方法示例如下。

国内 $RI_{11}$ 型片式电阻器系列：

| $RI_{11}$ | 0.125W | 100Ω | 5% |
|---|---|---|---|
| 代号 | 功率 | 阻值 | 允许偏差 |

美国电子工业协会（EIA）系列：

RC3216　K　103　F

代号　　功率　　阻值　　允许误差

EIA 标志中，代号中的字母表示矩形片式电阻器，4 位数字给出电阻器的长度和宽度，如 3216 表示 3.2mm×1.6mm。矩形片式电阻器厚度较薄，一般为 0.5～0.6mm。

阻值一般直接标志在电阻器的一面，黑底白字，如图 2-8-2 所示。阻值的表示方法采用文字符号法，用 3 位数表示，前 2 位数字表示阻值的有效数字，第 3 位表示有效数字后零的个数。例如，100 表示 10Ω，103 表示 10kΩ。当阻值小于 10Ω 时，以×R×表示，将 R 看作小数点，如 9R1 表示 9.1Ω。阻值为 0Ω 的电阻器为跨接片，其额定电流容量为 2A，最大浪涌电流为 10A。

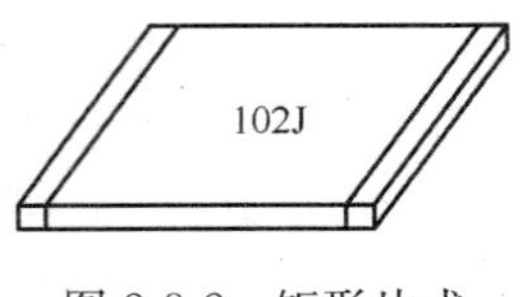

图 2-8-2　矩形片式电阻器阻值标志

允许误差字母的含义完全与普通电阻器相同：D 为±0.5%，F 为±1%，G 为±2%，J 为±5%，K 为±10%。

（2）圆柱形固定电阻器

圆柱形固定电阻器是在原分立元件电阻器制造方法的基础上，以陶瓷作为基体，采用新的镀膜技术、耐热绝缘层的涂覆技术和使用新的电镀方法做成无帽电极的超小型片式电阻器。

圆柱形固定电阻器是由引线电阻器去掉引线演变而来的，主要有碳膜和金属膜两大类。额定功耗有 1/10W、1/8W、1/4W 三种，对应的外形尺寸分别为 $\phi$1.0mm×2.0mm（直径为 1.0mm，长 2.0mm，下同）、$\phi$1.5mm×3.5mm 和 $\phi$2.2mm×5.9mm，体积大的功耗也大。其标识采用色环法，其中 0Ω 电阻器无色环标志，参数与矩形片式电阻器相近。与矩形片式电阻器相比，圆柱形固定电阻器的高频特性差，但噪声较小，因此多用在音响设备中。

（3）片式电位器

片式电位器包括片状的、圆柱形的或其他无引线扁平结构的各类电位器。它主要采用玻璃轴作为电阻体材料，其特点是：高频特性好，使用频率可超过 11MHz，阻值范围宽，可达 10Ω～2MΩ，最大电流为 100mA。

### 2. 片式电容器

（1）矩形片式陶瓷电容器

片式陶瓷电容器有矩形和圆柱形两种，其中矩形片式陶瓷电容器外形如图 2-8-3 所示，其应用最多，占各种贴片电容器的 80%以上。它采用多层叠加结构，故又称之为片式独石电容器。同普通陶瓷电容器相比它有许多优点：比容大，内部电感小，损耗小，高频特性好，内电极与介质材料共烧结，耐潮性能好，可靠性高。

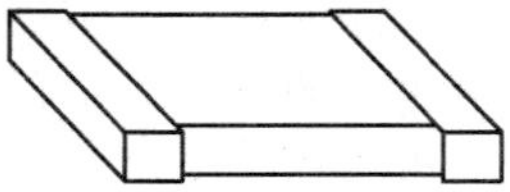

图 2-8-3　矩形片式陶瓷电容器

矩形片式电容器命名方法有多种，常见的主要命名方法示例如下。

国内矩形片式电容器系列：

| CC3216 | CH | 151 | K | 101 | WT |
|---|---|---|---|---|---|
| 代号 | 温度特性 | 容量 | 误差 | 耐压 | 包装 |

美国 Predsidio 公司系列：

| CC1206 | NPO | 151 | J | ZT |
|---|---|---|---|---|
| 代号 | 温度特性 | 容量 | 误差 | 耐压 |

与矩形片式电阻器相同，代号中的字母表示矩形片式陶瓷电容器，4位数字表示其长宽，厚度略厚一点，一般为1～2mm。

容量的表示法也与片式电阻器相似，也采用文字符号法，前2位表示有效数字，第3位表示有效数字后零的个数，单位为pF。例如，121表示120pF，1p7表示1.7pF。允许误差部分字母的含义是：C为±0.25pF，D为±0.5pF，F为±1%，J为±5%，K为±10%，M为±20%，I为－20%～80%。

电容器耐压有低压和中高压两种：低压为200V以下，一般分50V、100V两挡；中高压一般有200V、300V、500V、1000V。另外，片式矩形电容器无极性标志，贴装时无方向性。

（2）片式有机薄膜电容器

片式薄膜电容器一般是将镀金属聚酯薄膜卷绕成芯子，然后做成矩形片状，再注塑封装而成。

在这种类型的电容器中还有一种称为超薄型塑料片式电容器，它是利用蒸发淀积聚合技术，将片式电容器的厚度做到100～200$\mu$m之间。其中网络型为DC12V/47～200pF，复合型为47～10 000pF。

（3）片式微调电容器

片式微调电容器分为密封式微调电容器和敞开式微调电容器两大类。

1）密封式微调电容器。电容器基座中的两个端子（定片端子和动片端子）采用耐热性的热固性树脂，注塑成一体化形式。上面的可调部分做成树脂外壳封装，在树脂基座内装入陶瓷介质体和作为可动电极的金属动片，通过旋转簧片的作用使动片旋转。为保证密封性能，在电容调节部分（即正面）封装上耐热性及耐溶性良好的薄膜。

2）敞开式微调电容器。敞开式微调电容器中的定片端子与耐热性树脂通过注塑成型形成一体，采用旋转釉在陶瓷电介体上旋转。

片式微调电容器的额定电压为50V，工作温度为－25～＋85℃，电容量范围为2～3pF、5～20pF。

片式微调电容器容量调整要点：调整时，螺丝刀对微调电容器施加的压力要适当，过大会引起微调电容器内部弹簧变形，以使转矩降低或造成瓷片破裂，使电容器特性恶化；调整用螺丝刀头部尺寸与电容器调整槽的尺寸要吻合，不能过紧或过松，螺丝刀头也不必倒角；为了避免由于螺丝刀材料对电路产生不良影响，螺丝刀应用绝缘体材料做成。

（4）片式电解电容器

片式电解电容器分铝电解电容器和钽电解电容器。铝电解电容器体积大，价格便宜，适于消费类电子产品中使用，使用液体电解质，其外观和参数与普通铝电解相近，仅引脚及封装形式不同。钽电解电容器体积小，价格贵，响应速度快，适合在需要高速运算的电路中使用。钽电解电容器有多种封装，使用最广泛的是端帽型树脂封装，如图2-8-4所示。额定电压为4～50V，容量标称系列值与有引线元件类似，最高容量为

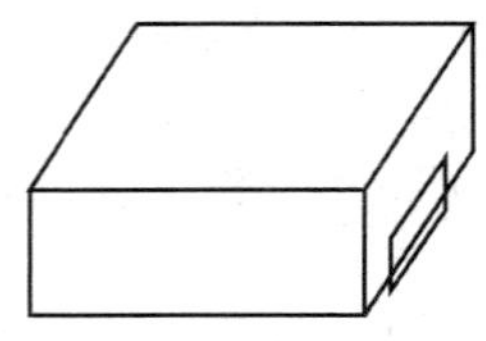

图 2-8-4　片式电解电容器

330μF。极性标志直接印在元件上，有横标一端为正极。容量表示法与矩形片式电容器相同，如 $10^7$ 表示 $10\times10^7$pF，即 100μF。

3. 片式矩形电感器

片式矩形电感器包括片式叠层电感和片式绕线电感器。片式叠层电感器外表与片式独石电容器很相似，是应用磁性材料技术和叠层技术，利用电流的电磁作用，将铁氧体浆料与导电浆料经交替叠层印刷后烧结，从而形成片式的闭合磁路环形线圈，再用电镀技术制造端电极。片式叠层电感器尺寸小、$Q$ 值低、电感量也小，范围为 0.01～200μH，额定电流最高为 100mA。具有磁路闭合、磁通量泄漏少、不干扰周围元器件、不易受干扰和可靠性高等优点。片式绕线电感器采用连续环形高速自动绕线技术，将细导线（$\phi$30～$\phi$40μm）绕在软磁铁氧体磁芯上，外层一般用含有铁氧体粉末的树脂封装，把树脂作为一种软磁性材料包覆在电感线圈的外周，形成闭合磁路，达到了小型化的目的，提高了元件的耐热性，并具有一定的磁屏蔽效果，能提高磁导率，增大电感量。线圈可采用垂直缠绕和水平缠绕两种形式，水平缠绕的电性能更好，如图 2-8-5 所示。电感量范围为 0.1～1000μH，额定电流最高为 300mA，它的应用与通孔插装电感器相似。

图 2-8-5　片式绕线电感器

4. 片式晶体管

(1) 片式二极管

常见的片式二极管分圆柱形、矩形两种。圆柱形片式二极管没有引线，将二极管芯片装在具有内部电极的细玻璃管中，两端装上金属帽作为正、负极。二极管外形尺寸有 $\phi$1.5mm×3.5mm（直径为 1.5mm，长 3.5mm；下同）与 $\phi$2.7mm×5.2mm 等。

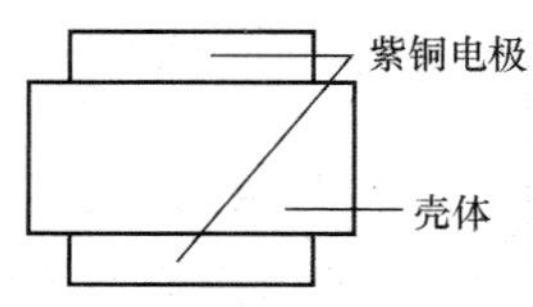


图 2-8-6　圆形片式整流二极管

图 2-8-6 所示为国外生产的 AR25 系列，是一种圆形片式整流二极管，体积稍大些，其外形尺寸是 $\phi$7.5mm×5mm。

矩形片式二极管有三条 0.65mm 短引线。根据管内所含二极管数量及连接方式，有单管、对管之分；对管中又分共阳（共正极）、共阴（共负极）、串联等方式，俯视图如图 2-8-7 所示，其中 NC 表示空脚。

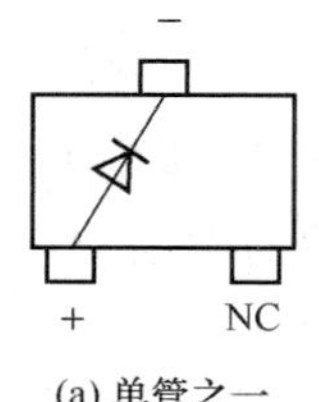


(a) 单管之一



(b) 单管之二

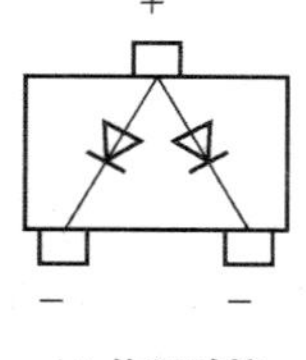


(c) 共阳对管

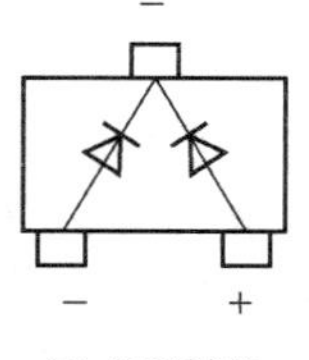


(d) 共阴对管

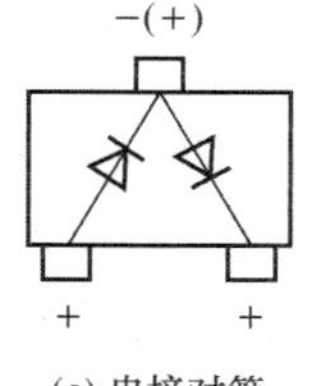


(e) 串接对管

图 2-8-7　矩形片式二极管

（2）片式三极管

片式三极管有人称之为芝麻三极管（体积微小），有NPN管与PNP管，有普通三极管、超高频三极管、高反压三极管、达林顿三极管等。常见的矩形片式普通NPN型三极管如图2-8-8所示。

片式二极管和三极管，与对应的通孔器件比较，体积小，耗散功率也较小，其他参数类似。电路设计时，应考虑散热条件，可通过给器件提供热焊盘将器件与热通路连接，或用在封装顶部加散热片的方法加快散热。还可采用降额使用来提高可靠性，如选用额定电流和电压为实际最大值的1.5倍，额定功率为实际耗散功率的2倍左右。

（3）片式集成电路

片式集成电路采用SOP封装，SOP是双列直插式的变形，外形如图2-8-9所示。引线一般有翼形和钩形两种，也称L形和J形。引脚间距有1.27mm、1.0mm和0.76mm。SOP应用十分普遍，大多数逻辑电路和线性电路均可采用，但其额定功率小，一般在1W以内，厚度一般为2～3mm。与双列直插形式相比，SOP封装安装时占用印制板面积小，质量也减小了1/5左右。

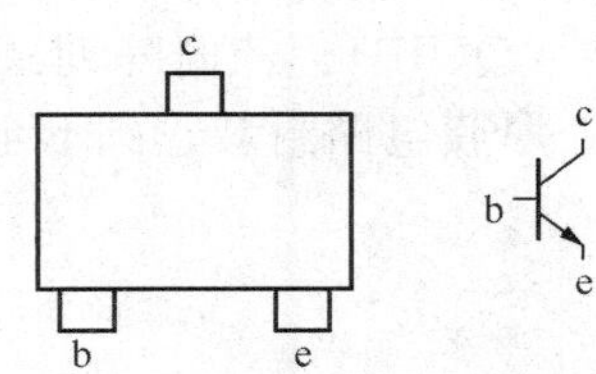


图2-8-8　矩形片式普通NPN型三极管

图2-8-9　片式集成电路

# 第九节　集成电路

集成电路是把二极管、三极管、电阻器、电容器等元器件，或者一个单元电路、功能电路制作在一个硅单晶片上，经封装后构成的。它具有质量小、耗电省、可靠性高、寿命长等优点。

集成电路实际上是半导体集成电路、膜集成电路、混合集成电路的总称。

## 一、集成电路的分类与封装形成

1. 按集成度分

1）小规模电路（SSI）。这种集成电路一般少于100个元件或少于10个门电路。

2）中规模电路（MSI）。这种集成电路一般含有100～1000个元件或10～100个门电路。

3）大规模电路（LSI）。这种集成电路一般含有1000～10 000个元件或100～1000个门电路。

4）超大规模电路（VLSI）。这种集成电路一般含有10万个元件或10 000个门电路以上。

目前，已经出现了集成度达几十万甚至上千万个元件的集成电路。

2. 按制作工艺分

1）半导体电路。它分为 MOS（单极型）电路和双极型电路。双极型电路：双极型晶体管，以电子和空穴导电。MOS 电路包括 NMOS、PMOS 和 CMOS。NMOS：N 沟道 MOS 器件，以电子导电。PMOS：P 沟道 MOS 器件，以空穴导电。CMOS：NMOS 和 PMOS 并联构成互补形式。

2）膜、混合集成电路。它分为薄膜电路、厚膜电路和混合电路。薄膜电路：约 1μm 厚的材料制成器件及元件。厚膜电路：以厚膜形式制成阻容、导线等，再贴有源器件。混合电路：以平面工艺制作器件，以薄膜工艺制作元件。

3. 按封装形式分

集成电路的封装形式有很多种，常见的有普通单列直插封装（SIP）、普通双列直插封装（DIP）、锯齿双列直插封装（ZIP）、压缩双列直插封装（SDIP）、四面扁平封装（QFP）、双列扁平封装（DFP）、四列直插封装（QUIP）、针栅阵列式封装（PGA）、微型双列封装（SOP），其他封装形式有软封装、厚膜电路封装、圆形金属封装等。集成电路各种封装形式如图 2-9-1 所示。

图 2-9-1　集成电路封装形式

4. 按封装材料分

集成电路封装材料分为塑料、陶瓷、玻璃、金属等。

5. 按封装体积分

集成电路按封装体积大小排列，最大为厚膜电路，其次一般分别为双列直插式、单列直插式、金属封装、双列扁平封装、四列扁平封装，四列扁平封装体积最小。

## 二、集成电路的型号命名

### 1. 我国集成电路型号的组成

我国国标中规定，集成电路型号由以下五部分组成：

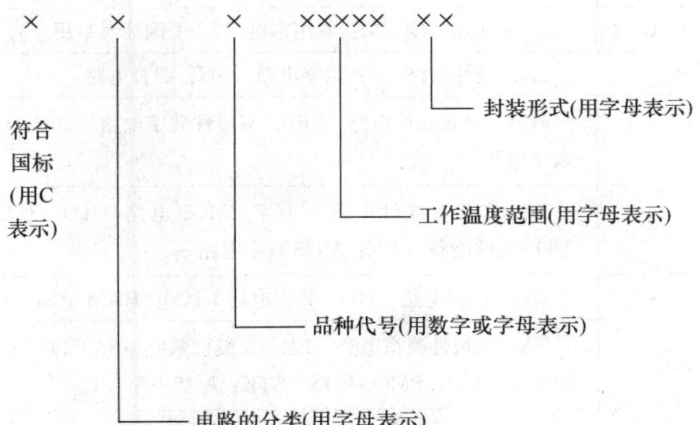


电路分类：AD 表示 A/D 转换器　B 表示非线性电路
C 表示 CMOS 电路　D 表示音响电路
DA 表示 D/A 转换器　E 表示 ECL 电路
F 表示运算放大器，线性放大器　J 表示接口电路
M 表示存储器　S 表示特殊电路
T 表示 TTL 电路　W 表示稳压器
μ 表示微型计算机电路

工作温度范围：C 表示 0～70℃　R 表示－55～85℃
E 表示－40～85℃　M 表示－55～125℃

封装形式：D 表示多层陶瓷，双列直插　F 表示多层陶瓷，扁平
H 表示黑瓷低熔玻璃，扁平　J 表示黑瓷低熔玻璃，双列直插
P 表示塑料，双列直插　K 表示金属，菱形
T 表示金属，圆形

### 2. 常见的国外主要集成电路厂家产品前缀及意义

国外厂家生产的集成电路，没有统一的命名标准，各生产厂家都有自己的一套命名方法。一般的，产品标志的前缀表示了该集成电路的功能，见表 2-9-1。

**表 2-9-1　常见的国外主要集成电路厂家常用的产品前缀及意义**

| 生产厂家 | 产品前缀及意义 |
|---|---|
| 美国摩托罗拉公司 | MC：通用数字与线性　MCM：存储器　LM：仿 NSC 公司的产品 MMS：仿 NSC 公司的存储器系统 |
| 美国国家半导体公司（NSC） | LF：线性场效应电路　LH：线性混合电路　LM：线性单片电路　LP：低功耗电路　LX：传感器电路　CD：CMOS 电路 |

续表

| 生产厂家 | 产品前缀及意义 |
| --- | --- |
| 美国无线电公司（RCA） | CA：模拟电路　CD：数字电路　DP：微处理器电路 |
| 美国斯普拉格公司（Sprague） | UCN：CMOS 电路　UDN：显示电路　UGN：霍尔器件　ULN：线性电路 |
| 美国英特希尔公司（Intersil） | IM：数字和存储器电路　ICM：数字电路　ICL：线性电路及混合电路 |
| 美国英特尔公司（Intel） | I：工业用温度　M：军用温度　J：美国陆海军用 |
| 美国仙童公司（FSC） | μA：线性电路　F：数字电路　SH：混合电路 |
| 日本电气公司（NEC） | μPA：复合元件电路　μPB：双极性数字电路　μPC：线性电路 μPD：MOS 数字电路 |
| 日本东芝公司（Toshiba） | TA：双极性线性电路　TC：CMOS 电路　TD：双极性数字电路　TL：MOS 线性电路　TM：MOS 数字电路 |
| 日本日立公司（Hitachi） | HA：模拟电路　HD：数字电路　HM：RAM 电路　HN：ROM 电路 |
| 日本三洋公司（Sanyo） | LA：双极性模拟电路　LB：双极性数字电路　LC：CMOS 电路　LD：薄膜电路　LM：PMOS 电路　STK：厚膜电路 |
| 日本松下公司（Panasonic） | AN：双极性线性电路　DN：双极性数字电路　MN：MOS 电路 |
| 日本索尼公司（Sony） | CXA（CX）：双极性线性电路　CXB：双极性数字电路　CXD：MOS 电路　CXK：存储器电路　CXP：微处理器　CXL：CCD 信号处理 |
| 欧洲电子集团（PRO electron） | SDA：固体数字电路　TBA、TDA：模拟电路　UDA：模拟数字混合电路　MA：微处理器　MB：单片微处理器　MD：微机用存储器　ME：微机用接口时钟及外围控制电路　NH：电荷器件混合电路　NL：逻辑电路　NM：存储器　NS：A/D 或 D/A 转换电路　NY：其他电路　荷兰飞利浦公司（Philips）、德国德律风根公司（Telefunken）和西门子公司（Sienens）等欧洲经济共同体各国半导体集成电路厂商采用欧洲电子集团统一的集成电路型号命名方法 |

## 三、集成电路的引脚识别

集成电路的引脚较多，正确识别排列顺序是很重要的，否则将造成使用上的失误，轻者电路不能正常工作，重者将损坏集成电路。

1）对圆筒形和菱形金属封装的集成电路引脚的识别。让引脚对着自己，由靠近定位标记引脚开始，顺时针方向依次为 1、2、3、…、$n$ 脚。该类集成电路的定位标记为圆孔、凸耳或引脚排列的空位等。

2）单列直插式集成电路引脚的识别。该种集成电路的定位标记有缺角、小孔、色点、凹坑、线条、色带等。识别时，让引脚朝下，让定位标记对着自己，从定位标记一侧的第一个引脚开始，依次为 1、2、3、…、$n$ 脚，如图 2-9-2 所示。

3）双列直插式集成电路引脚的识别。如图 2-9-3 所示，该种集成电路的定位识别标记有色点、半圆缺口、凹坑等。识别时将集成电路水平放置，引脚向下，识别标记对着自己的一边，从有识别标记一边的第一个引脚开始按逆时针方向，依次为 1、2、3、…、$n$ 脚。

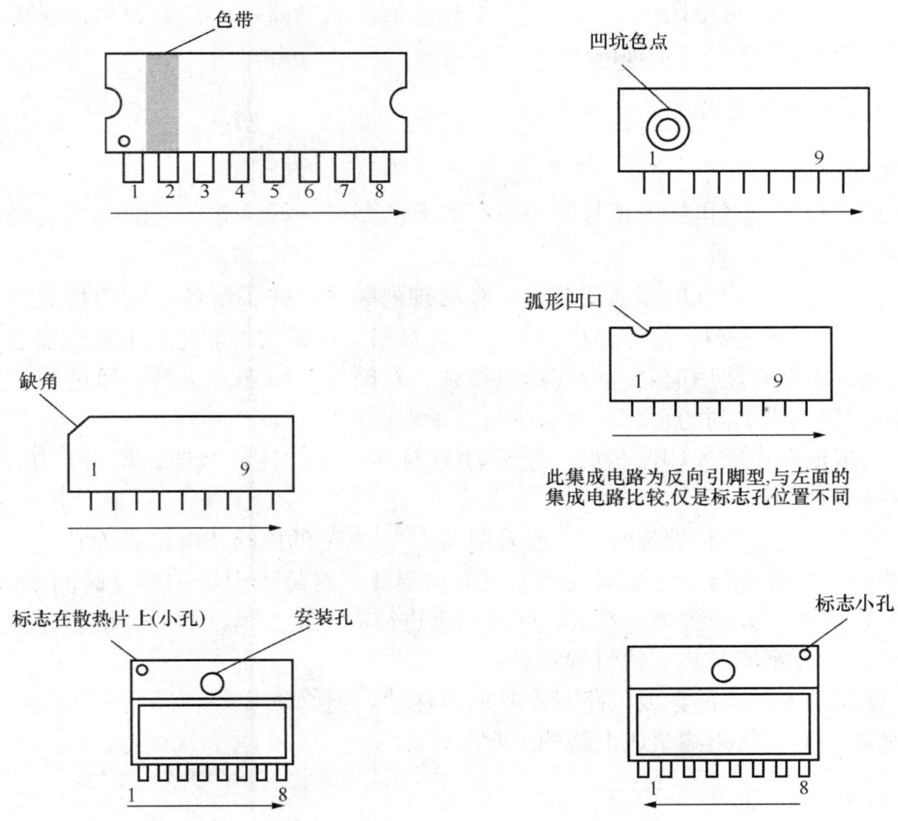


图 2-9-2　单列直插式集成电路引脚的识别

集成电路引脚的排列及形状。集成电路的种类、型号在不断地增多，其引脚的排列和形状也在不断地改进，但其引脚的识别方法与上述方法基本相同。

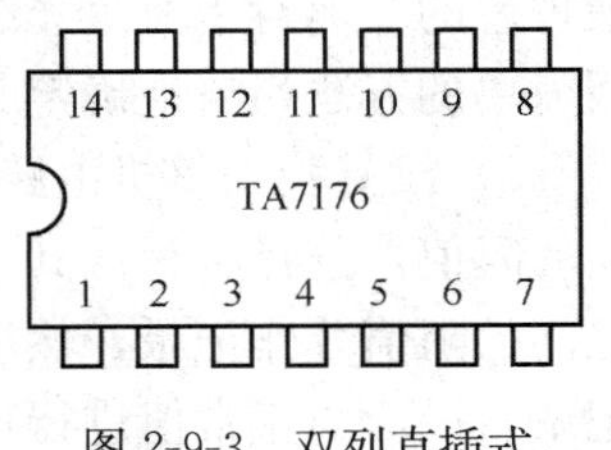


图 2-9-3　双列直插式集成电路引脚的识别

## 四、集成电路的选用、使用与检测

### 1. 集成电路的选用

集成电路的种类很多，功能各异，引脚排列和形状也各不相同，而且有国产、进口、合资等各种产品，因此选用时应注意下面几个方面：

1）根据电路要求选择。各种电子产品都是用不同的电路组成的，各部分电路的功能不同、要求不同。例如电源电路，是用串联型还是开关型，输出电压是多少，输入电压是多少等，都是选择时要考虑的。

2）选择集成电路时要了解所选用集成电路的性能。不同类型的集成电路的参数各不相同，如不清楚，则要查阅有关资料。总之在装入电路前，要全面了解该集成电路的功能、电气参数、引脚功能或排列规律等。

3）对功能相同，但封装不同的集成电路应根据使用条件而定。

4）对要求较高的电路，可选用参数指标高的集成电路，而对各项指标要求不太高的电路，就不一定选择高指标的产品。

2. 集成电路的使用

在集成电路的使用中应注意下面几点：

1）认真核实集成电路的型号是否与所需要的型号一样，此型号的集成电路所具备的功能与需求是否一致。

2）集成电路在装入电路前要核实引脚的排列顺序，并了解各引脚的功能，尤其是电源引脚、信号输入脚、信号输出脚等。一旦接错了位置就可能造成集成电路的损坏。

3）集成电路在使用前要进行好坏的检查。最简单的检查方法是：通过测量集成电路各引脚对接地脚之间的正、反向阻值与其正常值作比较，判断其好坏。

4）集成电路在插入印制板时一定要注意对准孔位，轻轻地插入即可，切忌硬插，以免将引脚折断或折弯。

5）对集成电路进行焊接时，一般采用功率为 20W 的内热式电烙铁为宜，焊接时最好把电烙铁的外壳接地，以免漏电将集成电路损坏。对每个引脚的焊接时间不宜过长，一般 2～3s 即可，如一次焊接不成，间歇后可进行第二次、第三次的焊接。焊接时注意焊点要小，千万不能与临近的引脚短路。

6）使用功率较大的集成电路时需要加散热片，但必须加符合尺寸的散热片，当散热片尺寸过小时，将影响集成电路的正常工作。

3. 集成电路的检测

由于集成电路内部电路较为复杂，引脚也比较多，故用专门的检测仪器进行检测是最理想的。但对于业余无线电爱好者，由于条件的限制，往往是不可能的，因此只能采用简单的方法粗略地确定其好坏。集成电路主要检测的方法有以下两种：

1）没有装入整机电路前的检测方法。将万用表置于欧姆挡，根据引脚与接地脚之间的阻值，选择量程。其方法是：首先测出已确认是好的集成电路的每个引脚与接地脚之间的阻值并作记录，然后用万用表测待查集成电路每个引脚与接地脚之间的阻值并作记录，最后与正常值进行比较。当阻值相差不多时，就认为待查的集成电路是好的，如出现某引脚或整体的各引脚阻值相差很悬殊时，就认为待查的集成电路是坏的。检测时一般黑表笔接触地脚，红表笔接触其他各引脚。

2）集成电路装入整机线路板后的检测方法。

① 用万用表欧姆挡测集成电路各引脚对地的电阻，然后与标准值进行比较，从中发现问题。

② 用万用表的直流电压挡测集成电路各引脚对地的电压值，与正常值比较。（当集成电路供电电压符合规定的情况下），若有不符合标准值的引脚，先查其外围元器件，若无损坏和失效，就认为是集成电路的问题。

③ 用示波器观察关键引脚的波形，与标准波形进行比较，从中发现问题。

④ 用同型号的集成电路进行替换试验，这是见效最快的一种方法，但拆焊较麻烦。

# 第十节　传　感　器

## 一、概述

传感器也称变换器，就是指能够感受被测试的某种非电量，并能按照一定的规律转换成可用信号输出（通常为电信号）的器件或装置。目前，传感器已经广泛应用于工业、农业、交通、能源等国民经济的各个部门，国际上工业发达的国家已经把传感器的研制和应用水平作为衡量国家技术水平和工业发达程度的重要标准之一。

传感器一般由敏感元件和转换元件组成。由于集成技术的发展，近代传感器往往除敏感元件和转换元件外，还包含有测量电路及辅助电源，如图 2-10-1 所示。敏感元件是指传感器中能直接感受或响应被测非电量，并将其送到“转换元件”转换成电量的部分。转换元件是指传感器中能将敏感元件感受或响应的被测量转换成适于传输或测量的电信号部分。

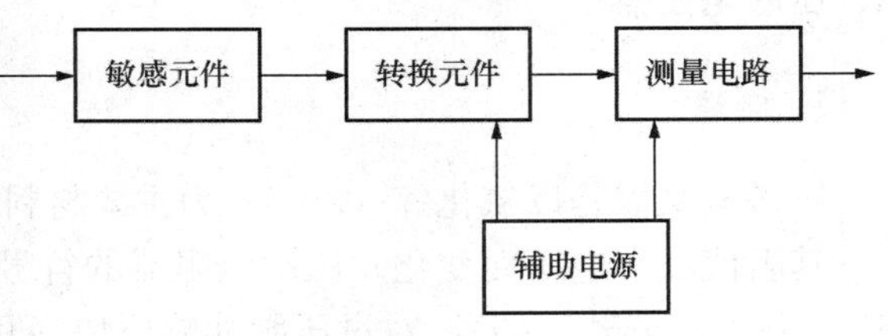


图 2-10-1　传感器的组成

## 二、热敏电阻器

### 1. 负温度系数热敏电阻器

热敏电阻器是利用对温度敏感的半导体材料制成的，其阻值随温度变化有比较明显的改变。负温度系数（NTC）热敏电阻器在工作温度范围内电阻值随温度的升高而降低。

常见的 NTC 热敏电阻器有圆形、垫圈形、管形等，如图 2-10-2（a）所示，元件符号如图 2-10-2（b）所示。文字符号用 RT 表示。

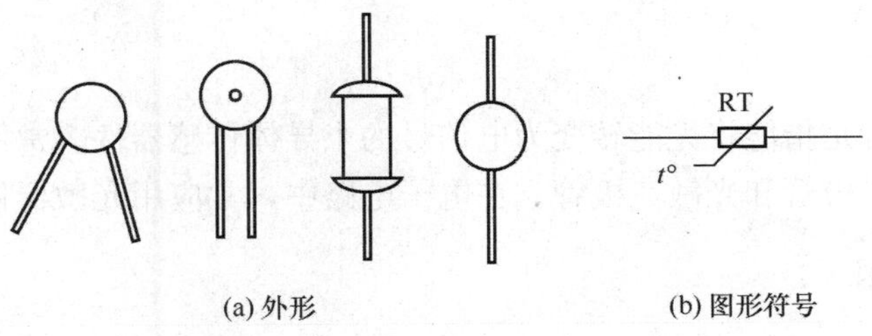


(a) 外形　　(b) 图形符号

图 2-10-2　热敏电阻器的外形和图形符号

### 2. 正温度系数热敏电阻器

正温度系数（PTC）热敏电阻器的特征是，在工作温度范围内其阻值随温度的升高而升高。常见 PTC 热敏电阻器的外形有方形、圆片形、蜂窝形、口琴形、带形等。

3. 用万用表检测热敏电阻器

测量热敏电阻器首先应测量在室温下的电阻值，如阻值正常，再用万用表测量热敏电阻器。测量热敏电阻器时，当万用表测其阻值的同时用人体对它加热（如用手拿住），使其温度升高。如果体温不足以使其阻值变大，则可用发热元件（如灯泡、电烙铁等）进行烘烤。当温度升高时，阻值增大，则该热敏电阻器是正温度系数热敏电阻器；反之阻值减小，则是负温度系数热敏电阻器。

## 三、压敏电阻器

1. 概述

压敏电阻器是以氧化锌（ZnO）为主要材料而制成的金属—氧化物—半导体陶瓷元件，其阻值随端电压而变化。压敏电阻器的符号是 RV，其主要特点是工作电压范围宽（6～3000V，分若干挡），对过压脉冲响应快（几纳秒至几十纳秒），耐冲击电流的能力强（可达 100A～20kA），漏电流小（低于几微安至几十微安）。它性优价廉，体积小，是一种理想的保护元件。由压敏电阻器可构成过压保护电路、消噪电路、消火花电路、吸收回路。常见压敏电阻器的标称电压有 18V、22V、24V、27V、33V、39V、47V、56V、82V、100V、120V、150V、200V、216V、240V、250V、270V、283V、360V、470V、850V、900V、1100V、1500V、1800V、3000V 等规格。

2. 用万用表检测压敏电阻器

（1）检查绝缘电阻

将万用表拨至 R×1k 挡测量两脚之间的正、反向绝缘电阻，均应为无穷大，否则说明元件的漏电流大。

（2）测量标称电压

由于工艺的离散性，压敏电阻器上所标电压会有一定偏差，应以实测值为准。方法略。

## 四、光敏器件

光敏器件通常是指能将光能转变为电信号的半导体传感器件。常用的光敏器件有光敏电阻器、光敏二极管和光敏三极管。在电子电路中，常应用光敏器件构成光控电路。

1. 光敏电阻器

光敏电阻器是根据半导体的光电导效应制成的，其外形如图 2-10-3 所示。光敏电阻器在使用时，可以加直流偏压，也可以加交流偏压，它的电流随电压呈线性变化。光敏电阻器在无光照时，其暗阻阻值一般大于 1500kΩ；在有光照时，其亮阻阻值为几千欧，两者相差较大。光敏电阻器的主要特点是灵敏度高、体积小、质量小、电性能稳定，可以交、直流两用，而且制造工艺简单，价格便宜等。但是，由于光敏电阻器响应速度比较慢，因此，影响了在高频下的使用。

### 2. 半导体光敏管

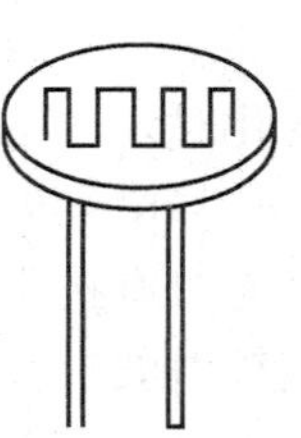

图 2-10-3　光敏电阻器外形

半导体光敏管主要包括光敏二极管、光敏三极管等。光敏二极管是通过在 PN 结加入反向电压，并在光的照射下反向导电，其反向电阻可以由大变小，由数兆欧变为数十千欧甚至几千欧。光敏三极管有两个 PN 结，其基本原理与光敏二极管相同。但是，光敏三极管把光信号变为电信号的同时，还放大了信号电流，具有放大作用。因此，光敏三极管比光敏二极管具有更高的灵敏度，应用范围更广。光敏二极管、光敏三极管的图形符号和外形如图 2-10-4 所示。

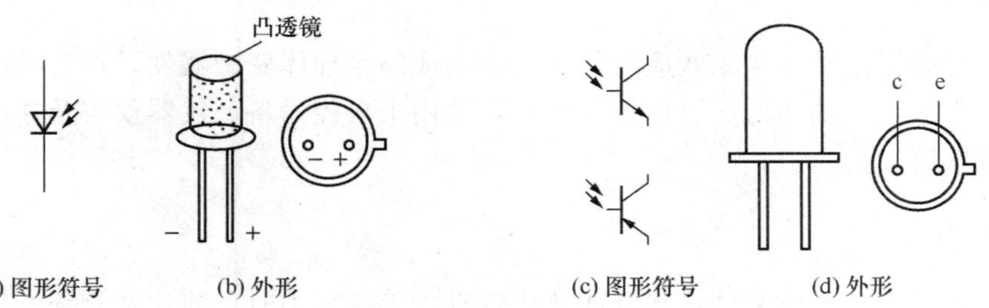


图 2-10-4　光敏二极管、光敏三极管的图形符号和外形

光敏三极管也有锗管、硅管之分，其正常工作时需要施加一定的反向电压，这样才可以得到较大的光电流与暗电流之比。光敏三极管中锗管的灵敏度比硅管高，但锗管的暗电流较大。值得注意的是，大部分光敏三极管有三个引脚，也有部分光敏三极管只有两个引脚，不要误认为是光敏二极管。

### 3. 用万用表检测光敏二极管

将万用表置于 R×1k 挡，红、黑表笔随意接光敏二极管的两个脚。这时万用表表头指针偏转，如读数为几千欧，则黑表笔所接的是光敏二极管的正极，红表笔所接的是光敏二极管的负极。这是正向电阻，是不随光照而变化的阻值。然后将万用表两支表笔调换一下再接光敏二极管的引脚，此时是在测其反向电阻，万用表表头指针偏转应小，一般读数应在 200kΩ 以上（注意测量时遮住器件，不让光射入窗口）。接着让光照射光敏二极管顶端的窗口，这时光敏二极管反向电阻减少，表头指针偏转应加大，光线越强，光敏二极管的反向电阻应越小，甚至仅几百欧。再遮住窗口，指针所指读数应立即恢复到原来的阻值 200kΩ 以上。这样，就表明被测光敏二极管是良好的。

## 五、热释电红外传感器

热释电红外传感器主要用于检测运动的人体，应用于控制自动门、自动灯、高级光电玩具等，所以也被称为运动传感器。热释电红外传感器由敏感元件、场效应管、高阻电阻和滤光窗等组成。敏感元件是用热释电红外材料制成的。热释电红外传感器在实际使用时，前面要安装透镜，通过透镜的外来红外辐射只会聚在一个敏感元件上，它所产生的信号不致抵消。热释电红外传感器的特点是：只在由外界的辐射而引起自身的温度变化时，才给出一个相应的电信号，当温度的变化趋于稳定后就再没有信号输出，所以说热释电红外传感器只对运动的人体敏感。为了使传感器对人体最敏感，而对太阳、电灯光等有抗干扰性，传感器采用了滤光片作窗口，即滤光窗。人体温度为 36～37℃，其辐射波长为 9.67～9.64μm，人体辐射的红外线最强的波长正好在滤光片的响应波长 7.5～14μm 的中心处。故滤光窗能有效地让人体辐射的红外线通过，而阻止太阳光、灯光等可见光中的红外线通过，免除干扰。所以，热释电红外传感器只对人体和接近人体体温的动物有敏感作用。

### 六、霍尔传感器

霍尔传感器是利用霍尔效应与集成技术制成的半导体瓷敏器件，具有灵敏度高、可靠性好、无触点、功率低、寿命长等优点，适用于自控设备、仪器仪表及速度传感、位移传感等电路中。

1. 霍尔效应

当一块通有电流的金属或半导体薄片垂直置于磁场中时，薄片两侧会产生电势的现象，称为霍尔效应。

2. 霍尔元件

利用霍尔效应制作的半导体器件称为霍尔元件。霍尔元件由霍尔片、引线与壳体组成。

3. 霍尔传感器

霍尔传感器是将霍尔元件、放大器、温度补偿电路及稳压电源等做在一个芯片上。有些霍尔传感器的外形与 PID 封装的集成电路外形相似，故也称为霍尔集成电路。霍尔集成电路按输出端功能可分为开关型霍尔电路和线性型霍尔电路，按有源元件类型可分为双极型霍尔电路和 MOS 型霍尔电路。

4. 霍尔集成电路的应用

霍尔集成电路最基本的应用是用它做成一种新型接近开关，以代替各种电子式接近开关，以便在各种特殊条件和恶劣环境下使用，如机械运动限位器、无触点开关、霍尔电路压力开关、霍尔电路温度开关、霍尔电路转速表、霍尔电路智能电机、霍尔电路键盘等。

## 第十一节　LED 数码管和 LCD 液晶显示器

### 一、LED 数码管

LED 数码管是目前最常用的一种数显器件。把发光二极管制成条状，再按照一定方式连接，组成数字“8”，就构成 LED 数码管。使用时按规定使某些笔段上的发光二极管发光，即可组成 0～9 的一系列数字。

1. 构成和显示原理

LED 数码管分共阳极与共阴极两种，其内部结构如图 2-11-1（b）、图 2-11-1（c）所示。a～g 代表七个笔段的驱动端，亦称笔段电极。DP 是小数点。3 脚与 8 脚内部连通，＋表示公共阳极，－表示公共阴极。对于共阳极 LED 数码管［见图 2-11-1（a）、图 2-11-1（b）］，将八只发光二极管的阳极（正极）短接后作为公共阳极。其工作特点是，当笔段电极接低电平、公共阳极接高电平时，相应笔段可以发光。共阴极 LED 数码管则与之相反，它是将发光二极管的阴极（负极）短接后作为公共阴极。当驱动信号为高电平、阴极接低电平时，才能发光。

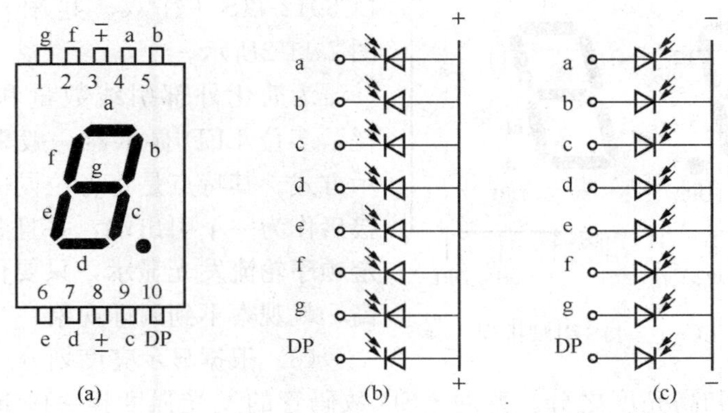


图 2-11-1　LED 数码管的构造

LED 的输出光谱决定其发光颜色以及光辐射纯度，也反映出半导体材料的特性。常见管芯材料有磷化镓（GaP）、砷化镓（GaAs）、磷砷化镓（GaAsP）、氮化镓（GaN）等，其中氮化镓可发蓝光。发光颜色不仅与管芯材料有关，还与所掺杂质有关，因此用同一种管芯材料可以制成发出红、橙、黄、绿等不同颜色的数码管。在 LED 数码管的产品中，以发红光、绿光的居多，这两种颜色也比较醒目。

LED 数码管等效于多只具有发光性能的 PN 结。当 PN 结导通时，依靠少数载流子的注入及随后的复合而辐射发光，其伏安特性与普通二极管相似。在正向导通之前，正向电流近似于零，笔段不发光。当电压超过开启电压时，电流就急剧上升，笔段发光。因此，LED 数码管属于电流控制型器件，其发光亮度（单位是 $cd/m^2$）与正向电流 $I_F$ 有关，用公式表示为

$$L = KI_F$$

即亮度与正向电流成正比。LED 的正向电压 $U_F$ 则与正向电流以及管芯材料有关。使用 LED 数码管时，工作电流一般选 10mA 左右/段，既保证亮度适中，又不会损坏器件。

2. 分类

目前，国内外生产的 LED 数码管不仅种类繁多、型号也各异，大致有以下几种分

类方式。

（1）按外形尺寸分类

目前我国尚未制定LED显示器的统一标准，型号一般由生产厂家自定。小型LED数码管一般采用双列直插式，大型LED数码管采用印制板插入式。

（2）根据显示位数划分

根据器件所含显示位数的多少，可划分成一位LED显示器、双位LED显示器、多位LED显示器。一位LED显示器就是通常说的LED数码管，两位以上的一般称为显示器。

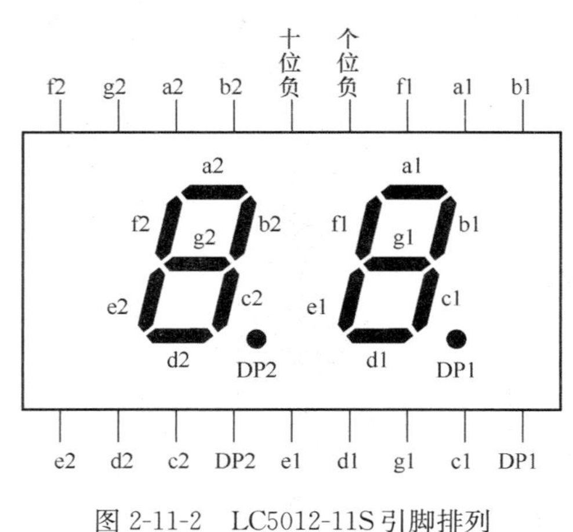


图 2-11-2　LC5012-11S引脚排列

双位LED数码管是将两只数码管封装成一体，其特点是结构紧凑、成本较低（与两只一位数码管相比）。国外典型产品有LC5012-11S（红双、共阳），引脚排列如图2-11-2所示。

为简化外部引线数量和降低显示器功耗，多位LED显示器一般采用动态扫描显示方式。其特点是将各位同一笔段的电极短接后作为一个引出端，并且各位数码管按一定顺序轮流发光显示，只要位扫描频率足够高，就观察不到闪烁现象。

（3）根据显示亮度划分

有普通亮度和高亮度之分。普通LED数码管的发光强度Ⅳ≥0.3mcd，而高亮度LED数码管的Ⅳ≥5mcd，提高将近一个数量级，并且后者在大约1mA的工作电流下即可发光。高亮度LED数码管典型产品有2ED102等。

（4）按字形结构划分

有数码管、符号管两种。其中，符号管可显示正（＋）、负（－）极性，“±1”符号管能显示＋1或－1。而“米”字管的功能最全，除显示运算符号＋、－、×、÷之外，还可显示A～Z共26个英文字母，常用作单位符号显示。

此外，LED数码管还可按共阴或共阳、发光颜色来分类。

### 3. 性能特点

LED数码管的主要特点如下：

1）能在低电压、小电流条件下驱动发光，能与CMOS、TTL电路兼容。

2）发光响应时间极短（<0.1μs），高频特性好，单色性好，亮度高。

3）体积小，质量小，抗冲击性能好。

4）寿命长，使用寿命在10万小时以上，甚至可达100万小时，成本低。

因此它被广泛用作数字仪器仪表、数控装置、计算机的数显器件。

### 4. 性能简易检测

LED数码管外观要求颜色均匀、无局部变色及无气泡等，在业余条件下可用数字万用表作进一步检查。现以共阴数码管为例介绍检查方法：将数字万用表的挡位指到二极管位置，黑表笔固定接触在LED数码管的公共负极端上，红表笔依次移动接触笔画的正极端。当表笔接触到某一笔画的正极端时，那一笔画就应显示出来。用这种简单的方法就可检查出数码管是否有断笔（某笔画不能显示）和连笔（某些笔画连在一起）。若检查共阳极数码管，只需将正负表笔交换即可。

## 二、液晶显示器

液晶显示器（LCD）是一种新型显示器件。自问世以来，其发展速度之快、应用范围之广，都已远远超过了其他发光型显示器件。

### 1. 技术特点

液晶是介于固体和液体之间的中间物质。一般情况，它和液体一样可以流动，但在不同方向上它的光学特性不同，显示出类似于晶体的性质，所以称这类物质为液晶。利用液晶的电光效应制作成的显示器就是液晶显示器。

常用的TN型液晶显示器件具有下列优点：

1）工作电压低（2～6V），微功耗（$1W\mu/cm^2$ 以下），能与CMOS电路匹配。

2）显示柔和，字迹清晰；不怕强光冲刷，光照越强对比度越大，显示效果越好。

3）体积小，质量小，平板型。

4）设计、生产工艺简单。器件尺寸可做得很大，也可做得很小；显示内容在同一显示面内可以做得多，也可以少，且显示字符可设计得美观大方。

5）高可靠，长寿命，廉价。

### 2. TN型液晶显示器的基本构造和工作原理

将上、下两块制作有透明电极的玻璃，通过四周的胶框封接后，形成一个几微米厚的盒。在盒中注入TN型液晶材料。在通过特定工艺处理的盒中，TN型液晶的棒状分子平行地排列于上、下电极之间，如图2-11-3所示。靠上电极的分子平行纸面排列，用“一”表示；靠下电极的分子则垂直于纸面排列，用“.”表示。而上下电极之间的分子被逐步扭曲。“一”线段长度变化表示扭曲角度大小变化。

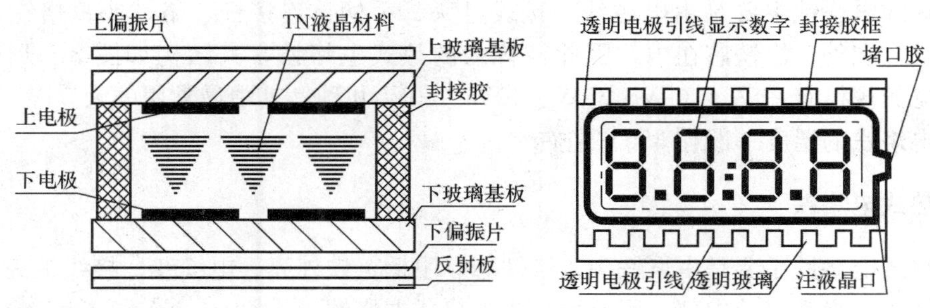


图 2-11-3　TN型液晶显示器的基本构造

# 第三章　基本焊接技术

电子元器件通过焊接总装形成电子产品，焊接是电子产品装配中一项很重要的工序，焊接分为手工焊接、焊锅焊、波峰焊、再流焊、倒装焊、表面焊等。在本章节中主要介绍手工焊接，包括对贴片元件的手工焊接。

## 第一节　电　烙　铁

电烙铁是手工焊接中的最主要工具，它的种类很多，有内热外热式、恒温式、吸焊式、感应式等。常见电烙铁的外形如图 3-1-1 所示。

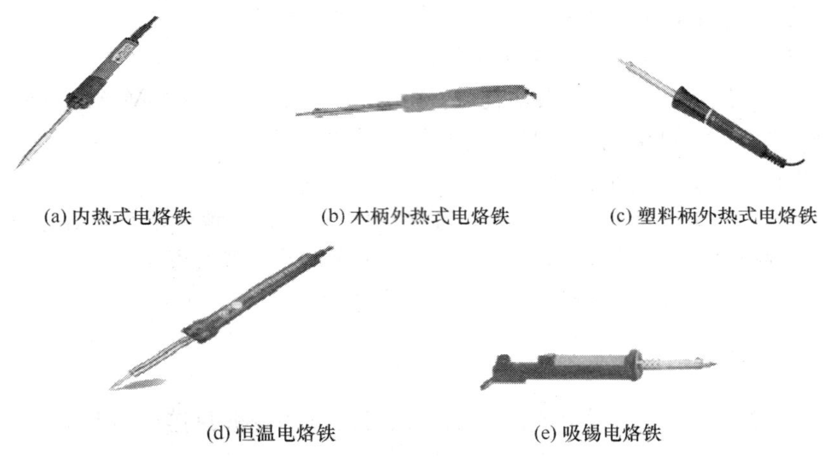

(a) 内热式电烙铁　(b) 木柄外热式电烙铁　(c) 塑料柄外热式电烙铁

(d) 恒温电烙铁　(e) 吸锡电烙铁

图 3-1-1　常见电烙铁的外形

### 一、内热式电烙铁

内热式电烙铁主要是由电源线、接线桩头、手柄、连接杆、烙铁头、烙铁芯组成的。烙铁头在外，烙铁芯在内，因此被称为内热式电烙铁，其结构如图 3-1-1（a）所示。常见的规格有 20W、30W、35W、40W、50W 几种，其中最常用的为 35W 和 40W 两种。电烙铁的温度一般在 350℃左右。

### 二、外热式电烙铁

外热式电烙铁主要是由烙铁头、烙铁芯、手柄、铁外壳、电缆线、接线桩头等组成的。烙铁头在烙铁芯的内部，因此被称为外热式电烙铁。

常见的规格有 25W、30W、35W、45W、75W、100W、150W、300W 等几种。电烙铁的温度一般在 350℃左右。它的外形如图 3-1-1（b）、（c）所示。

## 三、恒温电烙铁

恒温电烙铁的外形与内热式和外热式的外形相同，但在电烙铁的手柄内部主要装有恒温控制器，恒温控制器分为机械式和电子式两种，目前市场上常用的是电子式恒温电烙铁，其电烙铁头的温度可调，其外形如图 3-1-1（d）所示。

恒温电烙铁主要是保持烙铁头表面温度不变，避免烙铁头表面的温度过高，烧坏电路板和电子元器件，同时还可以防止烙铁头表面在高温下加速氧化。

## 四、吸锡电烙铁

吸锡电烙铁是将活塞式吸锡器与电烙铁融为一体的拆焊工具，它具有使用方便、灵活、适用范围宽等特点。这种吸锡电烙铁的不足之处是，每次只能对一个焊点进行拆焊。吸锡电烙铁的外形和结构如图 3-1-1（e）所示。

吸锡电烙铁的使用方法是：接通电源预热 3～5min，然后将活塞柄推下并卡住，把吸锡电烙铁的吸头前端对准欲拆焊的焊点，待焊锡熔化后，将按钮按下，此时活塞便自动上升，焊锡即被吸进气筒内。如果被拆焊点的焊锡未被吸尽，照上述方法可进行 2～3 次，直至焊锡被吸尽为止。

另外，吸锡器一般都配有两个以上的吸头，可根据元器件引线的粗细进行选用。每次使用完毕后，要推动活塞 3～4 次，以清除吸管内残留的焊锡，以使吸头与吸管畅通，以便下次使用。

## 五、电烙铁使用注意事项

对于一般普通电烙铁，烙铁头都是用紫铜做成的。初次使用的新电烙铁，必须首先对烙铁头上锡。方法是：将电烙铁直接通电，然后上松香，等松香开始起烟时，用焊锡丝直接接触烙铁头的尖端部分，再等焊锡丝熔化后，移动焊锡丝，使之浸透整个烙铁头的尖端部分，这样新电烙铁便上锡结束。新烙铁头不需要锉刀加工，否则会加大电烙铁上锡的难度。如果是用旧的烙铁头表面已经氧化，上锡的方法是：将烙铁头用锉刀加工成需要的形状，通电加热，去除氧化层上锡。在使用一段时间后，由于烙铁头在高温情况下容易氧化，烙铁头被焊料侵蚀而改变形状，使电烙铁在焊接时不好使用，这时也要及时对电烙铁进行修整上锡。

但是，要特别注意一点，现在有一种合金电烙铁头，在电烙铁头表面上镀有一层合金，使得电烙铁头的使用寿命比普通电烙铁长得多（如外热式）。这种电烙铁头不得用砂纸、砂布或锉刀对电烙铁头进行打磨加工，以免破坏镀层，缩短电烙铁的使用寿命。对于这种电烙铁，可以借助于松香或助焊剂进行上锡。在使用时，电烙铁头上有脏物，只能用浸水海绵或湿布擦拭。内热式电烙铁的加热元件是用瓷管做成的，所以，不能用力敲击电烙铁和用钳子强力夹连接杆，以免损坏加热元件。

一般的电烙铁有三个电源线接线柱，其中一个与电烙铁的外壳相通，经过外接线接地。另外两个接线柱接加热元件，这两接线柱经外线插座接 220V 市电电压。在使用中要特别注意，不能接错。所以，电烙铁的电源线插头应是三线插头。电烙铁的外壳接地有两个好处，一是可以避免电烙铁外壳带电而使操作者有触电的危险；二是在焊接时，若电烙铁头带电会损坏电路上的元器件，将电烙铁外壳接地，从而防止由于电烙铁带电对电路元器件的影响，特别是焊接 CMOS 元器件，要求一定要将电烙铁接地。电子电路元器件的焊接，使用电烙铁的功率为 20～40W。在电烙铁使用时，还要注意使用安全，防止烫伤。

## 第二节　焊接材料

### 一、锡焊的焊料

凡是用来熔合两种或两种以上的金属面，使之成为一个整体的金属或合金都称为焊料。这里所说的焊料只针对锡焊所用焊料。

焊料是易熔金属，它熔点低于被焊金属，在熔化时能在被焊金属表面形成合金而将被焊金属连接到一起。按焊料成分，有锡铅焊料、银焊料、铜焊料等，在一般电子产品装配中主要使用锡铅焊料。

按熔点分，焊料又可分为软焊料（熔点在 450℃ 以下）和硬焊料（熔点高于 450℃）。纯锡能与多种金属反应，形成金属面化合物，但强度低、较脆、价格贵，而且不能很快地流灌和充填焊接处的空隙，所以一般不用纯锡作焊料。用锡与铅制成的锡铅合金，则既可降低焊料的熔点，又可避免纯锡较脆的缺点，提高了焊接强度。所以，在无线电整机装配中常用的是锡铅焊料，简称焊锡。

#### 1. 锡铅共晶焊料

锡铅共晶焊料有如下优点：

1）熔点最低。

2）熔流点一致。

3）流动性好、表面张力小。

4）强度高。

#### 2. 杂质对锡焊的影响

锡焊中往往有少量其他元素，这些元素会影响焊锡的熔点、导电性、抗张强度等物理性能和机械性能。在使用焊锡中我们经常会发现，有的焊锡焊出的焊点不光滑，表面粗糙；有的焊锡不容易熔化，流动性差等。这就是由于焊锡中含有不同的杂质造成的。焊锡中若含有铜、锌、锑、铝、铁等杂质的比例偏高，都会影响焊接质量，不同的杂质对焊接有不同的影响。在选用焊锡时应注意这一点。表 3-2-1 列举了几种杂质对焊锡性能的影响。

**表 3-2-1　杂质对焊锡性能影响**

| 杂质 | 对焊料的影响 |
|---|---|
| 铜 | 黏性增大，熔点上升，焊印制电路板时出现桥接和拉尖 |
| 锌 | 降低焊料的流动性，使焊料失去光泽，焊印制电路板时出现桥接和拉尖 |
| 铝 | 降低焊料的流动性，使焊料失去光泽，尤其是腐蚀性增强，出现的问题很像锌 |
| 锑 | 抗拉强度增大，但变脆，电阻大，降低流动性，为增加硬度，有时可加进 |
| 铋 | 硬而脆，熔点下降，光泽变差。为增强耐寒性，需要时可加入微量 |
| 铁 | 量很少就饱和，熔点上升，难于焊接 |

3. 常用焊锡

（1）管状焊锡丝

由焊剂与焊锡制作在一起，在焊锡管中夹带固体焊剂。焊剂一般选用特级松香为基质材料，并添加一定的活化剂，如盐酸二乙胺等。管状焊锡丝适用于手工焊接。管状焊锡丝的直径有 0.5mm、0.8mm、1.0mm、1.2mm、1.5mm、2.0mm、2.3mm、2.5mm、4.0mm、5.0mm 等。另外还有扁带焊料，扁带焊料规格也有很多种。

手工烙铁焊接常用管状焊锡丝。将焊锡制成管状内部加助焊剂，焊剂一般是优质松香添加一定活化剂。由于松香很脆，拉制时容易断裂，造成局部缺焊剂的现象。而多芯焊丝则可克服这个缺点。

（2）抗氧化焊锡

在锡铅合金中加入少量的活性金属，能使氧化锡、氧化铅还原，并漂浮在焊锡表面形成致密覆盖层，从而保护焊锡不被继续氧化。这类焊锡适用于浸焊和波峰焊。

（3）含银的焊锡

在锡铅焊料中添加 0.5%～2.0%的银，可减少镀银件中的银在焊料中的溶解量，并可降低焊料的熔点。

（4）焊膏

它是表面安装技术中的一种重要贴装材料，由焊粉、有机物和溶剂组成，制成糊状物，能方便地用丝网、模板或点膏机印涂在印制电路板上。

除上述焊料外，还有其他类型焊料。生产中大量使用的焊锡应该经过质量认证。

国产焊料牌号及主要性能见表 3-2-2。

**表 3-2-2　国产焊料牌号及主要性能**

| 名称 | 牌号 | 主要成分/% | | | 杂质/% | 熔点/℃ | 抗拉强度/(kg/cm) | 用　途 |
|---|---|---|---|---|---|---|---|---|
| | | 锡 | 锑 | 铅 | | | | |
| 10 锡铅焊料 | HLSnPb10 | 89～91 | ≤0.15 | 余量 | <0.1 | 220 | 4.3 | 钎焊仪器器皿及医药卫生方面物品 |
| 9 锡铅焊料 | HLSnPb39 | 59～61 | ≤0.8 | | | 183 | 47 | 钎焊电子、电气制品 |
| 50 锡铅焊料 | HLSnPb50 | 49～51 | | | | 210 | 3.8 | 钎焊散热器、计算机、共同铜制件 |
| 58-2 锡铅焊料 | HLSnPb58-2 | 39～41 | | | | 235 | | 钎焊工业及物理仪表等 |
| 68-2 锡铅焊料 | HLSnPb68-2 | 29～31 | 1.5～2 | | <0.6 | 256 | 3.3 | 钎焊电缆护套、铅管等 |
| 80-2 锡铅焊料 | HLSnPb80-2 | 17～19 | | | | 277 | 2.8 | 钎焊油壶、容器、散热器 |
| 96-6 锡铅焊料 | HLSnPb90-2 | 3～4 | 5～6 | | | 265 | 5.9 | 钎焊黄铜和铜 |
| 73-2 锡铅焊料 | HLSnPb73-2 | 24～26 | 1.5～2 | | | | 2.8 | 钎焊铅 |
| 45 锡铅焊料 | HLSnPb45 | 53～57 | | | | 200 | — | — |

## 二、锡焊的条件

### 1. 锡焊的条件

为了提高焊接质量，必须注意掌握锡焊的条件，主要从以下几个方面考虑。

1）被焊件必须具备可焊性。可焊性也就是可浸润性，它是指被焊接的金属材料与焊锡在适当温度和助焊剂作用下形成良好结合的性能。在金属材料中，金、银、铜的可焊性较好，其中铜应用最广；铁、镍次之，铝的可焊性最差。为便于焊接，常在较难焊接的金属材料和合金表面镀上可焊性较好的金属材料，如锡铅合金、金、银等。

2）被焊金属表面应保持清洁。金属表面的氧化物和粉尘、油污等会妨碍焊料浸润被焊金属表面。在焊接前可用机械或化学方法清除这些杂物。

3）使用合适的助焊剂。助焊剂的种类繁多，效果也不一样。使用时必须根据被焊件的材料性质、表面状况和焊接方法来选取。助焊剂的用量越大，助焊效果越好，可焊性越强，但焊剂残渣也越多。有些助焊剂残渣不仅会腐蚀金属零件，而且会使产品的绝缘性能变差。因此在锡焊完成后应进行清洗残渣。

4）具有适当的焊接温度。加热的作用是焊锡熔化并向被焊金属材料扩散，以及使金属材料上升到焊接温度，从而生成金属合金。温度过低，则达不到上述要求而难于焊接，造成虚焊。提高锡焊的温度虽然可以提高锡焊的速度，但是温度过高会使焊料处于非共晶状态，加速助焊剂的分解，使焊料性能下降，还会导致印制板上的焊盘脱落。

5）具有合适的焊接时间。在焊接温度确定以后，就应根据被焊件的形状、大小和性质等来确定焊接时间。焊接时间是指在焊接全过程中，进行物理和化学变化所需要的时间，它包括被焊金属材料达到焊接温度时间、焊锡的熔化时间、助焊剂发挥作用和生成金属合金时间。焊接时间要掌握适当，过长易损坏焊接部位及元器件，过短则达不到焊接质量要求。

### 2. 助焊剂的选用

在焊接时，金属在加热的情况下，很容易氧化，在被焊接的金属表面就会产生一层氧化膜，阻碍焊剂在焊接表面的浸润性，影响焊接的质量。为了减小氧化作用的影响，采用助焊剂（简称焊剂）来改善焊接的性能。助焊剂能破坏金属氧化物，助焊剂覆盖在焊件表面上，一方面阻止焊面继续氧化，另一方面使氧化物漂浮在焊锡的表面，从而增强了焊锡和被焊件金属表面的活性，增强了焊锡的与被焊面之间的浸润性，这样有利于提高焊点的质量。

如何正确地选用助焊剂，这也是非常重要的，如果助焊剂选用不恰当，也会影响焊接质量，如助焊剂对焊接面和元器件的腐蚀性、助焊剂的导电性等。助焊剂中以无机焊剂活性最强，常温下即能除去金属表面的氧化膜。但这种强腐蚀作用很容易损伤金属及焊点，同时还容易使用电烙铁头表面加速氧化，不能镀锡，电烙铁头失去焊接的能力，电子焊接中不能使用。这种助焊剂用机油乳化后，制成一种膏状物质，俗称焊油，一般用于焊接金属板等容易清洗的焊件，除非常特别准许，一般不允许使用。有机助焊剂的活性次于氯化物，有较好助焊作用，但也有一定腐蚀性，残渣不易清理，且挥发物对操作者有害。

松香系列活性弱，但无腐蚀性，适合电子装配锡焊。在焊接结束后，可用松香水、香蕉水或天那水，洗净电路板上残留的固态松香，用毛刷刷洗（也可用无水酒精清洗，但晾干后，电路板上有白雾状残留物，影响电路板的光洁度），清洗后的电路板光亮如新。

松香是由自然松脂中提炼出来的树脂类混合物，主要成分是松香酸（约占 80%）和海松酸等。其主要性能如下：

1）常温下，浅黄色固态，化学活性呈中性。表 3-2-3 中列出了常用助焊剂的焊剂配方、性能及应用。

**表 3-2-3　几种国产助焊剂配方、性能及应用**

<table>
<tr><th>品种</th><th>配方（质量百分数/%）</th><th>可焊性</th><th>活性</th><th>适用范围</th></tr>
<tr><td>松香酒精焊剂</td><td>松香 23<br>无水乙醇 67</td><td>中</td><td>中性</td><td>印制板、导线焊接</td></tr>
<tr><td>盐酸二乙胺焊剂</td><td>盐酸二乙胺 4<br>三乙醇胺 6<br>松香 20<br>正丁醇 10<br>无水乙醇 60</td><td rowspan="5">好</td><td rowspan="5">有轻度腐蚀性（余渣）</td><td>手工烙铁焊接电子元器件、零部件</td></tr>
<tr><td>盐酸苯胺焊剂</td><td>盐酸二乙胺 4.5<br>三乙醇胺 2.5<br>松香 23<br>无水乙醇 60<br>溴化水杨酸 10</td><td>手工烙铁焊接电子元器件、零部件；可用于搪锡</td></tr>
<tr><td>201 焊剂</td><td>溴化水杨酸 10<br>树脂 20<br>松香 20<br>无水乙醇 50</td><td>元器件搪锡、浸焊、波峰焊</td></tr>
<tr><td>201-1 焊剂</td><td>溴化水杨酸 7.9<br>丙烯酸树脂 3.5<br>松香 20.5<br>无水乙醇 48.1</td><td>印制板涂覆</td></tr>
<tr><td>SD 焊剂</td><td>SD6.9<br>溴化水杨酸 3.4<br>松香 12.7<br>无水乙醇 77</td><td>浸焊、波峰焊</td></tr>
<tr><td>氯化焊剂</td><td>ZnCL 饱和水溶液</td><td rowspan="2">很好</td><td rowspan="2">强腐蚀性</td><td>各种金属制品钣金件</td></tr>
<tr><td>氯化铵焊剂</td><td>乙醇 70<br>甘油 30</td><td>锡焊各种黄铜零件</td></tr>
</table>

2）70℃以上开始熔化，液态时有一定化学活性，呈现酸的作用，与金属表面发生氧化反应（氧化铜→松香酸铜）。

3）300℃以上开始分解，并发生化学变化，变成黑色固体，失去化学活性。因此在使用松香焊剂时如果已经反复使用变黑后，就失去助焊剂作用。

手工焊接时常将松香溶入酒精制成所谓“松香水”，如在松香水中加入三乙醇胺可增强活性。

氢化松香是专门锡焊生产的一种高活性松香，助焊作用优于普通松香。

1）对于铂、金、银、铜、锡等金属，或表面带有锡层的金属材料，可用松香或松香酒精作助焊剂。

2）对于铅、黄铜以及表面带有镍层的金属焊接性能较差，应选用中性助焊剂。

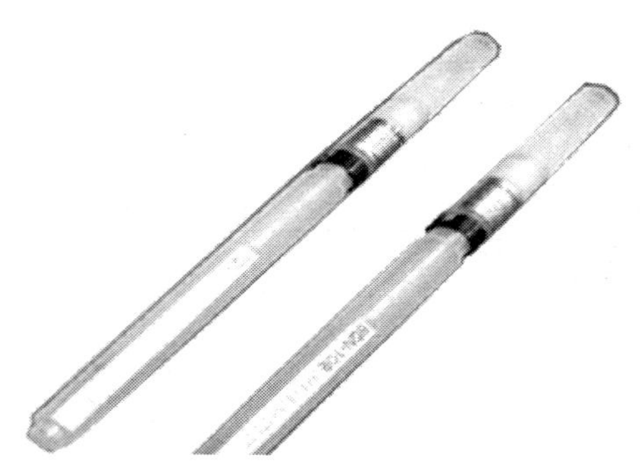

图 3-2-1　助焊笔的外形

3）焊接一般的金属材料，要用无机材料混合焊剂。这种助焊剂有很强的活性，有助于金属材料的焊接，但是它们对金属又有很强的腐蚀性，挥发气体对电路元器件也有很强的腐蚀性，所以焊接后，必须从焊接面上清洗干净残余助焊剂。对于电子线路的焊接，一般不采用这种助焊剂。

4）在进行贴片元器件焊接时，还可以使用一种助焊笔，其外形如图 3-2-1 所示。在助焊笔的海绵体内吸附了大量的松香混合液，在电路板没有放置电子元器件之前，用助焊笔划一下焊点，电路板上的焊点表面便留有松香，焊接时就起到助焊作用。

### 3. 阻焊剂

阻焊剂是一种耐高温的涂料。在焊接时可将不需要的部位涂上阻焊剂保护起来，使焊接仅在需要焊接的焊点上进行。阻焊剂广泛应用于浸焊和波峰焊。

（1）阻焊剂的优点

1）防止焊锡桥连造成短路。

2）使焊点饱满，减少虚焊，而且有助于节约焊料。

3）由于板面部分为阻焊剂膜所覆盖，焊接时板面受到的热冲击小，因而不易起泡、分层。

（2）对阻焊剂的要求

阻焊剂是通过丝网漏印方法印制在电路板上的，因此要求它黏度适宜、不封网、不润图形，以满足漏印工艺的要求。阻焊剂应在 250～270℃的锡焊温度中经过 10～25s 而不起泡、脱落，与覆铜箔仍能牢固黏接；具有较好的耐溶性，能经受焊前的化学处理；具有一定的机械强度，能承受尼龙刷的打磨抛光处理。

（3）阻焊剂的种类

按成膜方法，阻焊剂可分为热固化型、紫外线光固化型及电子束漫射固化型等几种。

1）热固化型阻焊剂。热固化型阻焊剂的成膜材料有酚醛树脂、环氧树脂、氨基树脂、醇酸树脂等。它们可以单独或混合使用，也可以改性使用。通常把它们制成液体印料，通过丝网漏印在板上，然后加温，固化形成一层阻焊膜。

热固化型阻焊剂的优点是价格便宜，黏接强度高。但这类阻焊剂需要在130～150℃温度下经过数小时的烘烤才能固化，故生产周期长、效率低、耗电量大，不能适应自动化或半自动化生产的要求，正逐步由紫外线光固化型阻焊剂所代替。

2）紫外线光固化型阻焊剂。紫外线光固化型阻焊剂主要使用的成膜材料是含有不饱和双键的乙烯树脂，分干膜型和液体印料型。干膜型需经过层压贴膜、紫外线曝光、显影，然后形成一层阻焊膜；液体印料型是通过丝网模板漏印在印制板上，然后在一定能量紫外光源的照射下固化，形成一层阻焊膜。

## 第三节　焊接的操作要领

### 一、焊前准备

1）准备工具。视被焊物的大小，准备好电烙铁、镊子、剪刀、斜口钳、尖嘴钳和助焊剂等。

2）焊接前要将元器件引线刮净，最好是先镀锡再焊。对被焊物表面的氧化物、锈斑、油污、灰尘和杂质等，要清理干净。

### 二、助焊剂的用量

使用助焊剂时，必须根据被焊件的面积大小和表面状态而适量施用。用量过少，则影响焊接质量；用料过多，助焊剂残渣会腐蚀零件，并使线路的绝缘性能变差。

### 三、焊接的温度和时间

在焊接时，要使被焊件达到适当的温度，并使固体焊料迅速熔化，产生足够的热量。如果焊锡温度过低，焊锡流动性差，很容易凝固，形成虚焊。如果焊锡温度过高，将使焊锡流淌，助焊点不易存锡，助焊剂分解速度加快，使金属表面加速氧化，并导致印制电路板上的焊盘铜箔脱离、脱落。特别值得注意的是，当使用天然松香助焊剂时，焊锡温度过高，很容易氧化脱羧产生碳化而造成虚焊。锡焊的时间视被焊件的形状、大小不同而有所差别，但总的原则以被焊件是否完全被焊料所润湿的情况而定。通常情况下，电烙铁头与焊点接触时间以使焊点光亮、圆滑为适宜。如果焊点不亮并形成粗糙面，说明温度不够，时间太短，此时需要延长焊接温度，即要将电烙铁头继续放在焊点上多停留些时间便可。

正确焊接方法与错误焊接方法的比较如图3-3-1所示。

### 四、焊接后的处理

焊接结束后，应将焊点周围的助焊剂清洗干净，并检查电路有无漏焊、错焊、虚

正确的焊接方法

1.将电烙铁头靠在元件脚和焊盘的接合部。(注:所有元件从焊接面焊接。)

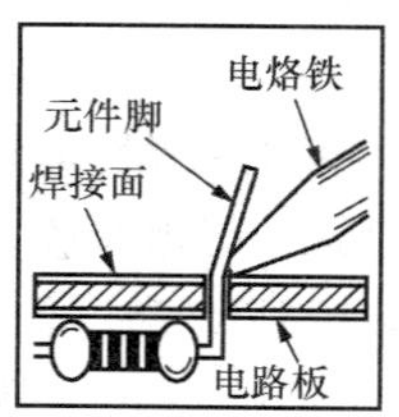


错误的焊接方法

1.加热温度不够:焊锡不向被焊金属扩散生成金属合金。

2.若电烙铁头上带有少量焊料,可使电烙铁头的热量较快传到焊点上。将焊接点加热到一定温度后,用焊锡丝触到焊接件处，熔化适量的焊料;焊锡丝应从烙铁头的对称侧加入。

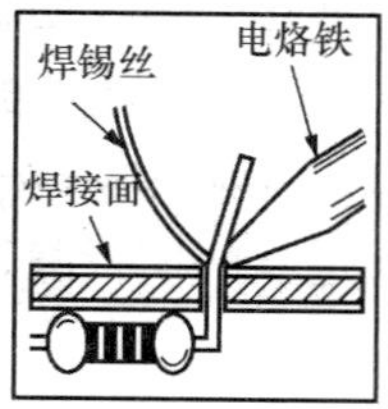


2.焊锡量不够:造成焊点不完整,焊接不牢固。

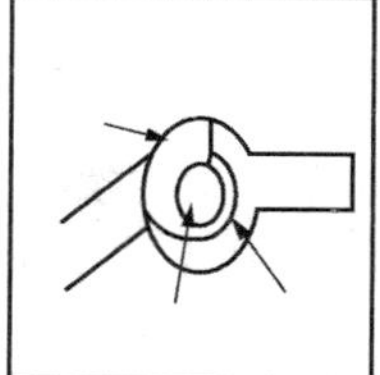

3.当焊锡丝适量熔化后,迅速移开焊锡丝;当焊接点上的焊料流散接近饱满,助焊剂尚未完全挥发,也就是焊接点上的温度最适当、焊锡最光亮、流动性最强的时刻,迅速移开电烙铁。

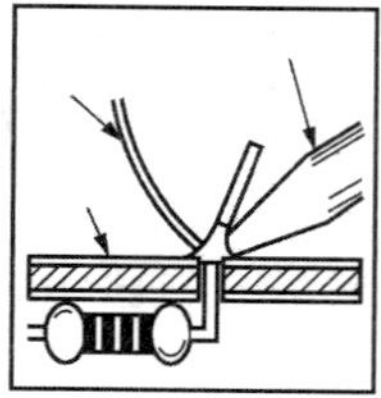

3. 焊锡过量:容易将不应连接的端点短接。

4.焊锡冷却后就得到一个理想的焊接了。

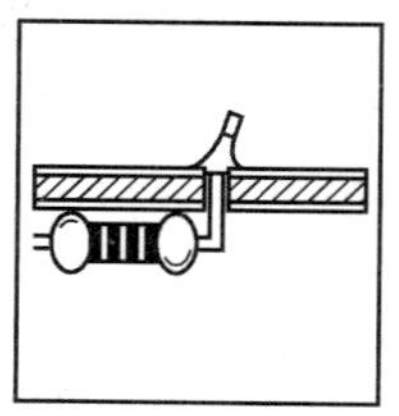

4.焊锡桥接:焊锡流到相邻通路,造成线路短路。这个错误需用电烙铁去除横过桥接部位即可。

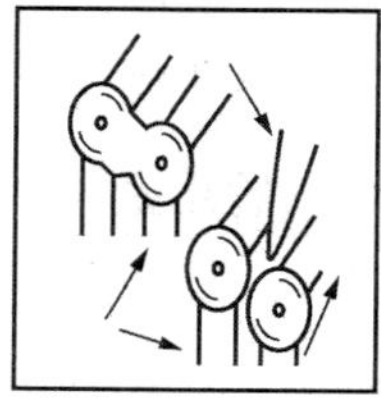

图 3-3-1　正确焊接方法与错误焊接方法的比较

焊等现象。可用镊子将每个元器件拉一拉，看有无松动现象。对于用松香作为助焊剂清除印制电路板上残存的松香。只要用毛刷蘸松香水或天那水，用力反复刷洗，即可去除。

## 第四节　拆　　焊

在焊接过程中，有时会误将一些导线、元器件等焊接在不应焊接的接点上。在调试、例行试验或检验过程中，尤其是在产品维修过程中，都需要更换元器件和导线，要拆除原焊点。拆除中最大的困难是容易损坏元器件、导线和焊点。在印制电路板上拆焊时容易剥落焊盘及印制导线，造成整个印制电路板报废。拆除操作时，要严格控制加热的温度和时间，一般元器件及导线绝缘层耐热性较差，受热易损元器件对温度十分敏感。有时采用间隔加热法进行拆除，要比长时间连续加热的损坏率小些。拆焊时不要用力过猛，以免造成元器件与引线脱离。

### 一、一般焊接点拆焊

拆除元器件时，可以先将元器件的引线剪掉，再进行拆焊。拆焊钩焊点时，首先用电烙铁头去掉焊锡，然后撬起引线，并将其抽出。拆焊网接点很困难，容易损坏元器件和导线的端头及绝缘层，如继电器、中频变压器等，拆焊时应特别小心。

### 二、印制电路板上元器件的拆焊

拆焊印制电路板上的元器件或导线时，不要损坏元器件和印制电路板上焊盘及印制导线。印制电路板上的铜箔在受热的情况下极易剥离，拆焊时要加以注意。

1）分点拆焊。焊接在印制电路板上的电容元件，通常只有两个点，在元件水平装置的情况下，两个焊点的距离较大，可采用分点拆除的方法，即先拆除一端焊接点上的引线，再拆除另一端焊接点上的引线，最后将元件拔出。如果焊接点的引线是折弯的，拆焊时要先吸去焊接点上的焊锡，用电烙铁撬直引线后再拆除元器件。

2）集中拆焊。如三极管以及直立安装的阻容元件，焊接点之间的距离都比较小。对于这类器件可用电烙铁同时加热几个焊接点，待焊锡熔化后一次拔出元器件。此法要求操作时加热迅速，注意力集中，动作快。如果焊接点上的引线是弯成一定角度的，拆焊时要先吸去焊锡，撬直后再拆除。撬直时可采用带缺口的电烙铁头。对多接点的器件，可使用专用电烙铁一次加热取下。有些多接点器件，如波段开头、插头座等，拆除时在没有特制专用工具的情况下，可以另用一把电烙铁辅助加热，一次取下。

3）间断加热拆焊。一些带有塑料骨架的器件，如中频变压器、线圈等，其骨架不耐高温，其接点既集中又比较多。对这类器件要采用间断加热法拆焊。拆焊时应先除去焊接点上的焊锡，露出轮廓，接着用划针挑开焊盘与引线的残留焊料，最后用电烙铁头对个别未清除焊锡的焊接点加热并取下器件。拆焊这类器件时，不能长时间集中加热，要逐点间断加热。不论用哪种拆焊方法，操作时都应先将焊接点上的焊锡去掉。在使用一般电烙铁不易清除时，可以使用吸锡电烙铁。在拆焊过程中不要使焊料或助焊剂飞溅或流散到其他元器件及导线的绝缘层上，以免烫伤这些元器件。

### 三、片式元器件的拆焊

拆焊时，可以用电烙铁将片式元器件两焊接端的焊锡熔化，操作时电烙铁与元器件的接触时间应小于5s。元器件的拆焊也可以使用点加热器进行。因为片式元器件的固定除了用焊锡外还使用黏接剂，所以在元器件拆除过程中，如果焊锡已熔化而元器件还拆不下来，可以采用点加热器对元器件喷吹热风的方法，把元器件拆下。

## 第五节　片式元器件的手工焊接工艺步骤

片式元器件的手工焊接工艺大体步骤如下：

1）首先将印制电路板固定在桌面上，如果不能固定也可将电路板放在桌面上，并且准备好焊接工具和焊接材料。

2）将所要焊接的片式元器件有秩序地放置在桌面上，最好每个元器件放在一个小盒中，并且在小盒上标注元器件的型号、规格与参数，方便取出，给电烙铁通电预热，用尖嘴电烙铁最好。

3）用专用的助焊笔在印制电路板准备焊接的元器件符号图上，涂上助焊剂（助焊笔内助焊剂主要成分为酒精的松香溶液）。

4）把片式元器件放在涂有助焊剂的印制电路板符号图上，并且元器件要放正，即与印制电路板符号要吻合。如果有偏离将会造成该元器件焊接后短路或漏焊、虚焊、接触不良等故障。另外，所选用的片式元器件要与印制电路板符号图上的大小要相同，不能相差太大，否则也会造成元器件焊接短路、漏焊或虚焊等故障。

5）片式元器件在电路板上放好后，并且用斜口镊子将该元器件夹住固定好，然后用尖嘴电烙铁，不用蘸锡。如果电烙铁头上有很多锡、脏物或氧化层，最好将电烙铁头蘸点松香后，用棉石清除电烙铁上的脏物和锡。然后用光亮的电烙铁头去蘸一点点焊锡，不能多，也不能少，只能看到尖口电烙铁的尖端部分微微有一点鼓出现象即可。

6）带有微量焊锡的尖口电烙铁放在被焊片式元器件与电路板接合处的缝隙上。被焊的片式元器件与印制电路板的铜箔将被焊锡粘接，待电烙铁头移开后，片式元器件的一端将与印制电路板的铜箔牢牢焊接固定，然后用同样的方法将被焊片式元器件另一端焊牢即可。在焊接另一端时一定要用镊子把元器件夹住固定好，否则，在焊接另一端时，已焊好的一端焊锡因受热熔化，使整个片式元器件移位或脱离被焊的焊点。

7）整个印制电路板上所有的元器件焊接结束后，检查焊点是否有毛刺，焊点是否均匀，是否有焊成堆现象，是否有虚焊、假焊和漏焊现象，再检查焊点是否短路，然后进行补焊。

8）将焊好印制电路板的表面用毛刷蘸无水酒精或松香水进行清洗，清除印制电路板表面的氧化层，多余的助焊剂使电路板光亮如新。下面以片式陶瓷电容器为例介绍片式元器件的手工焊接。片式陶瓷电容器突然受热很可能产生裂纹，焊接前必须将电容器放在温度为100～150℃的预热板上预热1～2min。所用的电烙铁功率应在25W以内，电烙铁头的直径应小于3mm。焊接时电烙铁头温度需调整在210～240℃之间，焊接时间应在5s之内（片式电阻器的手工焊，电烙铁头温度可调整在280℃以内，时间一般为3s左右）。操作时电烙铁头应在印制板的焊点上加热，电烙铁不要碰到元器件，以免损坏元器件或出现不良后果。焊接后，让印制板在常温下缓慢冷却。

## 第六节　印制电路的装连技术

### 一、印制板的插装准备

#### 1. 元器件装连前对引线的要求

1）在元器件引线弯曲成形过程中，应将弯曲成形工具夹持在元器件终端封接处到弯曲起点之间的某一点上，以减少传给元器件的应力。

2）电子元器件成形工具必须表面光滑，使用时不应使元器件引线产生裂痕或损伤。

3）自元器件终端封接处弯曲到起点之间的最小距离应大于 1.5mm，弯曲半径应等于或大于二倍引线直径。

4）扁平封装集成电路引线的成形最小弯曲半径应有两个引线厚度，扁平封装集成电路终端封接点处到弯曲起点之间的最小距离为 1mm。

5）当电子元器件壳体长度大于两个连接盘的安装间距时，元器件可采用立式安装，其引线弯曲形式如图 3-6-1 所示。

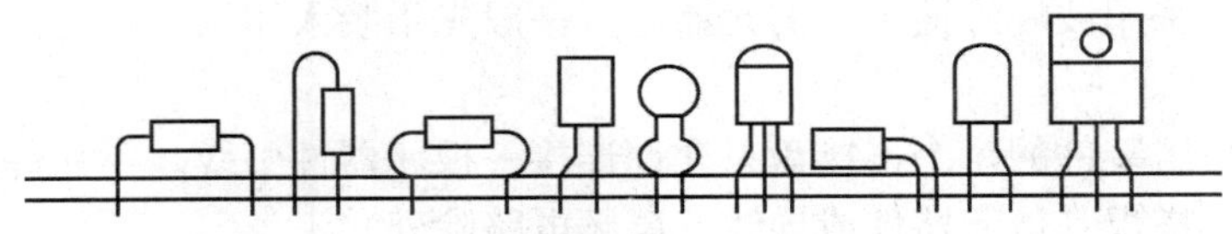

图 3-6-1 元器件引脚预成形

6）三极管、集成电路立装、倒装时的引线弯曲要求如图 3-6-1 所示。

7）元器件引线弯曲成形后，应放在有盖的容器中，加以保护。

8）静电敏感元器件成形，其工具夹应接地良好。弯曲成形后的静电敏感元器件为免受静电放电而损坏，必须装入屏蔽盒或屏蔽容器内，严禁放在一般工作台上或塑料盒内。

9）成形后的引线应作浸锡处理。

### 2. 印制电路板铆孔

为了加固质量较大的电子元器件，在某些印制电路板上必须事先用铜铆钉铆孔。

### 3. 装散热片

大功率的三极管、功放集成电路等需要散热的元器件，要预先做好散热片的准备工作。

## 二、一般元器件的插装方法及要求

一般元器件的插装方法及要求如下：

1）印制板组装件包含的所有元器件和附件应按设计文件及工艺文件要求进行装连。装连过程应严格按工艺文件中的各道工序进行。

2）插装元器件，应保证元器件上的标志易于识别。

3）电子元器件装连的顺序原则上是先低后高（如电阻器、电感器、二极管、三极管、集成电路，一般要求最后装接大规模集成电路）。

4）元器件引线、导线在连接端子上安装时卷绕最少为 1/2 匝，但不超过 3/4 匝。

5）0.5W 以上的电阻器一般不允许紧贴印制板上装接，应根据其耗散功率大小，使其电阻器壳体距印制板留有 2～6mm 间距。

6）当元器件引线穿过印制板后，折弯方向应沿印制导线方向，紧贴连接盘，折弯长度不应超出焊接区边缘或有关规定的范围。

7）装接高频电路的元器件时应十分注意设计文件和工艺文件要求，元器件尽量靠近，连线与元器件的引线尽量短，以减少分布参数。

8）凡诸如集成电路、集成电路插座、微型插孔、多头插头等多引线元器件，在插入印制板前，必须用专用平口钳或专用设备将引线校正，不允许强力插装，力求引线对准孔的中心。

9）凡带有金属外壳的元器件要求贴装印制板装连时，必须在与印制板的印制导线相接触部位用绝缘体衬垫。

10）凡不宜采用波峰焊接工艺的元器件，一般先不装入印制板，待波峰焊接结束后按要求装入。

11）印制板组装件的每个连接盘只允许连接一根元器件引线。不允许在元器件引线上或印制导线上搭焊其他元器件或导线（高频电路除外）。

12）导线和元器件引线伸出印制板长度一般为1.0～1.5mm。

13）凡装连静电敏感元器件时，一定要在防静电的工作台上进行。

14）装连在印制板上的元器件不允许重叠，并在不必移动其他元器件情况下就可拆装元器件。

15）组装在印制板上的元器件的质量超过30g时，可采用粘固或绑扎加以支撑。

16）装配中，如两个元器件相碰，应调整或采用绝缘材料进行隔离。

## 三、特殊器件的装插方法及要求

特殊器件的装插方法及要求如下：

1）大功率三极管、电源变压器、彩色电视机高压包等大型元器件的装插孔要用铜铆钉加固。体积、质量都较大的大容量电解电容器，其引线强度不够，容易发生元器件歪斜、引线折断及焊点焊盘损坏现象。为此，这种元器件的装插孔除用铜铆钉加固外，还要用黄色硅胶将其底部粘在印制电路板上。

2）中频变压器、输出输入变压器带有固定插脚，插入电路板插孔后，将插脚压倒并锡焊固定。较大的电源变压器则采用螺钉固定，并加弹簧垫圈防止螺钉、螺母松动。

3）集成电路引脚比其他元器件多得多，引脚间距也小，装插前应用夹具整形，插装时要弄清引脚排列顺序，并和插孔位置对准，用力时要均匀，不要倾斜，以防引脚折断或偏斜。

4）电源变压器、电视机高频头、中放集成电路、遥控红外接头等需要屏蔽的元器件，屏蔽装置的接地应良好。

**实训一　焊接训练**

1）学习给新电烙铁上锡或对旧电烙铁的电烙铁头进行成形和上锡处理。

2）学习选用焊锡。在实验室观察不同焊锡的焊接效果。

3）学习自制助焊剂。

## 实训二 常用电子元器件识别及电子元器件焊接

### 一、训练目的要求

1）了解常用电子元器件的分类、主要参数。

2）电子元器件焊接的常用工具、材料。

3）熟悉电子元器件焊接基本工艺与操作要求。

4）完成电子元器件、实训套件的安装、焊接与调试。

### 二、训练设备器材

1）训练用工具：万用表、螺丝刀、手工焊接工具等。

2）训练用材料：废旧电子元器件、废印制电路板（或电子套件）、焊丝。

### 三、训练内容要点

#### 1. 电子元器件的分类识别

阻容元器件、半导体分离元器件、集成电路。

#### 2. 电子元器件的焊接

锡焊焊点的基本要求；锡焊的条件；电子元器件刮脚；导线与电子元器件引线上锡；电烙铁的握法；焊接的基本方法；焊点质量检查。

# 第四章　印制电路板

印制电路板（Printed Circuit Board，PCB），又称印制板，是电子产品的重要部件之一。用印制电路板制造的电子产品具有可靠性高、一致性好、机械强度高、质量小、体积小、易于标准化等优点。几乎每种电子设备，小到电子手表、计算器，大到计算机、通信设备、电子雷达系统，只要存在电子元器件，它们之间的电气互连就要使用印制板。在电子产品的研制过程中，影响电子产品成功的最基本因素之一是该产品的印制板的设计和制造。

## 第一节　印制电路板的特点

### 一、印制电路板的发展

在电子技术发展的早期，电路由电源、导线、开关和元器件构成。元器件都是用导线连接的，而元器件的固定是在空间中立体进行的。随着电子技术的发展，电子产品的功能、结构变得很复杂，元器件布局、互连布线都受到很大的空间限制，如果用空间布线方式，就会使电子产品变得眼花缭乱。因此就要求对元器件和布线进行规划。用一块板作为基础，在板上规划元器件的布局，确定元器件的接点，使用接线柱作为接点，用导线把接点按电路要求，在板的一面布线，在另一面装元器件，这就是最原始的电路板。这种类型的电路板在真空电子管时代非常流行，由于线路都在同一个平面分布，没有太多的遮盖点，检查起来容易。这时电路板已初步形成了“层”的概念。

单面敷铜板的发明，成为电路板设计与制作新时代的标志。布线设计和制作技术都已发展成熟。首先在敷铜板上用模板印制防腐蚀膜图，然后腐蚀刻线，这种技术就像在纸上印刷那样简便，“印制电路板”因此得名。印制电路板的应用大幅度降低了生产成本。随着电子技术发展和印制板技术的进步，出现了双面电路板，即在电路板两面都敷铜，两面都可腐蚀刻线。随着电子产品生产技术的发展，人们开始在双面电路板的基础上发展夹层，其实就是在双面电路板的基础上叠加上一块单面电路板，这就是多层电路板。起初，夹层多用于大面积的地线、电源线的布线，表层都用于信号布线。后来，要求夹层用于信号布线的情况越来越多，这使电路板的层数也要增加。但夹层不能无限增加，主要原因是成本和厚度问题。一般的生产厂家都希望以尽可能低的成本获取尽可能高的性能，这与实验室里做的原型机设计不同。因此，电子产品设计者要考虑到性价比这个矛盾的综合体，而最实际的设计方法仍然是以表层作为信号布线层为首选。高频电路的元器件也不能排得太密，否则元器件本身的辐射会直接对其他元器件产生干扰。层与层之间的布线应错开成十字走向，以减少布线电容和电感。

## 二、印制电路板的分类

印制电路板根据制作材料可分为刚性印制板和挠性印制板。刚性印制板有酚醛纸质层压板、环氧纸质层压板、聚酯玻璃毡层压板、环氧玻璃布层压板。挠性印制板又称软性印制电路板（即 FPC），软性印制电路板是以聚酰亚胺或聚酯薄膜为基材制成的一种具有高可靠性和较高曲挠性的印制电路板。这种电路板散热性好，既可弯曲、折叠、卷挠，又可在三维空间随意移动和伸缩。可利用 FPC 减小体积，实现轻量化、小型化、薄型化，从而实现元器件装置和导线连接一体化。FPC 广泛应用于电子计算机、通信、航天及家电等行业。

## 三、印制电路板的制作工艺流程

要设计出符合要求的印制板图，电子产品设计人员需要深入了解现代印制电路板的一般工艺流程。

（1）单面印制板的工艺流程

下料→丝网漏印→腐蚀→去除印料→孔加工→印标记→涂助焊剂→成品。

（2）多层印制板的工艺流程

内层材料处理→定位孔加工→表面清洁处理→制内层走线及图形→腐蚀→层压前处理→外内层材料层压→孔加工→孔金属化→制外层图形→镀耐腐蚀可焊金属→去除感光胶腐蚀→插头镀金→外形加工→热熔→涂助焊剂→成品。

## 四、印制电路板的功能

印制电路板在电子设备中具有如下功能：

1）提供集成电路等各种电子元器件固定、装配的机械支撑，实现集成电路等各种电子元器件之间的布线和电气连接或电绝缘，提供所要求的电气特性。

2）为自动焊接提供阻焊图形，为元器件插装、检查、维修提供识别字符和图形。

电子设备采用印制板后，由于同类印制板的一致性，避免了人工接线的差错，并可实现电子元器件自动插装或贴装、自动焊锡、自动检测，保证了电子产品的质量，提高了劳动生产率、降低了成本，并便于维修。

## 五、印制电路板的发展趋势

印制板从单层发展到双面板、多层板和挠性板，并不断地向高精度、高密度和高可靠性方向发展。不断减小体积、减少成本、提高性能，使得印制板在未来电子产品的发展过程中，仍然保持强大的生命力。

未来印制板生产制造技术发展趋势是在性能上向高密度、高精度、细孔径、细导线、小间距、高可靠、多层化、高速传输、轻量、薄型方向发展。

# 第二节　印制电路板的制作

## 一、敷铜板的选用

敷铜箔层压板的标准厚度有 1.0mm、1.5mm、2.0mm 三种，一般常优先选用 1.5mm 和 2.0mm 厚的层压板。在实际应用中，不同的用途和不同的工作频率选用不同的基质材料板。根据电路设计的需要选用单层、双层或多层敷铜板。

## 二、印制电路板的制作方法

制作单面印制电路板，根据电路的需要选用合适的敷铜板材料，对于一般条件要求不高的民用产品，如收音机、电视机、电子仪器、仪表等，选用酚醛纸基敷铜板制作，也可选用环氧纸基或环氧玻璃布敷铜箔板制作。

对于印制电路板图形比较简单的单层印制电路板，一般采用丝网印制正相图形（称之为丝网漏印法），然后蚀刻出印制电路板。也可采用光化学图像转移的方法制作印制电路板。对于一般要求不高或制作少量电路板，可以采用丝网漏印法制作印制电路板。在业余条件下，也常用丝网漏印的方法制作印制电路板。对于要求较高的电路板，一般都采用光化学转移法制作印制电路板。在实验室中，目前常采用热转印方法制作印制电路板。下面分别介绍这几种制作印制电路板的方法和步骤。

### 1. 光化学转移法制作印制电路

光化学转移法和丝网漏印法制作印制电路，都需要首先设计好印制电路的黑白图，由黑白图制作照相底片，再经不同的工艺过程将电路制作到敷铜板上。两种方法制作印制电路的流程如图 4-2-1 所示。

（1）设计绘制印制电路图（黑白图）

第一步，元器件布局。

根据电路特点和电路板的大小，对电路元器件在印制电路板上的分布位置进行布局安排。

元器件布局的主要注意事项是：安排元器件在紧凑、整齐、美观的前提下，注意元器件之间的绝缘性能和散热性能保持适当距离。各级之间要尽量靠近，缩短距离。发热元器件要安排在有利于散热的位置。电磁辐射较强的元器件和对电磁感应比较敏感的元器件之间，在安装位置上要注意避免它们之间互相影响。集成电路、晶体三极管要与其他元器件保持一定的间隔，有利于散热。元器件之间不应出现重叠、跨接现象。重而大的元器件可以不安装在电路板上。由于受印制板大小所限无法安装全部电路元器件，或者由于不同功能的电路，出于屏蔽或调试、检验和维修等方面的原因，可以将印制电路板设计几块。

第二步，印制电路布线与黑白图的画法。

印制电路布线设计主要注意事项是：铜皮线路的宽度由传输信号的强弱、流过电路电流的大小等因素决定，对于一般电路宽度不小于 0.5mm，电源线、地线可在 1.5～

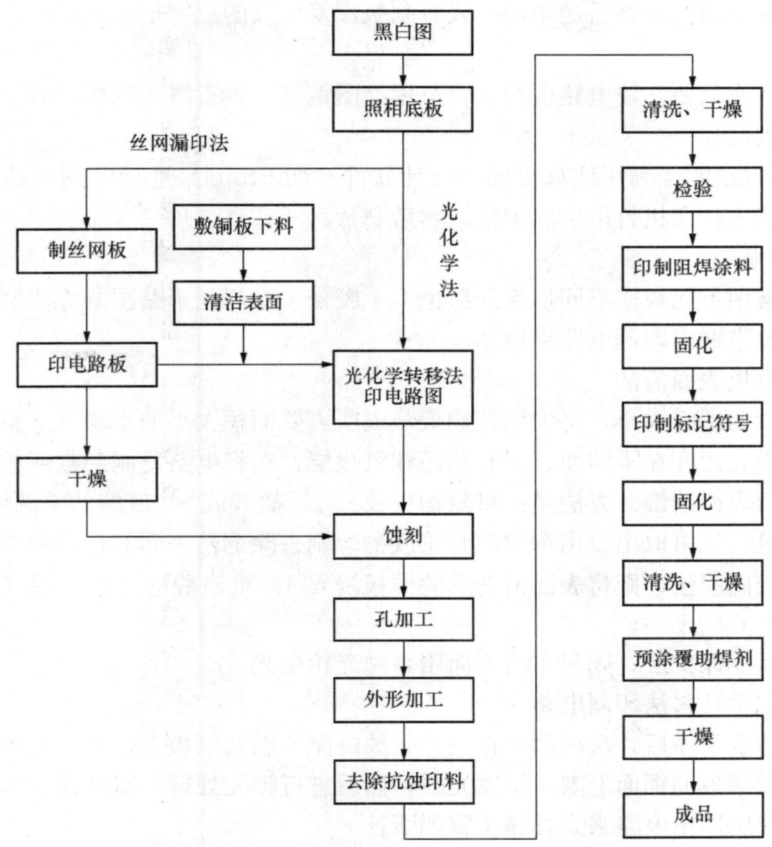


图 4-2-1　印制电路板制作工艺流程

2.5mm，印制板周边地线电路可更宽一些，焊盘的外径不小于 2mm。电路与电路之间的距离一般不小于 0.5mm。公共地线布置在电路板的最边缘处，边缘电路与印制板边缘之间应留有适当距离，便于安装和进行机械加工。电路要注意避免过长的绕线或平行走线，以减小分布电容的影响。高频电路要特别注意电路的屏蔽，可以将地线设计得较大，每一级电路的地线可以自成回路。输入线和输出线要远离，不可靠近或并行。对于数字信号电路，连线多、信号电流小，线宽可设计得更小些。对于大面积铜箔最好是镂空成栅状。对于个别不能绕过时，由于印制电路不交叉，可以采用外接线（也称跳线或跨接线）的方法进行连接。

黑白图绘制方法有以下几种。

1）手工绘制。首先设计绘制印制电路布线草图。然后选用普通坐标纸、绘图纸或专用的印有坐标网的照相底图纸，绘制印制电路黑白稿。黑白底稿的大小最好是实际印制电路的两倍或三倍，即按比例放大绘制，以便拍片缩小后可减少线条边缘毛刺。

绘制印制电路图黑白稿时，首先用硬度较高的铅笔将电路图绘制在坐标图纸上。然后用绘图工具（常用的工具有圆规、小圈圆规、鸭嘴笔）描墨线。墨水常用不反光的磨墨。最后进行填黑和修补工作，使线路光滑，边沿无毛刺。

黑白印制电路图绘好后送印制厂或有制版用复照仪的厂家拍成玻璃底片（湿片）或软片（干片）。

若是试样或只要几块电路板的话，可用绘图钢笔、碳素墨水在用水砂纸打毛的涤纶薄膜上直接画底片。

2）计算机绘制。利用计算机辅助设计软件（如 Protel）进行印制电路设计，用激光打印机或喷墨打印机打出黑白图纸，然后制片。

3）胶带贴图

目前，常用不同规格不同形状的黑色不干胶带，专门用于贴图的方法制作软片。可用这种不干胶带贴出印制电路黑白图。

（2）敷铜板表面清洁

根据设计的图纸大小，将大张敷铜板裁成所需要面积大小的小块（下料）。下料后，由于原敷铜板表面存在不洁净、浸有油污和氧化层，在将电路复制到敷铜板上之前，要对敷铜板进行表面清洗。方法是：将敷铜板放入 5%盐酸或 3%硫酸的酸洗液中几十秒，见板面呈红色，就可取出，用铜丝抛光轮或铜丝刷去除铜箔表面氧化物和油污。

若用骨胶固膜法，则将表面清洗后的铜板浸入 3%重铬酸溶液中备用（浸液目的是为防板面氧化）。

若用喷漆作保护层，则只需将表面用布抛光轮抛光。

（3）光化学转移法印制电路

敷铜板清洗干净后，再把制作在胶片上的电路印制到铜板上，常用的方法是光化学转移法。在敷铜板的铜面上敷一层感光膜，然后进行曝光处理，清洗掉未感光部分，最后用化学药液腐蚀出电路来。具体步骤如下：

1）上感光胶离心烘干。将配制好的感光胶液涂敷在铜面上，烘干形成感光膜。

| 感光材料配方： | 骨胶 | 250～300g |
|---|---|---|
| | 重铬酸铵 | 25～30g |
| | 水 | 1000ml |

配制方法：将骨胶先浸泡（12h 以上），水浴加热 1～2h 使骨胶溶化，再用 150 目尼龙丝绢或多层纱布过滤。将骨胶液过滤后稍冷，倒入溶解后的重铬酸铵，混合均匀。使用时维持 40～60℃。然后上胶离心烘干，以不粘手为宜。

感光机理：在胶体中，重铬酸铵在紫外线作用下分解出三氧化二铬，与蛋白质（骨胶）分子发生反应，生成在水中很难溶解的铬蛋白盐，这就是蛋白质的感光固化现象。

2）曝光（晒板）。一般用 1000W 碘钨灯感光几十秒到几分钟。

3）显影。将曝光过的板子放入 40～60℃的温水中洗去未曝光的胶层。为了使曝光后的板上电路清晰可见，可用甲基紫或青靛溶液染色。

4）修板。对曝光后的电路上有缺陷的地方进行修补。方法是：将毛笔蘸少许天那水稀释后用稠度合适的硝基喷漆进行修补。对于线路上多余部分可用小刀铲除。

（4）腐蚀电路

腐蚀电路用三氯化铁加水按一定比例（约 3∶5 的比例）混合配制成溶液，温度一般以 40～50℃为宜。为了提高蚀刻速度，可增加喷射、压缩空气进入蚀刻液等搅拌方式。电路腐蚀完毕后，立即将敷铜板从腐蚀液中取出，用水冲洗干净。

对于少量的电路进行腐蚀，可以把浓度为31%的过氧化氢（工业用）与浓度为37%的盐酸（工业用）和水按1∶3∶4比例配制成腐蚀液。先把4份水倒入盘中，然后倒入3份盐酸，用玻璃棒搅拌再缓缓地加入1份过氧化氢，配成蚀刻液，对做好的电路板进行腐蚀。

注意：配置溶液时请在专用（耐腐蚀）容器内配置，并对溶液进行过滤，同时一定要注意安全，防止三氯化铁溶液或盐酸等溅射到皮肤和衣物上。并准备一块抹布，随时擦掉溅射出的三氯化铁溶液，以免造成污染。

（5）去除保护层

蚀刻完成后，将板子打好孔，浸入5%～20%的烧碱溶液，并加热，待保护层较易脱落时取出板子，用铜丝刷带水刷洗去掉腐蚀后在电路上留下的保护层。

（6）上阻焊剂

阻焊剂是一种耐高温的涂料。上阻焊剂的目的是把不需要焊接的线路和部位涂上阻焊剂保护起来，使焊接仅在需要焊接的焊点上进行。对于用浸焊和波峰焊进行焊接的电路板都要上阻焊剂。

（7）预涂助焊剂

在印制电路板上需要进行焊接的焊点位置，预涂上助焊剂。使得焊接时焊点更容易上锡，使焊接可靠性、焊接质量提高。助焊剂种类较多，可以自行配制，如：60%无水乙醇+10%正丁醇+20%特级松香+6%三乙醇胺+4%盐酸二乙胺，组成盐酯二乙胺助焊剂。

少量印制板的制作，可在市场上购买现成的助焊剂。将板子预热后喷涂助焊剂，60℃烘烤，待不粘手时再喷涂第二次，仍然烘干。这样可提高可焊性和光洁度。

### 2. 丝网漏印法

从图4-2-1可以看出，丝网漏印法只是在制作黑白片后，由黑白片制成丝网。在丝网上制作要印制的电路，就像油印在蜡纸上刻上要印制的字一样。制好丝网版后，用类似于油印的方法，将要在敷铜板上保留的铜箔，用抗蚀印料将电路印到表面清洗干净的敷铜板上，烘干后进行腐蚀等步骤。这里主要介绍一下丝网版的制作。

丝网的制作方法较多，可以自制感光胶膜，如明胶加上重铬酸水溶液配制成重铬酸感光胶，也可用乳胶加重氮粉（100∶1）配制成重氮感光胶。也可购买已经制好了的感光膜，将感光膜直接贴在丝网上，制出丝网印版。下面介绍用感光膜制作丝网版的方法。

丝网版的制作方法如下。

（1）丝网的选用

一般可选用180～300目的尼龙丝网（也可用金属丝网），然后用人工或机械的方法绷好丝网，并用稀释了的碱液或洗净剂等方法清除丝网上的油污，最后用水漂洗干净，晾干后用于上感光膜。

（2）准备感光膜

根据黑白底片的尺寸，适当放大一点裁剪出所需要大小的感光膜，并用绸布轻轻擦去感光膜上的滑石粉。

（3）贴感光膜

将重铬酸与水按4%（质量比）左右比例配成重铬酸铵溶液，在丝网上均匀涂上一层重铬酸铵溶液，然后将丝网感光膜贴在丝网上（注意不要将有聚酯膜面贴在丝网上），并再在丝网背面刷一次重铬酸铵溶液，最后用硬橡皮刮刀或有机玻璃刮刀先刮聚酯膜面以赶净气泡，再把背面多余溶液刮净。这样，感光膜就贴好了。

（4）烘干

用干燥箱在45℃左右烘烤10～15min，烘干取出后剥掉聚酯膜，再放回烘烤1～2min即可。

（5）曝光

将照相底片在丝网膜感光面上平整紧贴摆好，用1000W高压汞灯，灯距照相底片30cm左右，照射3～4min，进行紫外线感光。也可用强太阳光暴晒。

（6）显影

将曝光后的丝网放到40℃左右的温水中，轻轻摆动1～2min，待图形大部分显出来后，再用冷水轻轻冲洗，直到图形全部显出来为止。

（7）晾干

显影后将丝网放在通风地方，自然晾干，或者用低温烘干。

（8）修整丝网版

在不需要漏印的地方，用封网浆进行修补，修补好后，用封网浆进行封网。

以上为整个丝网版的制作过程。

若用自制感光胶制作丝网版，首先清洁丝网，然后将配制好的感光胶倒在丝网的一端，再用有机玻璃刮刀或硬橡胶皮刮刀（刮刀边缘必须平直无缺口）均匀地将胶液刮在丝网上。为了保证胶膜有一定的厚度，可在丝网上连涂3～5遍。

制作好的丝网，就可以进行印制电路板的制作。印料可用丝网筛过的滑石粉与一定颜色的漆混合，调成浓度合适的印料，然后用刮刀在丝网上将电路刮印到清洁干净的敷铜板上。丝网版不用了或图形损坏，可以去掉网膜，回收丝网供再次制版用。

### 3. 热转印制作法

目前，实验室科研或小量生产制作印制电路板，可用热转印法。电路板制作方法简单，速度快。

（1）绘制印制电路图

用Protel或其他制图软件，甚至可以用Windows的“画图”或Word都可以制作印制电路板图形。

（2）用激光打印机将电路打印在热转印纸上

利用计算机制作好电路板图形，先用普通纸打印出来，检查无误后，再用激光打印机将图形打印在转印纸的光滑面上。由于是将电路先打印在转印纸上，然后再将转印纸有图面贴在敷铜板的铜面上，将电路转印到敷铜板上，所以在打印时要注意电路的正反面。另外转印纸刚打印出来时，碳粉尚未冷却固定，从打印机上取出转印纸，不要让图形面碰擦打印机的任何部位，也不要立即用手触摸图形的任何部位的碳粉，以免电路图受到损伤。

请勿折叠转印纸，以免引起断线路。

（3）转印制板

将打印在热转印纸上的电路图转印到敷铜板上。

1）将敷铜板表面清洁干净，去掉油渍、污渍和毛边。注意，这是保证制版质量的重要一环。

2）在敷铜板上固定好转印纸。一般将转印纸超出敷铜板的其中一边紧贴敷铜板折向背面，固定好。如果做双面板，要一面一面地转印，在电路图上要制作对位孔，在固定转印纸时要进行严格的对位，同时还要注意不要弄脏另一面电路板或损伤另一面电路。

3）对转印机进行设置。转印机对不同的厂家有不同型号，一般都需要对温度、转印速度等进行设置。接通电源后，此时系统对内部进行自检。电动机和加热器将同时进入工作状态。几秒后，将显示加热辊即时温度。不同型号转印机略有不同操作步骤方法，一般在转印前进行加热温度的设定，同时按下温度设定键，按“▲”或“▼”键可对温度设定值进行修改（具体见说明书）。温度一般不应高于 160℃。转印机的外形如图 4-2-2 所示。

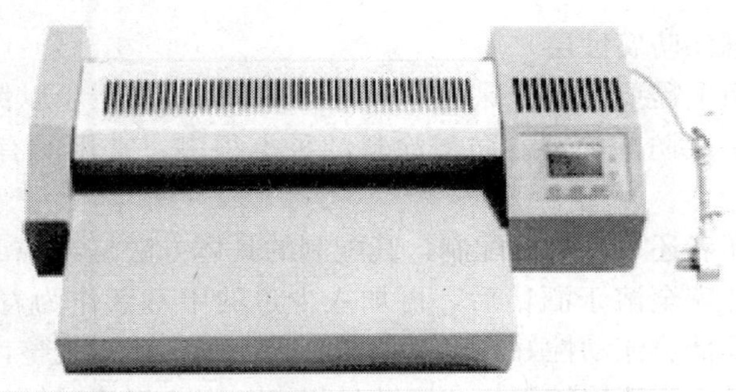

图 4-2-2　转印机的外形

4）转移制版。将已贴好转印纸的敷铜板，送入转印机，稍候片刻，敷铜板将从转印机的后部送出。待其温度下降后，将转印纸轻轻揭起一角，对电路板认真检查，如果有较大缺陷，应将转印纸按原位置贴好，送入转印机，再转印一次。如有较小缺陷，请用油性记号笔进行修补。若没有转印机，用电熨斗熨烫的方法，也能将转印纸上的电路图转印到敷铜板上。注意将敷铜板平整放置。

（4）腐蚀电路板

敷铜板冷却后揭去热转印纸，放入腐蚀液中进行腐蚀（同前介绍的腐蚀方法）。其后步骤与前面介绍相同。

（5）注意事项

1）转移纸为一次性用纸，若重复使用，遇热熔化的图形极易造成激光打印机硒鼓污染，严重时可能造成打印机硒鼓的损坏。

2）转印纸为专用介质纸，表面涂有多层高分子材料，具有抗高温易于转印的特点，一般纸不可代用。

3）为保证制版质量，所绘线条宽度应尽可能不小于0.3mm。

4）由于在向敷铜板进行图形转移时，图形会发生水平180°翻转，制图时应特别注意。

5）转印机不用时应及时关断电源，否则转印机一直处在加热状态。

### 4. 印制电路板的手工制作方法

（1）敷铜板的表面处理

由于加工、存储等原因，在敷铜板的表面会形成一层氧化层或污物。其氧化层或污物将影响底图的复印，为此在复印底图前应将敷铜板表面清理干净。清洗的具体方法是：用水砂纸蘸水打磨（注意不用粗砂纸），或用去污粉擦洗，直至将板面擦亮为止，最后用水冲洗干净，再用干布擦干净便可使用。

（2）复印电路板图

把已经绘制完毕的印制电路板图，用复写纸复印到敷铜板的铜箔面上。复印时最好把复写纸与印制电路板图用胶布固定在敷铜板上，以防复印过程中图纸移位。复印完毕后要认真复查是否有错误和漏掉的线条，如没有错误便可将印制电路板图和复写纸取下。

（3）描图（描涂防腐蚀层）

为能把敷铜板上需要的部分保留下来，就要涂防腐蚀层予以保护。也就是说在需要保留的线条上涂一层防酸涂料。防酸涂料的种类很多，常用的有清漆、调和漆、快干漆等。

对于业余制作者还可以自己配制，其配制的具体方法是：将1份虫胶漆溶于3份工业酒精中，等漆片完全溶于酒精后，再加入少量的甲基紫作为着色剂，此时便可使用了。由于它的黏度低、流动性好，可以把印制导线画得比较规整，很受业余爱好者的欢迎。但要注意的是由于漆层较薄，在腐蚀过程中一定要将漆层保护好，否则就会出现误腐蚀。

描绘时，用毛笔和蘸水笔均可，蘸上少许涂料按复印好的线条，从上至下或从左至右依次描绘便可。对于初次描绘者来说，最好用蘸水笔。因为毛笔的笔尖较软，线条的宽、窄不易掌握，而用蘸水笔则可克服这一不足。无论采用哪种笔，每一次的蘸漆量都不可过多，否则将造成过大或过厚的漆斑。在描绘过程中，如发现有描绘错误时，可等漆膜干燥后用小刀铲除干净再重新描绘即可。

（4）蚀刻

在印制板的铜箔上已将需要保留的部分涂了防腐漆，对不需要的铜箔必须予以清除，这一清除过程就称为蚀刻。蚀刻的方法有腐蚀法和刀刻法。

1）腐蚀法。准备好三氯化铁溶液和能放入所制作印制板的搪瓷盘或塑料盆，把印制板放入盘中，然后把三氯化铁溶液倒入盘内，液面的高度以刚超过印制板面即可。为加快腐蚀速度，可用竹镊子夹住印制板慢慢晃动，或用棉球在腐蚀液中轻轻涂擦铜箔，但必须注意不要把防腐层涂掉。

当印制板腐蚀好以后，用竹镊子夹住印制板放入清水中清洗干净，然后用布擦干。剩下的任务就是要认真仔细地检查有无漏蚀处，尤其是两印制导线间的边缘处是否有短接点或毛刺，如果有此现象，应很好地清除。最后用棉纱蘸稀料或酒精擦洗防腐蚀层，直至露出光亮的印制导线为止。

2）刀刻法。当制作不太复杂，其制作量又不大的印制电路板时，用刀刻法比较方便，而且比腐蚀法快，且可省去不少工序。

刀刻法就是用小刀刻去不需要的铜箔，其主要的工具是锋利的小刀，如铅笔刀、木刻刀、或用废钢锯条磨成的小刀。另外还要用到钢直尺和尖嘴钳。

刻制线路板的顺序如下：

第一步是将绘制好的印制电路板图复印到印制板的铜箔上，然后用笔把不需要的部分标出，以避免刻错位置。

第二步是用小刀刻出印制导线的轮廓。刻轮廓时第一刀要轻、线条要直，否则一刀刻歪了，下面的一刀就容易以歪的地方滑下去。因此刻轮廓时，不能用力过猛。

第三步是把铜箔刻透。将已经刻好轮廓的印制导线再用刀的后端用力往下按，但要注意缓慢进刀，直到刻透铜箔为止。

第四步是将刻透的铜箔用刀尖挑起一个头，然后用尖嘴钳夹住轻轻撕下。做撕拉动作时要特别小心，否则就会把保留的部分一起撕下。

（5）钻孔

用台钻或手摇钻打孔都可以。用台钻打孔既快又省力，并能保证打孔的质量。但要注意台钻的转速应取高速为宜，如果转速过低，钻出来的孔就会有毛刺，但进刀不宜过快，以免将铜箔挤出毛刺。

用手摇钻打孔时，钻头不宜过长，以防止钻头折断（尤其是 1mm 以下的钻头）。打孔完毕后，将孔稍加整理，并用干布擦去粉末。

（6）涂助焊剂

当印制电路板腐蚀、打孔的工序完成后，为提高焊接质量，均需在印制导线的铜箔上涂助焊剂。这样可使板面的印制导线减少氧化，并提高其可焊性。

1）涂松香助焊剂。除采用松香助焊剂成品外还可以自己配制，其方法是：将 1 份松香放入 2 份酒精中，待溶解后便可使用。使用时将棉球蘸此溶液涂在印制导线的铜箔上，也可用毛刷蘸上溶液均匀地涂刷在印制板上，然后放在通风处，让酒精挥发。等干燥后印制板上便有一层黄色透明的松香保护层，此时便可使用了。

2）镀银层助焊剂。将硝酸银溶液放入搪瓷盘，然后将腐蚀完毕的印制电路板浸没在溶液中。等到印制导线的铜箔上留有一层银后（需要十几分钟），便可将印制板取出并用清水冲洗，待晾干后就可以使用了。

# 第五章　调幅收音机的安装与调试实训

整机装配与调试是通过对调幅收音机和数字万用表的基本工作原理、装配工艺以及调试、维修知识的学习和实际安装，从而掌握电子技术文件和电子电路图的种类，掌握电原理图的识读方法，掌握整机安装、调试的工艺知识、检修程序和检修方法。

本实训是安装与调试调幅收音机。该收音机为六管中波段袖珍式半导体管收音机，体积小巧、外形美观，音质清晰，洪亮，噪声小，携带使用方便，采用可靠的全硅管线路，具有机内磁性天线，收音效果良好，并设有外接耳机插口。

主要性能指数如下。

频率范围：525～1605kHz。

输出功率：50mW（不失真）150mW（最大）。

扬声器：$\phi$57mm　8Ω。

电源：3V（两节五号电池）。

体积：122mm×65mm×25mm。

## 一、装焊工艺

### 1. 实训目的

通过对收音机的安装、焊接及调试，了解电子产品的装配过程；掌握元器件的识别及质量检验；学习整机的装配工艺；学习整机调试和测试；学习收音机故障检查和维修。

### 2. 实训要求

1）对照原理图看懂印制电路图和接线图（图 5-1-1）。

2）了解图上的符号，并与实物对照。

3）根据技术指标测试各元器件的主要参数。

4）认真细心地安装焊接。

5）认真检查电路进行调试与测试。

### 3. 实训步骤

1）按材料清单（表 5-1-1）清点全套零件，并保管好元器件。

2）用万用表检测元器件见表 5-1-2 和表 5-1-3。若元器件有损坏，要及时注明和更换。注意：VT6、VT7 的 $h_{FE}$（放大倍数）相差应不大于 20%。

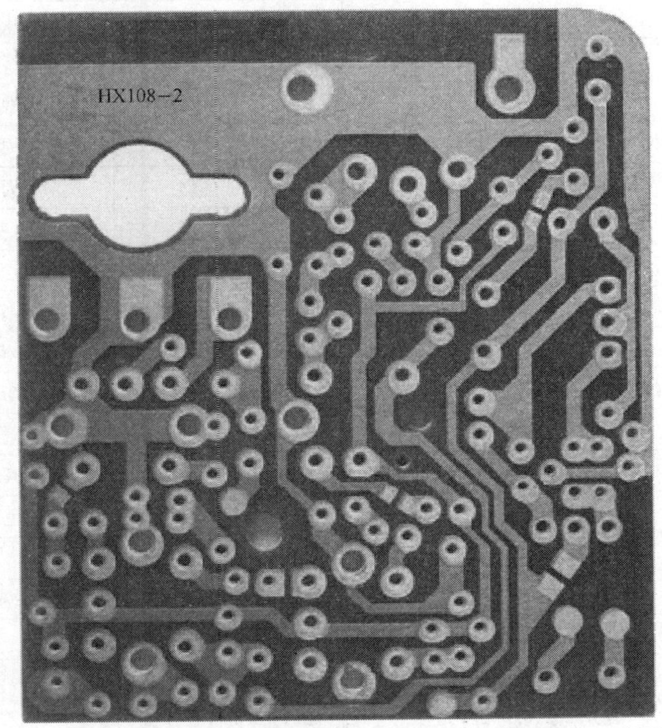


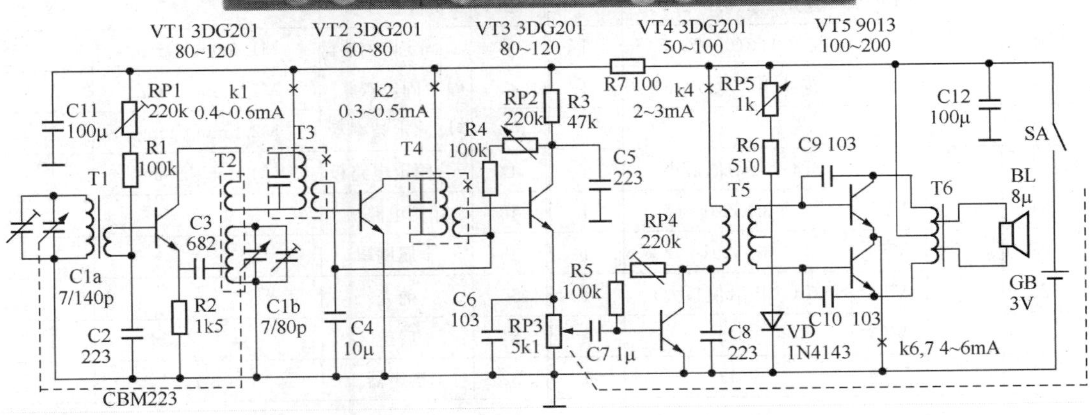


图 5-1-1　AM 收音机印制板图及电原理图

3）对元器件引线或引脚进行上锡处理，注意上锡层未氧化（可焊性好）时可以不再处理。

4）检查印制板的铜箔线条是否完好，有无断线及短路，特别注意边缘。

5）安装元器件。元器件安装质量及顺序直接影响整机质量与成功率，合理的安装需要思考及经验。表 5-1-5 所示安装顺序及要点是实践证明较好的一种安装方法。注意：所有元器件高度不得高于中周的高度。

**表 5-1-1　AM 收音机材料清单（超外差式六管收音机）**

| 序号 | 代号与名称 | | 规格 | 数量 | 序号 | 代号与名称 | | 规格 | 数量 |
|---|---|---|---|---|---|---|---|---|---|
| 1 | 电阻器 | R1 | 91kΩ(或 82kΩ) | 1 | 27 | T1 | | 天线线圈 | 1 |
| 2 | | R2 | 2.7kΩ | 1 | 28 | T2 | | 本振线圈(黑) | 1 |
| 3 | | R3 | 150kΩ(或 120kΩ) | 1 | 29 | T3 | | 中周(白) | 1 |
| 4 | | R4 | 30kΩ | 1 | 30 | T4 | | 中周(绿) | 1 |
| 5 | | R5 | 91kΩ | 1 | 31 | T5 | | 输入变压器 | 1 |
| 6 | | R6 | 100Ω | 1 | 32 | T6 | | 输出变压器 | 1 |
| 7 | | R7 | 620Ω | 1 | 33 | 带开关电位器 | | 4.7kΩ | 1 |
| 8 | | R8 | 510Ω | 1 | 34 | 耳机插座(GK) | | $\phi$2.5mm | 1 |
| 9 | 电容器 | C1 | 双联电容 | 1 | 35 | 磁棒 | | 55mm×13mm×15mm | 1 |
| 10 | | C2 | 瓷介 223(0.022μF) | 1 | 36 | 磁棒架 | | | 1 |
| 11 | | C3 | 瓷介 103(0.01μF) | 1 | 37 | 频率盘 | | $\phi$37mm | 1 |
| 12 | | C4 | 电解 4.7～10μF | 1 | 38 | 拎带 | | 黑色(环) | 1 |
| 13 | | C5 | 瓷介 103(0.01μF) | 1 | 39 | 透镜(刻度盘) | | | 1 |
| 14 | | C6 | 瓷介 333(0.03μF) | 1 | 40 | 电位器盘 | | $\phi$20mm | 1 |
| 15 | | C7 | 电解 47～100μF | 1 | 41 | 导线 | | | 6 根 |
| 16 | | C8 | 电解 4.7～10μF | 1 | 42 | 正、负极片 | | | 各 2 |
| 17 | | C9 | 瓷介 223(0.002μF) | 1 | 43 | 负极片弹簧 | | | 1 |
| 18 | | C10 | 瓷介 223(0.022μF) | 1 | 44 | 螺钉 | 固定电位器盘 | M1.6mm×4mm | 1 |
| 19 | | C11 | 涤纶 103(0.01μF) | 1 | 45 | | 固定双联 | M2.5mm×5mm | 1 |
| | | | | | 46 | | 固定频率盘 | M2.5mm×5mm | 1 |
| 20 | 三极管 | VT1 | 3DG201(β 值最小) | 1 | 47 | | 固定电路板 | M2mm×5mm | 1 |
| 21 | | VT2 | 3DG201 | 1 | 48 | 印制电路板 | | | 1 |
| 22 | | VT3 | 3DG201 | 1 | 49 | 金属网罩 | | | 1 |
| 23 | | VT4 | 3DG201(β 值最大) | 1 | 50 | 前壳 | | | 1 |
| 24 | | VT5 | 9013 | 1 | 51 | 后盖 | | | 1 |
| 25 | | VT6 | 9013 | 1 | 52 | 扬声器 | | 8Ω | 1 |
| 26 | 二极管 | VD | IN4148 | | | | | | |

**表 5-1-2**

| 类别 | 测量内容 | 万用表功能及量程 | 禁止用量程 |
|---|---|---|---|
| R | 电阻值 | R×1 | |
| VT | $h_{EF}$（VT6、VT7 配对） | R×10，$h_{EF}$ | R×10k |
| B | 绕组，电阻，绕组与壳绝缘 | R×1 见表 4-2 | |
| C | 绝缘电阻 | R×1R | |
| 电解 CD | 绝缘电阻及质量 | R×1R | |

**表 5-1-3**

| 万用表挡位 | B2（黑）本振线圈 | B3（白）中周 1 | B4（绿）中周 2 | B5（黑）中周 3 |
|---|---|---|---|---|
| | R×1 | R×1 | R×1 | R×1 |
| | 0.7Ω 0.9Ω 1Ω | 1Ω 3.8Ω 0.2Ω | 2.4Ω 3Ω 1Ω | 2.4Ω 3Ω 1Ω |

| 万用表挡位 | B6（蓝或白）输入变压器 | B7（黄或粉）输出变压器 |
|---|---|---|
| | R×10 | R×1 |
| | 85Ω 85Ω 180Ω | 6Ω 6Ω 0.7Ω |

**表 5-1-4　静态工作点参考值**

| 测试点 | 发射极电压/V | 基极电压/V | 集电极电压/V | 集电极电流/mA | 备注 |
|---|---|---|---|---|---|
| VT1 | 1.1～1.3 | 1.4～1.9 | 2.5 | 0.4 左右 | |
| VT2 | 0 | 0.7 | 2.5 | 0.1～0.2 左右 | |
| VT3 | 0.05 | 0.7 | 1.7 | 0.2 左右 | 该管近似截止状态 |
| VT4 | 0 | 0.7 | 1.9 | 1.5 左右 | |
| VT5 | 0 | 0.65 | 3 | 1～2.5 | |
| VT6 | 0 | 0.65 | 3 | 1～2.5 | |
| VD | | | | 2.5～3 | 二极管 |

**表 5-1-5　元器件的安装顺序及要点（分类安装）**

| 序号 | 内容 | 注意要点 |
|---|---|---|
| 1 | 安装 T2、T3、T4 | 中周要求按到底，外壳固定支脚内弯 90°，要求焊上 |
| 2 | 安装 T5、T6 | 经指导教师检查后，可以先焊 |
| 3 | 安装 VT1～VT6、VD | 注意色标、极性及安装高度 |
| 4 | 安装全部 R | 色环方向保持一致，并注意安装高度 |
| 5 | 安装全部 C | 注意极性、安装高度，并将元器件标识向外 |
| 6 | 安装双联电容、电位器及磁棒架 | 磁棒架必须安装在印制板和双联电容之间 |
| 7 | 焊前检查 | 检查已安装的元器件位置，特别注意 VT1～VT6 的引脚，经指导教师检查后方可进行后序工作 |
| 8 | 焊接已插上的元器件 | 焊接时注意锡量适中 |

续表

| 序号 | 内容 | 注意要点 |
| --- | --- | --- |
| 9 | 修整引线 | 剪断引线多余部分，注意不可留得太长或过短 |
| 10 | 检查焊点 | 检查有无漏焊、虚焊、短接焊点 |
| 11 | 焊 T1、电池引线、装拨盘、磁棒等 | 焊 T1 时注意看接线图，其中的线圈 L2 应靠近双联电容一边，并按图连线，耳机插口及扬声器参见图 5-1-2 |
| 12 | 其他 | 固定扬声器，装透镜，安装金属网罩等 |

## 二、检测与调试

### 1. 实训目的

通过对收音机的通电检测调试，了解一般电子产品的生产调试过程，初步学习调试电子产品的方法，培养检测能力及一丝不苟的科学作风。

### 2. 实训步骤

收音机调试程序示意图如图 5-1-2 所示。

（1）检测

1）通电前的准备。具体包括：

① 自检、互检，使得焊接及印制板质量达到要求，特别注意各电阻阻值是否与图纸相同，各三极管、二极管是否有极性焊错、位置装错以及电路板线条是否断线或短路，焊接时有无焊锡造成电路短路现象。

② 接入电源前必须检查电源有无输出电压（3V）和引出线正负极是否正确。

2）初测。具体包括：接入电源（注意＋、－极性），将频率盘拨到 530kHz 无台区，在收音机开关不打开的情况下首先测量整机静态工作总电流 $I_o$，测量方法如图 5-1-3 所示，然后将收音机开关打开，分别测量三极管 VT1～VT6 的 e、b、c 三个电极对地的电压值（也称静态工作点），测量时注意防止表笔要测量的点与其相邻点短接。如果 $I_o$>15mA 应立即停止通电，检查故障原因。$I_o$ 过大或过小都反映装配中有问题，应该重新仔细检查。

初测工作非常重要，在收音机开始正式调试前该项工作必须要做。表 5-1-6 中给出了参考测量值。

**表 5-1-6　参考测量值**

| 工作电压：$V_{CC}$=3V　工作电流：$I_o$=10mA | | | | | | |
| --- | --- | --- | --- | --- | --- | --- |
| 三极管 | VT1 | VT2 | VT3 | VT4 | VT5 | VT6 |
| e | 1 | 0 | 0.056 | 0 | 0 | 0 |
| b | 1.54 | 0.63 | 0.63 | 0.65 | 0.62 | 0.62 |
| c | 2.4 | 2.4 | 1.65 | 1.85 | 3 | 3 |

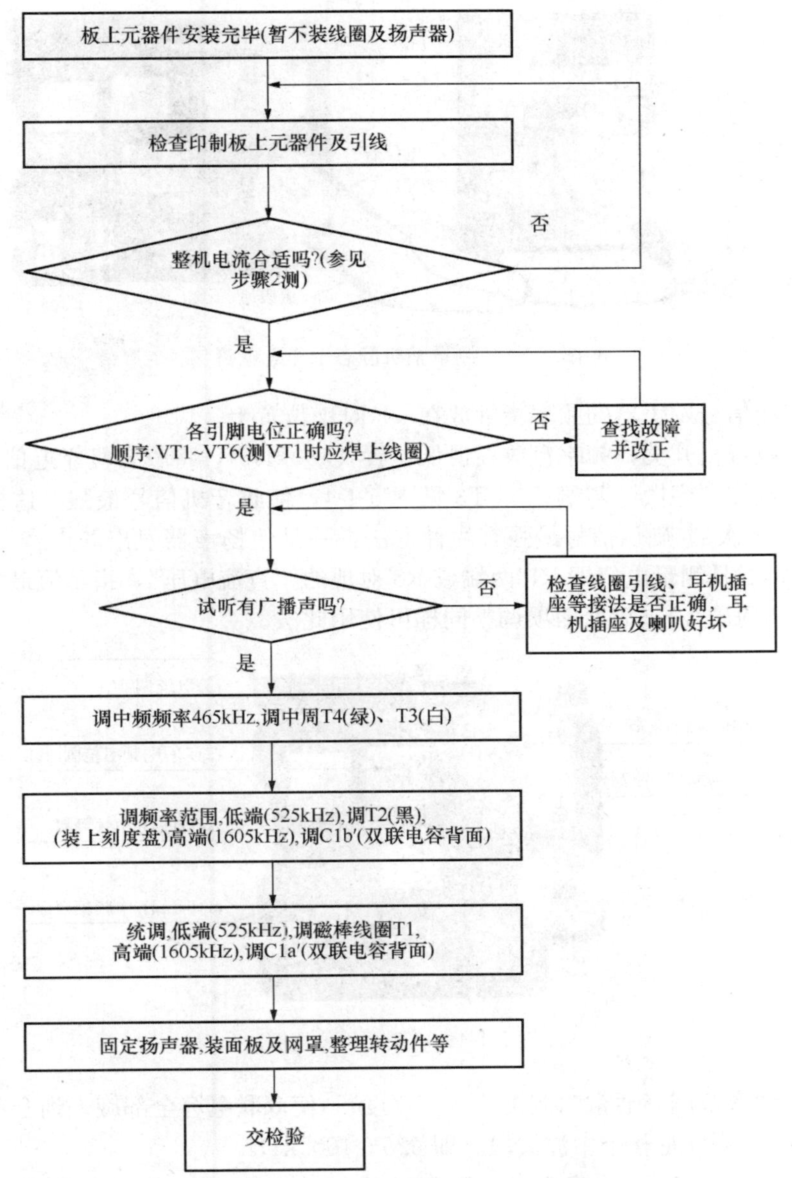


图 5-1-2　AM 收音机调试流程图

3）试听。如果各元器件完好，安装正确，初测也正确，即可试听。接通电源，慢慢转动调谐盘，应能听到广播声，否则应重复步骤 1）要求的各项检查内容，找出故障并改正，注意在此过程中不要调中周及微调电容。

（2）调试

经过通电检查，调好工作点后，并正常发声后，才进行调试工作。

1）调中频频率（俗称调中周）。目的：将中周的谐振频率调整到固定的中频频率 465kHz。

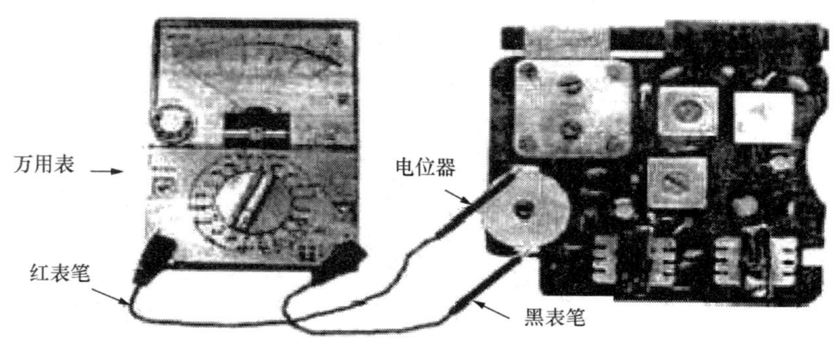


图 5-1-3　测量整机静态工作总电流

① 将高频信号发生器的频率指针放在 465kHz 位置上。

② 打开收音机开关，频率盘放在最低位置（530kHz），将收音机靠近信号发生器。

③ 用改锥按顺序微微调整 T4、T3 见图 5-1-4，使收音机信号最强，这样反复调整 T4、T3（2～3 次）。确认信号最强有两种方法：一是使扬声器发出的声音（1kHz）达到最响为止；二是测量电位器 RP 两端或 R8 对地的“直流电压”，指示值最大为止（此时可把音量调到最小），后面两项调整同样可使用此法。

图 5-1-4　可调元件位置图

2）调整频率范围（通常叫调覆盖或对刻度）。使双联电容全部旋入到全部旋出，所接收的频率范围恰好是整个中波波段，即 525～1605kHz。

① 低端调整：高频信号发生器调至 525kHz，收音机调至 530kHz 位置上，此时调整 T2 使收音机信号声出现并最强。

② 高端调整：再将高频信号发生器调到 1600kHz，收音机调到高端 1600kHz，调 C1b 使信号声出现并最强。

③ 反复调整上述二项 2～3 次，使信号最强。

3）统调（调灵敏度，跟踪调整）。使本机振荡频率始终比输入回路的谐振频率高出一个固定的中频频率“465kHz”。调整方法是：在低端，信号发生器调至 600kHz，收音机低端调至 600kHz，调整线圈 T1 在磁棒上的位置使信号最强（一般线圈位置应靠近磁棒的右端）；在高端，信号发生器调至 1500kHz，收音机高端调至 1500kHz，调

C1a，使高端信号最强。高低端反复调整 2～3 次，调完后即可用蜡将线圈固定在磁棒上。

注意上述调试过程应通过耳机监听。如果信号过强，调整作用不明显时，可逐渐增加收音机与信号发生器之间的距离，使调整作用更敏感。

（3）验收

1）外观：机壳及频率盘清洁完整，不得有划伤烫伤及缺损。

2）印制板安装整齐美观，焊接质量好，无损伤。

3）导线焊接要可靠，不得有虚焊，特别是导线与正负极片间的焊接位置和焊接质量。

4）整机安装合格，转动部分灵活，固定部分可靠，后盖松紧合适。

5）性能指标要求：

① 频率范围 525～1605kHz。

② 灵敏度较高（相对）。

③ 音质清晰、洪亮、噪音小。

## 三、调幅收音机检修

### 1. 检测前提、要领及方法

1）前提：安装正确。元器件无缺焊、错焊，连接无误，印制板焊点无虚焊、桥接等。

2）要领：耐心细致、冷静有序。检测按步骤进行，一般由后级向前检测，先判定故障位置（信号注入法），再查找故障点（电位法），循序渐进，排除故障。忌讳乱调乱拆，盲目烫焊，导致越修越坏。

3）具体方法主要包括：

① 信号注入法。收音机是一个信号捕捉处理、放大系统，通过注入信号可以判定故障位置。

a. 用万用表 R×10 欧姆挡，红表笔接电池负极（地），黑表笔碰触放大器输入端（一般为三极管基极），此时扬声器可听到“咯咯”声。

b. 用手握改锥金属部分去碰放大器输入端，从扬声器听反应，此法简单易行，但相应信号微弱，不经三极管放大听不到声音。

② 电位法。用万用表测各级放大器或元器件工作电压，可具体判定造成故障的元器件。

### 2. 测量整机静态总电流

将万用表拨至 100mA 直流电流挡，两表笔跨接于电源开关（开关为断开位置）的两端（若指针反偏，将表笔对调一下），测量总电流。测量时，可能有如下四种结果：

1）电流为 0A，这是由于电源的引线已断，或者电源的引线及开关虚焊所致。如果这一部分证明是完好的，应检查印制电路板，看有无断裂处。

2）电流在 30mA 左右，这是由于 C7、振荡线圈 T2 与地不相通的一组绕组（即 T2 二次侧）、T3、T4 内部绕组与外壳、输入变压器 T5 一次侧、VT1、VT2、VT4 的集电极对地发生短路，印制电路板上有桥接存在等。

3）电流在 15～20mA，可将电阻 R7 更换大一些的，如原为 620Ω 现换成 1kΩ 的。

4）电流很大，表针满编。这是由于输出变压器一次侧对地短路，或者 VT5 或 VT6 集电极对地短路（可能 VT5 或 VT6 的 ce 结击穿或搭锡所致）。另外，要重点检查 VD（二极管），检查是否焊反，或测其两端电压（正常值应为 0.62～0.65V），如偏高，则应更换二极管。

5）总电流基本正常（本机正常电流约为 10mA±2mA），此时可进行下一步检查。

### 3. 判断故障位置

判别故障在低放之前还是低放之中（包括功放）的方法如下。

1）接通电源开关将音量电位器开至最大，扬声器中没有任何响声，此时可以判定低放部分肯定有故障。

2）判断低放之前的电路工作是否正常方法如下：将音量调小，万用表拨至直流电压 0.5V 挡，两表笔并接在音量电位器非中心端的另两端上，一边从低端到高端拨动调谐盘，一边观看万用表指针。若发现指针摆动，且在正常播出一句话时指针摆动次数在数十次左右，即可断定低放之前电路工作是正常的。若无摆动，则说明低放之前的电路中也有故障，这时仍应先解决低放中的问题，然后再解决低放之前电路中的问题。

### 4. 完全无声故障检修（低放故障）

将音量开大，用万用表直流电压 10V 挡，黑表笔接地，红表笔分别触碰电位器的中心端和非接地端（相当于输入干扰信号），可能出现三种情况：

1）碰非接地端扬声器中无“咯咯”声，碰中心端时扬声器有声。这是由于电位器内部接触不良，可更换或修理排除故障。

2）碰非接地端和中心端均无声，这时用万用表 R×10 挡，两表笔并接碰触扬声器引线，触碰时扬声器若有“咯咯”声，说明扬声器完好。然后用万用表欧姆挡点触 T6 二次侧两端，扬声器中如无“咯咯”声，说明耳机插孔接触不良，或者扬声器的导线已断；若有“咯咯”声，则把表笔接到 T6 一次侧两组绕组两端，这时若无“咯咯”声，就是 T6 一次侧有断线。

① 将 T6 一次侧中心抽头处断开，测量集电极电流。

a. 电流正常：说明 VT5 和 VT6 工作正常，T5 二次侧无断线。

b. 电流为 0A：则可能是 R7 断路或阻值变大；R7 短路；T5 二次侧断线：VT5 和 VT6 损坏（同时损坏情况较少）。

c. 电流比正常情况大：则可能是 R7 阻值变小；VD 损坏；而 VT5 或 VT6 有漏电；T5 一、二次侧有短路；C9 或 C10 有漏电或短路。

② 测量 VT4 的直流工作状态，若无集电极电压，则 T5 一次侧断线，若无基极电压，则 R5 开路。C8 和 C11 同时短路较少，C8 短路而电位器刚好处于最小音量处时，

会造成基极对地短路。若红表笔触碰电位器中心端无声，触碰 VT4 基极有声，说明 C8 开路或失效。

3）用干扰法触碰电位器的中心端和非接地端，扬声器中均有声，则说明低放工作正常。

5. 无台故障检修（低放前故障）

无声是指将音量开大，扬声器中有轻微的“沙沙”声，但调谐时收不到电台。

1）测量 VT3 的集电极电压。若无，则 R4 开路或 C6 短路；若电压不正常，检查 R4 是否良好。测量 VT3 的基极电压，若无，则可能 R3 开路（这时 VT2 基极也无电压），或 T4 二次侧断线，或 C4 短路。注意 VT3 工作在近似截止的工作状态，所以它的发射极电压很小，集电极电流也很小。

2）测量 VT2 的集电极电压。无电压，是 T4 一次侧断线。电压正常而干扰信号的注入在喇叭中不能引起声音，是 T4 一次绕组或二次绕组有短路，或槽路电容（200PF）短路。电压正常时扬声器发声（槽路电容装在中周内）。

3）测量 VT2 的基极电压。无电压，是 T3 二次侧断线或脱焊。电压正常，但干扰信号的注入不能在扬声器中引起响声，是 VT2 损坏。电压正常，扬声器有声。

4）测量 VT1 的集电极电压。无电压，是 T2 二次绕组、T3 一次绕组有断线。电压正常，扬声器中无“咯咯”声，为 T3 一次绕组或二次绕组有短路，或槽路电容短路。如果中周内部绕组有短路故障时，由于匝数较少，所以较难测出，可采用替代法加以证实。

5）测量 VT1 的基极电压。无电压，可能是 R1 或 T1 一次侧开路，或 C2 短路。电压高于正常值，是 VT1 发射结开路。电压正常，但无声，是 VT1 损坏。至此如果仍收不到电台，则进行下面的检查。

6）将万用表拨至直流电压 10V 挡，两表笔并接于 R2 两端，用镊子将 T2 的一次侧短路一下，看表针指示是否减少（一般减小 0.2～0.3V），如电压不减小，说明 T2 没有起振，振荡耦合电容 C3 失效或开路，C2 短路（VT1 发射极无电压），T2 一次绕组内部断路或短路，双联电容质量不好。如电压减小很少，说明本机振荡信号太弱，或 T2 受潮，印制电路板受潮，或双联电容漏电，或微调电容不好，或 VT1 质量不好，此法同时可检测 VT1 偏流是否合适。电压减小正常，断定故障在输入回路。查双联电容有无短路，电容质量如何，磁棒线圈 T1 一次侧是否断线。到此收音机应能收听到电台播音，可以进入调试。

# 第六章　电工实验技术

电工实验技术课的目的在于培养学生掌握基本的实验方法与操作技能。培养学生学会根据实验目的、实验内容及实验设备拟定实验线路，选择所需仪表，确定实验步骤，测取所需数据，进行分析研究，得出必要结论，从而完成实验报告。在整个实验过程中，必须集中精力，及时认真作好实验。现按实验过程提出下列基本要求。

## 一、实验前的准备

实验前应复习教科书有关章节，认真研读实验指导书，了解实验目的、项目、方法与步骤，明确实验过程中应注意的问题（有些内容可到实验室对照实验预习，如熟悉组件的编号、使用及其规定值等），并按照实验项目准备记录抄表等。

实验前应写好预习报告，经指导教师检查认为确实作好了实验前的准备，方可开始作实验。

认真做好实验前的准备工作，对于培养同学独立工作能力、提高实验质量和保护实验设备都是很重要的。

## 二、实验内容和步骤

1）建立小组，合理分工。每次实验都以小组为单位进行，每组由 2～3 人组成，实验进行中的接线、调节负载、保持电压或电流、记录数据等工作每人应有明确的分工，以保证实验操作协调，记录数据准确可靠。

2）选择组件和仪表。实验前先熟悉该次实验所用的组件，记录电机铭牌和选择仪表量程，然后依次排列组件和仪表便于测取数据。

3）按图接线。根据实验电路图及所选组件、仪表，按图接线，线路力求简单明了。按接线原则是先接串联主回路，再接并联支路。为查找线路方便，每路可用相同颜色的导线或插头。

4）起动电机，观察仪表。在正式实验开始之前，先熟悉仪表刻度，并记下倍率，然后按一定规范起动电机，观察所有仪表是否正常（如指针正、反向是否超满量程等）。如果出现异常，应立即切断电源，并排除故障；如果一切正常，即可正式开始实验。

5）测取数据。预习时对电机的试验方法及所测数据的大小做到心中有数。正式实验时，根据实验步骤逐次测取数据。

6）认真负责，实验有始有终。实验完毕，必须将数据交指导教师审阅。经指导教师认可后，才可拆线并把实验所用的组件、导线及仪器等物品整理好。

## 三、实验报告的要求

实验报告是根据实测数据和在实验中观察和发现的问题，经过自己分析研究或分析讨论后写出的心得体会。

实验报告要简明扼要、字迹清楚、图表整洁、结论明确。

实验报告包括以下内容：

1）实验名称、专业班级、学号、姓名、实验日期、室温。

2）列出实验中所用组件的名称及编号，电机铭牌数据（$P_N$、$U_N$、$I_N$、$n_N$）等。

3）列出实验项目并绘出实验时所用的电路图，并注明仪表量程、电阻器阻值、电源端编号等。

4）数据的整理和计算。

5）按记录及计算的数据用坐标纸画出曲线，图纸尺寸不小于 8cm×8cm，曲线要用曲线尺或曲线板连成光滑曲线，不在曲线上的点仍按实际数据标出。

6）根据数据和曲线进行计算和分析，说明实验结果与理论是否符合，可对某些问题提出一些自己的见解并最后写出结论。实验报告应写在一定规格的报告纸上，保持页面整洁。

7）每次实验每人独立完成一份报告，按时送交指导教师批阅。

# 第一节 电路元器件伏安特性的测绘

## 一、实验目的

1）学会识别常用电路元器件的方法。

2）掌握线性电阻、非线性电阻元器件伏安特性的测绘。

3）掌握实验台上直流电工仪表和设备的使用方法。

## 二、原理说明

任何一个二端元件的特性可用该元件上的端电压 $U$ 与通过该元件的电流 $I$ 之间的函数关系 $I=f(U)$ 来表示，即用 $I$-$U$ 平面上的一条曲线来表征，这条曲线称为该元器件的伏安特性曲线。

1）线性电阻器的伏安特性曲线是一条通过坐标原点的直线，如图 6-1-1 中 a 所示，该直线的斜率等于该电阻器的电阻值。

2）一般的白炽灯在工作时灯丝处于高温状态，其灯丝电阻随着温度的升高而增大，通过白炽灯的电流越大，其温度越高，阻值也越大，一般灯泡的“冷电阻”与“热电阻”的阻值可相差几倍至十几倍，所以它的伏安特性曲线如图 6-1-1 中 b 所示。

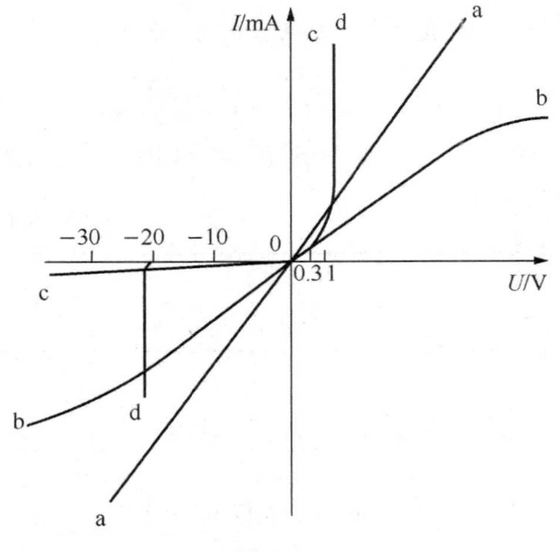

图 6-1-1

3）一般的半导体二极管是一个非线性电阻元器件，其伏安特性曲线如图 6-1-1 中 c 所示。正向压降很小（一般的锗管为 0.2～

0.3V，硅管为0.5～0.7V），正向电流随正向压降的升高而急骤上升，而反向电压从零一直增加到十多伏至几十伏时，其反向电流增加很小，粗略地可视为零。可见，二极管具有单向导电性，但反向电压加得过高，超过二极管的极限值，则会导致二极管击穿损坏。

4）稳压二极管是一种特殊的半导体二极管，其正向特性与普通二极管类似，但其反向特性较特别，如图6-1-1d所示。在反向电压开始增加时，其反向电流几乎为零，但当电压增加到某一数值时（称为稳压二极管的稳压值），电流将突然增加，以后其端电压将基本维持恒定，当外加的反向电压继续升高时其端电压仅有少量增加。

注意：流过二极管或稳压二极管的电流不能超过其极限值，否则会被烧坏。

## 三、实验设备

实验设备见表6-1-1。

**表6-1-1 实验设备**

| 序号 | 名称 | 型号与规格 | 数量 | 备注 |
|---|---|---|---|---|
| 1 | 可调直流稳压电源 | 0～30V | 1 | DG04 |
| 2 | 万用表 | FM47或其他 | 1 | 自备 |
| 3 | 直流数字毫安表 | 0～200mA | 1 | D31 |
| 4 | 直流数字电压表 | 0～200V | 1 | D31 |
| 5 | 二极管 | 1N4007 | 1 | DG09 |
| 6 | 稳压二极管 | 2CW51 | 1 | DG09 |
| 7 | 白炽灯 | 12V/0.1A | 1 | DG09 |
| 8 | 线性电阻器 | 200Ω，510Ω/8W | 1 | DG09 |

## 四、实验内容

### 1. 测定线性电阻器的伏安特性

按图6-1-2接线，调节直流稳压电源的输出电压$U$，从0V开始缓慢地增加，一直到10V，记下相应的电压表和电流表的读数$U_R$、$I$，见表6-1-2。

**表6-1-2 实验数据**

| $U_R$/V | 0 | 2 | 4 | 6 | 8 | 10 |
|---|---|---|---|---|---|---|
| $I$/mA | | | | | | |

### 2. 测定非线性白炽灯泡的伏安特性

将图6-1-2中的$R$换成一只12V/0.1A的灯泡，表6-1-3实验数据重复步骤1。$U_L$为灯泡的端电压。

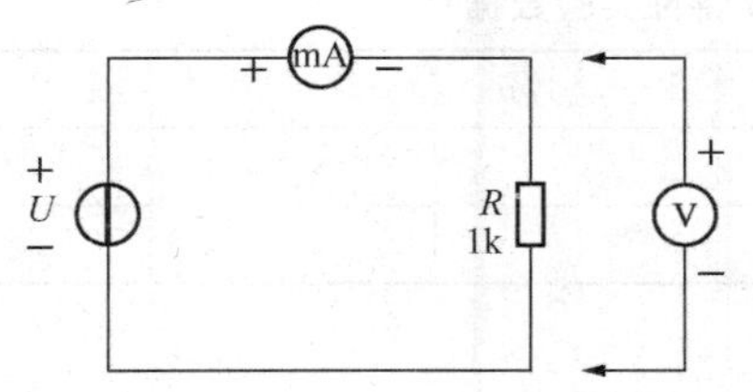


图 6-1-2　测定线性电阻器的伏安特性

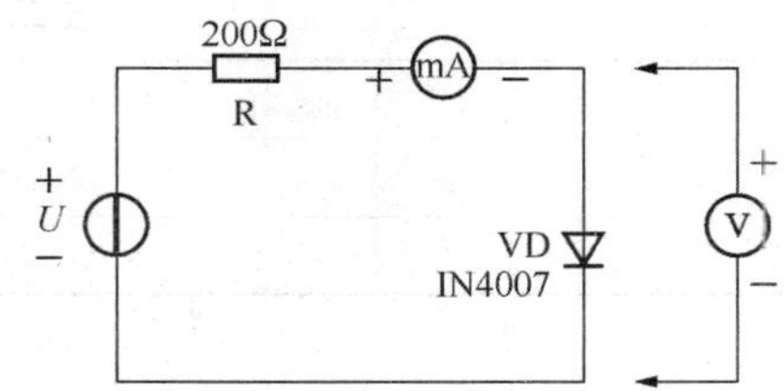


图 6-1-3　测定二极管的伏安特性

**表 6-1-3　实验数据**

| $U_L$/V | 0.1 | 0.5 | 1 | 2 | 3 | 4 | 5 |
|---|---|---|---|---|---|---|---|
| $I$/mA | | | | | | | |

3. 测定半导体二极管的伏安特性

按图 6-1-3 接线，$R$ 为限流电阻器。测二极管的正向特性时，其正向电流不得超过 35mA，二极管 VD 的正向施压 $U_{D+}$ 可在 0～0.75V 之间取值。(在 0.5～0.75V 之间应多取几个测量点。)测反向特性时，只需将图 6-1-3 中的二极管 VD 反接，且其反向施压 $U_{D-}$ 可达 30V。普通二极管正、反向特性实验数据见表 6-1-4、表 6-1-5。

**表 6-1-4　普通二极管正向特性实验数据**

| $U_{D+}$/V | 0.10 | 0.30 | 0.50 | 0.55 | 0.60 | 0.65 | 0.70 | 0.75 |
|---|---|---|---|---|---|---|---|---|
| $I$/mA | | | | | | | | |

**表 6-1-5　普通二极管反向特性实验数据**

| $U_{D-}$/V | 0 | −5 | −10 | −15 | −20 | −25 | −30 |
|---|---|---|---|---|---|---|---|
| $I$/mA | | | | | | | |

4. 测定稳压二极管的伏安特性

1）正向特性实验。将图 6-1-3 中的二极管换成稳压二极管 2CW51，重复实验内容 3 中的正向测量。$U_{Z+}$ 为 2CW51 的正向施压。稳压二极管正向特性实验数据见表 6-1-6。

**表 6-1-6　稳压二极管正向特性实验数据**

| $U_{Z+}$/V | | | | | | |
|---|---|---|---|---|---|---|
| $I$/mA | | | | | | |

2）反向特性实验。将图 6-3 中的 $R$ 阻值换成 510Ω，2CW51 反接，测量 2CW51 的反向特性。稳压电源的输出电压 $U_o$ 范围为 0～20V，测量 2CW51 二端的电压 $U_{Z-}$ 及电流 $I$，由 $U_{Z-}$ 可看出其稳压特性。稳压二极管反向特性实验数据见表 6-1-7。

**表 6-1-7 稳压二极管反向特性实验数据**

| $U_o$/V | | | | | | |
|---|---|---|---|---|---|---|
| $U_Z$/V | | | | | | |
| $I$/mA | | | | | | |

### 五、实验注意事项

1）测二极管正向特性时，稳压电源输出应由小至大逐渐增加，应时刻注意电流表读数不得超过 35mA。

2）如果要测定 2AP9 的伏安特性，则正向特性的电压值应取 0V、0.10V、0.13V、0.15V、0.17V、0.19V、0.21V、0.24V、0.30V，反向特性的电压值取 0V、2V、4V、…、10V。

3）进行不同实验时，应先估算电压和电流值，合理选择仪表的量程，勿使仪表超量程，仪表的极性亦不可接错。

### 六、思考题

1）线性电阻与非线性电阻的概念是什么？电阻器与二极管的伏安特性有何区别？

2）设某元器件伏安特性曲线的函数式为 $I=f(U)$，试问在逐点绘制曲线时，其坐标变量应如何放置？

3）稳压二极管与普通二极管有何区别，其用途如何？

4）在图 6-1-3 中，设 $U=2\text{V}$，$U_{D+}=0.7\text{V}$，则电流表读数为多少？

### 七、实验报告

1）根据各实验数据，分别在方格纸上绘制出光滑的伏安特性曲线。（其中二极管和稳压二极管的正、反向特性均要求画在同一张图中，正、反向电压可取为不同的比例尺。）

2）根据实验结果，总结、归纳被测各元器件的特性。

3）必要的误差分析。

4）心得体会及其他。

## 第二节 基尔霍夫定律的验证

### 一、实验目的

1）验证基尔霍夫定律的正确性，加深对基尔霍夫定律的理解。

2）学会用电流插头、插座测量各支路电流。

### 二、原理说明

基尔霍夫定律是电路的基本定律。测量某电路的各支路电流及每个元器件两端的电压，应能分别满足基尔霍夫电流定律（KCL）和电压定律（KVL）。即对电路中的任一个节点而言，应有$\sum I=0$；对任何一个闭合回路而言，应有$\sum U=0$。

运用上述定律时必须注意各支路或闭合回路中电流的正方向，此方向可预先任意设定。

## 三、实验设备

实验设备见表 6-2-1。

**表 6-2-1　实验设备**

| 序号 | 名称 | 型号与规格 | 数量 | 备注 |
|---|---|---|---|---|
| 1 | 直流可调稳压电源 | 0～30V | 二路 | DG04 |
| 2 | 万用表 | | 1 | 自备 |
| 3 | 直流数字电压表 | 0～200V | 1 | D31 |
| 4 | 电位、电压测定实验电路板 | | 1 | DG05 |

## 四、实验内容

利用 DG05 实验挂箱上的“基尔霍夫定律/叠加原理”线路，按图 6-2-1 接线。

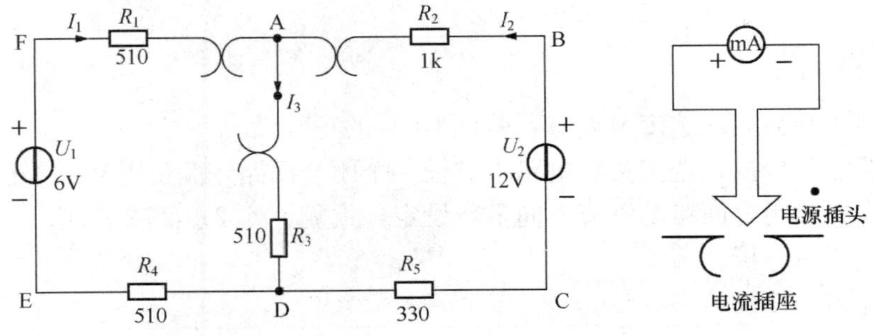


图 6-2-1　叠加原理线路

1）实验前先任意设定三条支路和三个闭合回路的电流正方向。图 6-2-1 中的 $I_1$、$I_2$、$I_3$ 的方向已设定。三个闭合回路的电流正方向可设为 ADEFA、BADCB 和 FBCEF。

2）分别将两路直流稳压源接入电路，令 $U_1=6\text{V}$，$U_2=12\text{V}$。

3）熟悉电流插头的结构，将电流插头的两端接至数字毫安表的“＋、－”两端。

4）将电流插头分别插入三条支路的三个电流插座中，读出并记录电流值。

5）用直流数字电压表分别测量两路电源及电阻元器件上的电压值，记录于表 6-2-2。

**表 6-2-2　实验数据**

| 被测量 | $I_1$/mA | $I_2$/mA | $I_3$/mA | $U_1$/V | $U_2$/V | $U_{FA}$/V | $U_{AB}$/V | $U_{AD}$/V | $U_{CD}$/V | $U_{DE}$/V |
|---|---|---|---|---|---|---|---|---|---|---|
| 计算值 | | | | | | | | | | |
| 测量值 | | | | | | | | | | |
| 相对误差 | | | | | | | | | | |

### 五、实验注意事项

1）本实验电路板多个实验通用，做本实验需用到电流插座。

2）所有需要测量的电压值，均以电压表测量的读数为准。$U_1$、$U_2$ 也需测量，不应取电源本身的显示值。

3）防止稳压电源两个输出端碰线短路。

4）用指针式电压表或电流表测量电压或电流时，如果仪表指针反偏，则必须调换仪表极性，重新测量。此时指针正偏，可读得电压或电流值。若用数显电压表或电流表测量，则可直接读出电压或电流值。但应注意：所读得的电压或电流值的正确正、负号应根据设定的电流参考方向来判断。

### 六、预习思考题

1）根据图 6-2-1 的电路参数，计算出待测的电流 $I_1$、$I_2$、$I_3$ 和各电阻上的电压值，记入表中，以便实验测量时，可正确地选定毫安表和电压表的量程。

2）实验中，若用指针式万用表直流毫安挡测各支路电流，在什么情况下可能出现指针反偏，应如何处理？在记录数据时应注意什么？若用直流数字毫安表进行测量时，则会有什么显示呢？

### 七、实验报告

1）根据实验数据，选定节点 A，验证 KCL 的正确性。

2）根据实验数据，选定实验电路中的任一个闭合回路，验证 KVL 的正确性。

3）将支路和闭合回路的电流方向重新设定，重复 1）、2）两项验证。

4）误差原因分析。

5）心得体会及其他。

## 第三节　叠加原理的验证

### 一、实验目的

验证线性电路叠加原理的正确性，加深对线性电路的叠加性和齐次性的认识和理解。

### 二、原理说明

叠加原理指出：在有多个独立源共同作用下的线性电路中，通过每一个元器件的电流或其两端的电压，可以看成是由每一个独立源单独作用时在该元器件上所产生的电流或电压的代数和。

线性电路的齐次性是指当激励信号（某独立源的值）增加或减小 $K$ 倍时，电路的响应（即在电路中各电阻元件上所建立的电流和电压值）也将增加或减小 $K$ 倍。

## 三、实验设备

实验设备见表 6-3-1。

**表 6-3-1　实验设备**

| 序号 | 名　称 | 型号与规格 | 数量 | 备　注 |
|---|---|---|---|---|
| 1 | 直流稳压电源 | 0～30V 可调 | 二路 | DG04 |
| 2 | 万用表 |  | 1 | 自备 |
| 3 | 直流数字电压表 | 0～200V | 1 | D31 |
| 4 | 直流数字毫安表 | 0～200mV | 1 | D31 |
| 5 | 叠加原理实验电路板 |  | 1 | DG05 |

## 四、实验内容

实验线路如图 6-3-1 所示，用 DG05 挂箱的“基尔霍夫定律/叠加原理”线路。

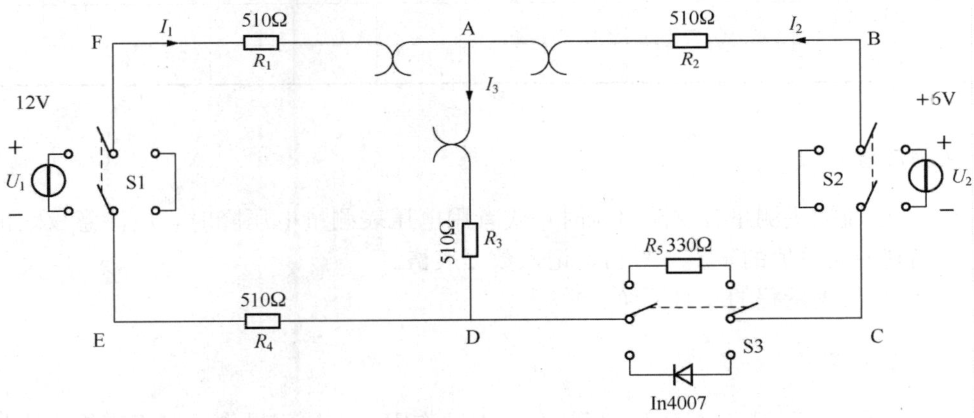


图 6-3-1　实验电路图

1）将两路稳压源的输出分别调节为 12V 和 6V，接入 $U_1$ 和 $U_2$ 处。

2）令 $U_1$ 电源单独作用（将开关 S1 投向 $U_1$ 侧，开关 S2 投向短路侧）。用直流数字电压表和毫安表（接电流插头）测量各支路电流及各电阻元器件两端的电压，数据记入表 6-3-2。

**表 6-3-2　电阻实验数据**

| 测量项目<br>实验内容 | $U_1$/V | $U_2$/V | $I_1$/mA | $I_2$/mA | $I_3$/mA | $U_{AB}$/V | $U_{CD}$/V | $U_{AD}$/V | $U_{DE}$/V | $U_{FA}$/V |
|---|---|---|---|---|---|---|---|---|---|---|
| $U_1$ 单独作用 |  |  |  |  |  |  |  |  |  |  |
| $U_2$ 单独作用 |  |  |  |  |  |  |  |  |  |  |
| $U_1$、$U_2$ 共同作用 |  |  |  |  |  |  |  |  |  |  |
| $2U_2$ 单独作用 |  |  |  |  |  |  |  |  |  |  |

3）令$U_2$电源单独作用（将开关S1投向短路侧，开关S2投向$U_2$侧），重复实验步骤2）的测量和记录，数据记入表6-3-2。

4）令$U_1$和$U_2$共同作用（开关S1和S2分别投向$U_1$和$U_2$侧），重复上述的测量和记录，数据记入表6-3-2。

5）将$U_2$的数值调至+12V，重复上述第3项的测量并记录，数据记入表6-3-2。

6）将$R5$（330Ω）换成二极管1N4007（即将开关S3投向二极管N4007侧），重复步骤1）～5）的测量过程，数据记入表6-3-3。

7）任意按下某个故障设置按键，重复实验内容4）的测量和记录，再根据测量结果判断出故障的性质。

**表6-3-3　二极管实验数据**

| 测量项目 / 实验内容 | $U_1$/V | $U_2$/V | $I_1$/mA | $I_2$/mA | $I_3$/mA | $U_{AB}$/V | $U_{CD}$/V | $U_{AD}$/V | $U_{DE}$/V | $U_{FA}$/V |
|---|---|---|---|---|---|---|---|---|---|---|
| $U_1$单独作用 | | | | | | | | | | |
| $U_2$单独作用 | | | | | | | | | | |
| $U_1$、$U_2$共同作用 | | | | | | | | | | |
| $2U_2$单独作用 | | | | | | | | | | |

## 五、实验注意事项

1）用电流插头测量各支路电流时，或者用电压表测量电压降时，应注意仪表的极性，正确判断测得值的+、-号后，记入数据表格。

2）注意仪表量程的及时更换。

## 六、预习思考题

在叠加原理实验中，要令$U_1$、$U_2$分别单独作用，应如何操作？可否直接将不作用的电源（$U_1$或$U_2$）短接置零？

# 第四节　戴维南定理和诺顿定理的验证——有源二端网络等效参数的测定

## 一、实验目的

1）验证戴维南定理和诺顿定理的正确性，加深对该定理的理解。

2）掌握测量有源二端网络等效参数的一般方法。

## 二、原理说明

### 1. 戴维南定理与诺顿定理

任何一个线性有源网络，如果仅研究其中一条支路的电压和电流，则可将电路的其余部分看作是一个有源二端网络（或称为含源一端口网络）。

戴维南定理指出：任何一个线性有源网络，总可以用一个电压源与一个电阻的串联来等效代替，此电压源的电动势 $U_s$ 等于这个有源二端网络的开路电压 $U_{oc}$，其等效内阻 $R_0$ 等于该网络中所有独立源均置零（理想电压源视为短接，理想电流源视为开路）时的等效电阻。

诺顿定理指出：任何一个线性有源网络，总可以用一个电流源与一个电阻的并联组合来等效代替，此电流源的电流 $I_s$ 等于这个有源二端网络的短路电流 $I_{sc}$，其等效内阻 $R_0$ 定义同戴维南定理。

$U_{oc}$（$U_s$）和 $R_0$ 或者 $I_{sc}$（$I_s$）和 $R_0$ 称为有源二端网络的等效参数。

2. 有源二端网络等效参数的测量方法

（1）开路电压、短路电流法测 $R_0$

在有源二端网络输出端开路时，用电压表直接测

其输出端的开路电压 $U_{oc}$，然后再将其输出端短路，用电流表测其短路电流 $I_{sc}$，则等效内阻为

$$R_0 = \frac{U_{oc}}{I_{sc}}$$

如果二端网络的内阻很小，若将其输出端口短路则易损坏其内部元器件，因此不宜用此法。

（2）伏安法测 $R_0$

用电压表、电流表测出有源二端网络的外特性曲线，如图 6-4-1 所示。根据外特性曲线求出斜率 $\tan\phi$，则内阻为

$$R_0 = \tan\phi = \frac{\Delta U}{\Delta I} = \frac{U_{oc}}{I_{sc}}$$

也可以先测量开路电压 $U_{oc}$，再测量电流为额定值 $I_N$ 时的输出端电压值 $U_N$，则内阻为

$$R_0 = \frac{U_{oc} - U_N}{I_N}$$

（3）半电压法测 $R_0$

如图 6-4-2 所示，当负载电压为被测网络开路电压的一半时，负载电阻（由电阻箱的读数确定）即为被测有源二端网络的等效内阻值。

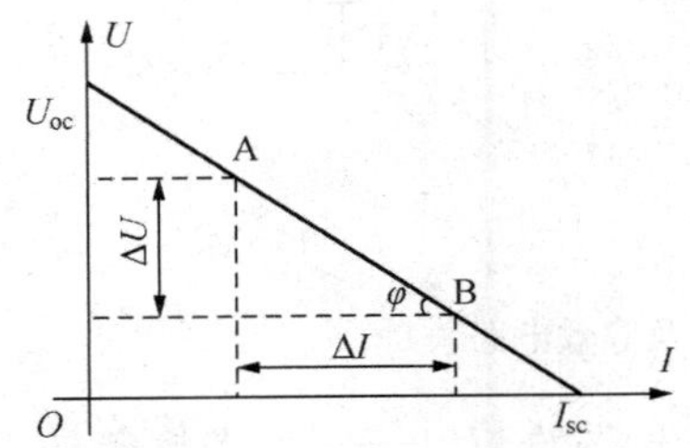


图 6-4-1　有源二端网络的外持性曲线

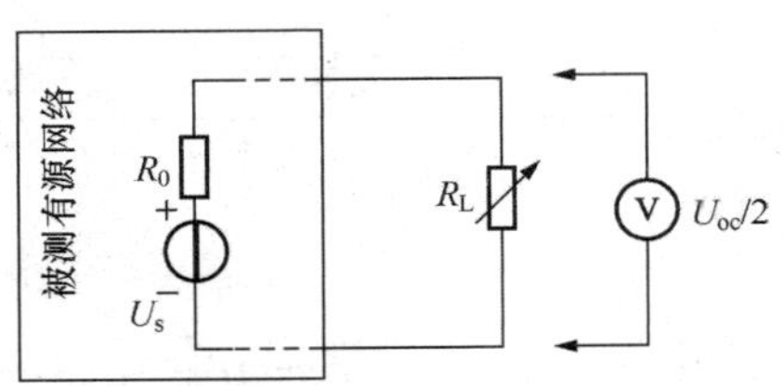


图 6-4-2　伏安法测 $R_0$

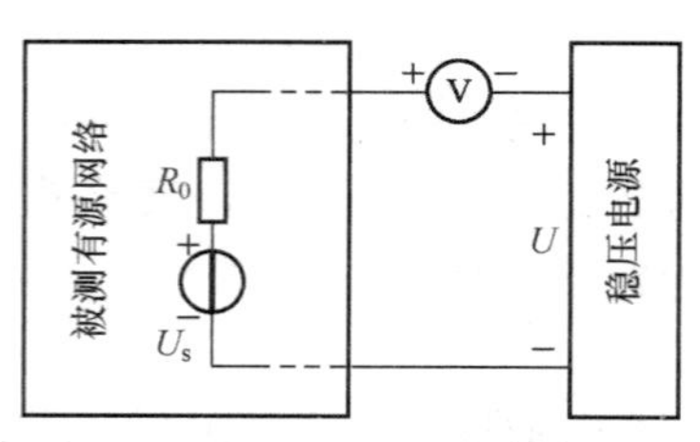

图 6-4-3 零示法测 $U_{oc}$

(4) 零示法测 $U_{oc}$

在测量具有高内阻有源二端网络的开路电压时，用电压表直接测量会造成较大的误差。为了消除电压表内阻的影响，往往采用零示测量法，如图 6-4-3 所示。

零示法测量原理是用一低内阻的稳压电源与被测有源二端网络进行比较，当稳压电源的输出电压与有源二端网络的开路电压相等时，电压表的读数将为“0”。然后将电路断开，测量此时稳压电源的输出电压，即为被测有源二端网络的开路电压。

## 三、实验设备

实验设备见表 6-4-1。

**表 6-4-1 实验设备**

| 序号 | 名 称 | 型号与规格 | 数量 | 备注 |
|---|---|---|---|---|
| 1 | 可调直流稳压电源 | 0～30V | 1 | DG04 |
| 2 | 可调直流恒流源 | 0～500mA | 1 | DG04 |
| 3 | 直流数字电压表 | 0～200V | 1 | D31 |
| 4 | 直流数字毫安表 | 0～200mA | 1 | D31 |
| 5 | 可调电阻箱 | 0～99999.9Ω | 1 | DG09 |
| 6 | 电位器 | 1kΩ/2W | 1 | DG09 |
| 7 | 戴维南定理实验电路板 |  | 1 | DG05 |

## 四、实验内容

被测有源二端网络如图 6-4-4（a）。

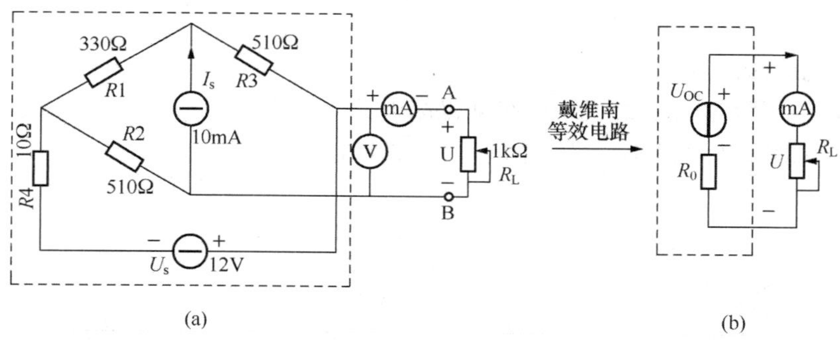

图 6-4-4 被测有源二端网络及等效电路

1）用开路电压、短路电流法测定戴维南等效电路的 $U_{oc}$、$R_0$ 和诺顿等效电路的 $I_{sc}$、$R_0$。按图 6-4-4（a）接入稳压电源 $U_s=12V$ 和恒流源 $I_s=10mA$，不接入 $R_L$。测

出 $U_{oc}$ 和 $I_{sc}$，并计算出 $R_0$，数据记录表 6-4-2。（测 $U_{oc}$ 时，不接入 mA 表。）

**表 6-4-2　实验数据**

| $U_{oc}$/V | $I_{sc}$/mA | $R_0=U_{oc}/I_{sc}$ |
|---|---|---|
| | | |

2）负载实验。按图 6-4-4（a）接入 $R_L$。改变 $R_L$ 阻值，测量有源二端网络的外特性曲线，数据记录表 6-4-3。

**表 6-4-3　实验数据**

| $U$/V | | | | | | | | | |
|---|---|---|---|---|---|---|---|---|---|
| $I$/mA | | | | | | | | | |

3）验证戴维南定理。从电阻箱上取得按实验内容 1）所得的等效电阻 $R_0$ 之值，然后令其与直流稳压电源（调到实验内容 1）时所测得的开路电压 $U_{oc}$ 之值）相串联，如图 6-4-4（b）所示，仿照步骤实验内容 2）测其外特性，对戴维南定理进行验证，数据记录表 6-4-4。

**表 6-4-4　实验数据**

| $U$/V | | | | | | | | | |
|---|---|---|---|---|---|---|---|---|---|
| $I$/mA | | | | | | | | | |

4）验证诺顿定理。从电阻箱上取得按步骤实验内容 1）所得的等效电阻 $R_0$ 之值，然后令其与直流恒流源（调到步骤实验内容 1）时所测得的短路电流 $I_{sc}$ 之值）相并联，如图 6-4-5所示，仿照实验内容 2）测其外特性，对诺顿定理进行验证，数据记录表 6-4-5。

**表 6-4-5　实验数据**

| $U$/V | | | | | | | | | |
|---|---|---|---|---|---|---|---|---|---|
| $I$/mA | | | | | | | | | |

5）有源二端网络等效电阻（又称入端电阻）的直接测量法。将被测有源网络内的所有独立源置零（去掉电流源 $I_s$ 和电压源 $U_s$，并在原电压源所接的两点用一根短路导线相连），然后用伏安法或者直接用万用表的欧姆挡去测定负载 $R_L$ 开路时 A、B 两点间的电阻，此即为被测网络的等效内阻 $R_0$，或称网络的输入端电阻 $R_i$。

6）用半电压法和零示法测量被测网络的等效内阻 $R_0$ 及其开路电压 $U_{oc}$。线路及数据表格自拟。

## 五、实验注意事项

1）测量时应注意电流表量程的更换。

2）实验内容 5）中，电压源置零时不可将稳压源短接。

3）用万表直接测 $R_0$ 时，网络内的独立源必须先置零，以免损坏万用表。其次，

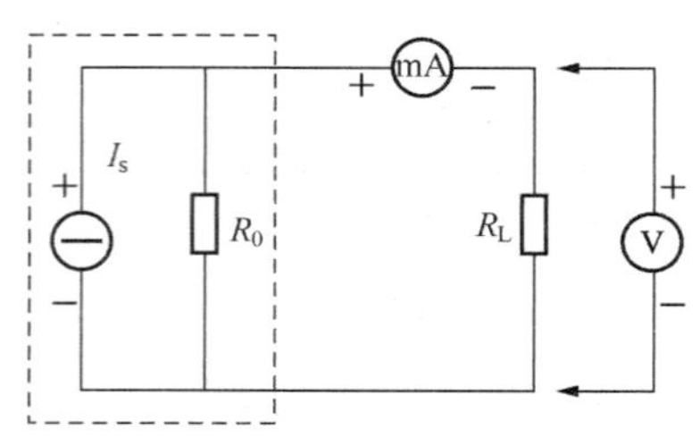

图 6-4-5　实验线路图

欧姆挡必须经调零后再进行测量。

4）用零示法测量 $U_{oc}$ 时，应先将稳压电源的输出调至接近于 $U_{oc}$，再按图 6-4-5 测量。

5）改接线路时，要关掉电源。

## 六、预习思考题

1）在求戴维南或诺顿等效电路时，作短路试验，测 $I_{sc}$ 的条件是什么？在本实验中可否直接作负载短路实验？请实验前对线路图 6-4-4（a）预先作好计算，以便调整实验线路及测量时可准确地选取万电表的量程。

2）说明测有源二端网络开路电压及等效内阻的几种方法，并比较其优缺点。

## 七、实验报告

1）根据实验内容 2）、3）、4），分别绘出曲线，验证戴维南定理和诺顿定理的正确性，并分析产生误差的原因。

2）根据实验内容 1）、5）、6）的几种方法测得的 $U_{oc}$ 与 $R_0$ 与预习时电路计算的结果作比较，能得出什么结论。

3）归纳、总结实验结果。

4）心得体会及其他。

# 第五节　受控源 VCVS、VCCS、CCVS、CCCS 的实验研究

## 一、实验目的

通过测试受控源的外特性及其转移参数，进一步理解受控源的物理概念，加深对受控源的认识和理解。

## 二、原理说明

1）电源有独立电源（如电池、发电机等）与非独立电源（或称为受控源）之分。

受控源与独立源的不同点是：独立源的电动势 $E_s$ 或电激流 $I_s$ 是某一固定的数值或是时间的某一函数，它不随电路其余部分的状态而变。而受控源的电动势或电激流则是随电路中另一支路的电压或电流而变的一种电源。

受控源又与无源元件不同，无源元件两端的电压和它自身的电流有一定的函数关系，而受控源的输出电压或电流则和另一支路（或元器件）的电流或电压有某种函数关系。

2）独立源与无源元件是二端器件，受控源则是四端器件，或称为双口元件。它有一对输入端（$U_1$、$I_1$）和一对输出端（$U_2$、$I_2$）。输入端可以控制输出端电压或电流的大小。施加于输入端的控制量可以是电压或电流，因而有两种受控电压源［即电压控制电压源（VCVS）和电流控制电压源（CCVS）］和两种受控电流源［即电压控制电流源

(VCCS）和电流控制电流源（CCCS)]。它们的示意图如图 6-5-1 所示。

3）当受控源的输出电压（或电流）与控制支路的电压（或电流）成正比变化时，则称该受控源是线性的。

理想受控源的控制支路中只有一个独立变量（电压或电流），另一个独立变量等于零，即从输入口看，理想受控源或者是短路（即输入电阻 $R_1=0$，因而 $U_1=0$）或者是开路（即输入电导 $G_1=0$，因而输入电流 $I_1=0$）；从输出口看，理想受控源或是一个理想电压源或者是一个理想电流源。

4）受控源的控制端与受控端的关系式称为转移函数。

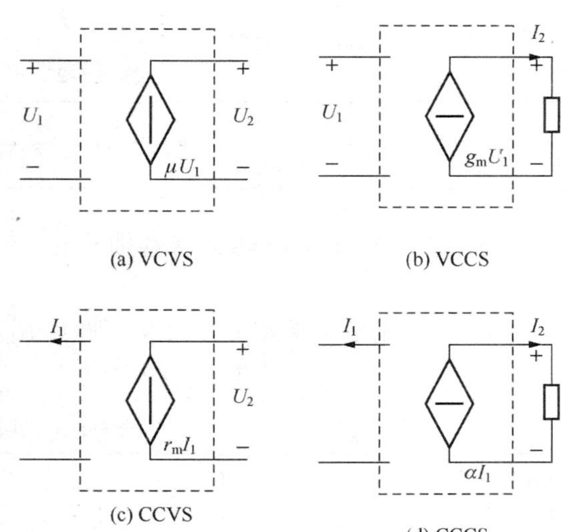


图 6-5-1　受控源示意图

四种受控源的转移函数参量的定义如下。

1）压控电压源（VCVS)：$U_2=f(U_1)$，$\mu=U_2/U_1$ 称为转移电压比（或电压增益）。

2）压控电流源（VCCS)：$I_2=f(U_1)$，$g_m=I_2/U_1$ 称为转移电导。

3）流控电压源（CCVS)：$U_2=f(I_1)$，$r_m=U_2/I_1$ 称为转移电阻。

4）流控电流源（CCCS)：$I_2=f(I_1)$，$\alpha=I_2/I_1$ 称为转移电流比（或电流增益）。

## 三、实验设备

实验设备见表 6-5-1。

**表 6-5-1　实验设备**

| 序号 | 名　称 | 型号与规格 | 数量 | 备注 |
|---|---|---|---|---|
| 1 | 可调直流稳压源 | 0～30V | 1 | DG04 |
| 2 | 可调恒流源 | 0～500mA | 1 | DG04 |
| 3 | 直流数字电压表 | 0～200V | 1 | D31 |
| 4 | 直流数字毫安表 | 0～200mA | 1 | D31 |
| 5 | 可变电阻箱 | 0～99999.9Ω | 1 | DG09 |
| 6 | 受控源实验电路板 |  | 1 | DG04 或 DG06 |

## 四、实验内容

1）测量受控源 VCVS 的转移特性 $U_2=f(U_1)$ 及负载特性 $U_2=f(I_L)$，实验线路如图 6-5-2 所示。

① 不接电流表，固定 $R_L=2\text{k}\Omega$，调节稳压电源输出电压 $U_1$，测量 $U_1$ 及相应的 $U_2$

值，记入表 6-5-2。

**表 6-5-2　实验数据**

| $U_1$/V | 0 | 1 | 2 | 3 | 5 | 7 | 8 | 9 | $\mu$ |
|---|---|---|---|---|---|---|---|---|---|
| $U_2$/V | | | | | | | | | |

在方格纸上绘出电压转移特性曲线 $U_2=f(U_1)$，并在其线性部分求出转移电压比 $\mu$。

② 接入电流表，保持 $U_1=2$V，调节 $R_L$ 可变电阻箱的阻值，测 $U_2$ 及 $I_L$，记入表 6-5-3中，绘制负载特性曲线 $U_2=f(I_L)$。

**表 6-5-3　实验数据**

| $R_L/\Omega$ | 50 | 70 | 100 | 200 | 300 | 400 | 500 | $\infty$ |
|---|---|---|---|---|---|---|---|---|
| $U_2$/V | | | | | | | | |
| $I_L$/mA | | | | | | | | |

2）测量受控源 VCCS 的转移特性 $I_L=f(U_1)$ 及负载特性 $I_L=f(U_2)$，实验线路如图 6-5-3 所示。

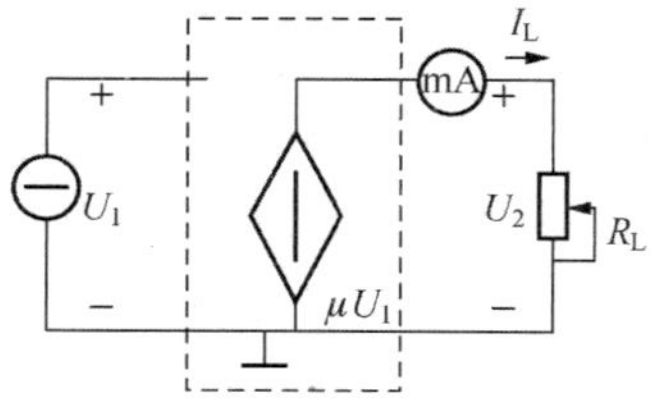

图 6-5-2　VCVS 实验电路图

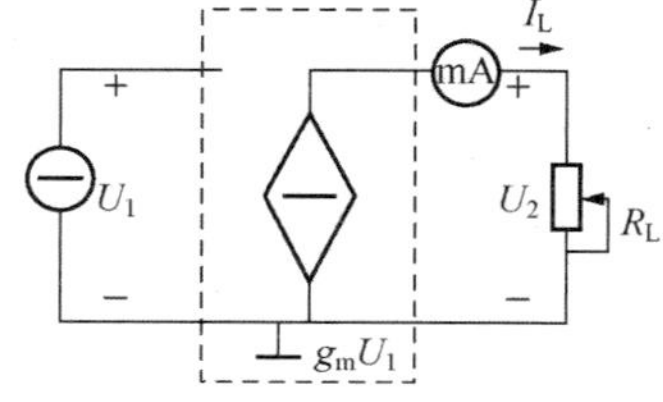

图 6-5-3　VCCS 实验电路图

① 固定 $R_L=2\text{k}\Omega$，调节稳压电源的输出电压 $U_1$，测出相应的 $I_L$ 值，记录表 6-5-4中，绘制 $I_L=f(U_1)$ 曲线，并由其线性部分求出转移电导 $g_m$。

**表 6-5-4　实验数据**

| $U_1$/V | 0.1 | 0.5 | 1.0 | 2.0 | 3.0 | 3.5 | 3.7 | 4.0 | $g_m$ |
|---|---|---|---|---|---|---|---|---|---|
| $I_L$/mA | | | | | | | | | |

② 保持 $U_1=2$V，令 $R_L$ 从大到小变化，测出相应的 $I_L$ 及 $U_2$，记录表 6-5-5 中，绘制 $I_L=f(U_2)$ 曲线。

**表 6-5-5　实验数据**

| $R_L/\text{k}\Omega$ | 50 | 20 | 10 | 8 | 7 | 6 | 5 | 4 | 2 | 1 |
|---|---|---|---|---|---|---|---|---|---|---|
| $I_L$/mA | | | | | | | | | | |
| $U_2$/V | | | | | | | | | | |

3）测量受控源 CCVS 的转移特性 $U_2=f(I_1)$ 与负载特性 $U_2=f(I_L)$，实验线路如图 6-5-4。

① 固定 $R_L=2\text{k}\Omega$，调节恒流源的输出电流 $I_s$，按表 6-5-6 所列 $I_s$ 值，测出 $U_2$，绘制 $U_2=f(I_1)$ 曲线，并由其线性部分求出转移电阻 $r_m$。

**表 6-5-6 实验数据**

| $I_1$/mA | 0.1 | 1.0 | 3.0 | 5.0 | 7.0 | 8.0 | 9.0 | 9.5 | $r_m$ |
|---|---|---|---|---|---|---|---|---|---|
| $U_2$/V | | | | | | | | | |

② 保持 $I_s=2\text{mA}$，按表 6-5-7 所列 $R_L$ 值，测出 $U_2$ 及 $I_L$，记录表 6-5-7 中，绘制负载特性曲线 $U_2=f(I_L)$。

**表 6-5-7 实验数据**

| $R_L$/kΩ | 0.5 | 1 | 2 | 4 | 6 | 8 | 10 |
|---|---|---|---|---|---|---|---|
| $U_2$/V | | | | | | | |
| $I_L$/mA | | | | | | | |

4）测量受控源 CCCS 的转移特性 $I_L=f(I_1)$ 及负载特性 $I_L=f(U_2)$，实验线路如图 6-5-5 所示。

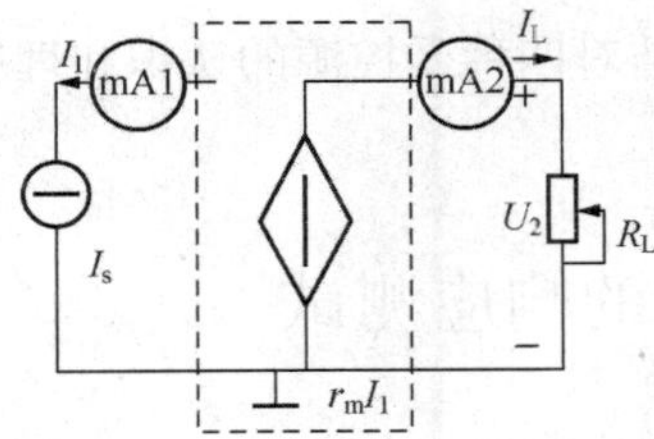

图 6-5-4 CCVS 实验电路图

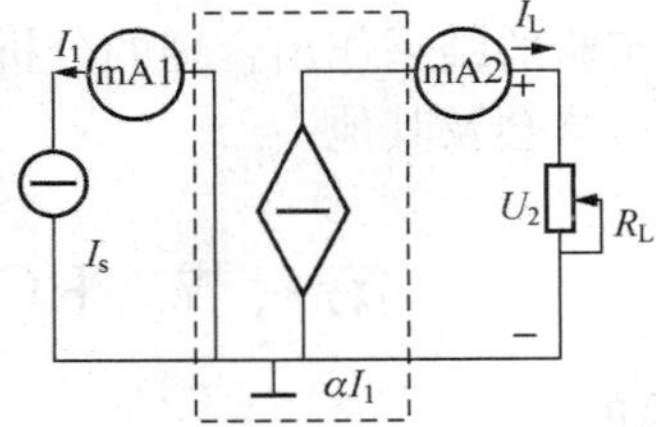

图 6-5-5 CCCS 实验电路图

① 参见 3）①测出 $I_L$，记录表 6-5-8 中，绘制 $I_L=f(I_1)$ 曲线，并由其线性部分求出转移电流比 $\alpha$。

**表 6-5-8 实验数据**

| $I_1$/mA | 0.1 | 0.2 | 0.5 | 1 | 1.5 | 2 | 2.2 | $\alpha$ |
|---|---|---|---|---|---|---|---|---|
| $I_L$/mA | | | | | | | | |

② 保持 $I_s=1\text{mA}$，令 $R_L$ 为表 6-5-9 所列值，测出 $I_L$，绘制 $I_L=f(U_2)$ 曲线。

**表 6-5-9 实验数据**

| $R_L$/kΩ | 0 | 0.1 | 0.5 | 1 | 2 | 5 | 10 | 20 | 30 | 80 |
|---|---|---|---|---|---|---|---|---|---|---|
| $I_L$/mA | | | | | | | | | | |
| $U_2$/V | | | | | | | | | | |

### 五、实验注意事项

1）每次组装线路，必须事先断开供电电源，但不必关闭电源总开关。

2）用恒流源供电的实验中，不要使恒流源的负载开路。

### 六、预习思考题

1）受控源和独立源相比有何异同点？比较四种受控源的代号、电路模型、控制量与被控量的关系如何？

2）四种受控源中的 $r_{\mathrm{m}}$、$g_{\mathrm{m}}$、$\alpha$ 和 $\mu$ 的意义是什么？如何测得？

3）若受控源控制量的极性反向，试问其输出极性是否发生变化？

4）受控源的控制特性是否适合于交流信号？

5）如何由两个基本的 CCVS 和 VCCS 获得其他两个 CCCS 和 VCVS，它们的输入输出如何连接？

### 七、实验报告

1）根据实验数据，在方格纸上分别绘出四种受控源的转移特性和负载特性曲线，并求出相应的转移参量。

2）对预习思考题作必要的回答。

3）对实验的结果作出合理的分析和结论，总结对四种受控源的认识和理解。

4）心得体会及其他。

## 第六节　RC 一阶电路的响应测试

### 一、实验目的

1）测定 RC 一阶电路的零输入响应、零状态响应及完全响应。

2）学习电路时间常数的测量方法。

3）掌握有关微分电路和积分电路的概念。

4）进一步学会用示波器观测波形。

### 二、原理说明

1）动态网络的过渡过程是十分短暂的单次变化过程。要用普通示波器观察过渡过程和测量有关的参数，就必须使这种单次变化的过程重复出现。为此，我们利用信号发生器输出的方波来模拟阶跃激励信号，即利用方波输出的上升沿作为零状态响应的正阶跃激励信号；利用方波的下降沿作为零输入响应的负阶跃激励信号。只要选择方波的重复周期远大于电路的时间常数 $\tau$，那么电路在这样的方波序列脉冲信号的激励下，它的响应就和直流电接通与断开的过渡过程是基本相同的。

2）图 6-6-1（b）所示的 RC 一阶电路的零输入响应和零状态响应分别按指数规律衰减和增长，其变化的快慢取决于电路的时间常数 $\tau$。

3）时间常数 $\tau$ 的测定方法用示波器测量零输入响应的波形如图 6-6-1（a）所示。根据一阶微分方程的求解得知 $U_c = U_m e^{-t/RC} = U_m e^{-t/\tau}$。当 $t=\tau$ 时，$U_C(\tau) = 0.368U_m$。此时所对应的时间就等于 $\tau$。亦可用零状态响应波形增加到 $0.632U_m$ 所对应的时间测得，如图 6-6-1（c）所示。

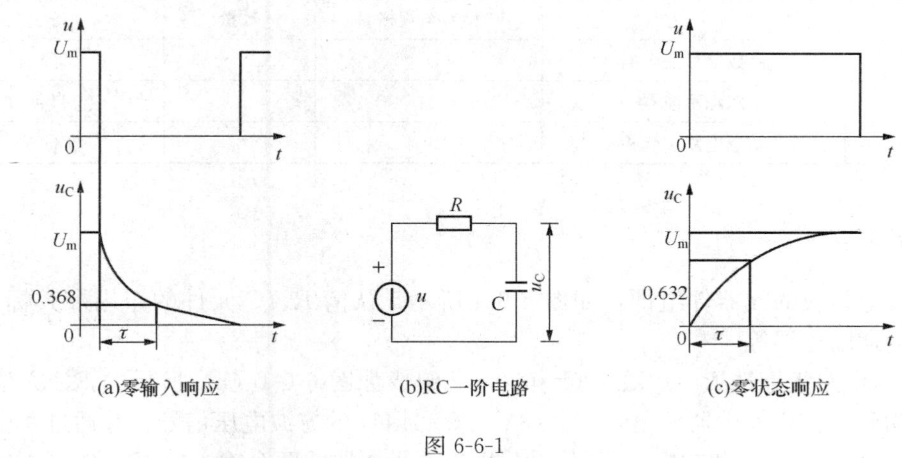

(a)零输入响应　(b)RC一阶电路　(c)零状态响应

图 6-6-1

4）微分电路和积分电路是 RC 一阶电路中较典型的电路，它对电路元器件参数和输入信号的周期有着特定的要求。一个简单的 RC 串联电路，在方波序列脉冲的重复激励下，当满足 $\tau = RC \ll \dfrac{T}{2}$ 时（$T$ 为方波脉冲的重复周期），且由 $R$ 两端的电压作为响应输出，则该电路就是一个微分电路。因为此时电路的输出信号电压与输入信号电压的微分成正比，如图 6-6-2（a）所示。利用微分电路可以将方波转变成尖脉冲。

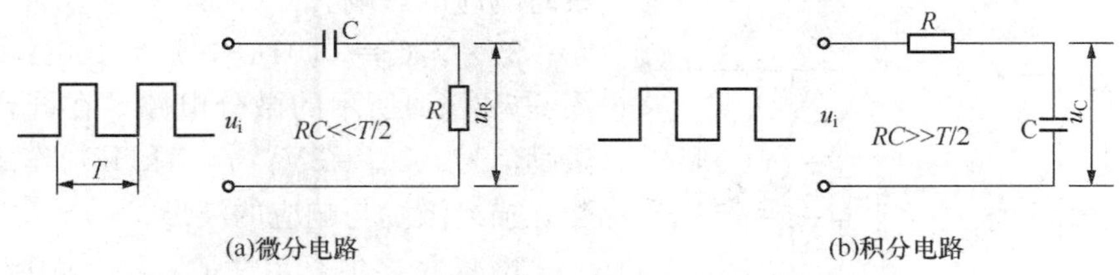

(a)微分电路　(b)积分电路

图 6-6-2　微分电路和积分电路

若将图 6-6-2（a）中的 R 与 C 位置调换一下，如图 6-6-2（b）所示，由 C 两端的电压作为响应输出，且当电路的参数满足 $\tau = RC \gg \dfrac{T}{2}$，则该 RC 电路称为积分电路。因为此时电路的输出信号电压与输入信号电压的积分成正比。利用积分电路可以将方波转变成三角波。

从输入输出波形来看，上述两个电路均起着波形变换的作用，在实验过程仔细观察与记录。

## 三、实验设备

实验设备见表 6-6-1。

**表 6-6-1　实验设备**

| 序号 | 名　称 | 型号与规格 | 数量 | 备注 |
|---|---|---|---|---|
| 1 | 函数信号发生器 | | 1 | DG03 |
| 2 | 双踪示波器 | | 1 | 自备 |
| 3 | 动态电路实验板 | | 1 | DG07 |

## 四、实验内容

实验电路板的元器件组件，如图 6-6-3 所示，认清 R、C 元件的布局及其标称值，各开关的通断位置等。

1）从电路板上选 $R=10\text{k}\Omega$，$C=6800\text{pF}$ 组成如图 6-6-1（b）所示的 RC 充放电电路。$u_i$ 为脉冲信号发生器输出的 $U_m=3\text{V}$、$f=1\text{kHz}$ 的方波电压信号，并通过两根同轴电缆线，将激励源 $u_i$ 和响应 $u_C$ 的信号分别连至示波器的两个输入口 $Y_A$ 和 $Y_B$。这时可在示波器的屏幕上观察到激励与响应的变化规律，测算出时间常数 $\tau$，并用方格纸按 1∶1的比例描绘波形。

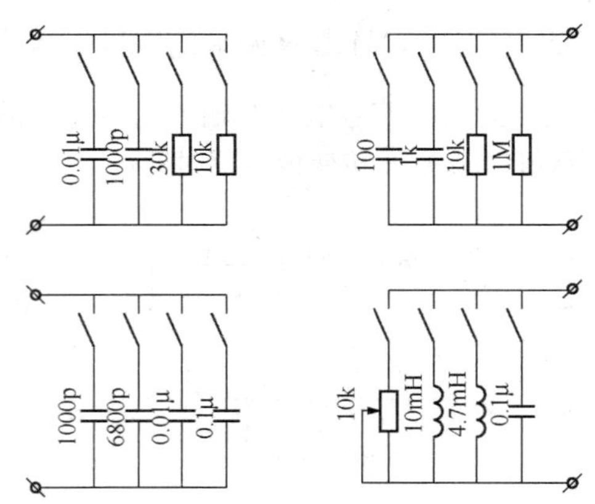

图 6-6-3　动态电路、选频电路实验板

少量地改变电容值或电阻值，定性地观察对响应的影响，记录观察到的现象。

2）令 $R=10\text{k}\Omega$，$C=0.1\mu\text{F}$，观察并描绘响应的波形，继续增大 C 之值，定性地观察对响应的影响。

3）令 $C=0.01\mu\text{F}$，$R=100\Omega$，组成如图 6-6-2（a)所示的微分电路。在同样的方波激励信号（$U_m=3\text{V}$，$f=1\text{kHz}$）作用下，观测并描绘激励与响应的波形。

增减 $R$ 之值，定性地观察对响应的影响，并作记录。当 $R$ 增至 $1\text{M}\Omega$ 时，输入输出波形有何本质上的区别?

## 五、实验注意事项

1）调节电子仪器各旋钮时，动作不要过快、过猛。实验前，需熟读双踪示波器的使用说明书。观察双踪时，要特别注意相应开关、旋钮的操作与调节。

2）信号源的接地端与示波器的接地端要连在一起（称共地），以防外界干扰而影响测量的准确性。

3）示波器的辉度不应过亮，尤其是光点长期停留在显示屏上不动时，应将辉度调暗，以延长示波器的使用寿命。

## 六、预习思考题

1）什么样的电信号可作为 RC 一阶电路零输入响应、零状态响应和完全响应的激励源？

2）已知 RC 一阶电路 $R=10\text{k}\Omega$，$C=0.1\mu\text{F}$，试计算时间常数 $\tau$，并根据 $\tau$ 值的物理意义，拟定测量 $\tau$ 的方案。

3）何谓积分电路和微分电路，它们必须具备什么条件？它们在方波序列脉冲的激励下，其输出信号波形的变化规律如何？这两种电路有何功用？

4）预习要求：熟读仪器使用说明，回答上述问题，准备方格纸。

## 七、实验报告

1）根据实验观测结果，在方格纸上绘出 RC 一阶电路充放电时 $u_C$ 的变化曲线，由曲线测得 $\tau$ 值，并与参数值的计算结果作比较，分析误差原因。

2）根据实验观测结果，归纳、总结积分电路和微分电路的形成条件，阐明波形变换的特征。

3）心得体会及其他。

# 第七节　二阶动态电路响应的研究

## 一、实验目的

1）测试二阶动态电路的零状态响应和零输入响应，了解电路元器件参数对响应的影响。

2）观察、分析二阶电路响应的三种状态轨迹及其特点，以加深对二阶电路响应的认识与理解。

## 二、原理说明

一个二阶电路在方波正、负阶跃信号的激励下，可获得零状态与零输入响应，其响应的变化轨迹取决于电路的固有频率。当调节电路的元器件参数值，使电路的固有频率分别为负实数、共轭复数及虚数时，可获得单调地衰减、衰减振荡和等幅振荡的响应。在实验中可获得过阻尼、欠阻尼和临界阻尼三种响应图形。

简单而典型的二阶电路是一个 RLC 串联电路和 GCL 并联电路，这二者之间存在着对偶关系。本实验仅对 GCL 并联电路进行研究。

## 三、实验设备

实验设备见表 6-7-1。

表 6-7-1　实验设备

| 序号 | 名　称 | 型号与规格 | 数量 | 备注 |
|---|---|---|---|---|
| 1 | 函数信号发生器 | | 1 | DG03 |
| 2 | 双踪示波器 | | 1 | 自备 |
| 3 | 动态实验电路板 | | 1 | DG07 |

## 四、实验内容

利用动态电路板中的元器件与开关的配合作用，组成图 6-7-1 所示的 GCL 并联电路。

令 $R_1=10\text{k}\Omega$，$L=4.7\text{mH}$，$C=1000\text{pF}$，$R_2$ 为 10kΩ 可调电阻。令脉冲信号发生器的输出为 $U_m=1.5\text{V}$、$f=1\text{kHz}$ 的方波脉冲，通过同轴电缆接至图中的激励端，同时用同轴电缆将激励端和响应输出接至双踪示波器的 $Y_A$ 和 $Y_B$ 两个输入口。

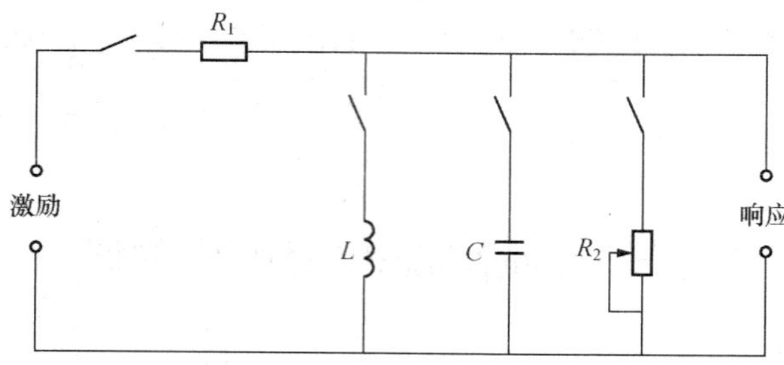


图 6-7-1　GCL 并联电路

1）调节可变电阻器 $R_2$ 之值，观察二阶电路的零输入响应和零状态响应由过阻尼过渡到临界阻尼，最后过渡到欠阻尼的变化过渡过程，分别定性地描绘、记录响应的典型变化波形。

2）调节 $R_2$ 使示波器显示屏上呈现稳定的欠阻尼响应波形，定量测定此时电路的衰减常数 $\alpha$ 和振荡频率 $\omega$。

3）改变一组电路参数，如增减 $L$ 或 $C$ 之值，重复步骤 2）的测量，并作记录。随后仔细观察，改变电路参数时，$\omega$ 与 $\alpha$ 的变化趋势，并记录表 6-7-2 中。

表 6-7-2　实验数据

| 电路参数<br>实验次数 | 元　作　参　数 | | | | 测量值 | |
|---|---|---|---|---|---|---|
| | $R_1$ | $R_2$ | $L$ | C | $\alpha$ | $\omega$ |
| 1 | 10kΩ | 调至某一次欠阻尼状态 | 4.7mH | 1000pF | | |
| 2 | 10kΩ | | 4.7mH | 0.01μF | | |
| 3 | 30kΩ | | 4.7mH | 0.01μF | | |
| 4 | 10kΩ | | 10mH | 0.01μF | | |

## 五、实验注意事项

1）调节 $R_2$ 时，要细心、缓慢，临界阻尼要找准。

2）观察双踪时，显示要稳定，如不同步，则可采用外同步法触发（看示波器说明）。

## 六、预习思考题

1）根据二阶电路实验电路元器件的参数，计算出处于临界阻尼状态的 $R_2$ 之值。

2）在示波器显示屏上，如何测得二阶电路零输入响应欠阻尼状态的衰减常数 $\alpha$ 和振荡频率 $\omega$？

## 七、实验报告

1）根据观测结果，在方格纸上描绘二阶电路过阻尼、临界阻尼和欠阻尼的响应波形。

2）测算欠阻尼振荡曲线上的 $\alpha$ 与 $\omega$。

3）归纳、总结电路元器件参数的改变对响应变化趋势的影响。

4）心得体会及其他。

# 第八节　R、L、C 元器件阻抗特性的测定

## 一、实验目的

1）验证电阻、感抗、容抗与频率的关系，测定 $R$-$f$、$X_L$-$f$ 及 $X_C$-$f$ 特性曲线。

2）加深理解 R、L、C 元器件端电压与电流间的相位关系。

## 二、原理说明

1）在正弦交变信号作用下，R、L、C 电路元器件在电路中的抗流作用与信号的频率有关，它们的阻抗频率特性 $R$-$f$，$X_L$-$f$，$X_C$-f 曲线如图 6-8-1 所示。

2）元器件阻抗频率特性的测量电路如图 6-8-2 所示。

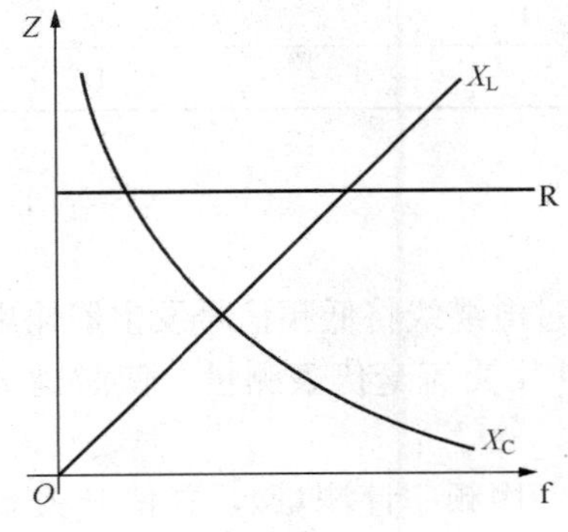


图 6-8-1　阻抗特性曲线

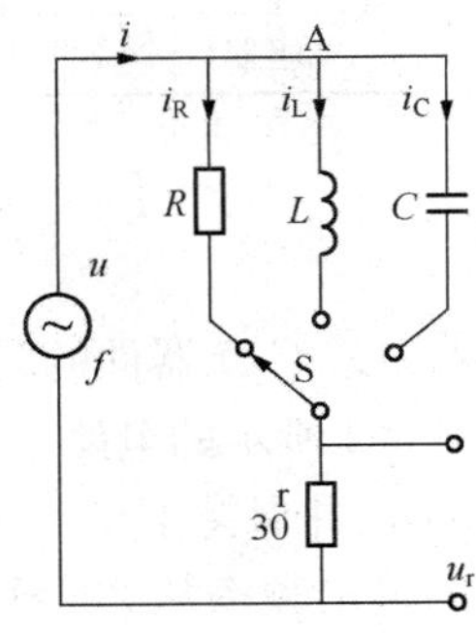


图 6-8-2　元件阻抗频率特性的测量电路

图 6-8-2 中的 $r$ 是提供测量回路电流用的标准小电阻，由于 $r$ 的阻值远小于被测元器件的阻抗值，因此可以认为 AB 之间的电压就是被测元器件 $R$、$L$ 或 $C$ 两端的电压，流过被测元器件的电流则可由 $r$ 两端的电压除以 $r$ 所得。

若用双踪示波器同时观察 $r$ 与被测元器件两端的电压，亦就展现出被测元器件两端的电压和流过该元器件电流的波形，从而可在显示屏上测出电压与电流的幅值及它们之间的相位差。

1）将元器件 R、L、C 串联或并联相接，亦可用同样的方法测得 $Z_{串}$ 与 $Z_{并}$ 的阻抗频率特性 $Z$-$f$，根据电压、电流的相位差可判断 $Z_{串}$ 或 $Z_{并}$ 是感性负载还是容性负载。

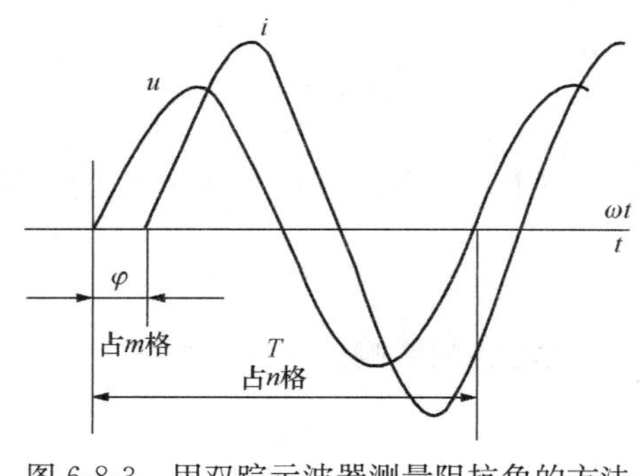


图 6-8-3　用双踪示波器测量阻抗角的方法

2）元器件的阻抗角（即相位差 $\varphi$）随输入信号的频率变化而改变，将各个不同频率下的相位差画在以频率 $f$ 为横坐标、阻抗角 $\varphi$ 为纵坐标的坐标纸上，并用光滑的曲线连接这些点，即得到阻抗角的频率特性曲线。

用双踪示波器测量阻抗角的方法如图 6-8-3 所示。从显示屏上数得一个周期占 $n$ 格，相位差占 $m$ 格，则实际的相位差 $\varphi$（阻抗角）为

$$\varphi = m \times \frac{360^\circ}{n}$$

## 三、实验设备

实验设备见表 6-8-1。

**表 6-8-1　实验设备**

| 序号 | 名　称 | 型号与规格 | 数量 | 备　注 |
|---|---|---|---|---|
| 1 | 低频信号发生器 | | 1 | DG03 |
| 2 | 交流毫伏表 | 0～600V | 1 | D83 |
| 3 | 双踪示波器 | | 1 | 自备 |
| 4 | 频率计 | | 1 | DG03 |
| 5 | 实验线路元器件 | $R$=1kΩ，$C$=1μF　$L$ 约 1H | 1 | DG09 |
| 6 | 电阻器 | 30Ω | 1 | DG09 |

## 四、实验内容

1）测量 R、L、C 元器件的阻抗频率特性。通过电缆线将低频信号发生器输出的正弦信号接至图 6-8-2 所示的电路，作为激励源 $u$，并用交流毫伏表测量，使激励电压的有效值为 $U$=3V，并保持不变。

使信号源的输出频率从 200Hz 逐渐增至 5kHz（用频率计测量），并使开关 S 分别接通 R、L、C 三个元器件，用交流毫伏表测量 $U_r$，并计算各频率点时的 $I_R$、$I_L$ 和 $I_C$（即 $U_r/r$）以及 $R=U/I_R$、$X_L=U/I_U$ 及 $X_C=U/I_C$ 之值。

注意：在接通 C 测试时，信号源的频率应控制在 200～2500Hz 之间。

2）用双踪示波器观察在不同频率下各元器件阻抗角的变化情况，按图 6-8-3 记录 $n$ 和 $m$，算出 $\varphi$。

3）测量 R、L、C 元器件串联的阻抗角频率特性。

## 五、实验注意事项

1）交流毫伏表属于高阻抗电表，测量前必须先调零。

2）测 $\varphi$ 时，示波器的“V/div”和“t/div”的微调旋钮应旋置“校准位置”。

## 六、预习思考题

测量 R、L、C 各个元器件的阻抗角时，为什么要与它们串联一个小电阻？可否用一个小电感或大电容代替？为什么？

## 七、实验报告

1）根据实验数据，在方格纸上绘制 R、L、C 三个元器件的阻抗频率特性曲线，从中可得出什么结论？

2）根据实验数据，在方格纸上绘制 R、L、C 三个元器件串联的阻抗角频率特性曲线，并总结、归纳出结论。

# 第九节　用三表法测量电路等效参数

## 一、实验目的

1）学会用交流电压表、交流电流表和功率表测量元器件的交流等效参数的方法。

2）学会功率表的接法和使用。

## 二、原理说明

1）正弦交流信号激励下的元器件值或阻抗值，可以用交流电压表、交流电流表及功率表分别测量出元器件两端的电压 $U$、流过该元器件的电流 $I$ 和元件所消耗的功率 $P$，然后通过计算得到所求的各值，这种方法称为三表法，是用于测量 50Hz 交流电路参数的基本方法。

计算的基本公式为：

阻抗的模 $|Z|=\dfrac{U}{I}$

$$\text{电路的功率因数}\ \cos\varphi=\frac{P}{UI}$$

等效电阻 $R=\dfrac{P}{I^2}=|Z|\cos\varphi$

$$\text{等效电抗}\ X=|Z|\sin\varphi$$

或 $X=X_L=2\pi fL$，

$$X = X_C = \frac{1}{2\pi fC}$$

2）阻抗性质的判别方法：可用在被测元器件两端并联电容器或将被测元器件与电容器串联的方法来判别。其原理如下：

① 在被测元器件两端并联一只适当容量的试验电容器，若串接在电路中电流表的读数增大，则被测阻抗为容性，电流减小则为感性。

在图 6-9-1（a）中，Z 为待测定的元器件，$C'$ 为试验电容器。图 6-9-1（b）是图 6-9-1（a)的等效电路，图中 $G$、$B$ 为待测阻抗 Z 的电导和电纳，$B'$ 为并联电容器 $C'$ 的电纳。

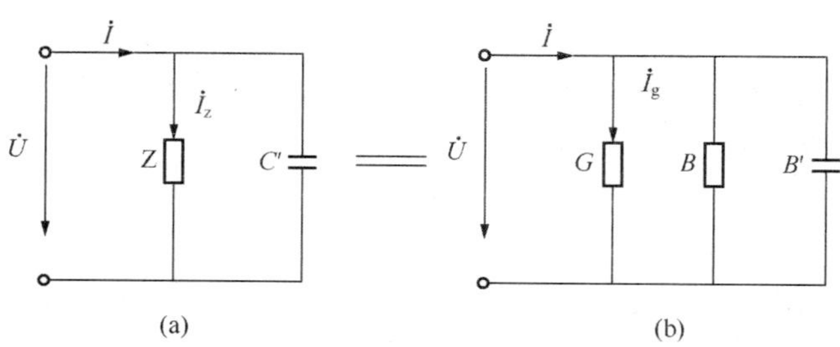


图 6-9-1 并联电容测量法

在端电压有效值不变的条件下，按下面两种情况进行分析：

a. 设 $B+B'=B''$，若 $B'$ 增大，$B''$ 也增大，则电路中电流 $I$ 将单调地上升，故可判断 $B$ 为容性元件。

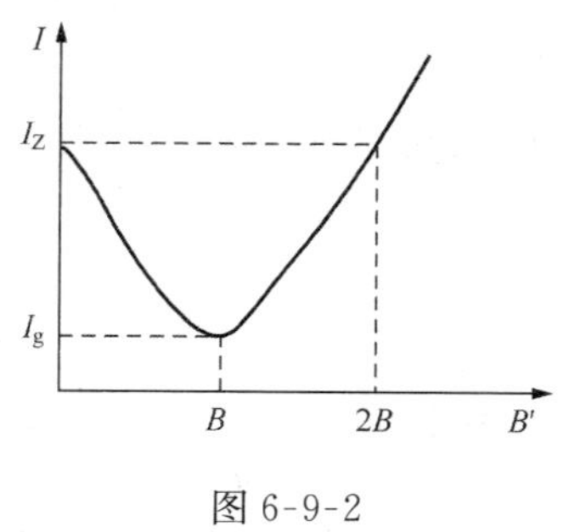


图 6-9-2

b. 设 $B+B'=B''$，若 $B'$ 增大，而 $B''$ 先减小而后再增大，电流 $I$ 也是先减小后上升（见图 6-9-2），则可判断 $B$ 为感性元件。

由以上分析可见，当 $B$ 为容性元器件时，对并联电容器 $C'$ 值无特殊要求；而当 $B$ 为感性元器件时，$B'<|2B|$ 才有判定为感性的意义。$B'>|2B|$ 时，电流单调上升，与 $B$ 为容性时相同，并不能说明电路是感性的。因此 $B'<|2B|$ 是判断电路性质的可靠条件，由此得判定条件为 $C'<\left|\frac{2B}{\omega}\right|$。

② 与被测元器件串联一个适当容量的试验电容器，若被测阻抗的端电压下降，则判为容性，端电压上升则为感性，判定条件为 $\frac{1}{\omega C'}<|2X|$，式中 $X$ 为被测阻抗的电抗值，$C'$ 为串联试验电容值，此关系式可自行证明。

判断待测元器件的性质，除上述借助于试验电容 $C'$ 测定法外，还可以利用该元器件的电流 $i$ 与电压 $u$ 之间的相位关系来判断。若 $i$ 超前于 $u$，为容性；$i$ 滞后于 $u$，则为感性。

③ 本实验所用的功率表为智能交流功率表，其电压接线端应与负载并联，电流接

线端应与负载串联。

## 三、实验设备

实验设备见表 6-9-1。

**表 6-9-1　实验设备**

| 序号 | 名称 | 型号与规格 | 数量 | 备注 |
|---|---|---|---|---|
| 1 | 交流电压表 | 0～500V | 1 | D33 |
| 2 | 交流电流表 | 0～5A | 1 | D32 |
| 3 | 功率表 | | 1 | D34 |
| 4 | 自耦调压器 | | 1 | DG01 |
| 5 | 镇流器（电感线圈） | 与 40W 荧光灯配用 | 1 | DG09 |
| 7 | 电容器 | 1μF，4.7μF/500V | 1 | DG09 |
| 8 | 白炽灯 | 15W/220V | 3 | DG08 |

## 四、实验内容

测试线路如图 6-9-3 所示。

1）按图 6-9-3 接线，并经指导教师检查后，方可接通市电电源。

2）分别测量 15W 白炽灯（R）、40W 荧光灯镇流器（L）和 4.7μF 电容器（C）的等效参数。

3）测量 L、C 串联与并联后的等效参数，记录表 6-9-2 中。

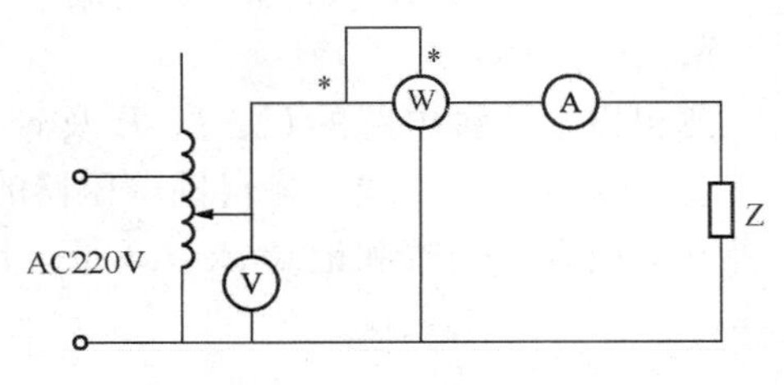


图 6-9-3　测试线路

**表 6-9-2　实验设备**

| 被测阻抗 | 测量值 | | | 计算值 | | | 电路等效参数 | | |
|---|---|---|---|---|---|---|---|---|---|
| | $U$/V | $I$/A | $P$/W | cosφ | $Z$/Ω | cosφ | $R$/Ω | $L$/mH | $C$/μF |
| 15W 白炽灯 R | | | | | | | | | |
| 电感线圈 L | | | | | | | | | |
| 电容器 C | | | | | | | | | |
| L 与 C 串联 | | | | | | | | | |
| L 与 C 并联 | | | | | | | | | |

4）验证用串、并试验电容法判别负载性质的正确性。

实验线路同图 6-9-3，但不必接功率表，按表 6-9-3 内容进行测量和记录。

表 6-9-3　实验数据

| 被测元器件 | 串 1μF 电容 | | 并 1μF 电容 | |
|---|---|---|---|---|
| | 串前端电压/V | 串后端电压/V | 并前电流/A | 并后电流/A |
| R（三只 15W 白炽灯） | | | | |
| C（4.7μF） | | | | |
| L（1H） | | | | |

5）三表法测定无源单口网络的交流参数。

① 实验电路如图 6-9-4 所示。

实验电源取自主控屏 50Hz 三相交流电源中的一相。调节自耦调压器，使单相交流最大输出电压为 150V。

用本实验单元黑匣子上的六只开关，可变换出八种不同的电路：

a. K1 合（开关投向上方），其他断。

b. K2、K4 合，其他断。

c. K3、K5 合，其他断。

d. K2 合，其他断。

e. K3、K6 合，其他断。

f. K2、K3、K6 合，其他断。

g. K2、K3、K4、K5 合，其他断。

h. 所有开关合。

测出以上八种电路的 $U$、$I$、$P$ 及 $\cos\varphi$ 的值，并列表记录。

② 按图 6-9-5 接线。将自耦调压器的输出电压调为≤30V。按照第 2 步中黑匣子的八种开关组合，观察和记录 $u$、$i$（即 $r$ 上的电压）的相位关系。

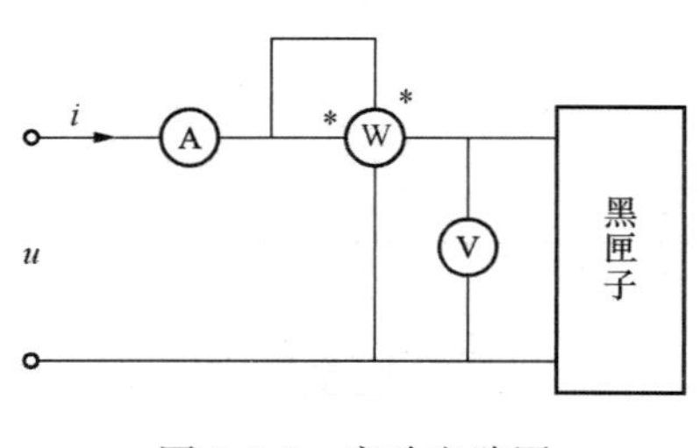


图 6-9-4　实验电路图

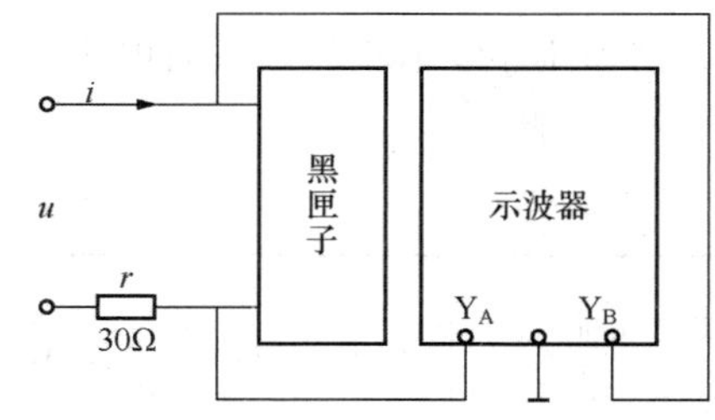


图 6-9-5　实验电路图

## 五、实验注意事项

1）本实验直接用 220V 交流电源供电，实验中要特别注意人身安全，不可用手直接触摸通电线路的裸露部分，以免触电，进实验室应穿绝缘鞋。

2）自耦调压器在接通电源前，应将其手柄置在零位上，调节时，使其输出电压从零开始逐渐升高。每次改接实验线路、换拨黑匣子上的开关及实验完毕，都必须先将其旋柄慢慢调回零位，再断电源。必须严格遵守这一安全操作规程。

3）实验前应详细阅读智能交流功率表的使用说明书，熟悉其使用方法。

## 六、预习思考题

1）在 50Hz 的交流电路中，测得一只铁芯线圈的 $P$、$I$ 和 $U$，如何算得它的阻值及电感量？

2）如何用串联电容的方法来判别阻抗的性质？试用 $I$ 随 $X'_C$（串联容抗）的变化关系作定性分析，证明串联试验时，$C'$ 满足 $\frac{1}{\omega C'}<|2X|$。

## 七、实验报告

1）根据实验数据，完成各项计算。

2）完成预习思考题 1）、2）的任务。

3）根据实验内容 5）的观察测量结果，分别作出等效电路图，计算出等效电路参数并判定负载的性质。

4）心得体会及其他。

# 第十节　正弦稳态交流电路相量的研究

## 一、实验目的

1）研究正弦稳态交流电路中电压、电流相量之间的关系。

2）掌握荧光灯线路的接线。

3）理解改善电路功率因数的意义并掌握其方法。

## 二、原理说明

1）在单相正弦交流电路中，用交流电流表测得各支路的电流值，用交流电压表测得回路各元器件两端的电压值，它们之间的关系满足相量形式的基尔霍夫定律，即 $\sum I=0$ 和 $\sum U=0$。

2）图 6-10-1 所示的 RC 串联电路，在正弦稳态信号 $U$ 的激励下，$U_R$ 与 $U_C$ 保持有 90°的相位差，即当 R 阻值改变时，$\dot{U}_R$ 的相量轨迹是一个半圆。$\dot{U}$、$\dot{U}_C$ 与 $\dot{U}_R$ 三者形成一个直角形的电压三角形，如图 6-10-2 所示。$R$ 值改变时，可改变 $\varphi$ 角的大小，从而达到移相的目的。

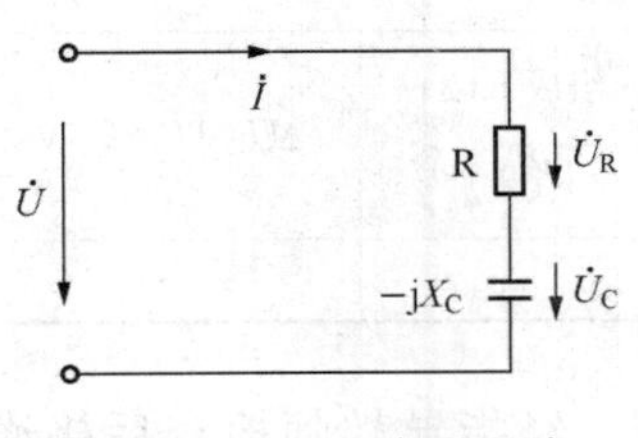


图 6-10-1　RC 串联电路

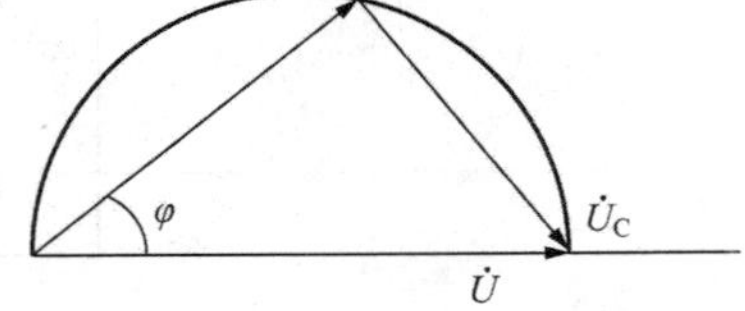


图 6-10-2　$\dot{U}$、$\dot{U}_C$、$\dot{U}_R$ 关系

3）荧光灯线路如图 6-10-3 所示，图中 A 是荧光灯管，L 是镇流器，S 是启辉器，C 是补偿电容器，用以改善电路的功率因数（cos$\varphi$ 值）。有关荧光灯的工作原理自行翻阅有关资料。

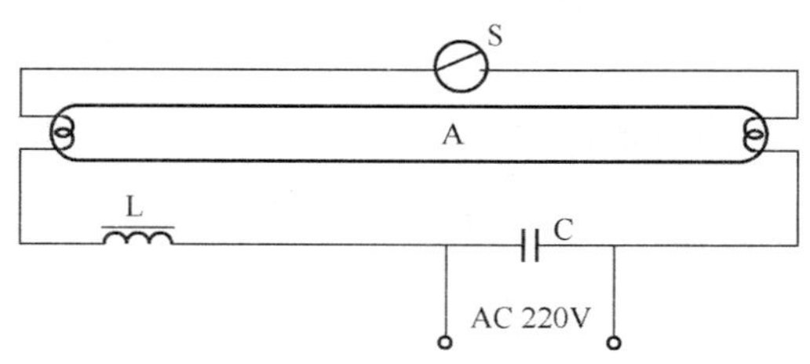


图 6-10-3　荧光灯电路图

## 三、实验设备

实验设备见表 6-10-1。

**表 6-10-1　实验设备**

| 序号 | 名称 | 型号与规格 | 数量 | 备注 |
| --- | --- | --- | --- | --- |
| 1 | 交流电压表 | 0～500V | 1 | D33 |
| 2 | 交流电流表 | 0～5A | 1 | D32 |
| 3 | 功率表 | | 1 | D34 |
| 4 | 自耦调压器 | | 1 | DG01 |
| 5 | 镇流器（电感线圈） | 与 40W 荧光灯配用 | 1 | DG09 |
| 6 | 电容器 | 1μF，4.7μF/500V | 1 | DG09 |
| 7 | 白炽灯 | 15W/220V | 3 | DG08 |

## 四、实验内容

1）按图 6-10-1 接线。R 为 220V、15W 的白炽灯泡，电容器为 4.7μF/450V。经指导教师检查后，接通实验台电源，将自耦调压器输出（即 $U$）调至 220V。记录 $U$、$U_R$、$U_C$ 值，验证电压三角形关系。数据记入表 6-10-2 中。

**表 6-10-2　实验数据**

| 测　量　值 | | | 计算值 | | |
| --- | --- | --- | --- | --- | --- |
| $U$/V | $U_R$/V | $U_C$/V | $U'$（与 $U_R$，$U_C$ 组成 Rt△）（$U'=\sqrt{U_R^2+U_C^2}$） | $\Delta U=U'-U$/V | $\Delta U/U$/% |
| | | | | | |

2）荧光灯线路接线与测量。按图 6-10-4 接线。经指导教师检查后接通实验台电源，调节自耦调压器的输出，使其输出电压缓慢增大，直到荧光灯点亮为止，记下三表

的指示值。然后将电压调至 220V，测量功率 $P$、电流 $I$、电压 $U$、$U_L$、$U_A$ 等值，验证电压、电流相量关系。数据记入表 6-10-3 中。

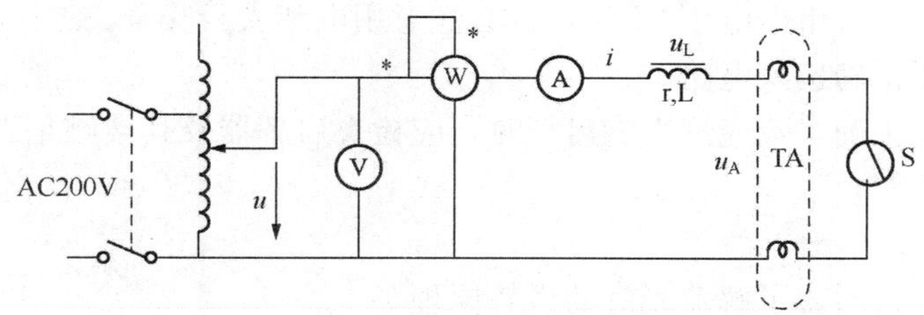


图 6-10-4 荧光灯线路接线与测量

**表 6-10-3 实验数据**

| | 测 量 数 值 | | | | | | 计算值 | |
|---|---|---|---|---|---|---|---|---|
| | $P$/W | cos$\varphi$ | $I$/A | $U$/V | $U_L$/V | $U_A$/V | $r$/Ω | cos$\varphi$ |
| 启辉值 | | | | | | | | |
| 正常工作值 | | | | | | | | |

3）并联电路——电路功率因数的改善。按图 6-10-5 组成实验线路。

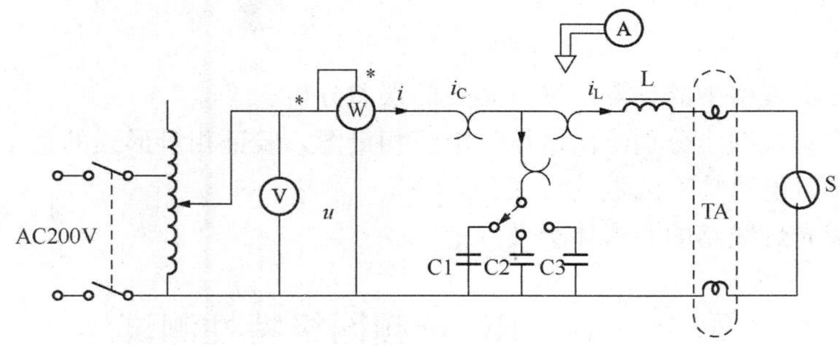


图 6-10-5 实验电路图

经指导老师检查后，接通实验台电源，将自耦调压器的输出调至 220V，记录功率表、电压表读数。通过一只电流表和三个电流插座分别测得三条支路的电流，改变电容值，进行三次重复测量。数据记入表 6-10-4 中。

**表 6-10-4 实验数据**

| 电容值/μF | 测 量 数 值 | | | | | | 计算值 | |
|---|---|---|---|---|---|---|---|---|
| $P$/W | cos$\varphi$ | $U$/V | $I$/A | $I_L$/A | $I_C$/A | $I'$/A | cos$\varphi$ | |
| 0 | | | | | | | | |
| 1 | | | | | | | | |
| 2.2 | | | | | | | | |
| 4.7 | | | | | | | | |

## 五、实验注意事项

1）本实验用交流市电电压220V，务必注意用电和人身安全。

2）功率表要正确接入电路。

3）线路接线正确，荧光灯不能启辉时，应检查启辉器及其接触是否良好。

## 六、预习思考题

1）参阅课外资料，了解荧光灯的启辉原理。

2）在日常生活中，当荧光灯上缺少了启辉器时，人们常用一根导线将启辉器的两端短接一下，然后迅速断开，使荧光灯点亮（DG09实验挂箱上有短接按钮，可用它代替启辉器做一下试验。）或用一只启辉器去点亮多只同类型的荧光灯，这是为什么？

3）为了改善电路的功率因数，常在感性负载上并联电容器，此时增加了一条电流支路，试问电路的总电流是增大还是减小，此时感性元器件上的电流和功率是否改变？

4）提高线路功率因数为什么只采用并联电容器法，而不用串联法？所并的电容器是否越大越好？

## 七、实验报告

1）完成数据表格中的计算，进行必要的误差分析。

2）根据实验数据，分别绘出电压、电流相量图，验证相量形式的基尔霍夫定律。

3）讨论改善电路功率因数的意义和方法。

4）装接荧光灯线路的心得体会及其他。

# 第十一节　RC选频网络特性测试

## 一、实验目的

1）熟悉文氏电桥电路和RC双T电路的结构特点及其应用。

2）学会用交流毫伏表和示波器测定以上两种电路的幅频特性和相频特性。

## 二、原理说明

### 1. 文氏桥电路

文氏电桥电路是一个RC的串、并联电路，如图6-11-1所示。该电路结构简单，被广泛地用于低频振荡电路中作为选频环节，可以获得纯正弦波电压。

用函数信号发生器的正弦输出信号作为图6-11-1的激励信号$u_i$，并保持$U_i$值不变的情况下，改变输入信号的频率$f$，用交流毫伏表或示波器测出输出端相应于各个频率点下的输出电压$U_o$值，将这些数据画在以频率$f$为横轴、$U_o$为纵轴的坐标纸上，用一条光滑的曲线连接这些点，该曲线就是上述电路的幅频特性曲线。

文氏桥电路的一个特点是其输出电压幅度不仅会随输入信号的频率而变，而且会出现一个与输入电压同相位的最大值，如图 6-11-2 所示。

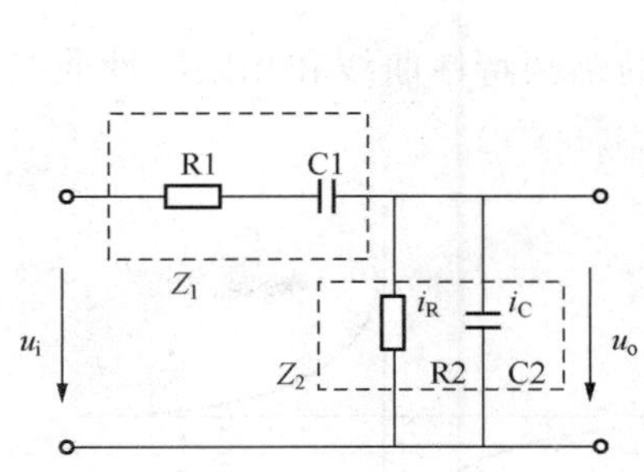


图 6-11-1　RC 串、并联电路

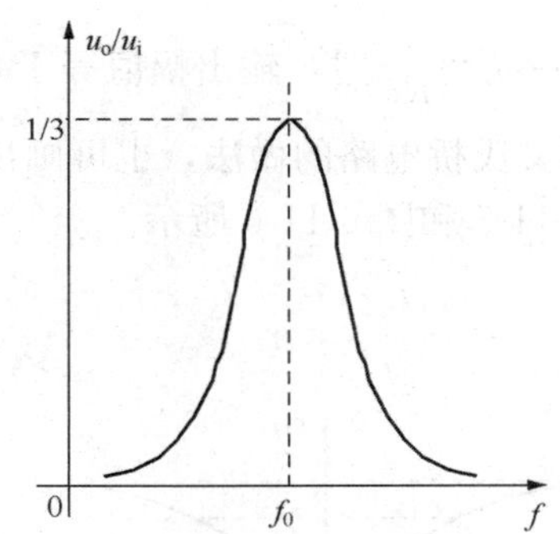


图 6-11-2　文氏桥电路的带通特性曲线

由电路分析得知，该网络的传递函数为

$$\beta = \frac{1}{3 + \mathrm{j}(\omega RC - 1/\omega RC)}$$

当角频率 $\omega = \omega_0 = \dfrac{1}{RC}$ 时，$|\beta| = \dfrac{U_o}{U_i} = \dfrac{1}{3}$，此时 $u_o$ 与 $u_i$ 同相。由图 6-11-2 可见 RC 串并联电路具有带通特性。

将上述电路的输入和输出分别接到双踪示波器的 $Y_A$ 和 $Y_B$ 两个输入端，改变输入正弦信号的频率，观测相应的输入和输出波形间的时延 $\tau$ 及信号的周期 $T$，则两波形间的相位差为 $\varphi = \dfrac{\tau}{T} \times 360° = \varphi_o - \varphi_i$（输出相位与输入相位之差）。

将各个不同频率下的相位差 $\varphi$ 画在以 $f$ 为横轴、$\varphi$ 为纵轴的坐标纸上，用光滑的曲线将这些点连接起来，即是被测电路的相频特性曲线，如图 6-11-3 所示。

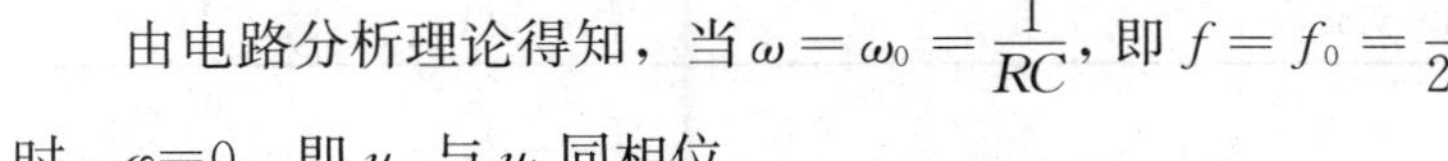

由电路分析理论得知，当 $\omega = \omega_0 = \dfrac{1}{RC}$，即 $f = f_0 = \dfrac{1}{2\pi RC}$ 时，$\varphi=0$，即 $u_o$ 与 $u_i$ 同相位。

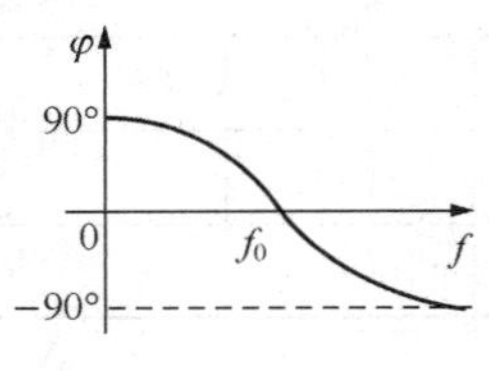


图 6-11-3　相频特性曲线

2. RC 双 T 电路

RC 双 T 电路如图 6-11-4 所示。

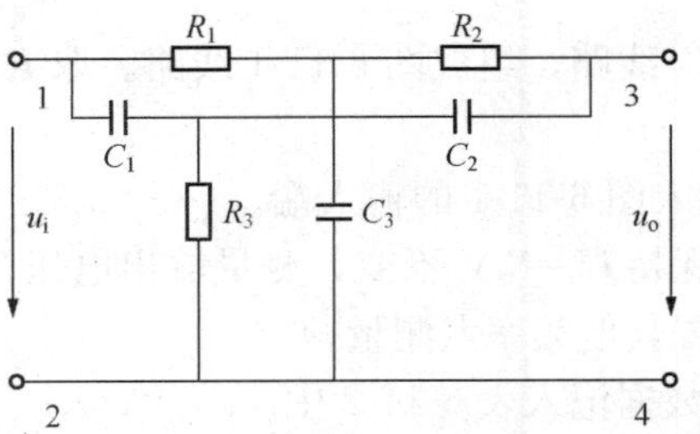

图 6-11-4　双 T 选频电路

由电路分析可知，双 T 网络零输出的条件为

$$\frac{1}{R_1} + \frac{1}{R_2} = \frac{1}{R_3}, C_1 + C_2 = C_3$$

若选 $R_1 = R_2 = R$，$C_1 = C_2 = C$，则 $R_3 = \dfrac{R}{2}$，$C_3 = 2C$。

该双 T 电路的频率特性为 $\left(令\ \omega_0 = \dfrac{1}{RC}\right)$

$$F(\omega)=\frac{\frac{1}{2}\left(R+\frac{1}{\mathrm{j}\omega C}\right)}{\frac{2R(1+\mathrm{j}\omega RC)}{1-\omega^2R^2C^2}+\frac{1}{2}\left(R+\frac{1}{\mathrm{j}\omega C}\right)}=\frac{1-\left(\frac{\omega}{\omega_0}\right)^2}{1-\left(\frac{\omega}{\omega_0}\right)^2+\mathrm{j}4\frac{\omega}{\omega_0}}$$

当 $\omega=\omega_0=\frac{1}{RC}$ 时，输出幅值等于 0，相频特性呈现 $\pm 90°$ 的突跳。

参照文氏桥电路的做法，也可画出双 T 电路的幅频特性曲线和相频特性曲线，分别如图 6-11-5 和图 6-11-6 所示。

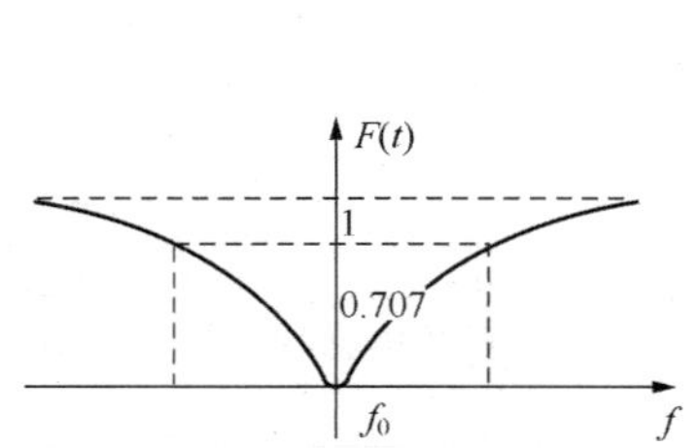


图 6-11-5　双 T 电路的幅频特性曲线

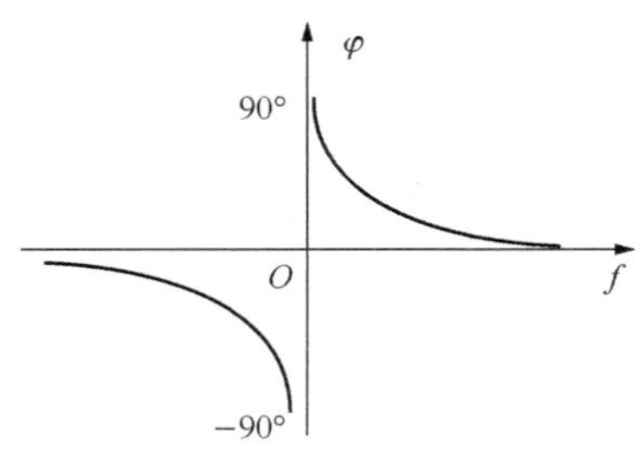


图 6-11-6　双 T 电路的相频特性曲线

由图可见，双 T 电路具有带阻特性。

## 三、实验设备

实验设备见表 6-11-1。

**表 6-11-1　实验设备**

| 序号 | 名　称 | 型号与规格 | 数量 | 备　注 |
|---|---|---|---|---|
| 1 | 函数信号发生器及频率计 | | 1 | DG03 |
| 2 | 双踪示波器 | | 1 | 自备 |
| 3 | 交流毫伏表 | 0～600V | 1 | |
| 4 | RC 选频网络实验板 | | 1 | DG07 |

## 四、实验内容

1）测量 RC 串、并联电路的幅频特性。

① 利用 DG07 挂箱上“RC 串、并联选频网络”线路，组成图 6-11-1 线路。取 $R=1\text{k}\Omega$，$C=0.1\mu\text{F}$。

② 调节信号源输出电压为 3V 的正弦信号，接入图 6-11-1 的输入端。

③ 改变信号源的频率 $f$（由频率计读得），并保持 $U_i=3\text{V}$ 不变，测量输出电压 $U_o$（可先测量 $\beta=1/3$ 时的频率 $f_0$，然后在 $f_0$ 左右设置其他频率点测量。）。

④ 取 $R=200\Omega$，$C=2.2\mu\text{F}$，重复上述测量。数据记入表 6-11-2 中。

**表 6-11-2　实验数据**

| | | |
|---|---|---|
| $R=1\text{k}\Omega$，$C=0.1\mu\text{F}$ | $f$/Hz | |
| | $U_0$/V | |
| $R=200\Omega$，$C=2.2\mu\text{F}$ | $f$/Hz | |
| | $U_0$/V | |

2）测量 RC 串、并联电路的相频特性。

将图 6-11-1 的输入 $U_i$ 和输出 $U_o$ 分别接至双踪示波器的 $Y_A$ 和 $Y_B$ 两个输入端，改变输入正弦信号的频率，观测不同频率点时，相应的输入与输出波形间的时延 $\tau$ 及信号的周期 $T$。两波形间的相位差为

$$\varphi=\varphi_o-\varphi_i=\frac{\tau}{T}\times 360^\circ$$

数据记入表 6-11-3 中。

**表 6-11-3　实验数据**

| | | |
|---|---|---|
| $R=1\text{k}\Omega$，$C=0.1\mu\text{F}$ | $f$/Hz | |
| | $T$/ms | |
| | $\tau$/ms | |
| | $\varphi$ | |
| $R=200\Omega$，$C=2.2\mu\text{F}$ | $f$/Hz | |
| | $T$/ms | |
| | $\tau$/ms | |
| | $\varphi$ | |

3）测量 RC 双 T 电路的幅频特性（参照步骤 1））。

4）测量 RC 双 T 电路的相频特性（参照步骤 2））。

## 五、实验注意事项

由于信号源内阻的影响，输出幅度会随信号频率变化。因此，在调节输出频率时，应同时调节输出幅度，使实验电路的输入电压保持不变。

## 六、预习思考题

1）根据电路参数，分别估算双 T 电路和文氏桥电路两组参数时的固有频率 $f_0$。

2）推导 RC 串并联电路的幅频、相频特性的数学表达式。

## 七、实验报告

1）根据实验数据，绘制两种电路的幅频特性曲线和相频特性曲线。找出 $f_0$，并与理论计算值比较，分析误差原因。

2）讨论实验结果。

3）心得体会及其他。

# 第十二节　R、L、C 串联谐振电路的研究

## 一、实验目的

1）学习用实验方法绘制 R、L、C 串联电路的幅频特性曲线。

2）加深理解电路发生谐振的条件、特点，掌握电路品质因数（电路 $Q$ 值）的物理意义及其测定方法。

## 二、原理说明

1）在图 6-12-1 所示的 R、L、C 串联电路中，当正弦交流信号源的频率 $f$ 改变时，电路中的感抗、容抗随之而变，电路中的电流也随 $f$ 而变。取电阻 R 上的电压 $u_o$ 作为响应，当输入电压 $u_i$ 的幅值维持不变时，在不同频率的信号激励下，测出 $U_o$ 之值，然后以 $f$ 为横坐标，以 $U_o/U_i$ 为纵坐标（由于 $U_i$ 不变，故也可直接以 $U_o$ 为纵坐标），绘出光滑的曲线，此即为幅频特性曲线，亦称谐振曲线，如图 6-12-2 所示。

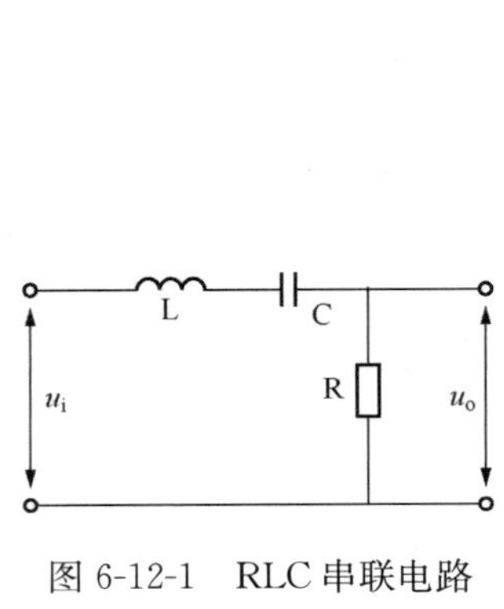


图 6-12-1　RLC 串联电路

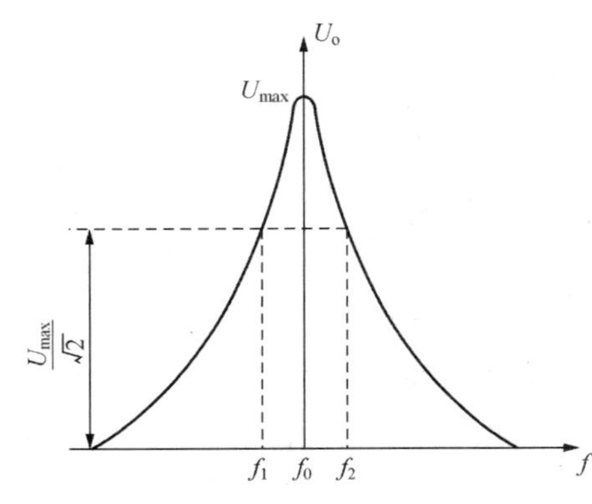


图 6-12-2　幅频特性曲线

2）在 $f=f_0=\dfrac{1}{2\pi\sqrt{LC}}$ 处，即幅频特性曲线尖峰所在的频率点称为谐振频率。此时 $X_L=XC$，电路呈纯阻性，电路阻抗的模为最小。在输入电压 $U_i$ 为定值时，电路中的电流达到最大值，且与输入电压 $u_i$ 同相位。从理论上讲，此时 $U_i=U_R=U_o$，$U_L=U_C=QU_i$，式中的 $Q$ 称为电路的品质因数。

3）电路品质因数 $Q$ 值的两种测量方法。一是根据公式 $Q=\dfrac{U_L}{U_o}=\dfrac{U_C}{U_o}$ 测定，$U_C$ 与 $U_L$ 分别为谐振时电容器 C 和电感线圈 L 上的电压；另一方法是通过测量谐振曲线的通频带宽度 $\Delta f=f_2-f_1$，再根据 $Q=\dfrac{f_0}{f_2-f_1}$ 求出 $Q$ 值。式中 $f_0$ 为谐振频率，$f_2$ 和 $f_1$ 是失谐时，亦即输出电压的幅度下降到最大值的 $1/\sqrt{2}$（＝0.707）时的上、下频率点。$Q$ 值越大，曲线越尖锐，通频带越窄，电路的选择性越好。在恒压源供电时，电路的品

质因数、选择性与通频带只取决于电路本身的参数，而与信号源无关。

## 三、实验设备

实验设备见表 6-12-1。

**表 6-12-1　实验设备**

| 序号 | 名　称 | 型号与规格 | 数量 | 备注 |
|---|---|---|---|---|
| 1 | 低频函数信号发生器 | | 1 | DG03 |
| 2 | 交流毫伏表 | 0～600V | 1 | D83 |
| 3 | 双踪示波器 | | 1 | 自备 |
| 4 | 频率计 | | 1 | DG03 |
| 5 | 谐振电路实验电路板 | $R$=200Ω，1kΩ<br>$C$=0.01μF，0.1μF，<br>$L$=约 30mH | | DG07 |

## 四、实验内容

1）按图 6-12-3 组成监视、测量电路。先选用 C1、R1，用交流毫伏表测电压，用示波器监视信号源输出。令信号源输出电压 $U_{iPP}$=4V，并保持不变。

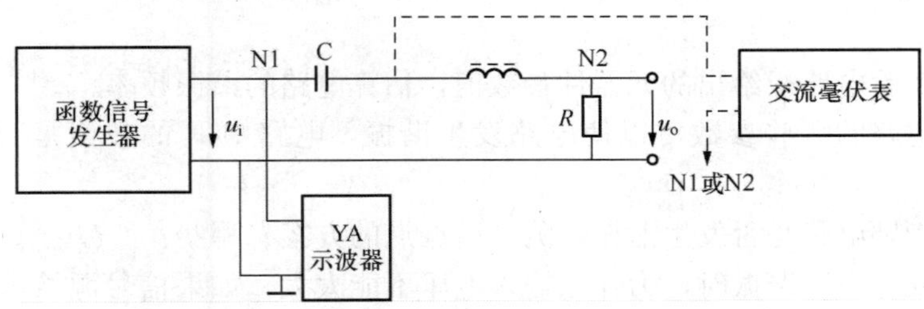


图 6-12-3　监视、测量电路

2）找出电路的谐振频率 $f_0$，其方法是：将毫伏表接在 R（200Ω）两端，令信号源的频率由小逐渐变大（注意要维持信号源的输出幅度不变），当 $U_o$ 的读数为最大时，读得频率计上的频率值即为电路的谐振频率 $f_0$，并测量 $U_C$ 与 $U_L$ 之值（注意及时更换毫伏表的量限）。

3）在谐振点两侧，按频率递增或递减 500Hz 或 1kHz，依次各取八个测量点，逐点测出 $U_o$，$U_L$，$U_C$ 之值，数据记入表 6-12-2。

**表 6-12-2　实验数据**

| $f$/kHz | | | | | | | | | | | | | | |
|---|---|---|---|---|---|---|---|---|---|---|---|---|---|---|
| $U_o$/V | | | | | | | | | | | | | | |
| $U_L$/V | | | | | | | | | | | | | | |
| $U_C$/V | | | | | | | | | | | | | | |
| $U_{iPP}$=4V，　$C$=0.01μF，　$R$=510Ω，　$f_0$=　　，$f_2-f_1$=　　　，$Q$= | | | | | | | | | | | | | | |

4）将电阻改为 R2，重复步骤 2）、3）的测量过程，将测量数据记入表 6-12-3。

表 6-12-3 实验数据

| $f$/kHz | | | | | | | | | | | | | | |
|---|---|---|---|---|---|---|---|---|---|---|---|---|---|---|
| $U_o$/V | | | | | | | | | | | | | | |
| $U_L$/V | | | | | | | | | | | | | | |
| $U_C$/V | | | | | | | | | | | | | | |
| $U_{iPP}=4V$，$C=0.01\mu F$，$R=1k\Omega$，$f_0=$ ，$f_2-f_1=$ ，$Q=$ | | | | | | | | | | | | | | |

5）选 C2，重复步骤 2）～4）。（自制表格。）

## 五、实验注意事项

1）测试频率点的选择应在靠近谐振频率附近多取几点。在变换频率测试前，应调整信号输出幅度（用示波器监视输出幅度），使其维持在 3V。

2）测量 $U_C$ 和 $U_L$ 数值前，应将毫伏表的量限改大，而且在测量 $U_L$ 与 $U_C$ 时毫伏表的“＋”端应接 C 与 L 的公共点，其接地端应分别触及 L 和 C 的近地端 N2 和 N1。

3）实验中，信号源的外壳应与毫伏表的外壳绝缘（不共地）。如能用浮地式交流毫伏表测量，则效果更佳。

## 六、预习思考题

1）根据实验电路板给出的元器件参数值，估算电路的谐振频率。

2）改变电路的哪些参数可以使电路发生谐振，电路中 R 的数值是否影响谐振频率值？

3）如何判别电路是否发生谐振？测试谐振点的方案有哪些？

4）电路发生串联谐振时，为什么输入电压不能太大，如果信号源给出 3V 的电压，电路谐振时，用交流毫伏表测 $U_L$ 和 $U_C$，应该选择用多大的量限？

5）要提高 R、L、C 串联电路的品质因数，电路参数应如何改变？

6）本实验在谐振时，对应的 $U_L$ 与 $U_C$ 是否相等？如有差异，原因何在？

## 七、实验报告

1）根据测量数据，绘出不同 $Q$ 值时三条幅频特性曲线，即

$$U_o = f(f), U_L = f(f), U_C = f(f)$$

2）计算出通频带与 $Q$ 值，说明不同 $R$ 值时对电路通频带与品质因数的影响。

3）对两种不同的测 $Q$ 值的方法进行比较，分析误差原因。

4）谐振时，比较输出电压 $U_o$ 与输入电压 $U_i$ 是否相等？试分析原因。

5）通过本次实验，总结、归纳串联谐振电路的特性。

6）心得体会及其他。

# 第十三节　二端口网络测试

## 一、实验目的

1）加深理解二端口网络的基本理论。

2）掌握直流二端口网络传输参数的测量技术。

## 二、原理说明

对于任何一个线性网络，我们所关心的往往只是输入端口和输出端口的电压和电流之间的相互关系，并通过实验测定方法求取一个极其简单的等值二端口电路来替代原网络，此即为“黑盒理论”的基本内容。

1）一个二端口网络两端口的电压和电流四个变量之间的关系，可以用多种形式的参数方程来表示。本实验采用输出口的电压$U_2$和电流$I_2$作为自变量，以输入口的电压$U_1$和电流$I_1$作为应变量，所得的方程称为二端口网络的传输方程。图 6-13-1 所示的无源线性二端口网络（又称为四端网络）的传输方程为：$U_1=AU_2+BI_2$；$I_1=CU_2+DI_2$。

图 6-13-1　无源线性二端口网络

式中的$A$、$B$、$C$、$D$为二端口网络的传输参数，其值完全取决于网络的拓扑结构及各支路元器件的参数值。这四个参数表征了该二端口网络的基本特性，它们的含义是：

$$A=\frac{U_{1o}}{U_{2o}}\quad(\text{令 } I_2=0,\text{即输出口开路时})$$

$$B=\frac{U_{1s}}{I_{2s}}\quad(\text{令 } U_2=0,\text{即输出口短路时})$$

$$C=\frac{I_{1o}}{U_{2o}}\quad(\text{令 } I_2=0,\text{即输出口开路时})$$

$$D=\frac{I_{1s}}{I_{2s}}\quad(\text{令 } U_2=0,\text{即输出口短路时})$$

由以上公式可知，只要在网络的输入口加上电压，在两个端口同时测量其电压和电流，即可求出$A$、$B$、$C$、$D$四个参数，此即为双端口同时测量法。

2）若要测量一条远距离输电线构成的二端口网络，采用同时测量法就很不方便。这时可采用分别测量法，即先在输入口加电压，而将输出口开路和短路，在输入口测量电压和电流，由传输方程可得

$$R_{1o}=\frac{U_{1o}}{I_{1o}}=\frac{A}{C}\quad(\text{令 } I_2=0,\text{即输出口开路时})$$

$$R_{1s}=\frac{U_{1s}}{I_{1s}}=\frac{B}{D}\quad(\text{令 } U_2=0,\text{即输出口短路时})$$

然后在输出口加电压，而将输入口开路和短路，测量输出口的电压和电流。此时可得

$$R_{2o}=\frac{U_{2o}}{I_{2o}}=\frac{D}{C}\quad(\text{令 } I_1=0,\text{即输入口开路时})$$

$$R_{2s} = \frac{U_{2s}}{I_{2s}} = \frac{B}{A} \quad (\text{令 } U_1 = 0,\text{即输入口短路时})$$

$R_{1o}$，$R_{1s}$，$R_{2o}$，$R_{2s}$分别表示一个端口开路和短路时另一端口的等效输入电阻，这四个参数中只有三个是独立的（因为 $AD-BC=1$）。至此，可求出四个传输参数：

$$A = \sqrt{R_{1o}/(R_{2o} - R_{2s})}, \quad B = R_{2s}A, \quad C = A/R_{1o}, \quad D = R_{2o}C$$

3）二端口网络级联后的等效二端口网络的传输参数亦可采用前述的方法之一求得。从理论推得两个二端口网络级联后的传输参数与每一个参加级联的二端口网络的传输参数之间有如下的关系：

$$A = A_1A_2 + B_1C_2 \quad B = A_1B_2 + B_1D_2$$
$$C = C_1A_2 + D_1C_2 \quad D = C_1B_2 + D_1D_2$$

## 三、实验设备

实验设备见表 6-13-1。

**表 6-13-1　实验设备**

| 序号 | 名　称 | 型号与规格 | 数量 | 备注 |
|---|---|---|---|---|
| 1 | 可调直流稳压电源 | 0～30V | 1 | DG04 |
| 2 | 数字直流电压表 | 0～200V | 1 | D31 |
| 3 | 数字直流毫安表 | 0～200mA | 1 | D31 |
| 4 | 二端口网络实验电路板 | | 1 | DG05 |

## 四、实验内容

二端口网络实验电路如图 6-13-2 所示。将直流稳压电源的输出电压调到 10V，作为二端口网络的输入。

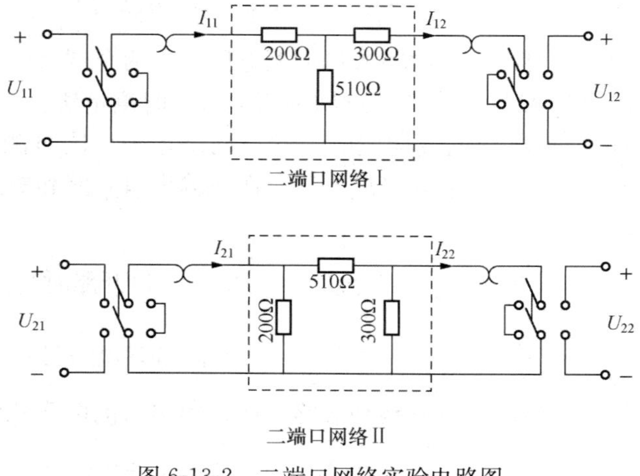


图 6-13-2　二端口网络实验电路图

1）按同时测量法分别测定两个二端口网络的传输参数 $A_1$、$B_1$、$C_1$、$D_1$ 和 $A_2$、$B_2$、$C_2$、$D_2$，并列出它们的传输方程。数据记入表 6-13-2、表 6-13-3 中。

**表 6-13-2　实验数据**

| 二端口 | | 测　量　值 | | | 计　算　值 | |
|---|---|---|---|---|---|---|
| 二端口网络Ⅰ | 输出端开路 $I_{12}=0$ | $U_{11o}$/V | $U_{12o}$/V | $I_{11o}$/mA | $A_1$ | $B_1$ |
| | | | | | | |
| | 输出端短路 $U_{12}=0$ | $U_{11S}$/V | $I_{11S}$/mA | $I_{12S}$/mA | $C_1$ | $D_1$ |
| | | | | | | |

**表 6-13-3　实验数据**

| 二端口 | | 测　量　值 | | | 计　算　值 | |
|---|---|---|---|---|---|---|
| 二端口网络Ⅱ | 输出端开路 $I_{22}=0$ | $U_{21o}$/V | $U_{22o}$/V | $I_{21o}$/mA | $A_2$ | $B_2$ |
| | | | | | | |
| | 输出端短路 $U_{22}=0$ | $U_{21s}$/V | $I_{21s}$/mA | $I_{22s}$/mA | $C_2$ | $D_2$ |
| | | | | | | |

2）将两个二端口网络级联，即将网络 I 的输出接至网络 II 的输入。用两端口分别测量法测量级联后等效二端口网络的传输参数 $A$、$B$、$C$、$D$，并验证等效二端口网络传输参数与级联的两个二端口网络传输参数之间的关系。数据记入表 6-13-4 中。

**表 6-13-4　实验数据**

| 输出端开路 $I_2=0$ | | | 输出端短路 $U_2=0$ | | | 计算传输参数 |
|---|---|---|---|---|---|---|
| $U_{1o}$/V | $I_{1o}$/mA | $R_{1o}$/kΩ | $U_{1s}$/V | $I_{1s}$/mA | $R_{1s}$/kΩ | |
| | | | | | | |
| 输入端开路 $I_1=0$ | | | 输入端短路 $U_1=0$ | | | $A=$<br>$B=$<br>$C=$<br>$D=$ |
| $U_{2o}$/V | $I_{2o}$/mA | $R_{2o}$/kΩ | $U_{2s}$/V | $I_{2s}$/mA | $R_{2s}$/kΩ | |
| | | | | | | |

## 五、实验注意事项

1）用电流插头插座测量电流时，要注意判别电流表的极性及选取适合的量程（根据所给的电路参数，估算电流表量程）。

2）计算传输参数时，$I$、$U$ 均取其正值。

## 六、预习思考题

1）试述二端口网络同时测量法与分别测量法的测量步骤、优缺点及其适用情况。

2）本实验方法可否用于交流双口网络的测定？

## 七、实验报告

1）完成对数据表格的测量和计算任务。

2）列写参数方程。

3）验证级联后等效二端口网络的传输参数与级联的两个二端口网络传输参数之间的关系。

4）总结、归纳二端口网络的测试技术。

5）心得体会及其他。

# 第十四节　互感电路测试

## 一、实验目的

1）学会互感电路同名端、互感系数以及耦合系数的测定方法。

2）理解两个线圈相对位置的改变，以及用不同材料作线圈芯时对互感的影响。

## 二、原理说明

### 1. 判断互感线圈同名端的方法

（1）直流法

如图 6-14-1 所示，当开关 S 闭合瞬间，若毫安表的指针正偏，则可断定“1”、“3”为同名端；指针反偏，则可断定“1”、“4”为同名端。

（2）交流法

如图 6-14-2 所示，将两个线圈 N1 和 N2 的任意两端（如 2、4 端）连在一起，在其中的一个线圈（如 N1）两端加一个低电压，另一绕组（如 N2）开路，用交流电压表分别测出端电压 $U_{13}$、$U_{12}$ 和 $U_{34}$。若 $U_{13}$ 是两线圈端电压之差，则 1、3 是同名端；若 $U_{13}$ 是两线圈端电压之和，则 1、4 是同名端。

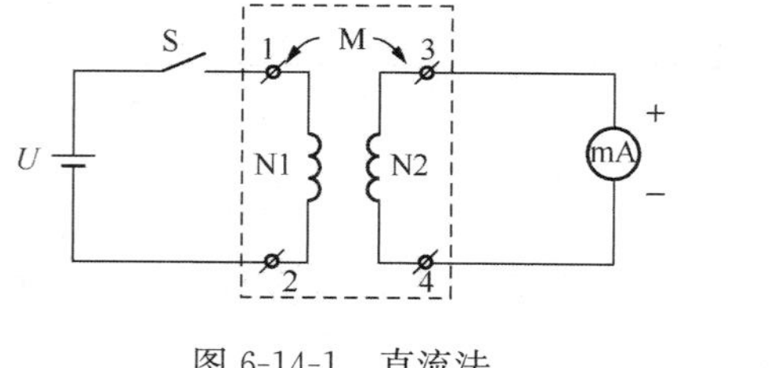


图 6-14-1　直流法

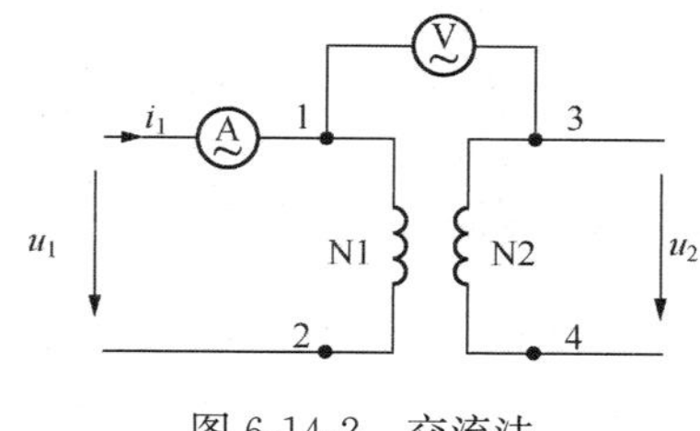


图 6-14-2　交流法

### 2. 两线圈互感系数 $M$ 的测定

在图 6-14-2 的 N1 侧施加低压交流电压 $U_1$，测出 $I_1$ 及 $U_2$。根据互感电动势 $E_{2M} \approx U_{20} = \omega M I_1$，可算得互感系数为

$$M = \frac{U_2}{\omega I_1}$$

3. 耦合系数 $k$ 的测定

两个互感线圈耦合松紧的程度可用耦合系数 $k$ 来表示：

$$k = M/\sqrt{L_1L_2}$$

如图 6-14-2 所示，首先在 N1 侧加低压交流电压 $U_1$，测出 N2 侧开路时的电流 $I_1$；然后在 N2 侧加电压 $U_2$，测出 N1 侧开路时的电流 $I_2$，求出各自的自感 $L_1$ 和 $L_2$，即可算得 $k$ 值。

## 三、实验设备

实验设备见表 6-14-1。

**表 6-14-1　实验设备**

| 序号 | 名　称 | 型号与规格 | 数量 | 备注 |
|---|---|---|---|---|
| 1 | 数字直流电压表 | 0～200V | 1 | D31 |
| 2 | 数字直流电流表 | 0～200mA | 2 | D31 |
| 3 | 交流电压表 | 0～500V | 1 | D32 |
| 4 | 交流电流表 | 0～5A | 1 | D32 |
| 5 | 空心互感线圈 | N1 为大线圈<br>N2 为小线圈 | 1 对 | DG08 |
| 6 | 自耦调压器 | | 1 | DG01 |
| 7 | 直流稳压电源 | 0～30V | 1 | DG04 |
| 8 | 电阻器 | 30Ω/8W<br>510Ω/2W | 各 1 | DG09 |
| 9 | 发光二极管 | 红或绿 | 1 | DG09 |
| 10 | 粗细铁棒、铝棒 | | 各 1 | |
| 11 | 变压器 | 36V/220V | 1 | DG08 |

## 四、实验内容

分别用直流法和交流法测定互感线圈的同名端。

(1) 直流法

实验电路如图 6-14-3 所示。先将 N1 和 N2 两线圈的四个接线端子编以 1、2 和 3、4 号。将 N1、N2 同心地套在一起，并放入细铁棒。$U$ 为可调直流稳压电源，调至 10V。流过 N1 侧的电流不可超过 0.4A（选用 5A 量程的数字电流表）。N2 侧直接接入 2mA 量程的毫安表。将铁棒迅速地拨出和插入，观察毫安表读数正、负的变化，

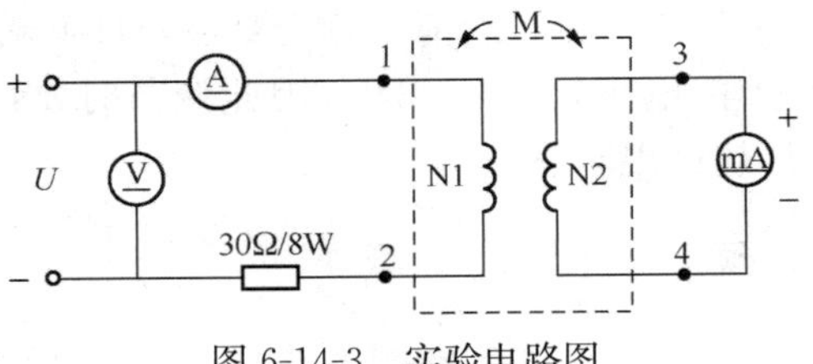

图 6-14-3　实验电路图

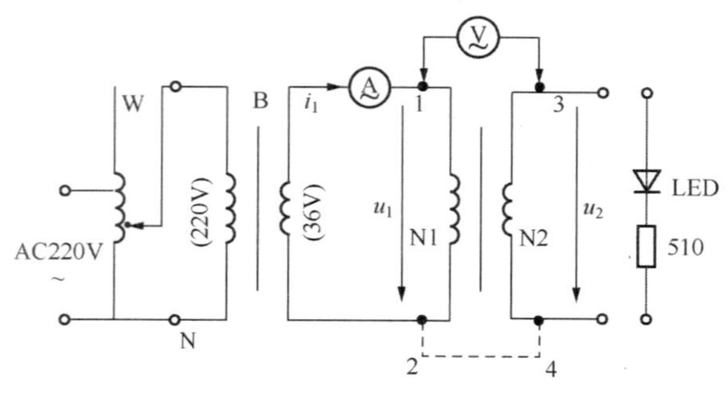

图 6-14-4 实验电路图

来判定 N1 和 N2 两个线圈的同名端。

（2）交流法

本方法中，由于加在 N1 上的电压仅 2V 左右，直接用屏内调压器很难调节，因此采用图 6-14-4 的线路来扩展调压器的调节范围。图中 W、N 为主屏上的自耦调压器的输出端，B 为 DG08 挂箱中的升压铁芯变压器，此处作降压用。将 N2 放入 N1 中，并在两线圈中插入铁棒。A 为 2.5A 以上量程的电流表，N2 侧开路。

接通电源前，应首先检查自耦调压器是否调至零位，确认后方可接通交流电源，令自耦调压器输出一个很低的电压（约 12V），使流过电流表的电流小于 1.4A，然后用 0～30V 量程的交流电压表测量 $U_{13}$、$U_{12}$、$U_{34}$，判定同名端。

1）拆去 2、4 连线，并将 2、3 相接，重复上述步骤，判定同名端。

2）拆除 2、3 连线，测 $U_1$、$I_1$、$U_2$，计算出 $M$。

3）将低压交流加在 N2 侧，使流过 N2 侧电流小于 1A，N1 侧开路，按步骤 2）测出 $U_2$、$I_2$、$U_1$。

4）用万用表的 R×1 挡分别测出 N1 和 N2 线圈的电阻值 $R_1$ 和 $R_2$，计算 $k$ 值。

5）观察互感现象。在图 6-14-4 的 N2 侧接入 LED 发光二极管与 510Ω 串联的支路。

① 将铁棒慢慢地从两线圈中抽出和插入，观察 LED 亮度的变化及各电表读数的变化，记录现象。

② 将两线圈改为并排放置，并改变其间距，以及分别或同时插入铁棒，观察 LED 亮度的变化及仪表读数。

③ 改用铝棒替代铁棒，重复 1）、2）的步骤，观察 LED 的亮度变化，记录现象。

## 五、实验注意事项

1）在整个实验过程中，注意流过线圈 N1 的电流不得超过 1.4A，流过线圈 N2 的电流不得超过 1A。

2）测定同名端及其他测量数据的实验中，都应将小线圈 N2 套在大线圈 N1 中，并插入铁芯。

3）作交流试验前，首先要检查自耦调压器，要保证手柄置在零位。因实验时加在 N1 上的电压只有 2～3V，因此调节时要特别仔细、小心，要随时观察电流表的读数，不得超过规定值。

## 六、预习思考题

1）用直流法判断同名端时，可否以及如何根据 S 断开瞬间毫安表指针的正、反偏来判断同名端？

2）本实验用直流法判断同名端是用插、拔铁芯时观察电流表的正、负读数变化来确定的（应如何确定?），这与实验原理中所叙述的方法是否一致？

## 七、实验报告

1）总结对互感线圈同名端、互感系数的实验测试方法。

2）自拟测试数据表格，完成计算任务。

3）解释实验中观察到的互感现象。

4）心得体会及其他。

# 第十五节　单相铁芯变压器特性的测试

## 一、实验目的

1）通过测量，计算变压器的各项参数。

2）学会测绘变压器的空载特性与外特性。

## 二、原理说明

1）图 6-15-1 为测试变压器参数的电路。由各仪表读得变压器一次侧（AX，低压侧）的 $U_1$、$I_1$、$P_1$ 及二次侧（ax，高压侧）的 $U_2$、$I_2$，并用万用表 R×1 挡测出一、二次绕组的电阻 $R_1$ 和 $R_2$，即可算得变压器的以下各项参数值：

电压比 $K_u=\dfrac{U_1}{U_2}$，　电流比 $K_I=\dfrac{I_2}{I_1}$，

一次阻抗 $Z_1=\dfrac{U_1}{I_1}$，　二次阻抗 $Z_2=\dfrac{U_2}{I_2}$，

阻抗比$=\dfrac{Z_1}{Z_2}$，　负载功率 $P_2=U_2I_2\cos\varphi_2$，

损耗功率 $P_o=P_1-P_2$，

功率因数$=\dfrac{P_1}{U_1I_1}$，　一次绕组铜耗 $P_{Cu1}=I_1^2R_1$，

二次绕组铜耗 $P_{Cu2}=I_2^2R_2$，铁耗 $P_{Fe}=P_o-(P_{Cu1}+P_{Cu2})$。

2）铁芯变压器是一个非线性器件，铁芯中的磁感应强度 $B$ 取决于外加电压的有效值 $U$。当二次侧开路（即空载）时，一次侧的励磁电流 $I_{10}$ 与磁场强度 $H$ 成正比。在变压器中，二次侧空载时，一次电压与电流的关系称为变压器的空载特性，这与铁芯的磁化曲线（$B$-$H$ 曲线）是一致的。

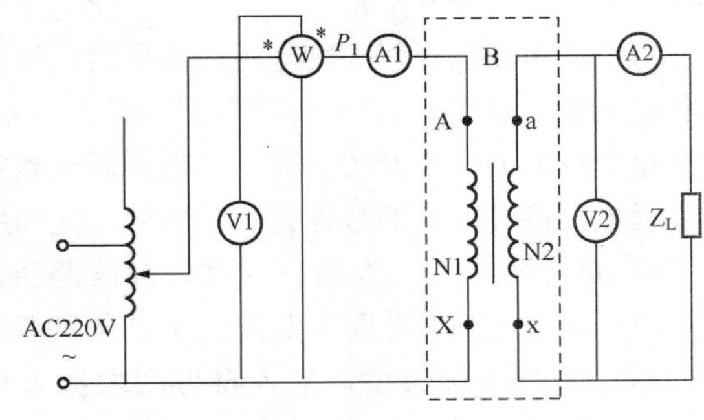

图 6-15-1　测试变压器参数的电路

空载实验通常是将高压侧开路，由

低压侧通电进行测量，又由于空载时功率因数很低，故测量功率时应采用低功率因数功率表。此外由于变压器空载时阻抗很大，故电压表应接在电流表外侧。

3）变压器外特性测试。为了满足三组灯泡负载额定电压为220V的要求，故以变压器的低压（36V）绕组作为一次侧，220V的高压绕组作为二次侧，即当作一台升压变压器使用。

在保持一次电压$U_1$（=36V）不变时，逐次增加灯泡负载（每只灯为15W），测定$U_1$、$U_2$、$I_1$和$I_2$，即可绘出变压器的外特性曲线，即负载特性曲线$U_2=f(I_2)$。

## 三、实验设备

实验设备见表6-15-1。

**表6-15-1　实验设备**

| 序号 | 名　称 | 型号与规格 | 数量 | 备注 |
|---|---|---|---|---|
| 1 | 交流电压表 | 0～450V | 2 | D33 |
| 2 | 交流电流表 | 0～5A | 2 | D32 |
| 3 | 单相功率表 | | 1 | D34 |
| 4 | 试验变压器 | 220V/36V　50V·A | 1 | 屏内 |
| 5 | 自耦调压器 | | 1 | DG01 |
| 6 | 白炽灯 | 220V/15W | 5 | DG08 |

## 四、实验内容

1）用交流法判别变压器绕组的同名端。

2）按图6-15-1电路接线。其中AX为变压器的低压绕组，ax为变压器的高压绕组。即电源经屏内调压器接至低压绕组，高压绕组220V接$Z_L$即15W的灯组负载（三只灯泡并联），经指导教师检查后方可进行实验。

3）将调压器手柄置于输出电压为零的位置（逆时针旋到底），合上电源开关，并调节调压器，使其输出电压为36V。令负载开路及逐次增加负载（最多亮五只灯泡），分别记下五个仪表的读数，记入自拟的数据表格，绘制变压器外特性曲线。实验完毕将调压器调回零位，断开电源。

当负载为四只及五只灯泡时，变压器已处于超载运行状态，很容易烧坏。因此，测试和记录应尽量快，总共不应超过3min。实验时，可先将五只灯泡并联安装好，断开控制每个灯泡的相应开关，通电且电压调至规定值后，再逐一打开各灯的开关，并记录仪表读数。待开五灯的数据记录完毕后，立即用相应的开关断开各灯。

4）将高压侧（二次侧）开路，确认调压器处在零位后，合上电源，调节调压器输出电压，使$U_1$从零逐次上升到1.2倍的额定电压（1.2×36V），分别记下各次测得的$U_1$、$U_{20}$和$I_{10}$数据，记入自拟的数据表格，用$U_1$和$I_{10}$绘制变压器的空载特性曲线。

## 五、实验注意事项

1）本实验是将变压器作为升压变压器使用，并用调节调压器提供一次电压$U_1$，故使用调压器时应首先调至零位，然后才可合上电源。此外，必须用电压表监视调压器的输出电压，防止被测变压器输出过高电压而损坏实验设备，且要注意安全，以防高压触电。

2）由负载实验转到空载实验时，要注意及时变更仪表量程。

3）遇异常情况，应立即断开电源，待处理好故障后，再继续实验。

## 六、预习思考题

1）为什么本实验将低压绕组作为一次侧进行通电实验？此时，在实验过程中应注意什么问题？

2）为么变压器的励磁参数一定是在空载实验加额定电压的情况下求出？

## 七、实验报告

1）根据实验内容，自拟数据表格，绘出变压器的外特性曲线和空载特性曲线。

2）根据额定负载时测得的数据，计算变压器的各项参数。

3）计算变压器的电压调整率$\Delta U\%=\dfrac{U_{20}-U_{2N}}{U_{20}}\times 100\%$。

4）心得体会及其他。

# 第十六节　三相交流电路电压、电流的测量

## 一、实验目的

1）掌握三相负载作星形连接、三角形连接的方法，验证在这两种接法下线、相电压及线、相电流之间的关系。

2）充分理解三相四线供电系统中中线的作用。

## 二、原理说明

1）三相负载可接成星形（又称“Y”接）或三角形（又称“△”接）。当三相对称负载作Y连接时，线电压$U_L$是相电压$U_p$的$\sqrt{3}$倍，线电流$I_L$等于相电流$I_P$，即

$$U_L=\sqrt{3}U_P,\quad I_L=I_P$$

在这种情况下，流过中线的电流$I_0=0$，所以可以省去中线。

当对称三相负载作△连接时，有

$$I_L=\sqrt{3}I_P,\quad U_L=U_P$$

2）不对称三相负载作Y联接时，必须采用三相四线制接法，即$Y_0$接法。而且中线必须牢固连接，以保证三相不对称负载的每相电压维持对称不变。

倘若中线断开，会导致三相负载电压的不对称，致使负载轻的一相相电压过高，使

负载遭受损坏；负载重的一相相电压又过低，使负载不能正常工作。尤其是对于三相照明负载，无条件地一律采用 $Y_0$ 接法。

3）当不对称负载作△接时，$I_L \neq \sqrt{3} I_P$，但只要电源的线电压 $U_L$ 对称，加在三相负载上的电压仍是对称的，对各相负载工作没有影响。

## 三、实验设备

实验设备见表 6-16-1。

**表 6-16-1　实验设备**

| 序号 | 名　称 | 型号与规格 | 数量 | 备注 |
|---|---|---|---|---|
| 1 | 交流电压表 | 0～500V | 1 | D33 |
| 2 | 交流电流表 | 0～5A | 1 | D32 |
| 3 | 万用表 | | 1 | 自备 |
| 4 | 三相自耦调压器 | | 1 | DG01 |
| 5 | 三相灯组负载 | 220V/15W 白炽灯 | 9 | DG08 |
| 6 | 电门插座 | | 3 | DG09 |

## 四、实验内容

### 1. 三相负载星形连接（三相四线制供电）

按图 6-16-1 线路组接实验电路，即三相灯组负载经三相自耦调压器接通三相对称电源。将三相自耦调压器的旋柄置于输出为 0V 的位置（即逆时针旋到底）。经指导教师检查合格后，方可开启实验台电源，然后调节调压器的输出，使输出的三相线电压为 220V，并按下述内容完成各项实验，分别测量三相负载的线电压、相电压、线电流、相电流、中线电流、电源与负载中点间的电压。将所测得的数据记入表 6-16-2 中，并观察各相灯组亮暗的变化程度，特别要注意观察中线的作用。

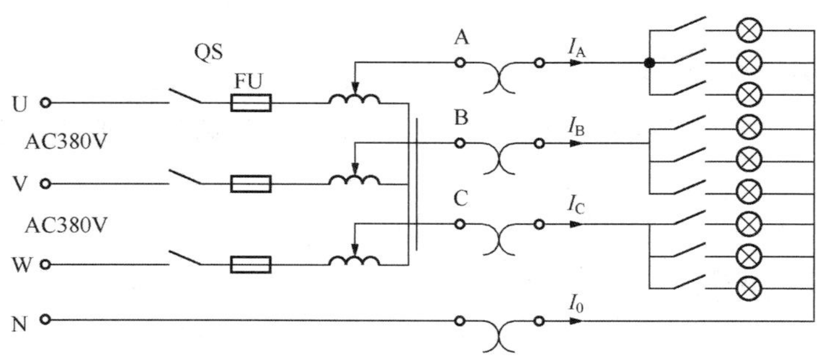


图 6-16-1　实验电路图

表 6-16-2　实验数据

| 测量数据实验内容(负载情况) | 开灯盏数 | | | 线电流/A | | | 线电压/V | | | 相电压/V | | | 中线电流 | 中点电压 |
|---|---|---|---|---|---|---|---|---|---|---|---|---|---|---|
| | A相 | B相 | C相 | $I_A$ | $I_B$ | $I_C$ | $U_{AB}$ | $U_{BC}$ | $U_{CA}$ | $U_{A0}$ | $U_{B0}$ | $U_{C0}$ | $I_0$/A | $U_{N0}$/V |
| $Y_0$ 接平衡负载 | 3 | 3 | 3 | | | | | | | | | | | |
| Y接平衡负载 | 3 | 3 | 3 | | | | | | | | | | | |
| $Y_0$ 接不平衡负载 | 1 | 2 | 3 | | | | | | | | | | | |
| Y接不平衡负载 | 1 | 2 | 3 | | | | | | | | | | | |
| $Y_0$ 接B相断开 | 1 | | 3 | | | | | | | | | | | |
| Y接B相断开 | 1 | | 3 | | | | | | | | | | | |
| Y接B相短路 | 1 | | | | | | | | | | | | | |

2．负载三角形连接（三相三线制供电）

按图 6-16-2 改接线路，经指导教师检查合格后接通三相电源，并调节调压器，使其输出线电压为 220V，并按表 6-16-3 的内容进行测试。

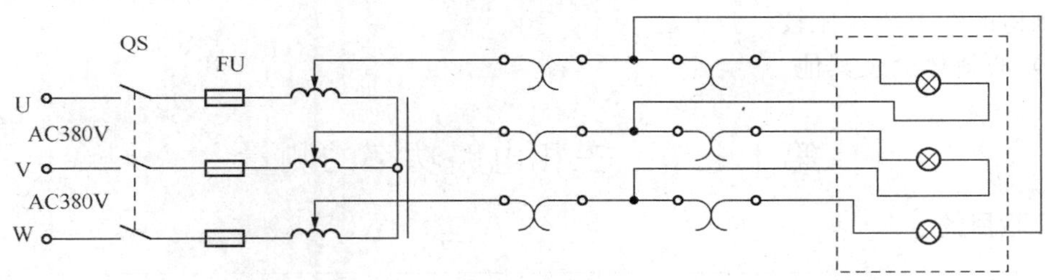


图 6-16-2　实验电路图

表 6-16-3　实验数据

| 负载情况 \ 测量数据 | 开灯盏数 | | | 线电压＝相电压/V | | | 线电流/A | | | 相电流/A | | |
|---|---|---|---|---|---|---|---|---|---|---|---|---|
| | A-B相 | B-C相 | C-A相 | $U_{AB}$ | $U_{BC}$ | $U_{CA}$ | $I_A$ | $I_B$ | $I_C$ | $I_{AB}$ | $I_{BC}$ | $I_{CA}$ |
| 三相平衡 | 3 | 3 | 3 | | | | | | | | | |
| 三相不平衡 | 1 | 2 | 3 | | | | | | | | | |

## 五、实验注意事项

1）本实验采用三相交流市电电压，线电压为 380V，应穿绝缘鞋进实验室。实验时要注意人身安全，不可触及导电部件，防止意外事故发生。

2）每次接线完毕，同组同学应自查一遍，然后由指导教师检查后，方可接通电源，必须严格遵守先断电再接线后通电、先断电后拆线的实验操作原则。

3）星形负载作短路实验时，必须首先断开中线，以免发生短路事故。

4）为避免烧坏灯泡，DG08 实验挂箱内设有过电压保护装置。当任一相电压大于

245～250V 时，即声光报警并跳闸。因此，在做 Y 接不平衡负载或缺相实验时，所加线电压应以最高相电压小于 240V 为宜。

### 六、预习思考题

1）三相负载根据什么条件作星形或三角形连接？

2）复习三相交流电路有关内容，试分析三相星形连接不对称负载在无中线情况下，当某相负载开路或短路时会出现什么情况？如果接上中线，情况又如何？

3）本次实验中为什么要通过三相自耦调压器将 380V 的市电线电压降为 220V 的线电压使用？

### 七、实验报告

1）用实验测得的数据验证对称三相电路中的$\sqrt{3}$关系。

2）用实验数据和观察到的现象，总结三相四线供电系统中中线的作用。

3）不对称三角形连接的负载，能否正常工作？实验是否能证明这一点？

4）根据不对称负载三角形连接时的相电流值作相量图，并求出线电流值，然后与实验测得的线电流作比较，分析之。

5）心得体会及其他。

## 第十七节　三相电路功率的测量

### 一、实验目的

1）掌握用一瓦特表法、二瓦特表法测量三相电路有功功率与无功功率的方法。

2）进一步熟练掌握功率表的接线和使用方法。

### 二、原理说明

1）对于三相四线制供电的三相星形连接的负载（即 $Y_0$ 接法），可用一只功率表测量各相的有功功率 $P_A$、$P_B$、$P_C$，则三相负载的总有功功率 $\sum P = P_A + P_B + P_C$。这就是一瓦特表法，如图 6-17-1 所示。若三相负载是对称的，则只需测量一相的功率，再乘以 3 即得三相总的有功功率。

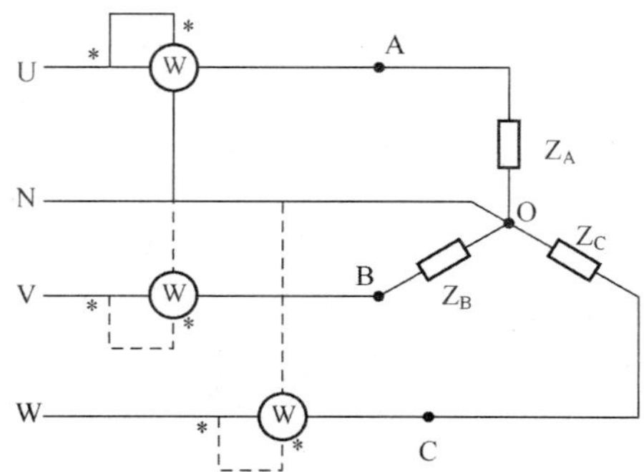

图 6-17-1　三表法测三相四线制负载

2）在三相三线制供电系统中，不论三相负载是否对称，也不论负载是 Y 接还是△接，都可用二瓦特表法测量三相负载的总有功功率。测量线路如图 6-17-2 所示。若负载为感性或容性，且当相位差 $\varphi > 60°$时，线路中的一只功率表指针将反偏（数字式功率表将出现负读数），这时应将功率表电流线圈的两个端子调换（不能调换电压线圈端子），其读数应记为负值。而三相总功率 $\sum P = P_1 + P_2$（$P_1$、$P_2$

本身不含任何意义）。

除图 6-17-2 的 $I_A$、$U_{AC}$与 $I_B$、$U_{BC}$接法外，还有 $I_B$、$U_{AB}$与 $I_C$、$U_{AC}$以及 $I_A$、$U_{AB}$与 $I_C$、$U_{BC}$两种接法。

3）对于三相三线制供电的三相对称负载，可用一瓦特表法测得三相负载的总无功功率 $Q$，测试原理线路如图 6-17-3 所示。图示功率表读数的$\sqrt{3}$倍，即为对称三相电路总的无功功率。除了此图给出的一种连接法（$I_U$、$U_{VW}$）外，还有另外两种连接法，即接成（$I_V$、$U_{UW}$）或（$I_W$、$U_{UV}$）。

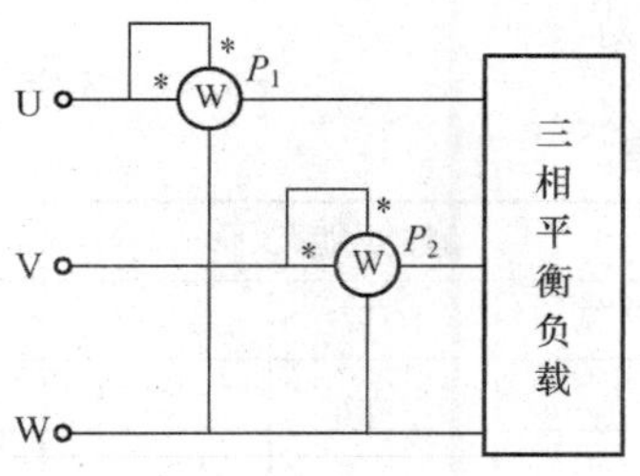


图 6-17-2　两表法测三相三线制平衡负载

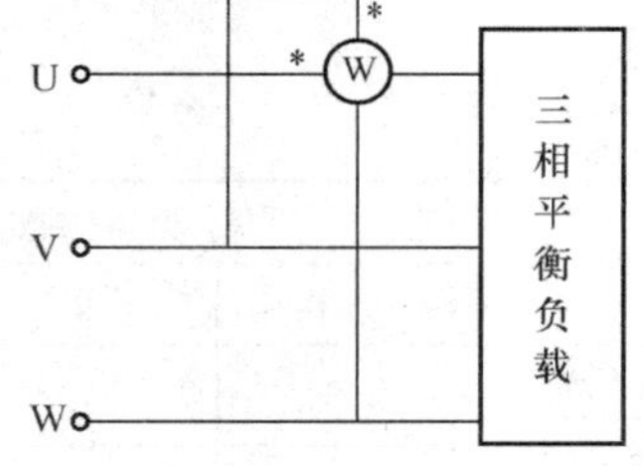


图 6-17-3　一表法测三相平衡负载三线制

## 三、实验设备

实验设备见表 6-17-1。

**表 6-17-1　实验设备**

| 序号 | 名　称 | 型号与规格 | 数量 | 备注 |
|---|---|---|---|---|
| 1 | 交流电压表 | 0～500V | 2 | D33 |
| 2 | 交流电流表 | 0～5A | 2 | D32 |
| 3 | 单相功率表 | | 2 | D34 |
| 4 | 万用表 | | 1 | 自备 |
| 5 | 三相自耦调压器 | | 1 | DG01 |
| 6 | 三相灯组负载 | 220V/15W　白炽灯 | 9 | DG08 |
| 7 | 三相电容负载 | 1μF，2.2μF，4.7μF/500V | 各 3 | DG09 |

## 四、实验内容

### 1. 用一瓦特表法测定三相对称 $Y_0$ 接以及不对称 $Y_0$ 接负载的总功率$\sum P$

实验按图 6-17-4 线路接线。线路中的电流表和电压表用以监视该相的电流和电压，不要超过功率表电压和电流的量程。

经指导教师检查后，接通三相电源，调节调压器输出，使输出线电压为 220V，按表 6-17-2 的要求进行测量及计算。

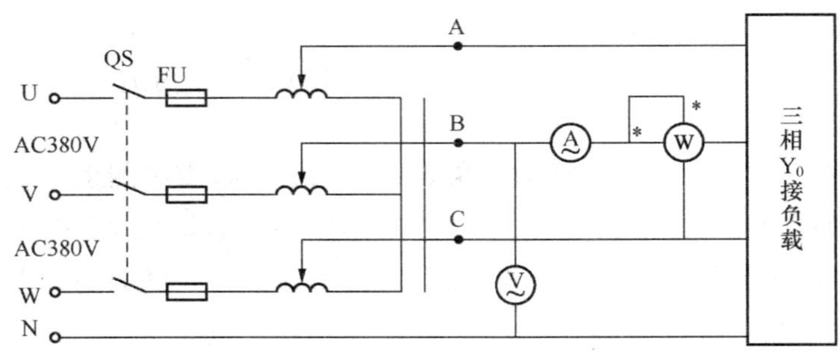


图 6-17-4　实验电路图

**表 6-17-2　实验数据**

| 负载情况 | 开灯盏数 | | | 测量数据 | | | 计算值 |
|---|---|---|---|---|---|---|---|
| | A 相 | B 相 | C 相 | $P$/W | $P$/W | $P$/W | $\Sigma P$/W |
| $Y_0$ 接对称负载 | 3 | 3 | 3 | | | | |
| $Y_0$ 接不对称负载 | 1 | 2 | 3 | | | | |

首先将三只表按图 6-17-4 接入 B 相进行测量，然后分别将三只表换接到 A 相和 C 相，再进行测量。

2. 用二瓦特表法测定三相负载的总功率

1）按图 6-17-5 接线，将三相灯组负载接成 Y 接法。

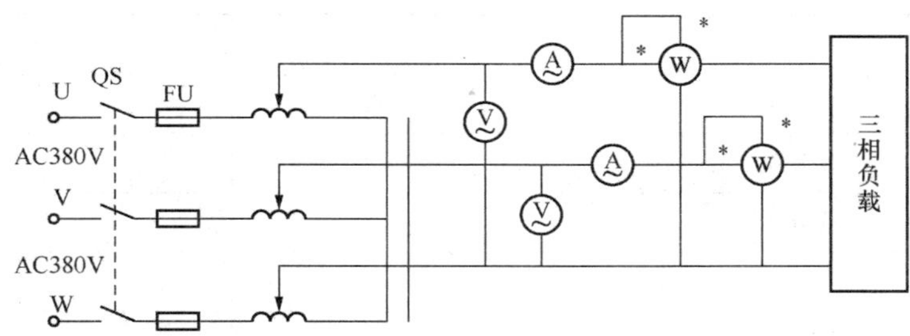


图 6-17-5　实验电路图

经指导教师检查后，接通三相电源，调节调压器的输出线电压为 220V，按表 6-17-3 的内容进行测量。

2）将三相灯组负载改成△接法，重复 1）的测量步骤，数据记入表 6-17-3 中。

**表 6-17-3　实验数据**

| 负载情况 | 开灯盏数 | | | 测量数据 | | 计算值 |
|---|---|---|---|---|---|---|
| | A 相 | B 相 | C 相 | $P_1$/W | $P_2$/W | $\Sigma P$/W |
| Y 接平衡负载 | 3 | 3 | 3 | | | |
| Y 接不平衡负载 | 1 | 2 | 3 | | | |
| △接不平衡负载 | 1 | 2 | 3 | | | |
| △接平衡负载 | 3 | 3 | 3 | | | |

3）将两只功率表依次按另外两种接法接入线路，重复步骤 1）、2）的测量（表格自拟）。

3. 用一瓦特表法测定三相对称星形负载的无功功率

按图 6-17-6 所示的电路接线。

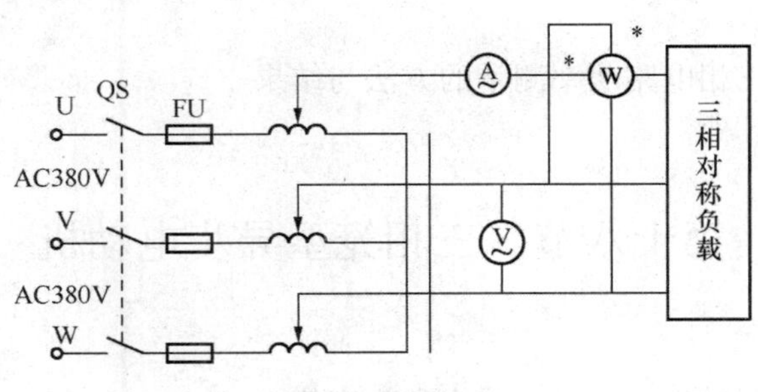


图 6-17-6　实验电路图

1）每相负载由白炽灯和电容器并联而成，并由开关控制其接入。检查接线无误后，接通三相电源，将调压器的输出线电压调到 220V，读取三表的读数，并计算无功功率 $\sum Q$，记入表 6-17-4。

2）分别按 $I_V$、$U_{UW}$和 $I_W$、$U_{UV}$接法，重复步骤 1）的测量，并比较各自的$\sum Q$值。

**表 6-17-4　实验数据**

| 接法 | 负载情况 | 测量值 | | | 计算值 |
|---|---|---|---|---|---|
| | | $U$/V | $I$/A | $Q$/var | $\sum Q=\sqrt{3}Q$ |
| $I_U$，$U_{VW}$ | （1）三相对称灯组（每相开 3 盏） | | | | |
| | （2）三相对称电容器（每相 4.7μF） | | | | |
| | （3）（1）、（2）的并联负载 | | | | |
| $I_V$，$U_{VW}$ | （1）三相对称灯组（每相开 3 盏） | | | | |
| | （2）三相对称电容器（每相 4.7μF） | | | | |
| | （3）（1）、（2）的并联负载 | | | | |
| $I_W$，$U_{VW}$ | （1）三相对称灯组（每相开 3 盏） | | | | |
| | （2）三相对称电容器（每相 4.7μF） | | | | |
| | （3）（1）、（2）的并联负载 | | | | |

## 五、实验注意事项

每次实验完毕，均需将三相调压器旋柄调回零位。每次改变接线，均需断开三相电源，以确保人身安全。

## 六、预习思考题

1）复习二瓦特表法测量三相电路有功功率的原理。

2）复习一瓦特表法测量三相对称负载无功功率的原理。

3）测量功率时为什么在线路中通常都接有电流表和电压表？

## 七、实验报告

1）完成数据表格中的各项测量和计算任务。比较一瓦特表和二瓦特表法的测量结果。

2）总结、分析三相电路功率测量的方法与结果。

3）心得体会及其他。

# 第十八节　三相笼型异步电动机

## 一、实验目的

1）熟悉三相笼型异步电动机的结构和额定值。

2）学习检验异步电动机绝缘情况的方法。

3）学习三相异步电动机定子绕组首、末端的判别方法。

4）掌握三相笼型异步电动机的起动和反转方法。

## 二、原理说明

### 1. 三相笼型异步电动机的结构

异步电动机是基于电磁原理把交流电能转换为机械能的一种旋转电机。

三相笼型异步电动机的基本结构有定子和转子两大部分。

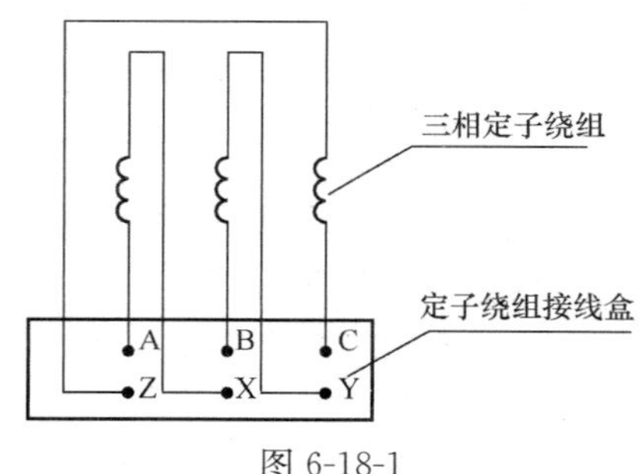

图 6-18-1

定子主要由定子铁芯、三相对称定子绕组和机座等组成，是电动机的静止部分。三相定子绕组一般有六根引出线，出线端装在机座外面的接线盒内，如图 6-18-1 所示，根据三相电源电压的不同，三相定子绕组可以接成星形（Y）或三角形（△），然后与三相交流电源相连。

转子主要由转子铁芯、转轴、鼠笼式转子绕组、风扇等组成，是电动机的旋转部分。小容量笼型异步电动机的转子绕组大都采用铝浇铸而成，冷却方式一般都采用扇冷式。

### 2. 三相笼型异步电动机的铭牌

三相笼型异步电动机的额定值标记在电动机的铭牌上，本实验装置三相笼型异步电动机铭牌标记如下：

| | | | | | |
|---|---|---|---|---|---|
| 型号 | DJ24 | 电压 | 380V/220V | 接法 | Y/△ |
| 功率 | 180W | 电流 | 1.13A/0.65A | 转速 | 1400r/min |
| 定额 | 连续 | | | | |

其中：

1）功率是指在额定运行情况下，电动机轴上输出的机械功率。

2）电压是指在额定运行情况下，定子三相绕组应加的电源线电压值。

3）接法是指在定子三相绕组接法，当额定电压为380V/220V时，应为Y/△接法。

4）电流是指在额定运行情况下，当电动机输出额定功率时，定子电路的线电流值。

### 3. 三相笼型异步电动机的检查

电动机使用前应作必要的检查，主要包括：

1）机械检查。检查引出线是否齐全、牢靠；转子转动是否灵活、匀称、有否异常声响等。

2）电气检查。具体包括：

① 用兆欧表检查电动机绕组间及绕组与机壳之间的绝缘性能。电动机的绝缘电阻可以用兆欧表进行测量。对额定电压1kV以下的电动机，其绝缘电阻值最低不得小于1000Ω/V，测量方法如图6-18-2所示。一般500V以下的中小型电动机最低应具有2MΩ的绝缘电阻。

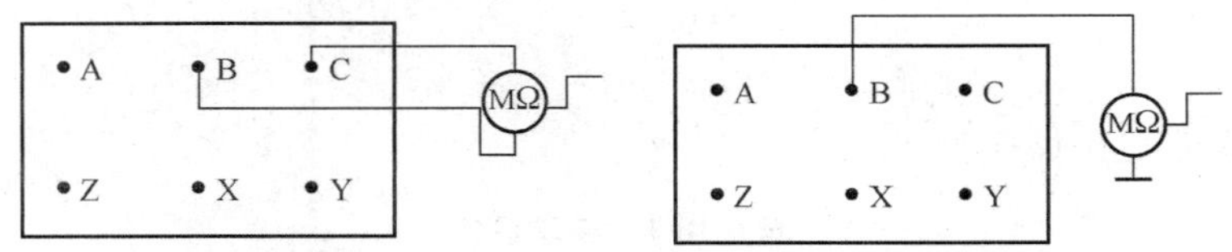


图 6-18-2　电动机的绝缘电阻测量电路

② 定子绕组首、末端的判别。异步电动机三相定子绕组的六个出线端有三个首端和三相末端。一般，首端标以A、B、C，末端标以X、Y、Z，在接线时如果没有按照首、末端的标记来接，则当电动机起动时磁动势和电流就会不平衡，因而引起绕组发热、振动、有噪声，甚至电动机不能起动因过热而烧毁。由于某种原因定子绕组六个出线端标记无法辨认，可以通过实验方法来判别其首、末端（即同名端）。判别方法如下：

用万用表欧姆挡从六个出线端确定哪一对引出线是属于同一相的，分别找出三相绕组，并标以符号，如A、X，B、Y，C、Z。将其中的任意两相绕组串联，如图6-18-3所示。

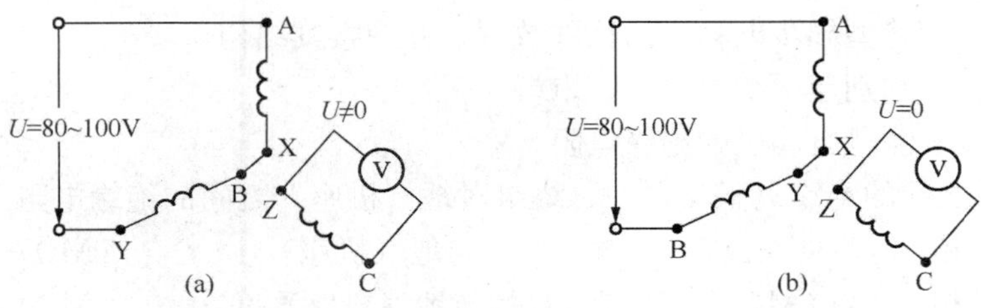


图 6-18-3　定子绕组首末端判别

将控制屏三相自耦调压器手柄置零位，开启电源总开关，按下起动按钮，接通三相交流电源。调节调压器输出，使在相串联两相绕组出线端施以单相低电压 $U=80\sim100V$，测出第三相绕组的电压，如测得的电压值有一定读数，表示两相绕组的末端与首端相连，如图 6-18-3（a）所示。反之，如测得的电压近似为零，则两相绕组的末端与末端（或首端与首端）相连，如图 6-18-3（b）所示。用同样方法可测出第三相绕组的首、末端。

4. 三相笼型异步电动机的起动

笼型异步电动机的直接起动电流可达额定电流的 4～7 倍，但持续时间很短，不致引起电动机过热而烧坏。但对容量较大的电动机，过大的起动电流会导致电网电压的下降而影响其他的负载正常运行，通常采用降压起动，最常用的是 Y-△换接起动，可使起动电流减小到直接起动的 1/3。其使用的条件是正常运行时必须作△接法。

5. 三相笼型异步电动机的反转

异步电动机的旋转方向取决于三相电源接入定子绕组时的相序，故只要改变三相电源与定子绕组连接的相序即可使电动机改变旋转方向。

## 三、实验设备

实验设备见表 6-18-1。

**表 6-18-1 实验设备**

| 序号 | 名　称 | 型号与规格 | 数量 | 备注 |
|---|---|---|---|---|
| 1 | 三相交流电源 | 380V/220V | 1 | DG01 |
| 2 | 三相笼型异步电动机 | DJ24 | 1 | |
| 3 | 兆欧表 | 500V | 1 | 自备 |
| 4 | 交流电压表 | 0～500V | 1 | D33 |
| 5 | 交流电流表 | 0～5A | 1 | D32 |
| 6 | 万用表 | | 1 | 自备 |

## 四、实验内容

1）抄录三相笼型异步电动机的铭牌数据，并观察其结构。

2）用万用表判别定子绕组的首、末端。

3）用兆欧表测量电动机的绝缘电阻。

| 各相绕组之间的绝缘电阻 | | 绕组对地（机座）之间的绝缘电阻 | |
|---|---|---|---|
| A 相与 B 相 | （MΩ） | A 相与地（机座） | （MΩ） |
| A 相与 C 相 | （MΩ） | B 相与地（机座） | （MΩ） |
| B 相与 C 相 | （MΩ） | C 相与地（机座） | （MΩ） |

1. 笼型异步电动机的直接起动

(1) 采用380V三相交流电源

将三相自耦调压器手柄置于输出电压为零位置，控制屏上三相电压表切换开关置“调压输出”侧，根据电动机的容量选择交流电流表合适的量程。

开启控制屏上三相电源总开关，按下起动按钮，此时自耦调压器一次绕组端U1、V1、W1得电，调节调压器输出使U、V、W端输出线电压为380V，三只电压表指示应基本平衡。保持自耦调压器手柄位置不变，按下停止按钮，自耦调压器断电。

1）按图6-18-4接线，电动机三相定子绕组接成Y接法；供电线电压为380V；实验线路中Q1及FU由控制屏上的接触器KM和熔断器FU代替，学生可由U、V、W端子开始接线，以后各控制实验均同此。

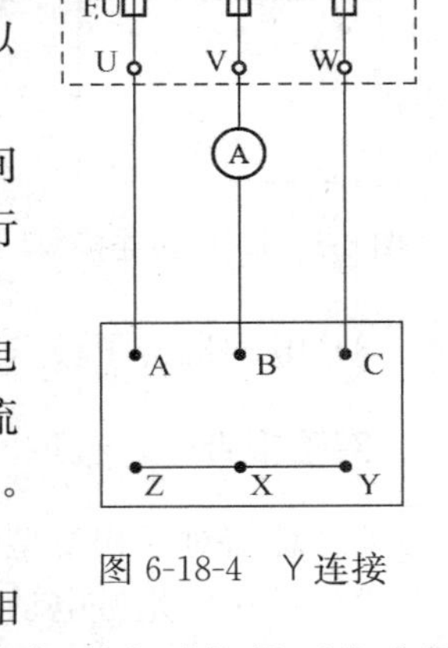

图6-18-4 Y连接

2）按控制屏上起动按钮，电动机直接起动，观察起动瞬间电流冲击情况及电动机旋转方向，记录起动电流。当起动运行稳定后，将电流表量程切换至较小量程挡位上，记录空载电流。

3）电动机稳定运行后，突然拆出U、V、W中的任一相电源（注意小心操作，以免触电），观测电动机作单相运行时电流表的读数并记录之。再仔细倾听电动机的运行声音有何变化。（可由指导教师作示范操作）

4）电动机起动之前先断开U、V、W中的任一相，作缺相起动，观测电流表读数，记录之，观察电动机是否起动，再仔细倾听电动机是否发出异常的声响。

5）实验完毕，按控制屏停止按钮，切断实验线路三相电源。

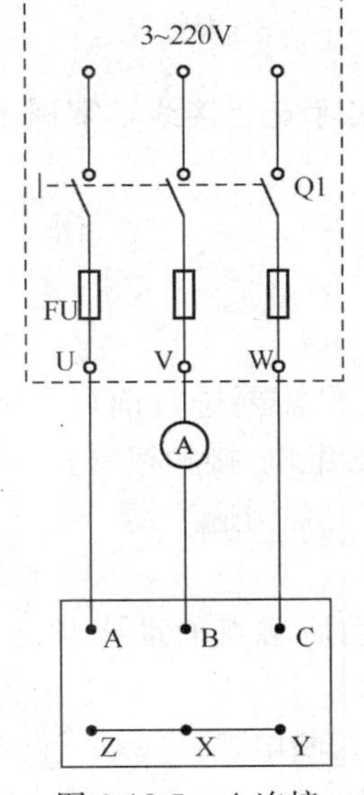

图6-18-5 △连接

(2) 采用220V三相交流电源

调节调压器输出使输出线电压为220V，电动机定子绕组接成△接法。按图6-18-5接线，重复（1）中各项内容，记录之。

2. 异步电动机的反转

电路如图6-18-6所示，按控制屏起动按钮，起动电动机，观察起动电流及电动机旋转方向是否反转？

实验完毕，将自耦调压器调回零位，按控制屏停止按钮，切断实验线路三相电源。

## 五、实验注意事项

1）本实验系强电实验，接线前（包括改接线路）、实验后都必须断开实验线路的电源，特别改接线路和拆线时必须遵守

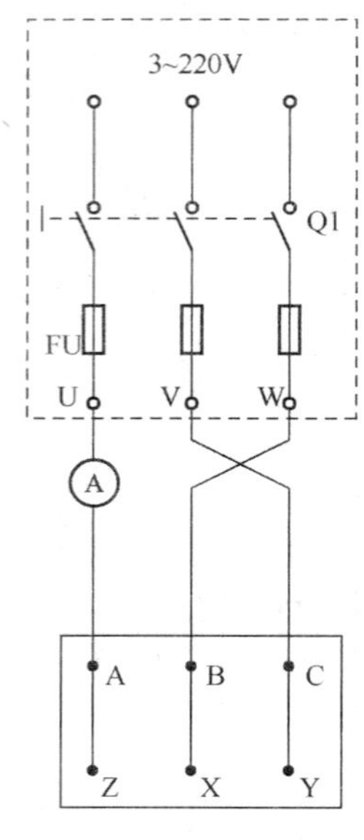

图 6-18-6　反转连接

"先断电，后拆线"的原则。电动机在运转时，电压和转速均很高，切勿触碰导电和转动部分，以免发生人身和设备事故。为了确保安全，学生应穿绝缘鞋进入实验室。接线或改接线路必须经指导教师检查后方可进行实验。

2）起动电流持续时间很短，且只能在接通电源的瞬间读取电流表指针偏转的最大读数，（因指针偏转的惯性，此读数与实际的起动电流数据略有误差），如错过这一瞬间，必须将电动机停车，待停稳后，重新起动读取数据。

3）单相（即缺相）运行时间不能太长，以免过大的电流导致电动机的损坏。

## 六、预习思考题

1）如何判断异步电动机的六个引出线，如何连接成 Y 或△，又根据什么来确定该电动机作 Y 接或△接？

2）缺相是三相电动机运行中的一大故障，在起动或运转时发生缺相，会出现什么现象？有何后果？

3）电动机转子被卡住不能转动，如果定子绕组接通三相电源将会发生什么后果？

## 七、实验报告

1）总结对三相笼型电动机绝缘性能检查的结果，判断该电动机是否完好可用？

2）对三相笼型电动机的起动、反转及各种故障情况进行分析。

# 第十九节　三相笼型异步电动机点动和自锁控制

## 一、实验目的

1）通过对三相笼型异步电动机点动控制和自锁控制电路的实际安装接线，掌握由电气原理图转换成安装接线图的知识。

2）通过实验进一步加深理解点动控制和自锁控制的特点。

## 二、原理说明

1）继电-插接触控制在各类生产机械中获得广泛地应用，凡是需要进行前后、上下、左右、进退等运动的生产机械，均采用传统的典型的正、反转继电-接触控制。

交流电动机继电-接触控制电路的主要设备是交流接触器，其主要构造为：

① 电磁系统——铁芯、吸引线圈和短路环。

② 触点系统——主触点和辅助触点，还可按吸引线圈得电前后触点的动作状态，分动合（常开）、动断（常闭）两类。

③ 消弧系统——在切断大电流的触点上装有灭弧罩，以迅速切断电弧。

④ 接线端子、反作用弹簧等。

2）在控制回路中常采用接触器的辅助触点来实现自锁和互锁控制。要求接触器线圈得电后能自动保持动作后的状态，这就是自锁，通常用接触器自身的动合触点与起动按钮相并联来实现，以达到电动机的长期运行，这一动合触点称为“自锁触点”。使两个电器不能同时得电动作的控制，称为互锁控制，如为了避免正、反转两个接触器同时得电而造成三相电源短路事故，必须增设互锁控制环节。为操作的方便，也为防止因接触器主触点长期大电流的烧蚀而偶发触点粘连后造成的三相电源短路事故，通常在具有正、反转控制的线路中采用既有接触器的动断辅助触点的电气互锁，又有复合按钮机械互锁的双重互锁的控制环节。

3）控制按钮通常用以短时通、断小电流的控制回路，以实现近、远距离控制电动机等执行部件的起、停或正、反转控制。按钮是专供人工操作使用。对于复合按钮，其触点的动作规律是：当按下时，其动断触点先断，动合触点后合；当松手时，则动合触点先断，动断触点后合。

4）在电动机运行过程中，应对可能出现的故障进行保护。采用熔断器作短路保护，当电动机或电器发生短路时，及时熔断熔体，达到保护线路、保护电源的目的。熔体熔断时间与流过的电流关系称为熔断器的保护特性，这是选择熔体的主要依据。

采用热继电器实现过载保护，使电动机免受长期过载之危害。其主要的技术指标是整定电流值，即电流超过此值的 20%时，其动断触点应能在一定时间内断开，切断控制回路，动作后只能由人工进行复位。

5）在电气控制电路中，最常见的故障发生在接触器上。接触器线圈的电压等级通常有 220V 和 380V 等，使用时必须认清，切勿疏忽。否则，电压过高，易烧坏线圈；电压过低，吸力不够，不易吸合或吸合频繁，这不但会产生很大的噪声，也因磁路气隙增大，致使电流过大，也易烧坏线圈。此外，在接触器铁芯的部分端面嵌装有短路铜环，其作用是为了使铁芯吸合牢靠，消除颤动与噪声，若发现短路环脱落或断裂现象，接触器将会产生很大的振动与噪声。

## 三、实验设备

实验设备见表 6-19-1。

**表 6-19-1　实验设备**

| 序号 | 名　称 | 型号与规格 | 数量 | 备注 |
|---|---|---|---|---|
| 1 | 三相交流电源 | 220V | | DG01 |
| 2 | 三相笼型异步电动机 | DJ24 | 1 | |
| 3 | 交流接触器 | | 1 | D61-2 |
| 4 | 按　钮 | | 2 | D61-2 |
| 5 | 热继电器 | D9305d | 1 | D61-2 |
| 6 | 交流电压表 | 0～500V | | D33 |
| 7 | 万用表 | | 1 | 自备 |

## 四、实验内容

认识各电器的结构、图形符号、接线方法，抄录电动机及各电器铭牌数据，并用万用表欧姆挡检查各电器线圈、触点是否完好。

笼型电动机接成△接法；实验线路电源端接三相自耦调压器输出端 U、V、W，供电线电压为 220V。

### 1. 点动控制电路

按图 6-19-1 点动控制电路进行安装接线，接线时，先接主回路，即从 220V 三相交流电源的输出端 U、V、W 开始，经接触器 KM 的主触点、热继电器 FR 的热元器件到电动机 M 的三个线端 A、B、C，用导线按顺序串联起来。主回路连接完整无误后，再连接控制回路，即从 220V 三相交流电源某输出端（如 V）开始，经过起动按钮 SB1、接触器 KM 的线圈、热继电器 FR 的动断触点到三相交流电源另一输出端（如 W）。显然这是对接触器 KM 线圈供电的电路。接好线路，经指导教师检查后，方可进行通电操作。

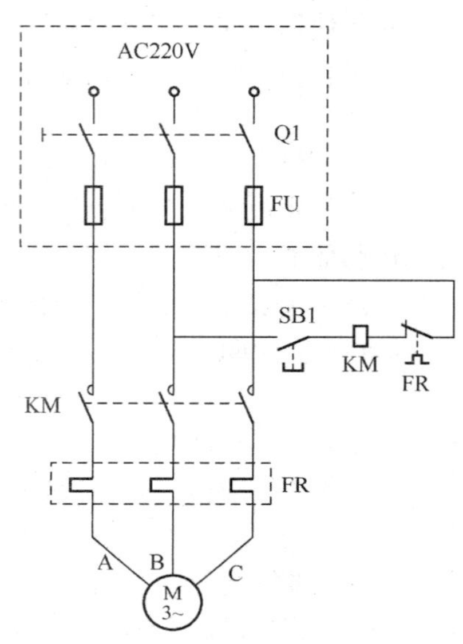

图 6-19-1　点动控制电路

1）开启控制屏电源总开关，按起动按钮，调节调压器输出，使输出线电压为 220V。

2）按起动按钮 SB1，对电动机 M 进行点动操作，比较按下 SB1 与松开 SB1 电动机和接触器的运行情况。

3）实验完毕，按控制屏停止按钮，切断实验线路三相交流电源。

### 2. 自锁控制电路

按图 6-19-2 所示自锁控制电路进行接线，它与图 6-19-1 的不同点在于控制电路中多串联一只停止按钮 SB2，同时在 SB1 上并联一只接触器 KM 的动合触点，它起自锁作用。

接好线路经指导教师检查后，方可进行通电操作。

1）按控制屏起动按钮，接通 220V 三相交流电源。

2）按起动按钮 SB1，松手后观察电动机 M 是否继续运转。

3）按停止按钮 SB2，松手后观察电动机 M 是否停止运转。

4）按控制屏停止按钮，切断实验线路三相电源，拆除控制回路中自锁触点 KM，再接通三相电源，起动电动机，观察电动机及接触器的运转情况。从而验证自锁触点的作用。

实验完毕，将自耦调压器调回零位，按控制屏停止按钮，切断实验线路的三相交流电源。

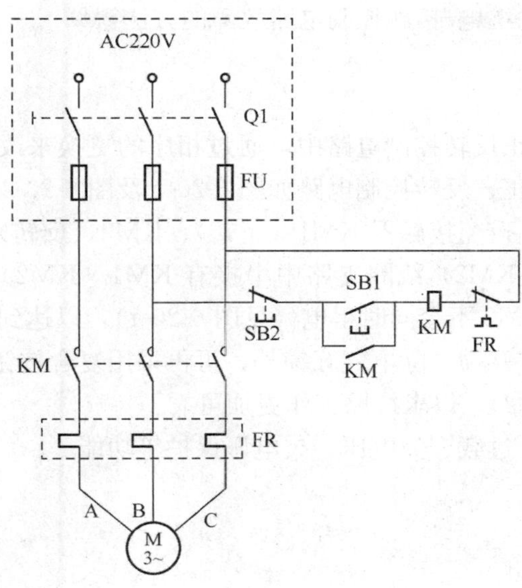


图 6-19-2　自锁控制电路

## 五、实验注意事项

1）接线时合理安排挂箱位置，接线要求牢靠、整齐、清楚、安全可靠。

2）操作时要胆大、心细、谨慎，不许用手触及各电器元器件的导电部分及电动机的转动部分，以免触电及意外损伤。

3）通电观察继电器动作情况时，要注意安全，防止碰触带电部位。

## 六、预习思考题

1）试比较点动控制电路与自锁控制电路从结构上看主要区别是什么？从功能上看主要区别是什么？

2）自锁控制电路在长期工作后可能出现失去自锁作用。试分析产生的原因是什么？

3）交流接触器线圈的额定电压为 220V，若误接到 380V 电源上会产生什么后果？反之，若接触器线圈电压为 380V，而电源线电压为 220V，其结果又如何？

4）在主回路中，熔断器和热继电器热元器件可否少用一只或两只？熔断器和热继电器两者可否只采用其中一种就可起到短路和过载保护作用？为什么？

# 第二十节　三相笼型异步电动机正反转控制

## 一、实验目的

1）通过对三相笼型异步电动机正反转控制电路的安装接线，掌握由电气原理图接成实际操作电路的方法。

2）加深对电气控制系统各种保护、自锁、互锁等环节的理解。

3）学会分析、排除继电-接触控制电路故障的方法。

## 二、原理说明

在笼型异步电动机正反转控制电路中，通过相序的更换来改变电动机的旋转方向。本实验给出两种不同的正、反转控制电路如图 6-20-1 及图 6-20-2 所示，具有如下特点：

1）电气互锁。为了避免接触器 KM1（正转）、KM2（反转）同时得电吸合造成三相电源短路，在 KM1（KM2）线圈支路中串接有 KM1（KM2）动断触点，它们保证了线路工作时 KM1、KM2 不会同时得电（见图 6-20-1），以达到电气互锁目的。

2）电气和机械双重互锁。除电气互锁外，可再采用复合按钮 SB1 与 SB2 组成的机械互锁环节（见图 6-20-2），以求线路工作更加可靠。

3）线路具有短路、过载、失电压、欠电压保护等功能。

## 三、实验设备

实验设备见表 6-20-1。

**表 6-20-1　实验设备**

| 序号 | 名　　称 | 型号与规格 | 数量 | 备注 |
|---|---|---|---|---|
| 1 | 三相交流电源 | 220V | | DG01 |
| 2 | 三相笼型异步电动机 | DJ24 | 1 | |
| 3 | 交流接触器 | JZC4-40 | 2 | D61-2 |
| 4 | 按钮 | | 3 | D61-2 |
| 5 | 热继电器 | D9305d | 1 | D61-2 |
| 6 | 交流电压表 | 0～500V | 1 | D33 |
| 7 | 万用表 | | 1 | 自备 |

## 四、实验内容

认识各电器的结构、图形符号、接线方法；抄录电动机及各电器铭牌数据；并用万用表欧姆挡检查各电器线圈、触点是否完好。

笼型异步电动机接成△接法；实验线路电源端接三相自耦调压器输出端 U、V、W，供电线电压为 220V。

### 1. 接触器联锁的正、反转控制电路

按图 6-20-1 接线，经指导教师检查后，方可进行通电操作。

1）开启控制屏电源总开关，按起动按钮，调节调压器输出，使输出线电压为 220V。

2）按正向起动按钮 SB1，观察并记录电动机的转向和接触器的运行情况。

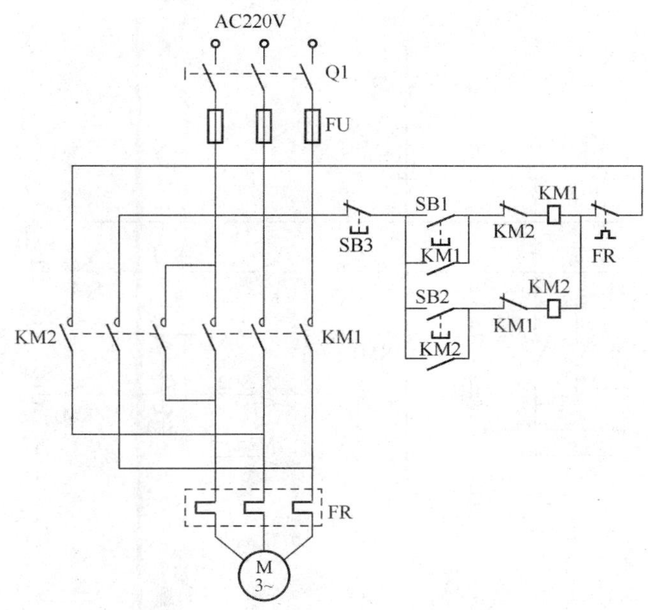


图 6-20-1　接触器联锁的正、反转控制电路

3）按反向起动按钮 SB2，观察并记录电动机和接触器的运行情况。

4）按停止按钮 SB3，观察并记录电动机的转向和接触器的运行情况。

5）再按 SB2，观察并记录电动机的转向和接触器的运行情况。

6）实验完毕，按控制屏停止按钮，切断三相交流电源。

2. 接触器和按钮双重联锁的正、反转控制电路

按图 6-20-2 接线，经指导教师检查后，方可进行通电操作。

1）按控制屏起动按钮，接通 220V 三相交流电源。

2）按正向起动按钮 SB1，电动机正向起动，观察电动机的转向及接触器的动作情况。按停止按钮 SB3，使电动机停转。

3）按反向起动按钮 SB2，电动机反向起动，观察电动机的转向及接触器的动作情况。按停止按钮 SB3，使电动机停转。

4）按正向（或反向）起动按钮，电动机起动后，再去按反向（或正向）起动按钮，观察有何情况发生？

5）电动机停稳后，同时按正、反向起动按钮，观察有何情况发生？

6）失电压与欠电压保护。

① 按起动按钮 SB1（或 SB2）电动机起动后，按控制屏停止按钮，断开实验线路三相电源，模拟电动机失电压（或零电压）状态，观察电动机与接触器的动作情况，随后，再按控制屏上起动按钮，接通三相电源，但不按 SB1（或 SB2），观察电动机能否自行起动？

② 重新起动电动机后，逐渐减小三相自耦调压器的输出电压，直至接触器释放，

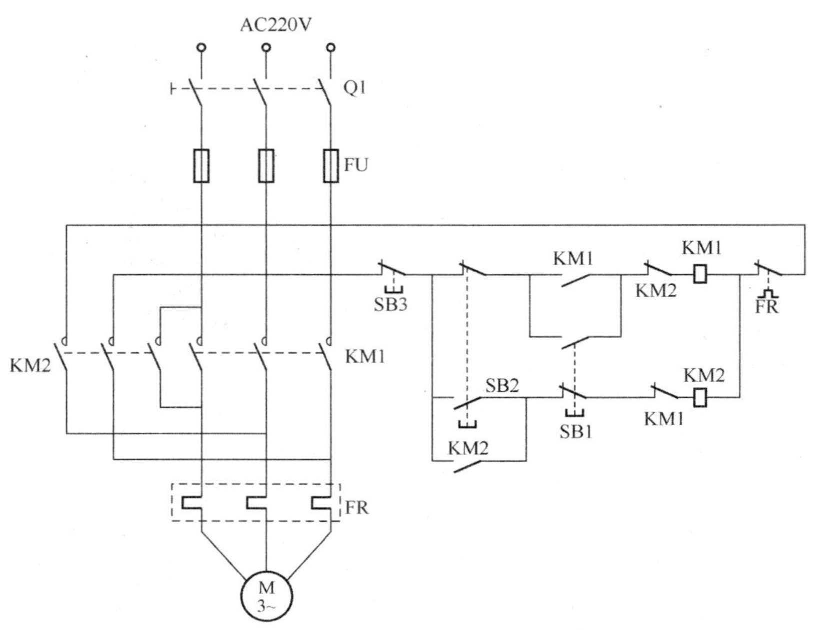


图 6-20-2 接触器和按钮双重联锁的正、反转控制电路

观察电动机是否自行停转。

7）过载保护。打开热继电器的后盖，当电动机起动后，人为地拨动双金属片模拟电动机过载情况，观察电动机、电器动作情况。

注意：此项内容，较难操作且危险，有条件可由指导教师作示范操作。

实验完毕，将自耦调压器调回零位，按控制屏停止按钮，切断实验线路电源。

## 五、故障分析

1）接通电源后，按起动按钮（SB1 或 SB2），接触器吸合，但电动机不转且发出“嗡嗡”声响；或者虽能起动，但转速很慢。这种故障大多是主回路一相断线或电源缺相。

2）接通电源后，按起动按钮（SB1 或 SB2），若接触器通断频繁，且发出连续的噼啪声或吸合不牢，发出颤动声，此类故障原因可能是：

① 线路接错，将接触器线圈与自身的动断触点串在一条回路上了。

② 自锁触点接触不良，时通时断。

③ 接触器铁芯上的短路环脱落或断裂。

④ 电源电压过低或与接触器线圈电压等级不匹配。

## 六、预习思考题

1）在电动机正、反转控制电路中，为什么必须保证两个接触器不能同时工作？采用哪些措施可解决此问题？这些方法有何利弊？最佳方案是什么？

2）在控制电路中，短路、过载、失电压、欠电压保护等功能是如何实现的？在实际运行过程中，这几种保护有何意义？

## 第二十一节 三相笼型异步电动机 Y-△降压起动控制

### 一、实验目的

1）进一步提高按图接线的能力。

2）了解时间继电器的结构、使用方法、延时时间的调整及在控制系统中的应用。

3）熟悉异步电动机 Y-△降压起动控制的运行情况和操作方法。

### 二、原理说明

1）按时间原则控制电路的特点是：各个动作之间有一定的时间间隔，使用的元器件主要是时间继电器。时间继电器是一种延时动作的继电器，它从接收信号（如线圈带电）到执行动作（如触点动作）具有一定的时间间隔。此时间间隔可按需要预先整定，以协调和控制生产机械的各种动作。时间继电器的种类通常有电磁式、电动式、空气式和电子式等。其基本功能可分为两类，即通电延时式和断电延时式，有的还带有瞬时动作式的触点。

时间继电器的延时时间通常可在 0.4～80s 范围内调节。

2）按时间原则控制笼型异步电动机 Y-△降压自动换接起动的控制电路如图 6-21-1 所示。

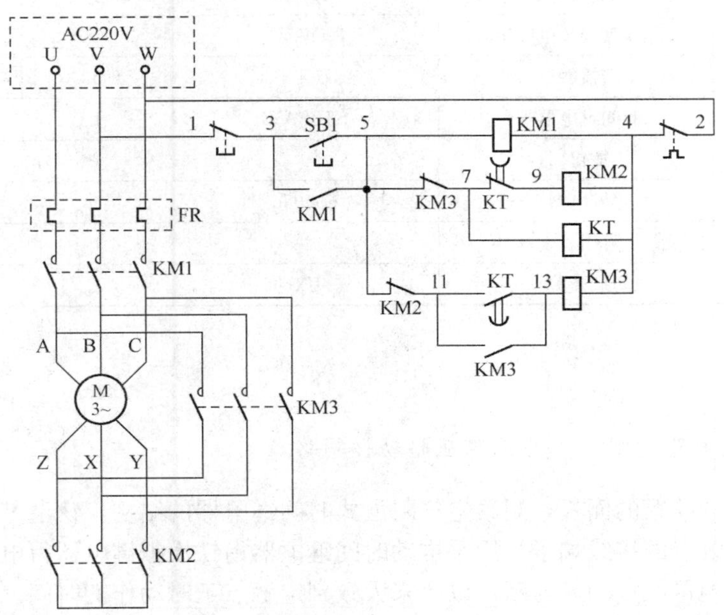


图 6-21-1 按时间原则笼型异步电动机 Y-△降压自动换接起动的控制电路

从主回路看，当接触器 KM1、KM2 主触点闭合，KM3 主触点断开时，电动机三相定子绕组作Y连接；而当接触器KM1和KM3主触点闭合，KM2主触点断开时，电动机三相定子绕组作△连接。因此，所设计的控制电路若能先使KM1和KM2线圈得电闭合，后经一定时间的延时，使KM2线圈失电断开，而后使KM3线圈得电闭合，则电动机就能实现降压起动后自动转换到正常工作运转。图6-21-1的控制电路能满足上述要求。该电路具有以下特点：

① 接触器KM3与KM2通过动断触点KM3（5-7）与KM2（5-11）实现电气互锁，保证KM3与KM2线圈不会同时得电，以防止三相电源的短路事故发生。

② 依靠时间继电器KT延时动合触点（11-13）的延时闭合作用，保证在按下SB1后，使KM2线圈先得电，并依靠KT（7-9）先断、KT（11-13）后合的动作次序，保证KM2线圈先断，而后再自动接通KM3线圈，也避免了换接时电源可能发生的短路事故。

③ 本线路正常运行（△接）时，接触器KM2及时间继电器KT均处失电状态。

④ 由于实验装置提供的三相笼型电动机每相绕组额定电压为220V，而Y/△换接起动的使用条件是正常运行时电动机必须作△接，故实验时，应将自耦调压器输出端（U、V、W）电压调至220V。

## 三、实验设备

实验设备见表6-21-1。

**表6-21-1　实验设备**

| 序号 | 名　　称 | 型号与规格 | 数量 | 备注 |
|---|---|---|---|---|
| 1 | 三相交流电源 | 220V | 1 | DG01 |
| 2 | 三相笼型异步电动机 | DJ24 | 1 | |
| 3 | 交流接触器 | JZC4-40 | 2 | D61-2 |
| 4 | 时间继电器 | ST3PA-B | 1 | D61-2 |
| 5 | 按钮 | | 1 | D61-2 |
| 6 | 热继电器 | D9305d | 1 | D61-2 |
| 7 | 万用表 | | 1 | 自备 |
| 8 | 切换开关 | 三刀双掷 | 1 | D62-2 |

## 四、实验内容

### 1. 时间继电器控制Y-△自动降压起动控制路

摇开D61-2挂箱的面板，观察空气阻尼式时间继电器的结构，认清其电磁线圈和延时动合、动断触点的接线端子。用手推动时间继电器衔铁模拟继电器得电吸合动作，用万用表欧姆挡测量触点的通与断，以此来大致判定触点延时动作的时间。通过调节进气孔螺钉，即可整定所需的延时时间。

实验线路电源端接自耦调压器输出端（U、V、W），供电线电压为220V。

1）按图6-21-1线路进行接线，先接主回路后接控制回路。要求按图示的节点编号从左到右、从上到下，逐行连接。

2）在不通电的情况下，用万用表欧姆挡检查线路连接是否正确，特别注意 KM2 与 KM3 两个互锁触点 KM2（5-11）与 KM3（5-7）是否正确接入。经指导教师检查后，方可通电。

3）开启控制屏电源总开关，按控制屏起动按钮，接通 220V 三相交流电源。

4）按起动按钮 SB1，观察电动机的整个起动过程及各继电器的动作情况，记录 Y-△换接所需时间。

5）按停止按钮 SB2，观察电动机及各继电器的动作情况。

6）调整时间继电器的整定时间，观察接触器 KM2、KM3 的动作时间是否相应地改变。

7）实验完毕，按控制屏停止按钮，切断实验线路电源。

2. 接触器控制 Y-△降压起动控制电路

按图 6-21-2 线路接线，经指导教师检查后，方可进行通电操作。

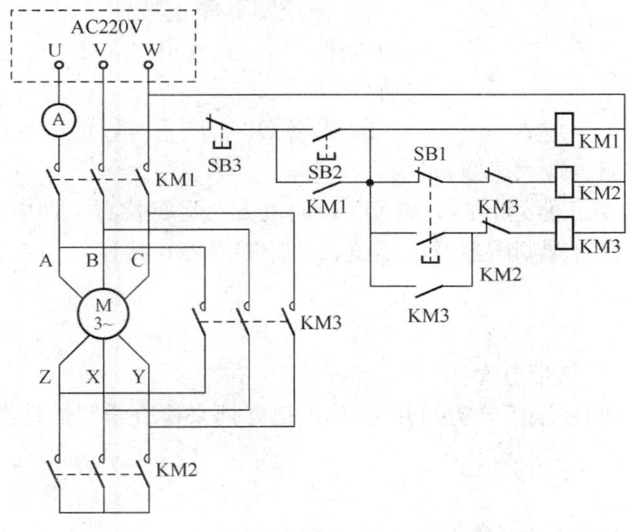


图 6-21-2　接触器控制 Y-△降压起动控制电路

1）按控制屏起动按钮，接通 220V 三相交流电源。

2）按下按钮 SB2，电动机作 Y 接法起动，注意观察起动时，电流表最大读数 $I_{Y起动}=$________ A。

3）稍后，待电动机转速接近正常转速时，按下按钮 SB2，使电动机为△接法正常运行。

4）按停止按钮 SB3，电动机断电停止运行。

5）先按按钮 SB2，再按铵钮 SB1，观察电动机在△接法直接起动时的电流表最大读数 $I_{\triangle起动}=$________ A。

6）实验完毕，将三相自耦调压器调回零位，按控制屏停止按钮，切断实验线路电源。

3. 手动控制 Y-△降压起动控制电路

按图 6-21-3 线路接线。

1）开关 Q2 合向上方，使电动机为△接法。

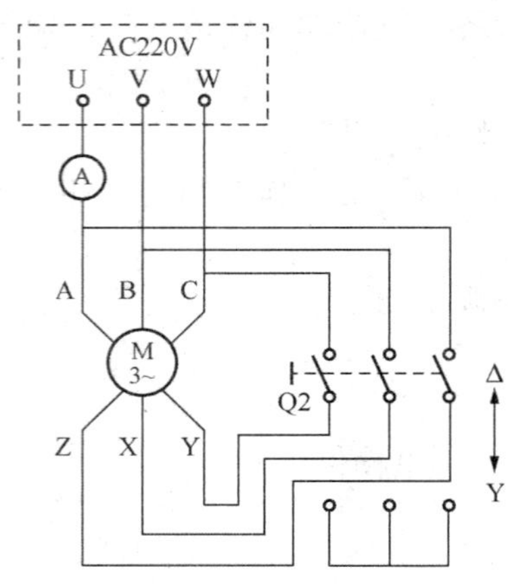


图 6-21-3　手动控制 Y-△降压起动控制电路

2）按控制屏起动按钮，接通 220V 三相交流电源，观察电动机在△接法直接起动时，电流表最大读数 $I_{\triangle 起动}$ =________ A。

3）按控制屏停止按钮，切断三相交流电源，待电动机停稳后，开关 Q2 合向下方，使电动机为 Y 接法。

4）按控制屏起动按钮，接通 220V 三相交流电源，观察电动机在 Y 接法直接起动时，电流表最大读数 $I_{Y起动}$ =________ A。

5）按控制屏停止按钮，切断三相交流电源，待电动机停稳后，操作开关 Q2，使电动机作 Y-△降压起动。

① 先将 Q2 合向下方，使电动机 Y 接，按控制屏起动按钮，记录电流表最大读数，$I_{Y起动}$ =________ A。

② 待电动机接近正常运转时，将 Q2 合向上方△运行位置，使电动机正常运行。

实验完毕后，将自耦调压器调回零位，按控制屏停止按钮，切断实验线路电源。

## 五、实验注意事项

1）注意安全，严禁带电操作。

2）只有在断电的情况下，方可用万用电表 Ω 档来检查线路的接线正确与否。

## 六、预习思考题

1）采用 Y-△降压起动对笼型异步电动机有何要求？

2）如果要用一只断电延时式时间继电器来设计异步电动机的 Y-△降压起动控制电路，试问三只接触器的动作次序应作如何改动，控制回路又应如何设计？

3）控制回路中的一对互锁触点有何作用？若取消这对触点对 Y-△降压换接起动有何影响，可能会出现什么后果？

4）降压起动的自动控制电路与手动控制电路相比较，有哪些优点？

# 第二十二节　三相笼型异步电动机的能耗制动控制

## 一、实验目的

1）通过实验进一步理解三相笼型异步电动机能耗制动原理。

2）增强实际连接控制电路的能力和操作能力。

## 二、原理说明

1）三相笼型电动机实现能耗制动的方法是：在三相定子绕组断开三相交流电源后，在两相定子绕组中通入直流电，以建立一个恒定的磁场，转子的惯性转动切割这个恒定磁场而感应电流，此电流与恒定磁场作用，产生制动转矩使电动机迅速停车。

2）在自动控制系统中，通常采用时间继电器，按时间原则进行制动过程的控制。可根据所需的制动停车时间来调整时间继电器的时延，以使电动机刚一制动停车，就使接触器释放，切断直流电源。

3）能耗制动过程的强弱与进程，与通入直流电流大小和电动机转速有关，在同样的转速下，电流越大，制动作用就越强烈，一般直流电流为空载电流的 3～5 倍为宜。

## 三、实验设备

实验设备见表 6-22-1。

**表 6-22-1　实验设备**

| 序号 | 名　称 | 型号与规格 | 数量 | 备注 |
|---|---|---|---|---|
| 1 | 三相交流电源 | 220V | 1 | DG01 |
| 2 | 三相笼型异步电动机 | DJ24 | 1 | |
| 3 | 交流接触器 | JZC4-40 | 2 | D61-2 |
| 4 | 时间继电器 | ST3PA-B | 1 | D61-2 |
| 5 | 整流变压器 | 220V/26V，6.3V | 1 | D61-2 |
| 6 | 整流桥堆 | | 1 | D61-2 |
| 7 | 制动电阻器 | 10Ω/25W | 3 | D61-2 |
| 8 | 按钮 | | 2 | D61-2 |
| 9 | 万用电表 | | 1 | 自备 |

## 四、实验内容

1）笼型异步电动机接成△接法，实验线路电源端接三相自耦调压器输出（U、V、W），供电线电压为 220V。

初步整定时间继电器的时延，可先设置得大一些（为 5～10s）。

本实验中，能耗制功电阻 $R_T$ 为 10Ω。

2）开启控制屏电源总开关，按起动按钮，调节调压器输出，使输出线电压为 220V，按停止按钮，切断三相交流电源。

3）按图 6-22-1 接线，并用万用表检查线路连接是否正确。

4）自由停车操作。先断开整流电源（如拔去接在 V 相上的整流电源线），按 SB1，使电动机起动运转，待电动机运转稳定后，按 SB2，用秒表记录电动机自由停车时间。

5）制动停车操作。接上整流电源（即插回接通 V 相的整流电源线）。

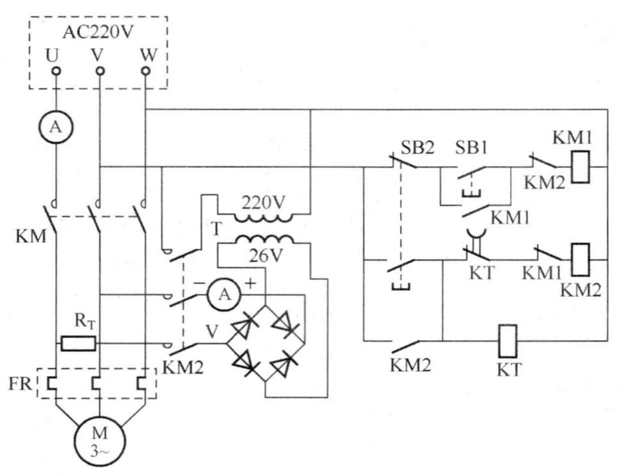


图 6-22-1　三相笼型异步电动机的能耗制动控制电路

① 按 SB1，使电动机起动运转，待运转稳定后，按 SB2，观察并记录电动机从按下 SB2 起至电动机停止运转的能耗制动时间 $t_Z$ 及时间继电器延时释放时间 $t_F$，一般应使 $t_F > t_Z$。

② 重新整定时间继电器的时延，以使 $t_F = t_Z$，即电动机一旦停转便自动切断直流电源。

## 五、实验注意事项

1）每次调整时间继电器的时延，要摇开挂箱的面板，因此在调整时都必须在断开三相电源后进行，不可带电操作。

2）接好线路必须经过严格检查，绝不允许同时接通交流和直流两组电源，即不允许 KM1、KM2 同时得电。

## 六、预习思考题

1）为什么交流电源和直流电源不允许同时接入电动机定子绕组？

2）电动机制动停车需在两相定子绕组通入直流电，若通入单相交流电，能否起到制动作用，为什么？

## 七、实验报告

1）归纳总结实验现象和结果。

2）回答思考题中的有关问题。

# 第二十三节　工作台往返自动控制

## 一、实验目的

1）通过对工作台自动往返控制电路的实际安装接线，掌握由电气原理图转换成安装接线图的能力。

2）通过实验进一步理解工作台往返自动控制的原理。

## 二、原理说明

图 6-23-1 为工作台自动往返控制电路图。当工作台的挡块停在限位开关 SQ1 和 SQ2 之间的任意位置时，可以按下任一起动按钮 SB1 或 SB2 使工作台向任一方向运动。例如按下正转按钮 SB1，电动机正转带动工作台左进。当工作台到达终点时挡块压下终点限位开关 SQ2，SQ2 的动断触点断开正转控制回路，电动机停止正转，同时 SQ2 的常开触点闭合，使反转接触器 KM2 线圈得电动作，工作台右退。当工作台退回原位时，挡块又压下 SQ1，其动断触点 SQ1 断开反转控制回路，常开触点 SQ1 闭合，使接触器 KM1 线圈得电，电动机带动工作台左进，实现了自动往返运动。

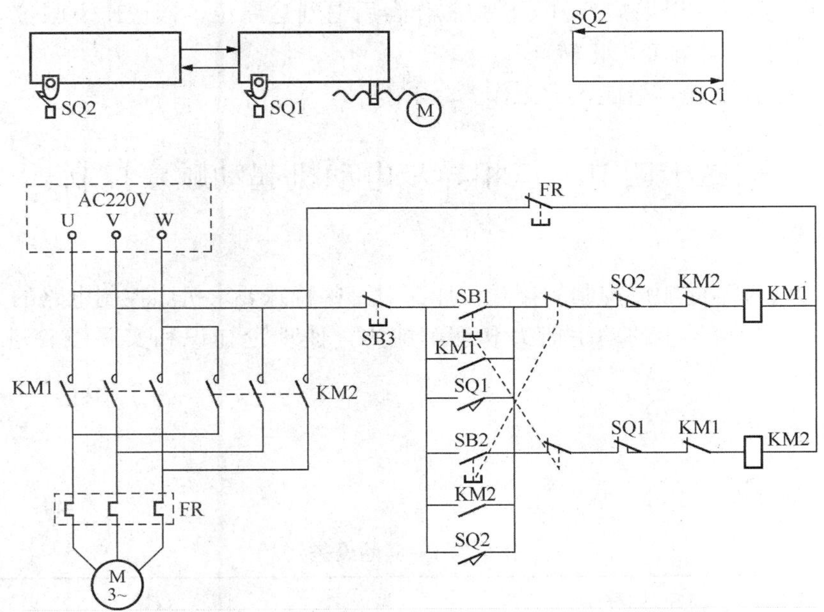


图 6-23-1　工作台自动往返控制电路

## 三、实验设备

实验设备见表 6-23-1。

**表 6-23-1　实验设备**

| 序号 | 名　称 | 型号与规格 | 数量 | 备注 |
|---|---|---|---|---|
| 1 | 三相交流电源 | 220V | 1 | |
| 2 | 三相笼型异步电动机 | DJ24 | 1 | |
| 3 | 交流接触器 | JZC4-40 | 2 | D61-2 |
| 4 | 限位开关 | | 2 | D63-2 |
| 5 | 按钮 | | 3 | D61-2 |
| 6 | 热继电器 | D9305d | 1 | D61-2 |

## 四、实验内容

笼型异步电动机接成△接法，实验线路电源端接三相自耦调压器输出（U、V、W），供电线电压为220V。

按图6-23-1接线，经指导教师检查后，方可进行通电操作。

1）开启控制屏电源总开关，按起动按钮，调节调压器输出，使输出线电压为220V。

2）按下SB1，使电动机正转，运转约30s。

3）用手按SQ2（模拟工作台左进到达终点，挡块压下限位开关），观察电动机应停止正向运转，并变为反向运转。

4）反转约30s，用手按SQ1（模拟工作台后退到达原位，挡块压下限位开关），观察电动机应停止反转并变为正转。

5）重复上述步骤，应能正常工作。

# 第二十四节　三相异步电动机起动顺序控制

## 一、实验目的

1）通过各种不同顺序控制的接线，加深对一些特殊要求机床控制电路的了解。

2）进一步加深学生的动手能力和理解能力，使理论知识和实际经验进行有效的结合。

## 二、实验设备

实验设备见表6-24-1。

**表6-24-1　实验设备**

| 序号 | 名　　称 | 型　号 | 数量 | 备注 |
|---|---|---|---|---|
| 1 | 三相笼型异步电动机（△/220V） | DJ24 | 2 | |
| 2 | 继电接触控制挂箱（一） | D61-2 | 2 | |
| 3 | 继电接触控制挂箱（二） | D62-2 | 2 | |
| 4 | 灯组负载 | DG08 | 1 | |
| 5 | 白炽灯 | 220V/100W | 3 | 自备 |

## 三、实验方法

### 1. 三相异步电动机起动顺序控制（一）

按图6-24-1接线。本实验需用M1、M2两台电动机，如果只有一台电动机，则可用灯组负载来模拟M2。图中U、V、W为实验台上三相调压器的输出插孔。

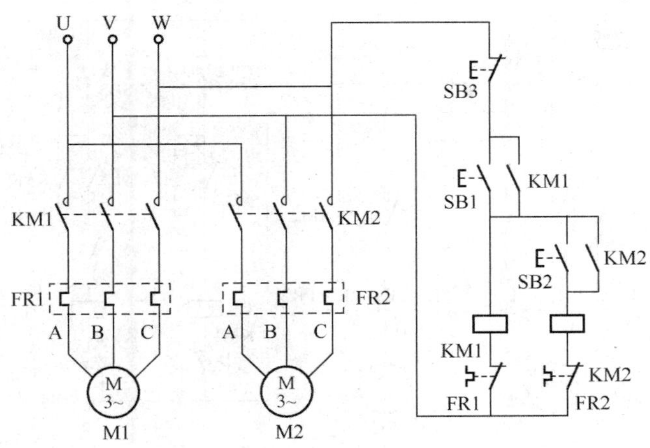


图 6-24-1　起动顺序控制（一）

1）将调压器手柄逆时针旋转到底，起动实验台电源，调节调压器使输出线电压为 220V。

2）按下 SB1，观察电动机运行情况及接触器吸合情况。

3）保持 M1 运转时按下 SB2，观察电动机运转及接触器吸合情况。

4）在 M1 和 M2 都运转时，能不能单独停止 M2?

5）按下 SB3 使电动机停转后，按 SB2，电动机 M2 是否起动？为什么?

2. 三相异步电动机起动顺序控制（二）

按图 6-24-2 接线。图中 U、V、W 为实验台上三相调压器的输出插孔。

1）将调压器手柄逆时针旋转到底，起动实验台电源，调节调压器使输出线电为 220V。

2）按下 SB2，观察并记录电动机及各接触器运行状态。

3）再按下 SB4，观察并记录电动机及各接触器运行状态。

4）单独按下 SB3，观察并记录电动机及各接触器运行状态。

5）在 M1 与 M2 都运行时，按下 SB1，观察电动机及各接触器运行状态。

3. 三相异步电动机停止顺序控制

实验线路同图 6-24-2 所示线路。

1）接通 220V 三相交流电源。

2）按下 SB2，观察并记录电动机及接触器运行状态。

3）同时按下 SB4，观察并记录电动机及接触器运行状态。

4）在 M1 与 M2 都运行时，单独按下 SB1，观察并记录电动机及接触器运行状态。

5）在 M1 与 M2 都运行时，单独按下 SB3，观察并记录电动机及接触器运行状态。

6）按下 SB3 使 M2 停止后再按 SB1，观察并记录电动机及接触器运行状态。

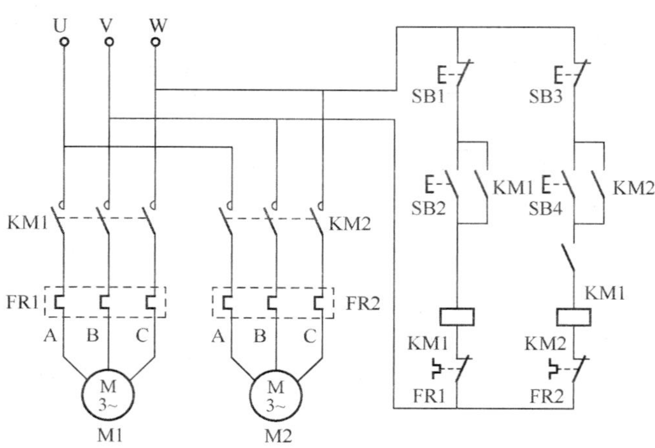


图 6-24-2 起动顺序控制（二）

## 四、讨论题

1）画出图 6-24-1、图 6-24-2 的运行原理流程图。

2）比较图 6-24-1、图 6-24-2 两种线路的不同点和各自的特点。

3）例举几个顺序控制的机床控制实例，并说明其用途。

# 第二十五节 C620 车床电气控制

## 一、实验目的

1）通过对 C620 车床电气控制电路的实际安装接线，掌握由电气原理图转换成安装接线图的能力。

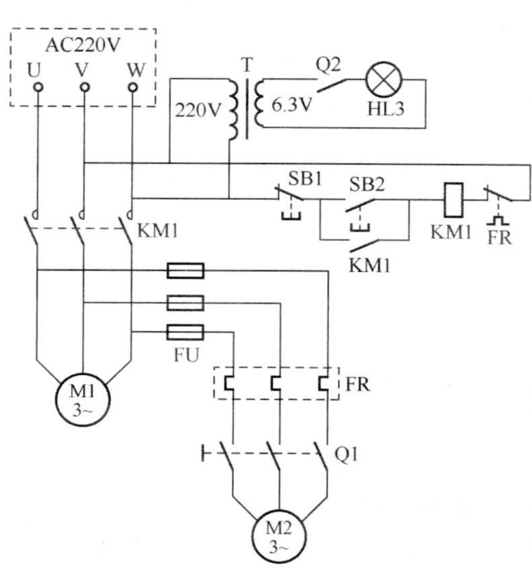


图 6-25-1 C620 车床电气控制电路

2）通过实验进一步理解车床电气控制的原理。

## 二、原理说明

图 6-25-1 为 C620 车床电气控制原理图。

C620 普通车床由主电动机 M1 和冷却泵电动机 M2 及相关电气控制系统组成，两台电动机只要求单方向运转。主电动机 M1 投入工作后，当需要用冷却油泵时，合手动开关 Q1，冷却泵电动机 M2 投入工作，由于 M2 功率小，采用手动开关 Q1 进行直接起动，可省去接触器和按钮，比较经济，操作也方便。当不需要冷却泵时，可单独关掉 M2；如 M2 过载，使热继电器动作，则两电动机 M1、M2 同时断电，停止运行。

## 三、实验设备

实验设备见表 6-25-1。

**表 6-25-1　实验设备**

| 序号 | 名　称 | 型号与规格 | 数量 | 备注 |
|---|---|---|---|---|
| 1 | 三相交流电源 | 220V | 1 | DG01 |
| 2 | 三相笼型异步电动机 | DJ24 | 2 | |
| 3 | 交流接触器 | JZC4-40 | 1 | D61-2 |
| 4 | 按钮 | | 2 | D61-2 |
| 5 | 照明变压器 | 220V/6.3V | 1 | D61-2 |
| 6 | 照明灯 | 6.3V | 1 | D61-2 |
| 7 | 热继电器 | D9305d | 1 | D61-2 |
| 8 | 灯组负载 | | 1 | DG08 |
| 9 | 白炽灯 | 220V/100W | 5 | 自备 |
| 10 | 开关（代 Q2） | | 1 | D62-2 |

## 四、实验内容

笼型电动机 M1 接成△接法，实验线路电源端接三相自耦调压器输出（U、V、W），供电线电压为 220V。按图 6-25-1 接线。如果只有一台电动机，则可用灯组负载来模拟 M2。经指导教师检查后，方可进行通电操作。

1）开启控制屏电源总开关，按起动按钮，调节调压器输出，使输出线电压为 220V。

2）按下 SB2，接触器 KM1 线圈得电，主回路中的动合主触点 KM1 接通，主电动机 M1 起动运转。

3）接通灯组负载开关，灯亮，表示冷却泵电动机 M2 工作。

4）若车床需提供照明灯，可合上开关 Q2，模拟照明灯 HL3 点亮（以 SB3 的指示灯）。

5）按下 SB1，KM1 线圈失电，主回路中的主触点 KM1 断开，主电动机 M1 断电停止运转，同时灯组负载的亮灯熄灭，表示冷却泵电动机 M2 也停止运转。

6）去掉一个熔丝 FU，使 M2 缺相过载，或者增加灯组负载的亮灯数，模拟冷却泵电动机 M2 缺相或过载，使热继电器 FR 动作，使控制回路的动断触点 FR 断开，KM1 线圈失电，使主触点 KM1 断开，主电动机 M1 和冷却泵电动机 M2 同时停止运转。

## 五、讨论题

1）为什么冷却泵电动机接在主触点 KM1 的下面？

2）为什么照明灯要接在主触点 KM1 的上面？

附注：可将两台实验装置的配件合并，即可完整地做此实验。

# 第七章　模拟电子实验技术

电子技术按照其处理的信号的不同，可以分为模拟电子技术和数字电子技术两类。模拟电子技术主要内容有基本半导体器件、集成半导体器件和由它们构成的电压放大电路、功率放大电路、反馈放大电路、信号产生电路和电源电路。

## 第一节　三极管共射极单管放大器

### 一、实验目的

1）学会放大器静态工作点的调试方法，分析静态工作点对放大器性能的影响。

2）掌握放大器电压放大倍数、输入电阻、输出电阻及最大不失真输出电压的测试方法。

3）熟悉常用电子仪器及模拟电路实验设备的使用。

### 二、实验原理

图 7-1-1 为电阻分压式工作点稳定单管放大器实验电路图。它的偏置电路采用 $R_{B1}$ 和 $R_{B2}$ 组成的分压电路，并在发射极中接有电阻 $R_E$，以稳定放大器的静态工作点。当在放大器的输入端加入输入信号 $u_i$ 后，在放大器的输出端便可得到一个与 $u_i$ 相位相反，幅值被放大了的输出信号 $u_o$，从而实现了电压放大。

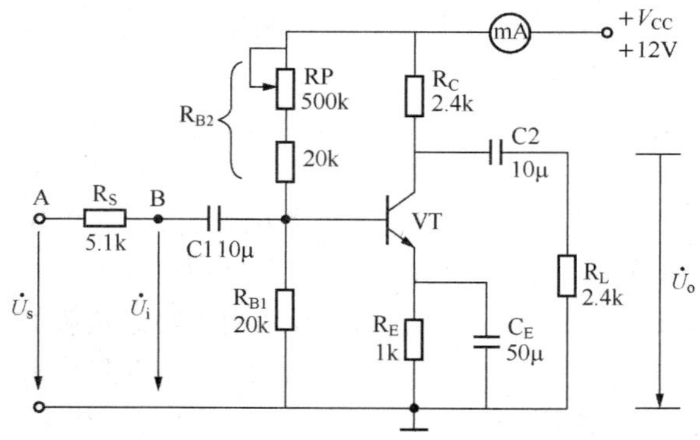


图 7-1-1　共射极单管放大器实验电路

在图 7-1-1 所示电路中，当流过偏置电阻 $R_{B1}$ 和 $R_{B2}$ 的电流远大于三极管 VT 的基极电流 $I_B$ 时（一般 5～10 倍），则它的静态工作点可用下式估算：

$$U_B \approx \frac{R_{B1}}{R_{B1}+R_{B2}}U_{CC}$$

$$I_E \approx \frac{U_B - U_{BE}}{R_E} \approx I_C$$

$$U_{CE} = U_{CC} - I_C(R_C + R_E)$$

电压放大倍数

$$A_u = -\beta \frac{R_C \,/\!/\, R_L}{r_{be}}$$

输入电阻

$$R_i = R_{B1} \,/\!/\, R_{B2} \,/\!/\, r_{be}$$

输出电阻

$$R_O \approx R_C$$

由于电子器件性能的分散性比较大，因此在设计和制作三极管放大电路时，离不开测量和调试技术。在设计前应测量所用元器件的参数，为电路设计提供必要的依据。在完成设计和装配以后，还必须测量和调试放大器的静态工作点和各项性能指标。一个优质放大器，必定是理论设计与实验调整相结合的产物。因此，除了学习放大器的理论知识和设计方法外，还必须掌握必要的测量和调试技术。

放大器的测量和调试一般包括放大器静态工作点的测量与调试、消除干扰与自激振荡及放大器各项动态参数的测量与调试等。

1. 放大器静态工作点的测量与调试

(1) 静态工作点的测量

测量放大器的静态工作点，应在输入信号 $u_i=0$ 的情况下进行，即将放大器输入端与地端短接，然后选用量程合适的直流毫安表和直流电压表，分别测量三极管的集电极电流 $I_C$ 以及各电极对地的电位 $U_B$、$U_C$ 和 $U_E$。在一般实验中，为了避免断开集电极，所以采用测量电压 $U_E$ 或 $U_C$，然后算出 $I_C$ 的方法。例如，只要测出 $U_E$，即可用 $I_C \approx I_E = \frac{U_E}{R_E}$ 算出 $I_C$（也可根据 $I_C=\frac{V_{CC}-U_C}{R_C}$，由 $U_C$ 确定 $I_C$），同时也能算出 $U_{BE} = U_B - U_E$，$U_{CE} = U_C - U_E$。

为了减小误差，提高测量精度，应选用内阻较高的直流电压表。

(2) 静态工作点的调试

放大器静态工作点的调试是指对三极管集电极电流 $I_C$（或 $U_{CE}$）的调整与测试。

静态工作点是否合适，对放大器的性能和输出波形都有很大影响。如工作点偏高，放大器在加入交流信号以后易产生饱和失真，此时 $u_o$ 的负半周将被削底，如图 7-1-2（a）所示；如工作点偏低，则易产生截止失真，即 $u_o$ 的正半周被缩顶（一般截止失真不如饱和失真明显），如图 7-1-2（b）所示。这些情况都不符合不失真放大

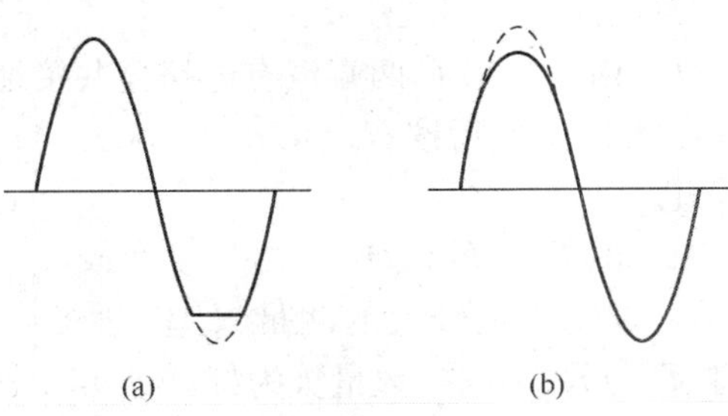


图 7-1-2　静态工作点对 $u_o$ 波形失真的影响

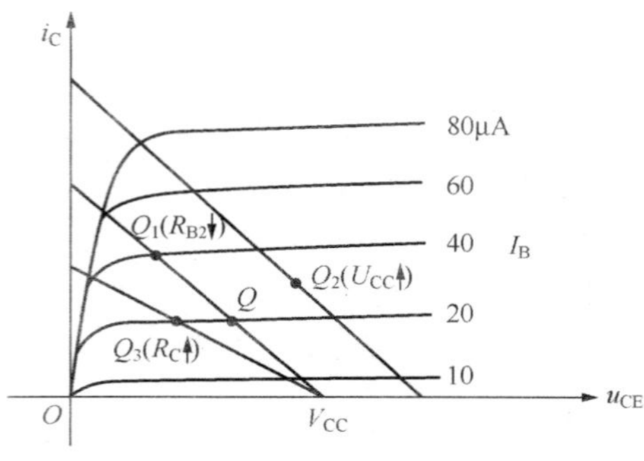


图 7-1-3　电路参数对静态工作点的影响

的要求。所以在选定工作点以后还必须进行动态调试，即在放大器的输入端加入一定的输入电压 $u_i$，检查输出电压 $u_o$ 的大小和波形是否满足要求。如不满足，则应调节静态工作点的位置。

改变电路参数 $V_{CC}$、$R_C$、$R_B$（$R_{B1}$、$R_{B2}$）都会引起静态工作点的变化，如图 7-1-3 所示。但通常多采用调节偏置电阻 $R_{B2}$ 的方法来改变静态工作点，如减小 $R_{B2}$，则可使静态工作点提高等。

最后还要说明的是，上面所说的工作点“偏高”或“偏低”不是绝对的，应该是相对信号的幅度而言，如输入信号幅度很小，即使工作点较高或较低也不一定会出现失真。所以确切地说，产生波形失真是信号幅度与静态工作点设置配合不当所致。如需满足较大信号幅度的要求，静态工作点最好尽量靠近交流负载线的中点。

### 2. 放大器动态指标测试

放大器动态指标包括电压放大倍数、输入电阻、输出电阻、最大不失真输出电压（动态范围）和通频带等。

（1）电压放大倍数 $A_u$ 的测量

调整放大器到合适的静态工作点，然后加入输入电压 $u_i$，在输出电压 $u_o$ 不失真的情况下，用交流毫伏表测出 $u_i$ 和 $u_o$ 的有效值 $U_i$ 和 $U_o$，则有

$$A_u = \frac{U_o}{U_i}$$

（2）输入电阻 $R_i$ 的测量

为了测量放大器的输入电阻，按图 7-1-4 电路在被测放大器的输入端与信号源之间串入一已知电阻 R，在放大器正常工作的情况下，用交流毫伏表测出 $U_s$ 和 $U_i$，则根据输入电阻的定义可得

$$R_i = \frac{U_i}{I_i} = \frac{U_i}{\frac{U_R}{R}} = \frac{U_i}{U_s - U_i}R$$

测量时应注意下列几点：

1）由于电阻 $R$ 两端没有电路公共接地点，所以测量 $R$ 两端电压 $U_R$ 时必须分别测出 $U_s$ 和 $U_i$，然后按 $U_R = U_s - U_i$ 求出 $U_R$ 值。

2）电阻 $R$ 的值不宜取得过大或过小，以免产生较大的测量误差，通常取 $R$ 与 $R_i$ 为同一数量级为好，本实验可取 $R = 1 \sim 2\text{k}\Omega$。

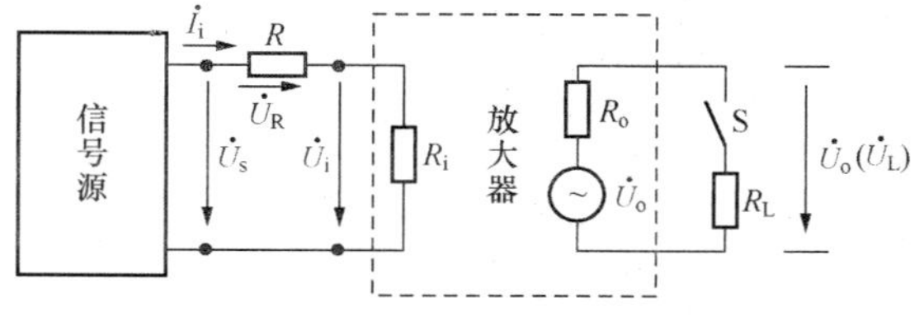


图 7-1-4　输入、输出电阻测量电路

(3) 输出电阻 $R_o$ 的测量

按图 7-1-4 电路，在放大器正常工作条件下，测出输出端不接负载 $R_L$ 的输出电压 $U_o$ 和接入负载后的输出电压 $U_L$，根据

$$U_L=\frac{R_L}{R_o+R_L}U_o$$

即可求出

$$R_o=\left(\frac{U_o}{U_L}-1\right)R_L$$

在测试中应注意，必须保持 $R_L$ 接入前后输入信号的大小不变。

(4) 最大不失真输出电压 $U_{oPP}$ 的测量（最大动态范围）

如上所述，为了得到最大动态范围，应将静态工作点调在交流负载线的中点。为此在放大器正常工作情况下，逐步增大输入信号的幅度，并同时调节 RP（改变静态工作点），用示波器观察 $u_o$，当输出波形同时出现削底和缩顶现象（见图 7-1-5）时，说明静态工作点已调在交流负载线的中点。然后反复调整输入信号，使波形输出幅度最大，且无明显失真时，用交流毫伏表测出 $U_o$（有效值），则动态范围等于 $2\sqrt{2}U_o$；或用示波器直接读出 $U_{oPP}$ 来。

(5) 放大器幅频特性的测量

放大器的幅频特性是指放大器的电压放大倍数 $A_u$ 与输入信号频率 $f$ 之间的关系曲线。单管阻容耦合放大电路的幅频特性曲线如图 7-1-6 所示，$A_{um}$ 为中频电压放大倍数，通常规定电压放大倍数随频率变化下降到中频放大倍数的 $1/\sqrt{2}$ 倍，即 $0.707A_{um}$ 所对应的频率分别称为下限频率 $f_L$ 和上限频率 $f_H$，则通频带为

$$f_{BW}=f_H-f_L$$

放大器的幅率特性就是测量不同频率信号时的电压放大倍数 $A_u$。为此，可采用前述测 $A_u$ 的方法，每改变一个信号频率，测量其相应的电压放大倍数。测量时，应注意取点要恰当，在低频段与高频段应多测几点，在中频段可以少测几点。此外，在改变频率时，要保持输入信号的幅度不变，且输出波形不得失真。

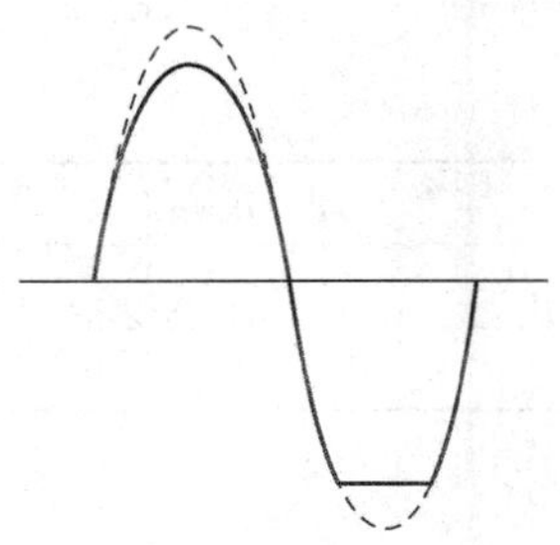

图 7-1-5　静态工作点正常，输入信号太大引起的失真

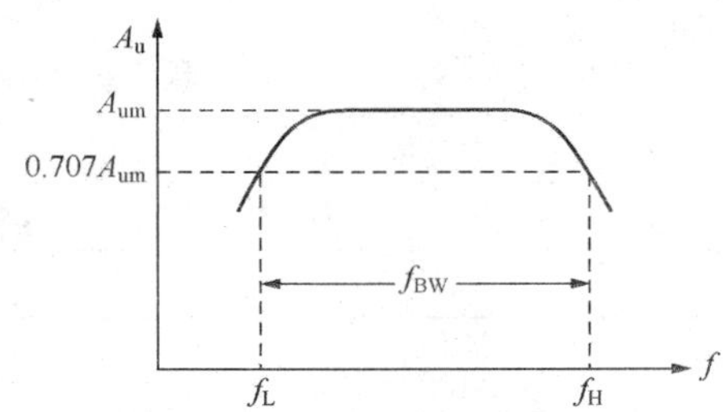


图 7-1-6　幅频特性曲线

(6) 干扰和自激振荡的消除

参考知识拓展：TTL 集电极开路门与三态输出门的应用。

## 三、实验设备

实验设备，见表 7-1-1。

**表 7-1-1　实验设备**

| 序号 | 名　　称 | 型号与规格 | 数量 | 备　　注 |
|---|---|---|---|---|
| 1 | 直流电源 | +12V | | |
| 2 | 函数信号发生器 | | | |
| 3 | 双踪示波器 | | | |
| 4 | 交流毫伏表 | | | |
| 5 | 直流电压表 | | | |
| 6 | 直流毫安表 | | | |
| 7 | 频率计 | | | |
| 8 | 万用表 | | | |
| 9 | 三极管 | 3DG6×1（$\beta$=50～100）<br>或 9011×1 | | （引脚排列如图 7-1-7 所示）<br>电阻器、电容器若干 |

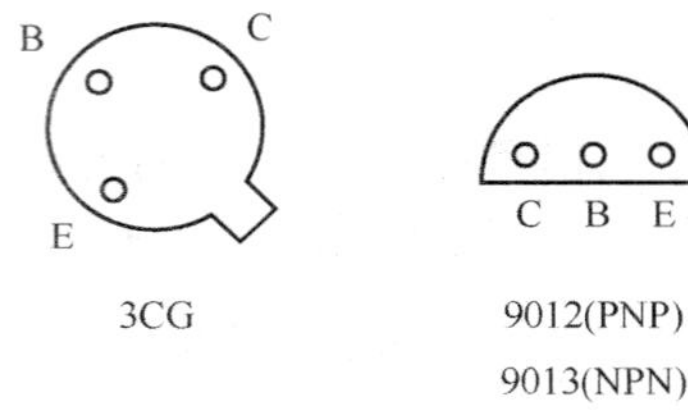


图 7-1-7　三极管引脚排列

## 四、实验内容

实验电路如图 7-1-1 所示。各电子仪器可按图 7-1-1 所示方式连接，为防止干扰，各仪器的公共端必须连在一起，同时信号源、交流毫伏表和示波器的引线应采用专用电缆线或屏蔽线，如使用屏蔽线，则屏蔽线的外包金属网应接在公共接地端上如图 7-1-7 所示。

1. 调试静态工作点

接通直流电源前，先将 $RP$ 调至最大，函数信号发生器输出旋钮旋至零。接通 +12V电源、调节 $RP$，使 $I_C$ = 2.0mA（即 $U_E$ = 2.0V），用直流电压表测量 $U_B$、$U_E$、$U_C$ 及用万用表测量 $R_{B2}$ 值，记入表 7-1-2。

**表 7-1-2　$I_C$ = 2mA**

| 测　量　值 | | | | 计　算　值 | | |
|---|---|---|---|---|---|---|
| $U_B$/V | $U_E$/V | $U_C$/V | $R_{B2}$/kΩ | $U_{BE}$/V | $U_{CE}$/V | $I_C$/mA |
| | | | | | | |

2. 测量电压放大倍数

在放大器输入端加入频率为 1kHz 的正弦信号 $u_s$，调节函数信号发生器的输出旋钮使放大器输入电压 $U_i$≈10mV，同时用示波器观察放大器输出电压 $u_o$ 波形，在波形不失真的条件下用交流毫伏表测量三种情况下的 $U_o$ 值，并用双踪示波器观察 $u_o$ 和 $u_i$ 的相位关系，记入表 7-1-3。

表 7-1-3 $I_C$=2.0mA $U_i$= mV

| $R_C$/kΩ | $R_L$/kΩ | $U_o$/V | $A_u$ | 观察记录一组 $u_o$ 和 $u_1$ 波形 |
|---|---|---|---|---|
| 2.4 | ∞ | | | $u_i$ t　$u_o$ t |
| 1.2 | ∞ | | | |
| 2.4 | 2.4 | | | |

3. 观察静态工作点对电压放大倍数的影响

置 $R_C$=2.4kΩ，$R_L$=∞，$U_i$ 适量，调节 RP，用示波器监视输出电压波形，在 $u_o$ 不失真的条件下，测量数组 $I_C$ 和 $U_o$ 值，记入表 7-1-4。

表 7-1-4 $R_C$=2.4kΩ $R_L$=∞ $U_i$= mV

| $I_C$/mA | | | 2.0 | | |
|---|---|---|---|---|---|
| $U_o$/V | | | | | |
| $A_u$ | | | | | |

测量 $I_C$ 时，要先将信号源输出旋钮旋至零（即使 $U_i$=0）。

4. 观察静态工作点对输出波形失真的影响

置 $R_C$=2.4kΩ，$R_L$=2.4kΩ，$u_i$=0，调节 RP 使 $I_C$=2.0mA，测出 $U_{CE}$值，再逐步加大输入信号，使输出电压 $u_o$ 足够大但不失真。然后保持输入信号不变，分别增大和减小 RP，使波形出现失真，绘出 $u_o$ 的波形，并测出失真情况下的 $I_C$ 和 $U_{CE}$值，记入表 7-1-5 中。每次测 $I_C$ 和 $U_{CE}$值时都要将信号源的输出旋钮旋至零。

表 7-1-5 $R_C$=2.4kΩ $R_L$=∞ $U_i$= mV

| $I_C$/mA | $U_{CE}$/V | $u_o$ 波形 | 失真情况 | 管子工作状态 |
|---|---|---|---|---|
| | | $u_o$ O t | | |
| 2.0 | | $u_o$ O t | | |
| | | $u_o$ O t | | |

5. 测量最大不失真输出电压

置 $R_C$=2.4kΩ，$R_L$=2.4kΩ，按照实验原理 2.（4）中所述方法，同时调节输入信号的幅度和电位器 RP，用示波器和交流毫伏表测量 $U_{oPP}$ 及 $U_o$ 值，记入表 7-1-6。

**表 7-1-6　$R_C$＝2.4kΩ　$R_L$＝2.4kΩ**

| $I_C$/mA | $U_{im}$/mV | $U_{om}$/V | $U_{oPP}$/V |
|---|---|---|---|
| | | | |

*6. 测量输入电阻和输出电阻

置 $R_C$＝2.4kΩ，$R_L$＝2.4kΩ，$I_C$＝2.0mA。输入 $f$＝1kHz 的正弦信号，在输出电压 $u_o$ 不失真的情况下，用交流毫伏表测出 $U_S$，$U_i$ 和 $U_L$ 记入表 7-1-7。

保持 $U_s$ 不变，断开 $R_L$，测量输出电压 $U_o$，记入表 7-1-7。

**表 7-1-7　$I_C$＝2mA　$R_c$＝2.4kΩ　$R_L$＝2.4kΩ**

| $U_s$/mv | $U_i$/mv | $R_i$/kΩ | | $U_L$/V | $U_o$/V | $R_o$/kΩ | |
|---|---|---|---|---|---|---|---|
| | | 测量值 | 计算值 | | | 测量值 | 计算值 |
| | | | | | | | |

*7. 测量幅频特性曲线

取 $I_C$＝2.0mA，$R_C$＝2.4kΩ，$R_L$＝2.4kΩ。保持输入信号 $u_i$ 的幅度不变，改变信号源频率 $f$，逐点测出相应的输出电压 $U_o$，记入表 7-1-8。

**表 7-1-8　$U_i$＝　　mV**

| | $f_l$ | $f_o$ | $f_n$ |
|---|---|---|---|
| $f$/kHz) | | | |
| $U_o$/V | | | |
| $A_u$＝$U_o$/$U_i$ | | | |

为了信号源频率 $f$ 取值合适，可先粗测一下，找出中频范围，然后再仔细读数。

说明：本实验内容较多，其中 6、7 可作为选做内容。

## 五、实验总结

1）列表整理测量结果，并把实测的静态工作点、电压放大倍数、输入电阻、输出电阻之值与理论计算值比较（取一组数据进行比较），分析产生误差原因。

2）总结 $R_C$、$R_L$ 及静态工作点对放大器电压放大倍数、输入电阻、输出电阻的影响。

3）讨论静态工作点变化对放大器输出波形的影响。

4）分析讨论在调试过程中出现的问题。

## 六、预习要求

1）阅读教材中有关单管放大电路的内容并估算实验电路的性能指标。

假设：3DG6 的 $\beta=100$，$R_{B1}=20\text{k}\Omega$，$R_{B2}=60\text{k}\Omega$，$R_C=2.4\text{k}\Omega$，$R_L=2.4\text{k}\Omega$。

估算放大器的静态工作点、电压放大倍数 $A_u$、输入电阻 $R_i$ 和输出电阻 $R_o$。

2）阅读实验附录中有关放大器干扰和自激振荡消除内容。

3）能否用直流电压表直接测量三极管的 $U_{BE}$？为什么实验中要采用测 $U_B$、$U_E$，再间接算出 $U_{BE}$的方法？

4）怎样测量 $R_{B2}$阻值？

5）当调节偏置电阻 $R_{B2}$，使放大器输出波形出现饱和或截止失真时，三极管的管压降 $U_{CE}$怎样变化？

6）改变静态工作点对放大器的输入电阻 $R_i$ 有否影响？改变外接电阻 $R_L$ 对输出电阻 $R_o$ 有否影响？

7）在测试 $A_u$、$R_i$ 和 $R_o$ 时怎样选择输入信号的大小和频率？

为什么信号频率一般选 1kHz，而不选 100kHz 或更高？

8）测试中，如果将函数信号发生器、交流毫伏表、示波器中任一仪器的二个测试端子接线换位（即各仪器的接地端不再连在一起），将会出现什么问题？

注：图 7-1-8 所示为共射极单管放大器与带有负反馈的两级放大器共用实验模块。如将 S1、S2 断开，则前级（Ⅰ）为典型电阻分压式单管放大器；如将 S1、S2 接通，则前级（Ⅰ）与后级（Ⅱ）接通，组成带有电压串联负反馈两级放大器。

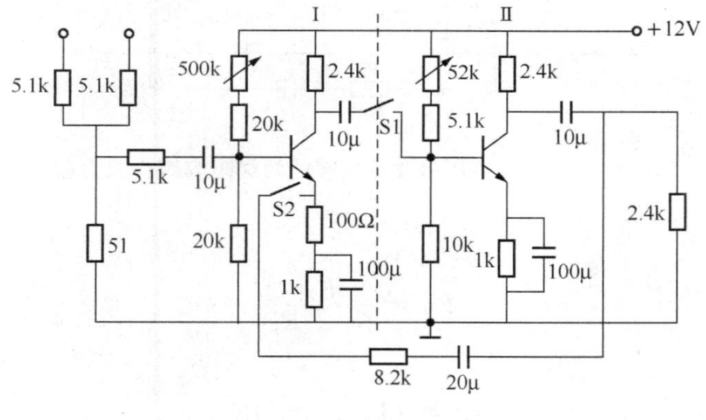


图 7-1-8

# 第二节　负反馈放大器

## 一、实验目的

加深理解放大电路中引入负反馈的方法和负反馈对放大器各项性能指标的影响。

## 二、实验原理

负反馈在电子电路中有着非常广泛的应用，虽然它使放大器的放大倍数降低，但能在多方面改善放大器的动态指标，如稳定放大倍数，改变输入、输出电阻，减小非线性失真和展宽通频带等。因此，几乎所有的实用放大器都带有负反馈。

负反馈放大器有四种组态，即电压串联、电压并联、电流串联、电流并联。本实验以电压串联负反馈为例，分析负反馈对放大器各项性能指标的影响。

1）图 7-2-1 为带有负反馈的两级阻容耦合放大电路，在电路中通过 $R_F$ 把输出电压 $u_o$ 引回到输入端，加在三极管 VT1 的发射极上，在发射极电阻 $R_{F1}$ 上形成反馈电压 $u_F$。根据反馈的判断法可知，它属于电压串联负反馈。

主要性能指标如下：

① 闭环电压放大倍数为

$$A_{uF}=\frac{A_u}{1+A_uF_u}$$

式中 $A_u=U_o/U_i$——基本放大器（无反馈）的电压放大倍数，即开环电压放大倍数；

$1+A_uF_u$——反馈深度，它的大小决定了负反馈对放大器性能改善的程度。

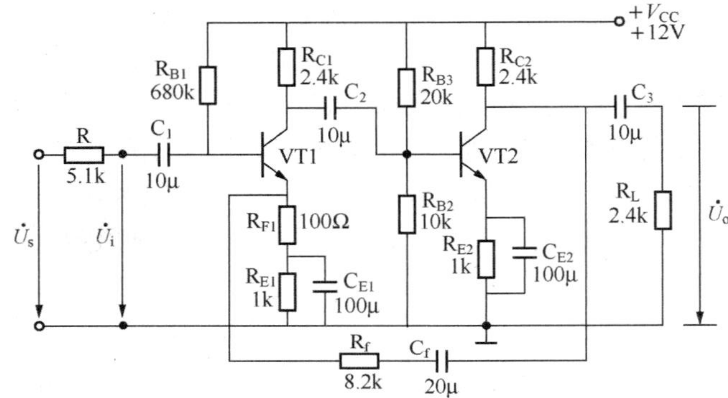


图 7-2-1 带有电压串联负反馈的两级阻容耦合放大器

② 反馈系数为

$$F_V=\frac{R_{F1}}{R_F+R_{F1}}$$

③ 输入电阻为

$$R_{iF}=(1+A_uF_V)R_i$$

式中 $R_i$——基本放大器的输入电阻。

④ 输出电阻为

$$R_{oF}=\frac{R_o}{1+A_{uo}F_V}$$

式中 $R_o$——基本放大器的输出电阻；

$A_{uo}$——基本放大器 $R_L=\infty$时的电压放大倍数。

2）本实验还需要测量基本放大器的动态参数，怎样实现无反馈而得到基本放大器呢？不能简单地断开反馈支路，而是要去掉反馈作用，但又要把反馈网络的影响（负载效应）考虑到基本放大器中去。为此：

① 在画基本放大器的输入回路时，因为是电压负反馈，所以可将负反馈放大器的输出端交流短路，即令 $u_o=0$，此时 $R_F$ 相当于并联在 $R_{F1}$ 上。

② 在画基本放大器的输出回路时，由于输入端是串联负反馈，因此需将反馈放大器的输入端（VT1 的射极）开路，此时（$R_F+R_{F1}$）相当于并接在输出端。可近似认为 $R_F$ 并接在输出端。

根据上述规律，就可得到图 7-2-2 所示的基本放大器。

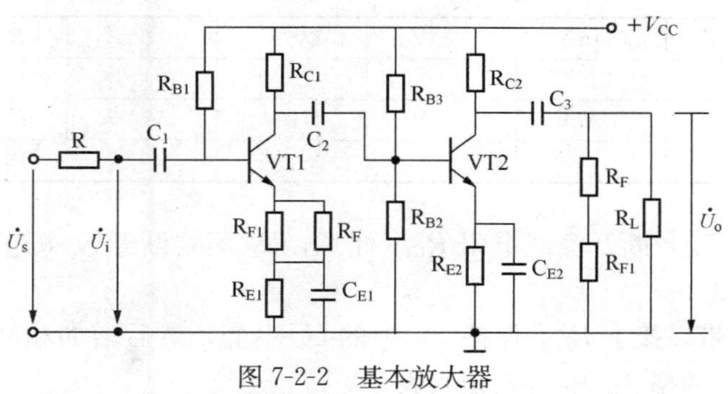


图 7-2-2　基本放大器

## 三、实验设备

实验设备见表 7-2-1。

**表 7-2-1　实验设备**

| 序号 | 名　称 | 型号与规格 | 数量 | 备注 |
|---|---|---|---|---|
| 1 | 直流电源 | +12V | | |
| 2 | 函数信号发生器 | | | |
| 3 | 双踪示波器 | | | |
| 4 | 频率计 | | | |
| 5 | 交流毫伏表 | | | |
| 6 | 直流电压表 | | | |
| 7 | 三极管 | 3DG6×2（$\beta$=50～100）或 9011×2 | | |
| 8 | 电阻器、电容器若干 | | | |

## 四、实验内容

### 1. 测量静态工作点

按图 7-2-2 连接实验电路，取 $V_{CC}=+12V$，$U_i=0$，用直流电压表分别测量第一级、第二级的静态工作点，记入表 7-2-2。

**表 7-2-2　实验数据**

| | $U_B$/V | $U_E$/V | $U_C$/V | $I_C$/mA |
|---|---|---|---|---|
| 第一级 | | | | |
| 第二级 | | | | |

### 2. 测试基本放大器的各项性能指标

将实验电路按图 7-2-2 改接，即把 $R_F$ 断开后分别并在 $R_{F1}$ 和 $R_L$ 上，其他连线不动。

1）测量中频电压放大倍数 $A_u$、输入电阻 $R_i$ 和输出电阻 $R_o$。

① 以 $f$=1kHz，$U_s$ 约 5mV 正弦信号输入放大器，用示波器监视输出波形 $u_o$，在 $u_o$ 不失真的情况下，用交流毫伏表测量 $U_s$、$U_i$、$U_L$，记入表 7-2-3。

**表 7-2-3　实验数据**

| 基本放大器 | $U_s$/mV | $U_i$/mV | $U_L$/V | $U_o$/V | $A_u$ | $R_i$/kΩ | $R_o$/kΩ |
|---|---|---|---|---|---|---|---|
| | | | | | | | |
| 负反馈放大器 | $U_s$/mV | $U_i$/mV | $U_L$/V | $U_o$/V | $A_{uF}$ | $R_{iF}$/kΩ | $R_{oF}$/kΩ |
| | | | | | | | |

② 保持 $U_s$ 不变，断开负载电阻 $R_L$（注意，$R_F$ 不要断开），测量空载时的输出电压 $U_o$，记入表 7-2-3。

2）测量通频带。接上 $R_L$，保持 1）中的 $U_s$ 不变，然后增加和减小输入信号的频率，找出上、下限频率 $f_H$ 和 $f_L$，记入表 7-2-4。

3. 测试负反馈放大器的各项性能指标

将实验电路恢复为图 7-2-1 的负反馈放大电路。适当加大 $U_s$（约 10mV），在输出波形不失真的条件下，测量负反馈放大器的 $A_{uF}$、$R_{iF}$和 $R_{oF}$，记入表 7-2-3；测量 $f_{HF}$和 $f_{LF}$，记入表 7-2-4。

**表 7-2-4　实验数据**

| 基本放大器 | $f_L$/kHz | $f_H$/kHz | Δf/kHz |
|---|---|---|---|
| | | | |
| 负反馈放大器 | $f_{LF}$/kHz | $f_{HF}$/kHz | $\Delta f_F$/kHz |
| | | | |

## 五、实验总结

1）将基本放大器和负反馈放大器动态参数的实测值和理论估算值列表进行比较。

2）根据实验结果，总结电压串联负反馈对放大器性能的影响。

## 六、预习要求

1）复习教材中有关负反馈放大器的内容。

2）按实验电路图 7-2-1 估算放大器的静态工作点（取 $\beta_1=\beta_2=100$）。

3）怎样把负反馈放大器改接成基本放大器？为什么要把 $R_F$ 并接在输入和输出端？

4）估算基本放大器的 $A_u$、$R_i$ 和 $R_o$；估算负反馈放大器的 $A_{uF}$、$R_{iF}$和 $R_{oF}$，并验算它们之间的关系。

5）如按深负反馈估算，则闭环电压放大倍数 $A_{uF}$=？和测量值是否一致？为什么？

6）如输入信号存在失真，能否用负反馈来改善？

7）怎样判断放大器是否存在自激振荡？如何进行消振？

注：如果实验装置上有放大器的固定实验模块，则可参考第一节中图 7-1-8 进行实验。

# 第三节　射极跟随器

## 一、实验目的

1）掌握射极跟随器的特性及测试方法。

2）进一步学习放大器各项参数测试方法。

## 二、实验原理

射极跟随器的原理图如图 7-3-1 所示。它是一个电压串联负反馈放大电路，它具有输入电阻高，输出电阻低，电压放大倍数接近于 1，输出电压能够在较大范围内跟随输入电压作线性变化以及输入、输出信号同相等特点。

射极跟随器的输出取自发射极，故称其为射极输出器。

### 1. 输入电阻 $R_i$

在图 7-3-1 中电路，有

$$R_i = r_{be} + (1+\beta)R_E$$

如考虑偏置电阻 $R_B$ 和负载 $R_L$ 的影响，则有

$$R_i = R_B \,/\!/\, [r_{be} + (1+\beta)(R_E \,/\!/\, R_L)]$$

由上式可知射极跟随器的输入电阻 $R_i$ 比共射极单管放大器的输入电阻 $R_i = R_B /\!/ r_{be}$ 要高得多，但由于偏置电阻 $R_B$ 的分流作用，输入电阻难以进一步提高。

输入电阻的测试方法同单管放大器，实验线路如图 7-3-2 所示。

$$R_i = \frac{U_i}{I_i} = \frac{U_i}{U_s - U_i}R$$

即只要测得 A、B 两点的对地电位即可计算出 $R_i$。

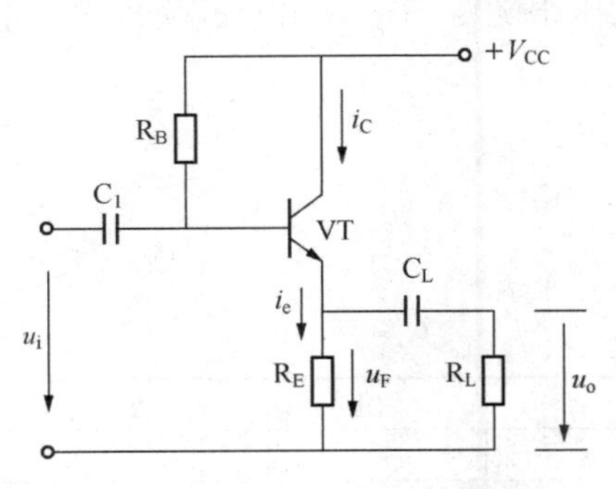

图 7-3-1　射极跟随器

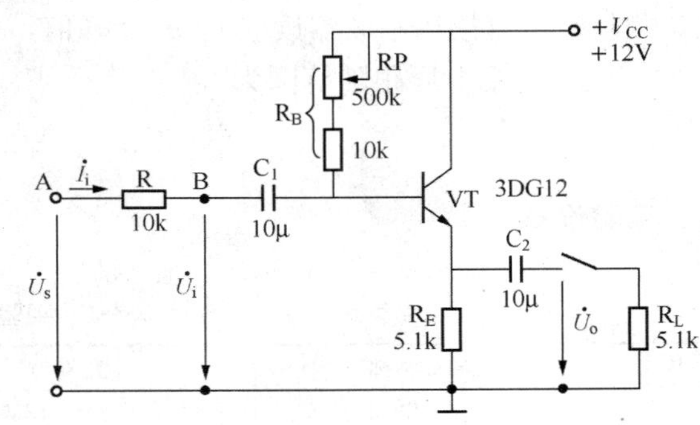

图 7-3-2　射极跟随器实验电路

### 2. 输出电阻 $R_o$

在图 7-3-1 电路中有

$$R_o = \frac{r_{be}}{\beta} \,/\!/\, R_E \approx \frac{r_{be}}{\beta}$$

如考虑信号源内阻 $R_s$，则有

$$R_o = \frac{r_{be} + (R_s // R_B)}{\beta} // R_E \approx \frac{r_{be} + (R_s // R_B)}{\beta}$$

由上式可知射极跟随器的输出电阻 $R_0$ 比共射极单管放大器的输出电阻 $R_o \approx R_C$ 低得多。三极管的 $\beta$ 越高，输出电阻越小。

输出电阻 $R_o$ 的测试方法亦同单管放大器，即先测出空载输出电压 $U_o$，再测接入负载 $R_L$ 后的输出电压 $U_L$，根据

$$U_L = \frac{R_L}{R_o + R_L} U_o$$

即可求出 $R_o$

$$R_o = \left(\frac{U_o}{U_L} - 1\right) R_L$$

3. 电压放大倍数

在图 7-3-1 电路中有

$$A_u = \frac{(1+\beta)(R_E // R_L)}{r_{be} + (1+\beta)(R_E // R_L)} \leqslant 1$$

上式说明射极跟随器的电压放大倍数小于等于 1，且为正值。这是深度电压负反馈的结果。但它的射极电流仍比基流大（$1+\beta$）倍，所以它具有一定的电流和功率放大作用。

4. 电压跟随范围

电压跟随范围是指射极跟随器输出电压 $u_o$ 跟随输入电压 $u_i$ 作线性变化的区域。当 $u_i$ 超过一定范围时，$u_o$ 便不能跟随 $u_i$ 作线性变化，即 $u_o$ 波形产生了失真。为了使输出电压 $u_o$ 正、负半周对称，并充分利用电压跟随范围，静态工作点应选在交流负载线中点，测量时可直接用示波器读取 $u_o$ 的峰峰值，即电压跟随范围；或用交流毫伏表读取 $u_o$ 的有效值，则电压跟随范围为

$$U_{oPP} = 2\sqrt{2} U_o$$

## 三、实验设备

表 7-3-1 实验设备

| 序号 | 名　称 | 型号与规格 | 数量 | 备注 |
|---|---|---|---|---|
| 1 | 直流电源 | +12V | | |
| 2 | 函数信号发生器 | | | |
| 3 | 双踪示波器 | | | |
| 4 | 交流毫伏表 | | | |
| 5 | 直流电压表 | | | |
| 6 | 频率计 | | | |
| 7 | | 3DG12×1（$\beta$=50～100）或 9013 | | |
| 8 | 电阻器、电容器若干 | | | |

## 四、实验内容

按图 7-3-2 组接电路。

1. 静态工作点的调整

接通+12V 直流电源，在 B 点加入 $f$=1kHz 正弦信号 $u_i$，输出端用示波器监视输出波形，反复调整 RP 及信号源的输出幅度，使在示波器的屏幕上得到一个最大不失真输出波形，然后置 $u_i$=0，用直流电压表测量三极管各电极对地电位，将测得数据记入表 7-3-2。

**表 7-3-2　实验数据**

| $U_E$/V | $U_B$/V | $U_C$/V | $I_E$/mA |
|---|---|---|---|
| | | | |

在下面整个测试过程中应保持 RP 值不变（即保持静工作点 $I_E$ 不变）。

2. 测量电压放大倍数 $A_u$

接入负载 $R_L$=1kΩ，在 B 点加 $f$=1kHz 正弦信号 $u_i$，调节输入信号幅度，用示波器观察输出波形 $u_o$，在输出最大不失真情况下，用交流毫伏表测 $U_i$、$U_L$ 值，记入表 7-3-3。

3. 测量输出电阻 $R_o$

接上负载 $R_L$=1kΩ，在 B 点加 $f$=1kHz 正弦信号 $u_i$，用示波器监视输出波形，测空载输出电压 $U_o$，有负载时输出电压 $U_L$，记入表 7-3-4。

**表 7-3-3　实验数据**

| $U_i$/V | $U_L$/V | $A_u$ |
|---|---|---|
| | | |

**表 7-3-4　实验数据**

| $U_o$/V | $U_L$/V | $R_o$/kΩ |
|---|---|---|
| | | |

4. 测量输入电阻 $R_i$

在 A 点加 $f$=1kHz 的正弦信号 $u_s$，用示波器监视输出波形，用交流毫伏表分别测出 A、B 点对地的电位 $U_s$、$U_i$，记入表 7-3-5。

5. 测试跟随特性

接入负载 $R_L$=1kΩ，在 B 点加入 $f$=1kHz 正弦信号 $u_i$，逐渐增大信号 ui 幅度，用示波器监视输出波形直至输出波形达最大不失真，测量对应的 $U_L$ 值，记入表 7-3-6。

表 7-3-5 实验数据

| $U_s$/V | $U_i$/V | $R_i$/kΩ |
|---|---|---|
| | | |

表 7-3-6 实验数据

| $U_i$/V | |
|---|---|
| $U_L$/V | |

6. 测试频率响应特性

保持输入信号 $u_i$ 幅度不变，改变信号源频率，用示波器监视输出波形，用交流毫伏表测量不同频率下的输出电压 $U_L$ 值，记入表 7-3-7。

表 7-3-7 实验数据

| $f$/kHz | |
|---|---|
| $U_L$/V | |

## 五、预习要求

1）复习射极跟随器的工作原理。

2）根据图 7-3-2 的元件参数值估算静态工作点，并画出交、直流负载线。

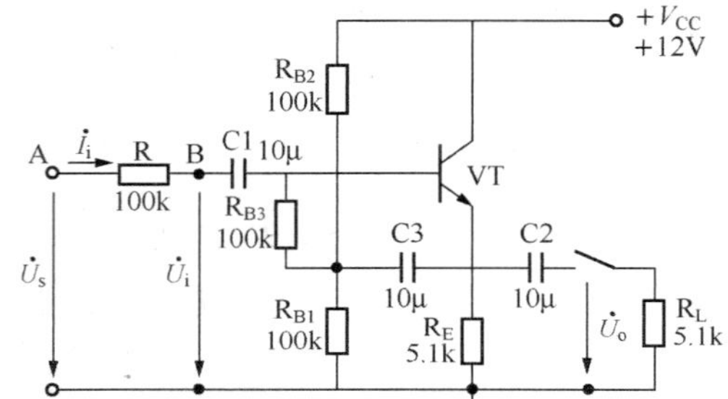


图 7-3-3 有自举电路的射极跟随器

## 六、实验报告

1）整理实验数据，并画出曲线 $U_L=f(U_i)$ 及 $U_L=f(f)$ 曲线。

2）分析射极跟随器的性能和特点。

注：采用自举电路的射极跟随器

在一些电子测量仪器中，为了减轻仪器对信号源所取用的电流，以提高测量精度，通常采用图 7-3-3 所示带有自举电路的射极跟随器，以提高偏置电路的等效电阻，从而保证射极跟随器有足够高的输入电阻。

# 第四节 差动放大器

## 一、实验目的

1）加深对差动放大器性能及特点的理解。

2）学习差动放大器主要性能指标的测试方法。

## 二、实验原理

图 7-4-1 是差动放大器的基本结构。它由两个元件参数相同的基本共射放大电路组成。当开关 S 拨向左边时，构成典型的差动放大器。调零电位器 RP 用来调节 VT1、VT2 的静态工作点，使得输入信号 $U_i=0$ 时，双端输出电压 $U_o=0$。$R_E$ 为两管共用的发射极电阻，它对差模信号无负反馈作用，因而不影响差模电压放大倍数，但对共模信号有较强的负反馈作用，故可以有效地抑制零漂，稳定静态工作点。

当开关 S 拨向右边时，构成具有恒流源的差动放大器。它用三极管恒流源代替发射极电阻 $R_E$，可以进一步提高差动放大器抑制共模信号的能力。

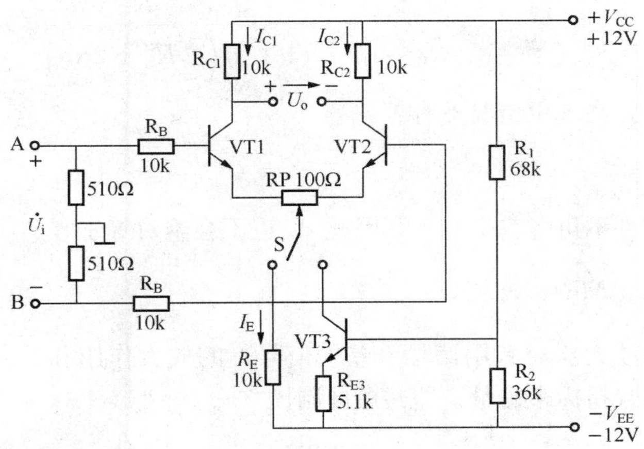


图 7-4-1　差动放大器实验电路

1. 静态工作点的估算

典型电路有

$$I_E \approx \frac{|V_{EE}| - U_{BE}}{R_E} (\text{认为 } U_{B1} = U_{B2} \approx 0)$$

$$I_{C1} = I_{C2} = \frac{1}{2} I_E$$

恒流源电路有

$$I_{C3} \approx I_{E3} \approx \frac{\frac{R_2}{R_1 + R_2}(V_{CC} + |V_{EE}|) - U_{BE}}{R_{E3}}$$

$$I_{C1} = I_{C1} = \frac{1}{2} I_{C3}$$

2. 差模电压放大倍数和共模电压放大倍数

当差动放大器的射极电阻 $R_E$ 足够大，或采用恒流源电路时，差模电压放大倍数 $A_d$ 由输出端方式决定，而与输入方式无关。

双端输出：$R_E = \infty$，RP 在中心位置时，有

$$A_d = \frac{\Delta U_o}{\Delta U_i} = -\frac{\beta R_C}{R_B + r_{be} + \frac{1}{2}(1+\beta) R_P}$$

单端输出

$$A_{d1} = \frac{\Delta U_{C1}}{\Delta U_i} = \frac{1}{2} A_d$$

$$A_{d2} = \frac{\Delta U_{C2}}{\Delta U_i} = -\frac{1}{2} A_d$$

当输入共模信号时，若为单端输出，则有

$$A_{c1}=A_{c2}=\frac{\Delta U_{c1}}{\Delta U_i}=\frac{-\beta R_C}{R_B+r_{be}+(1+\beta)\left(\frac{1}{2}R_P+2R_E\right)}\approx -\frac{R_C}{2R_E}$$

若为双端输出，在理想情况下有

$$A_c=\frac{\Delta U_o}{\Delta U_i}=0$$

实际上由于元件不可能完全对称，因此 $A_c$ 也不会绝对等于零。

3. 共模抑制比 *CMRR*

为了表征差动放大器对有用信号（差模信号）的放大作用和对共模信号的抑制能力，通常用一个综合指标来衡量，即共模抑制比

$$CMRR=\left|\frac{A_d}{A_c}\right| \quad 或 \ CMRR=20\mathrm{Log}\left|\frac{A_d}{A_c}\right|(\mathrm{dB})$$

差动放大器的输入信号可采用直流信号也可采用交流信号。本实验由函数信号发生器提供频率 $f$=1kHz 的正弦信号作为输入信号。

## 三、实验设备

实验设备见表 7-4-1。

**表 7-4-1 实验设备**

| 序号 | 名 称 | 型号与规格 | 数量 | 备注 |
|---|---|---|---|---|
| 1 | 直流电源 | ±12V | | |
| 2 | 函数信号发生器 | | | |
| 3 | 双踪示波器 | | | |
| 4 | 交流毫伏表 | | | |
| 5 | 直流电压表 | | | |
| 6 | 电阻器、电容器若干 | | | |
| 7 | 三极管 | 3DG6×3 | | 要求 VT1、VT2 特性参数一致（或 9011×3） |

## 四、实验内容

1. 典型差动放大器性能测试

按图 7-4-1 连接实验电路，开关 S 拨向左边构成典型差动放大器。

（1）测量静态工作点。

1）调节放大器零点。信号源不接入。将放大器输入端 A、B 与地短接，接通±12V 直流电源，用直流电压表测量输出电压 $U_o$，调节调零电位器 RP，使 $U_o$=0。调节要仔细，力求准确。

2）测量静态工作点。零点调好以后，用直流电压表测量 VT1、VT2 各电极电位及

射极电阻 $R_E$ 两端电压 $U_{RE}$，记入表 7-4-2。

**表 7-4-2　实验数据**

| | | | | | | | |
|---|---|---|---|---|---|---|---|
| 测量值 | $U_{C1}$/V | $U_{B1}$/V | $U_{E1}$/V | $U_{C2}$/V | $U_{B2}$/V | $U_{E2}$/V | $U_{RE}$/V |
| | | | | | | | |
| 计算值 | $I_C$/mA | | | $I_B$/mA | | $U_{CE}$/V | |
| | | | | | | | |

（2）测量差模电压放大倍数

断开直流电源，将函数信号发生器的输出端接放大器输入 A 端，地端接放大器输入 B 端构成单端输入方式，调节输入信号为频率 $f$=1kHz 的正弦信号，并使输出旋钮旋至零，用示波器监视输出端（集电极 C1 或 C2 与地之间）。

接通±12V 直流电源，逐渐增大输入电压 $U_i$（约 100mV），在输出波形无失真的情况下，用交流毫伏表测 $U_i$、$U_{C1}$、$U_{C2}$，记入表 7-4-3 中，并观察 $u_i$、$u_{C1}$、$u_{C2}$ 之间的相位关系及 $U_{RE}$ 随 $U_i$ 改变而变化的情况。

（3）测量共模电压放大倍数

将放大器 A、B 短接，信号源接 A 端与地之间，构成共模输入方式，调节输入信号 $f$=1kHz，$U_i$=1V，在输出电压无失真的情况下，测量 $U_{C1}$，$U_{C2}$ 之值记入表 7-4-3，并观察 $u_i$、$u_{C1}$，$u_{C2}$ 之间的相位关系及 $U_{RE}$ 随 $U_i$ 改变而变化的情况。

**表 7-4-3　实验数据**

| | 典型差动放大电路 | | 具有恒流源差动放大电路 | |
|---|---|---|---|---|
| | 单端输入 | 共模输入 | 单端输入 | 共模输入 |
| $U_i$ | 100mV | 1V | 100mV | 1V |
| $U_{C1}$/V | | | | |
| $U_{C2}$/V | | | | |
| $A_{d1}=\frac{U_{C1}}{U_i}$ | | — | | — |
| $A_d=\frac{U_o}{U_i}$ | | — | | — |
| $A_{c1}=\frac{U_{C1}}{U_i}$ | — | | — | |
| $A_c=\frac{U_o}{U_i}$ | — | | — | |
| $CMRR=\left\|\frac{A_{d1}}{A_{c1}}\right\|$ | | | | |

2. 具有恒流源的差动放大电路性能测试

将图 7-4-1 电路中开关 S 拨向右边，构成具有恒流源的差动放大电路。重复实验内容中 2)、3) 的要求，记入表 7-4-3。

## 五、实验总结

1）整理实验数据，列表比较实验结果和理论估算值，分析误差原因。

① 静态工作点和差模电压放大倍数。

② 典型差动放大电路单端输出时的 *CMRR* 实测值与理论值比较

③ 典型差动放大电路单端输出时 *CMRR* 的实测值与具有恒流源的差动放大器 *CMRR* 实测值比较。

2）比较 $u_i$、$u_{C1}$ 和 $u_{C2}$ 之间的相位关系。

3）根据实验结果，总结电阻 $R_E$ 和恒流源的作用。

## 六、预习要求

1）根据实验电路参数，估算典型差动放大器和具有恒流源的差动放大器的静态工作点及差模电压放大倍数（取 $\beta_1=\beta_2=100$）。

2）测量静态工作点时，放大器输入端 A、B 与地应如何连接？

3）实验中怎样获得双端和单端输入差模信号？怎样获得共模信号？画出 A、B 端与信号源之间的连接图。

4）怎样进行静态调零点？用什么仪表测 $U_o$？

5）怎样用交流毫伏表测双端输出电压 $U_o$？

# 第五节　集成运算放大器指标测试

## 一、实验目的

1）掌握运算放大器主要指标的测试方法。

2）通过对运算放大器 μA741 指标的测试，了解集成运算放大器组件的主要参数的定义和表示方法。

## 二、实验原理

集成运算放大器（简称集成运放）是一种线性集成电路，和其他半导体器件一样，它是用一些性能指标来衡量其质量的优劣。为了正确使用集成运放，就必须了解它的主要参数指标。集成运放组件的各项指标通常是由专用仪器进行测试的，这里介绍的是一种简易测试方法。

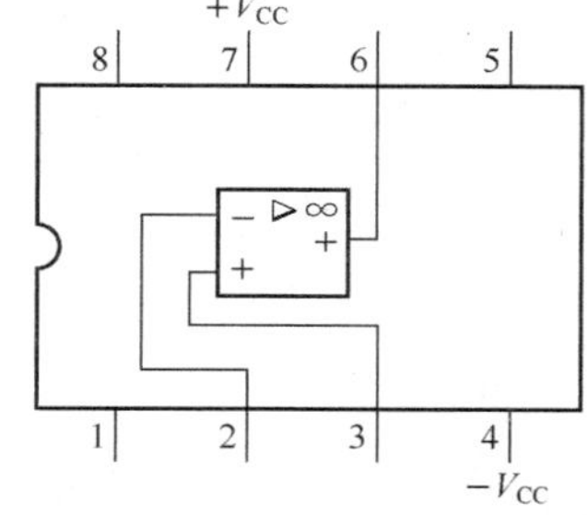

图 7-5-1　μA741 引脚图

本实验采用的集成运放型号为 μA741（或 F007），引脚排列如图 7-5-1 所示，它是八脚双列直插式组件，2 脚和 3 脚为反相和同相输入端，6 脚为输出端，7 脚和 4 脚为正、负电源端，1 脚和 5 脚为失调调零端，1、5 脚之间可接入一只几十千欧的电位器并将滑动触点接到负电源端。8 脚为空脚。

1. $\mu$A741 主要指标测试

(1) 输入失调电压 $U_{oS}$

理想运放组件，当输入信号为零时，其输出也为零。但是即使是最优质的集成组件，由于运放内部差动输入级参数的不完全对称，输出电压往往不为零。这种零输入时输出不为零的现象称为集成运放的失调。

输入失调电压 $U_{oS}$ 是指输入信号为零时，输出端出现的电压折算到同相输入端的数值。

失调电压测试电路如图 7-5-2 所示。闭合开关 S1 及 S2，使电阻 $R_B$ 短接，测量此时的输出电压 $U_{o1}$ 即为输出失调电压，则输入失调电压为

$$U_{oS} = \frac{R_1}{R_1 + R_F} U_{o1}$$

实际测出的 $U_{o1}$ 可能为正，也可能为负，一般在 1～5mV，对于高质量的运放 $U_{oS}$ 在 1mV 以下。

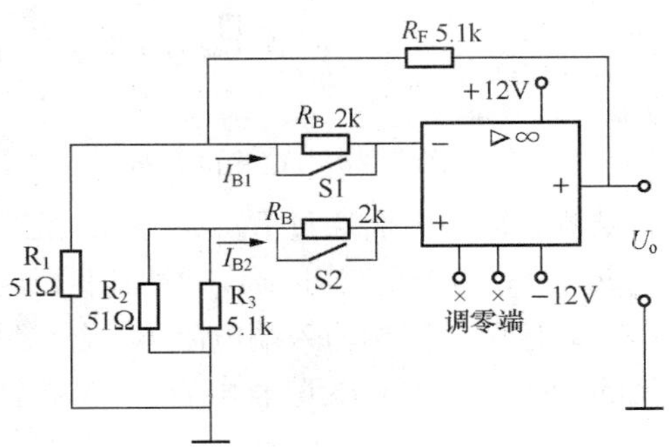


图 7-5-2　$U_{oS}$、$I_{oS}$ 测试电路

测试中应注意：将运放调零端开路，要求电阻 $R_1$、$R_2$、$R_3$ 和 $R_F$ 的参数严格对称。

(2) 输入失调电流 $I_{oS}$

输入失调电流 $I_{oS}$ 是指当输入信号为零时，运放的两个输入端的基极偏置电流之差，即

$$I_{oS} = |I_{B1} - I_{B2}|$$

输入失调电流的大小反映了运放内部差动输入级两只三极管 β 的失配度，由于 $I_{B1}$、$I_{B2}$ 本身的数值已很小（微安级），因此它们的差值通常不是直接测量的，测试电路如图 7-5-2所示，测试分两步进行。

1）闭合开关 S1 及 S2，在低输入电阻下，测出输出电压 $U_{o1}$，如前所述，这是由输入失调电压 $U_{oS}$ 所引起的输出电压。

2）断开 S1 及 S2，两个输入电阻 $R_B$ 接入，由于 $R_B$ 阻值较大，流经它们的输入电流的差异，将变成输入电压的差异，因此，也会影响输出电压的大小，可见测出两个电阻 $R_B$ 接入时的输出电压 $U_{o2}$，若从中扣除输入失调电压 $U_{oS}$ 的影响，则输入失调电流 $I_{oS}$ 为

$$I_{oS} = |I_{B1} - I_{B2}| = |U_{o2} - U_{o1}| \frac{R_1}{R_1 + R_F} \frac{1}{R_B}$$

一般 $I_{oS}$ 为几十纳安至几百纳安（$7.10^{-9}$A），高质量运放 $I_{oS}$ 低于 1nA。

测试中应注意：将运放调零端开路，两输入端电阻 $R_B$ 必须精确配对。

(3) 开环差模放大倍数 $A_{ud}$

集成运放在没有外部反馈时的直流差模放大倍数称为开环差模电压放大倍数，用

$A_{ud}$表示。它定义为开环输出电压$U_o$与两个差分输入端之间所加信号电压$U_{id}$之比，即

$$A_{ud}=\frac{U_o}{U_{id}}$$

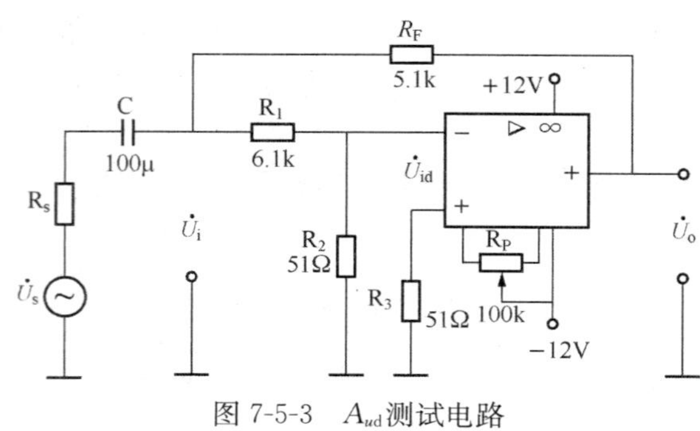


图 7-5-3　$A_{ud}$测试电路

按定义$A_{ud}$应是信号频率为零时的直流放大倍数，但为了测试方便，通常采用低频（几十赫以下）正弦交流信号进行测量。由于集成运放的开环电压放大倍数很高，难以直接进行测量，故一般采用闭环测量方法。$A_{ud}$的测试方法很多，现采用交、直流同时闭环的测试方法，如图 7-5-3 所示。

被测运放一方面通过$R_F$、$R_1$、$R_2$完成直流闭环，以抑制输出电压漂移，另一方面通过$R_F$和$R_S$实现交流闭环，外加信号$u_S$经$R_1$、$R_2$分压，使$u_{id}$足够小，以保证运放工作在线性区，同相输入端电阻$R_3$应与反相输入端电阻$R_2$相匹配，以减小输入偏置电流的影响，电容 C 为隔直电容。被测运放的开环电压放大倍数为

$$A_{ud}=\frac{U_o}{U_{id}}=\left(1+\frac{R_1}{R_2}\right)\frac{U_o}{U_i}$$

通常低增益运放$A_{ud}$为 60～70dB，中增益运放约为 80dB，高增益运放在 100dB 以上，可达 120～140dB。

测试中应注意：

1）测试前电路应首先消振及调零。

2）被测运放要工作在线性区。

3）输入信号频率应较低，一般用 50～100Hz，输出信号幅度应较小，且无明显失真。

（4）共模抑制比 *CMRR*

集成运放的差模电压放大倍数$A_d$与共模电压放大倍数$A_c$之比称为共模抑制比，即

$$CMRR=\left|\frac{A_d}{A_c}\right| \quad 或\ CMRR=20\lg\left|\frac{A_d}{A_c}\right|(\mathrm{dB})$$

共模抑制比在应用中是一个很重要的参数，理想运放对输入共模信号的输出为零，但在实际的集成运放中，其输出不可能没有共模信号的成分，输出端共模信号越小，说明电路对称性越好，也就是说运放对共模干扰信号的抑制能力越强，即 *CMRR* 越大。*CMRR* 的测试电路如图 7-5-4 所示。

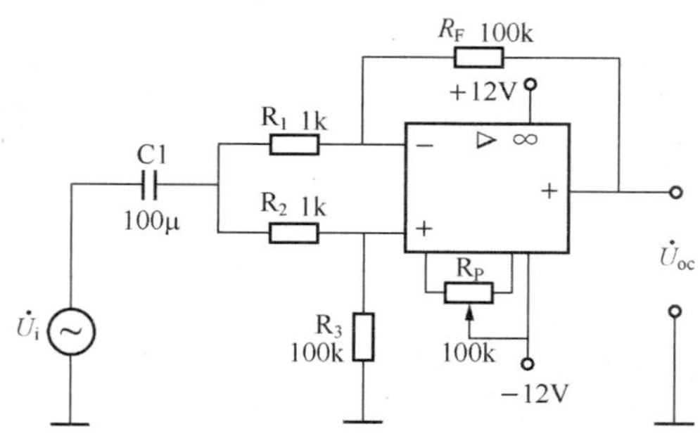


图 7-5-4　*CMRR* 测试电路

集成运放工作在闭环状态下的差模电压放大倍数为

$$A_d = -\frac{R_F}{R_1}$$

当接入共模输入信号 $U_{ic}$ 时，测得 $U_{oc}$，则共模电压放大倍数为

$$A_c = \frac{U_{oc}}{U_{ic}}$$

得共模抑制比

$$CMRR = \left|\frac{A_d}{A_c}\right| = \frac{R_F}{R_1}\frac{U_{ic}}{U_{oc}}$$

测试中应注意：

1）消振与调零。

2）R1 与 R2、R3 与 $R_F$ 之间阻值严格对称。

3）输入信号 $U_{ic}$ 幅度必须小于集成运放的最大共模输入电压范围 $U_{icm}$。

（5）共模输入电压范围 $U_{icm}$

集成运放所能承受的最大共模电压称为共模输入电压范围，超出这个范围，运放的 $CMRR$ 会大大下降，输出波形产生失真，有些运放还会出现“自锁”现象以及永久性的损坏。

$U_{icm}$ 的测试电路如图 7-5-5 所示。

被测运放接成电压跟随器形式，输出端接示波器，观察最大不失真输出波形，从而确定 $U_{icm}$ 值。

（6）输出电压最大动态范围 $U_{oPP}$

集成运放的动态范围与电源电压、外接负载及信号源频率有关。测试电路如图 7-5-6 所示。

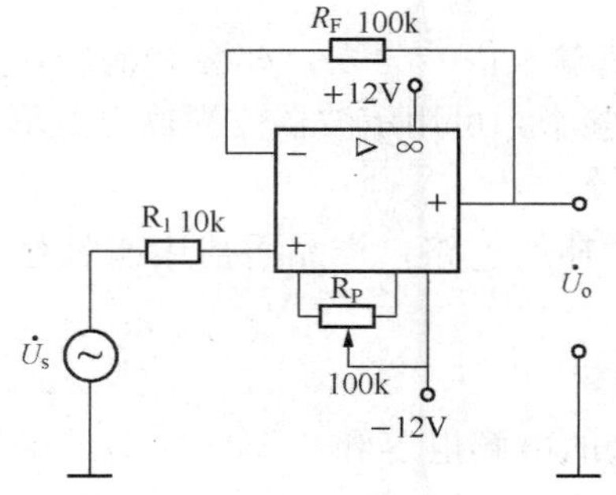


图 7-5-5　$U_{icm}$ 测试电路

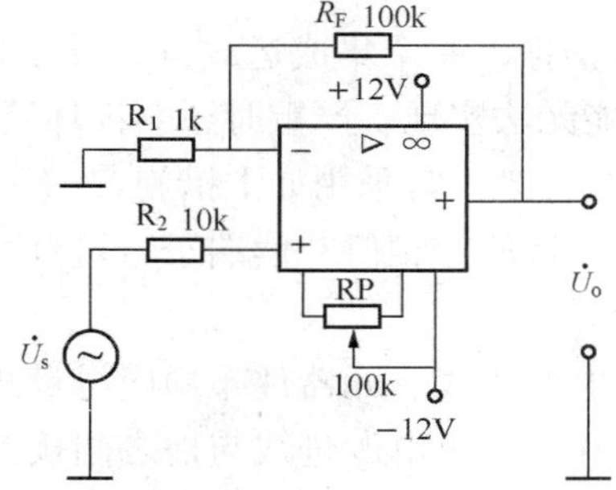


图 7-5-6　$U_{oPP}$ 测试电路

改变 $u_s$ 幅度，观察 $u_o$ 削顶失真开始时刻，从而确定 $u_o$ 的不失真范围，这就是运放在某一定电源电压下可能输出的电压峰峰值 $U_{oPP}$。

### 2. 集成运放在使用时应考虑的一些问题

1）输入信号选用交、直流量均可，但在选取信号的频率和幅度时，应考虑运放的频响特性和输出幅度的限制。

2）调零。为提高运算精度，在运算前，应首先对直流输出电位进行调零，即保证

输入为零时，输出也为零。当运放有外接调零端子时，可按组件要求接入调零电位器RP，调零时，将输入端接地，调零端接入电位器RP，用直流电压表测量输出电压$U_o$，细心调节RP，使$U_o$为零（即失调电压为零）。如运放没有调零端子，若要调零，可按图7-5-7所示电路进行调零。

一个运放如不能调零，大致有如下原因：

① 组件正常，接线有错误。

② 组件正常，但负反馈不够强（$R_F/R_1$ 太大），为此可将$R_F$短路，观察是否能调零。

③ 组件正常，但由于它所允许的共模输入电压太低，可能出现自锁现象，因而不能调零。为此可将电源断开后，再重新接通，如能恢复正常，则属于这种情况。

④ 组件正常，但电路有自激现象，应进行消振。

⑤ 组件内部损坏，应更换好的运放。

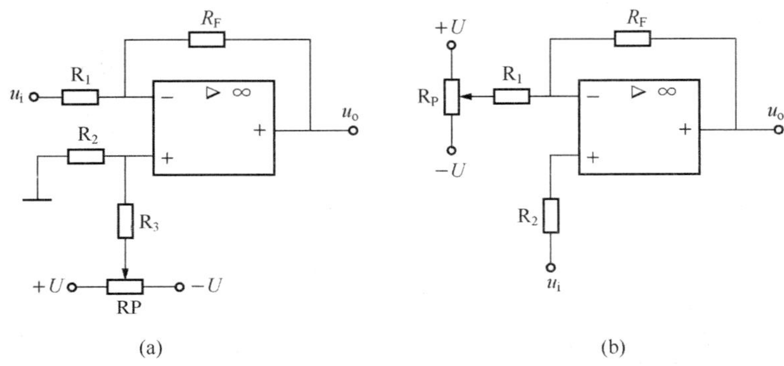


图7-5-7 调零电路

3）消振。一个集成运放自激时，表现为即使输入信号为零，亦会有输出，使各种运算功能无法实现，严重时还会损坏器件。在实验中，可用示波器监视输出波形。为消除运放的自激，常采用如下措施：

① 若运放有相位补偿端子，可利用外接RC补偿电路，产品手册中有补偿电路及元件参数。

② 电路布线、元器件布局应尽量减少分布电容。

③ 在正、负电源进线与地之间接上几十微法的电解电容和0.01～0.1μF的陶瓷电容相器并联以减小电源引线的影响。

## 三、实验设备

实验设备见表7-5-1。

**表7-5-1 实验设备**

| 序号 | 名　称 | 型号与规格 | 数量 | 备注 |
|---|---|---|---|---|
| 1 | 直流电源 | ±12V | | |
| 2 | 函数信号发生器 | | | |

续表

| 序号 | 名　称 | 型号与规格 | 数量 | 备注 |
|---|---|---|---|---|
| 3 | 双踪示波器 | | | |
| 4 | 交流毫伏表 | | | |
| 5 | 直流电压表 | | | |
| 6 | 集成运算放大器 | μA741×1 | | |
| 7 | 电阻器 | | | |
| 8 | 电容器 | | | |

## 四、实验内容

实验前看清运放引脚排列及电源电压极性及数值，切忌正、负电源接反。

1. 测量输入失调电压 $U_{oS}$

按图 7-5-2 连接实验电路，闭合开关 S1、S2，用直流电压表测量输出端电压 $U_{o1}$，并计算 $U_{oS}$，记入表 7-5-2。

**表 7-5-2　实验数据**

| $U_{oS}$/mV | | $I_{oS}$/nA | | $A_{ud}$/dB | | $CMRR$/dB | |
|---|---|---|---|---|---|---|---|
| 实测值 | 典型值 | 实测值 | 典型值 | 实测值 | 典型值 | 实测值 | 典型值 |
| | 2～10 | | 50～100 | | 100～106 | | 80～86 |

2. 测量输入失调电流 $I_{oS}$

实验电路如图 7-5-2 所示，断开开关 S1、S2，用直流电压表测量 $U_{o2}$，并计算 $I_{oS}$，记入表 7-5-2。

3. 测量开环差模电压放大倍数 $A_{ud}$

按图 7-5-3 连接实验电路，运放输入端加频率 100Hz、大小为 30～50mV 正弦信号，用示波器监视输出波形。用交流毫伏表测量 $U_o$ 和 $U_i$，并计算 $A_{ud}$。记入表 7-5-2。

4. 测量共模抑制比 $CMRR$

按图 7-5-4 连接实验电路，运放输入端加 $f=100$Hz，$U_{ic}=1\sim2$V 正弦信号，监视输出波形。测量 $U_{oc}$ 和 $U_{ic}$，计算 $A_c$ 及 $CMRR$，记入表 7-5-1。

5. 测量共模输入电压范围 $U_{icm}$ 及输出电压最大动态范围 $U_{oPP}$

自拟实验步骤及方法。

## 五、实验总结

1）将所测得的数据与典型值进行比较。

2）对实验结果及实验中碰到的问题进行分析、讨论。

## 六、预习要求

1）查阅 μA741 典型指标数据及引脚功能。

2）测量输入失调参数时，为什么运放反相及同相输入端的电阻要精选，以保证严格对称。

3）测量输入失调参数时，为什么要将运放调零端开路，而在进行其他测试时，则要求对输出电压进行调零？

4）测试信号的频率选取的原则是什么？

# 第六节　集成运算放大器的基本应用（Ⅰ）——模拟运算电路

## 一、实验目的

1）研究由集成运算放大器组成的比例、加法、减法和积分等基本运算电路的功能。

2）了解运算放大器在实际应用时应考虑的一些问题。

## 二、实验原理

集成运算放大器是一种具有高电压放大倍数的直接耦合多级放大电路。当外部接入不同的线性或非线性元器件组成输入和负反馈电路时，可以灵活地实现各种特定的函数关系。在线性应用方面，可组成比例、加法、减法、积分、微分、对数等模拟运算电路。

### 1. 理想运算放大器特性

在大多数情况下，将运放视为理想运放，就是将运放的各项技术指标理想化，满足下列条件的运算放大器称为理想运放。

开环电压增益　$A_{ud}=\infty$　　输入阻抗　$r_i=\infty$

输出阻抗　$r_o=0$　　带宽　$f_{BW}=\infty$

失调与漂移均为零等。

理想运放在线性应用时的两个重要特性：

1）输出电压 $U_o$ 与输入电压之间满足关系式，即

$$U_o = A_{ud}(U_+ - U_-)$$

由于 $A_{ud}=\infty$，而 $U_o$ 为有限值，因此，$U_+ - U_- \approx 0$。即 $U_+ \approx U_-$，称为“虚短”。

2）由于 $r_i=\infty$，故流进运放两个输入端的电流可视为零，即 $I_{IB}=0$，称为“虚断”。这说明运放对其前级吸取电流极小。

上述两个特性是分析理想运放应用电路的基本原则，可简化运放电路的计算。

## 2. 基本运算电路

(1) 反相比例运算电路

电路如图 7-6-1 所示。对于理想运放，该电路的输出电压与输入电压之间的关系为

$$U_o = -\frac{R_F}{R_1}U_i$$

为了减小输入级偏置电流引起的运算误差，在同相输入端应接入平衡电阻 $R_2 = R_1 // R_F$。

(2) 反相加法运算电路

电路如图 7-6-2 所示，输出电压与输入电压之间的关系为

$$U_o = -\left(\frac{R_F}{R_1}U_{i1} + \frac{R_F}{R_2}U_{i2}\right) \qquad R_3 = R_1 // R_2 // R_F$$

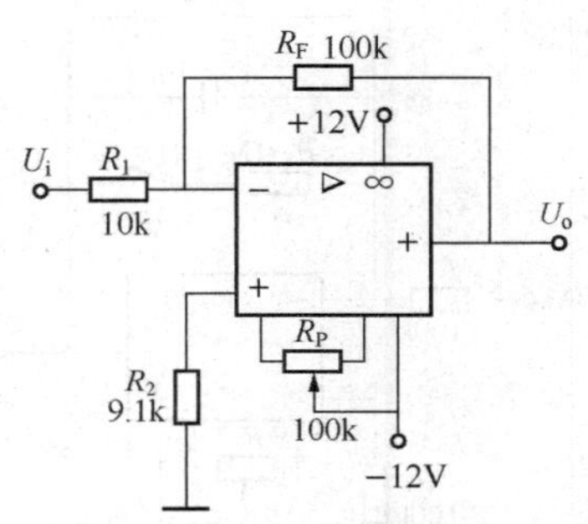

图 7-6-1　反相比例运算电路

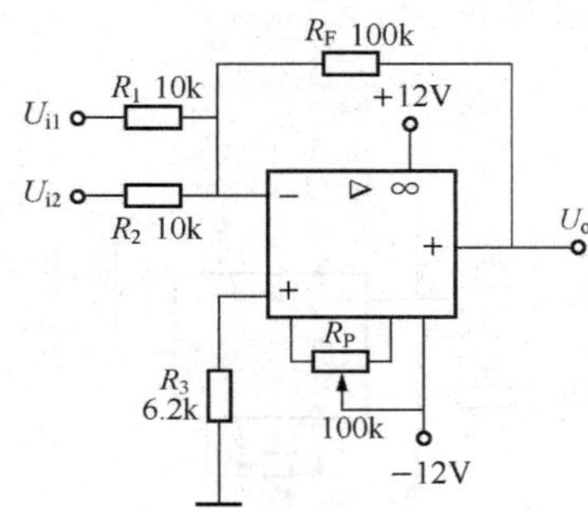

图 7-6-2　反相加法运算电路

(3) 同相比例运算电路

图 7-6-3 (a) 是同相比例运算电路，它的输出电压与输入电压之间的关系为

$$U_o = \left(1 + \frac{R_F}{R_1}\right)U_i \quad R_2 = R_1 // R_F$$

当 $R_1 \to \infty$ 时，$U_o = U_i$，即得到图 7-6-3 (b) 所示的电压跟随器。图中 $R_2 = R_F$，用以减小漂移和起保护作用。一般 $R_F$ 取 10kΩ，$R_F$ 太小起不到保护作用，太大则影响跟随性。

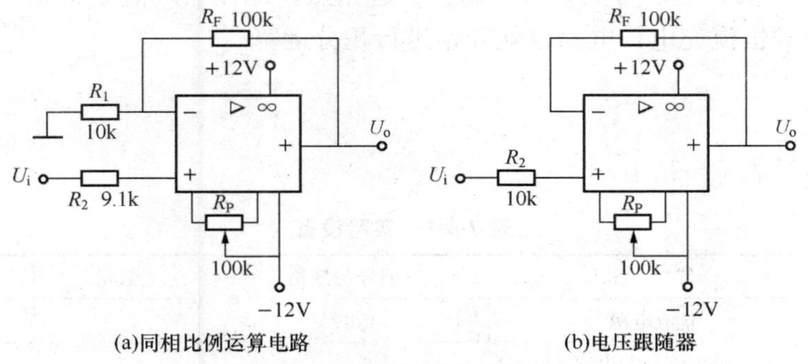

图 7-6-3　同相比例运算电路

(4) 差动放大电路（减法器）

对于图 7-6-4 所示的减法运算电路，当 $R_1 = R_2$，$R_3 = R_F$ 时，有如下关系式

$$U_o = \frac{R_F}{R_1}(U_{i2} - U_{i1})$$

(5) 积分运算电路

电路如图 7-6-5 所示。在理想化条件下，输出电压 $u_o$ 为

$$u_o(t) = -\frac{1}{R_1C}\int_0^t u_i \mathrm{d}t + u_C(0)$$

式中，$u_C(0)$ 是 $t=0$ 时刻电容 C 两端的电压值，即初始值。

如果 $u_i(t)$ 是幅值为 $E$ 的阶跃电压，并设 $u_C(0)=0$，则有

$$u_o(t) = -\frac{1}{R_1C}\int_0^t E\mathrm{d}t = -\frac{E}{R_1C}t$$

即输出电压 $u_o(t)$ 随时间增长而线性下降。显然 $RC$ 的数值越大，达到给定的 $U_o$ 值所需的时间就越长。积分输出电压所能达到的最大值受集成运放最大输出范围的限值。

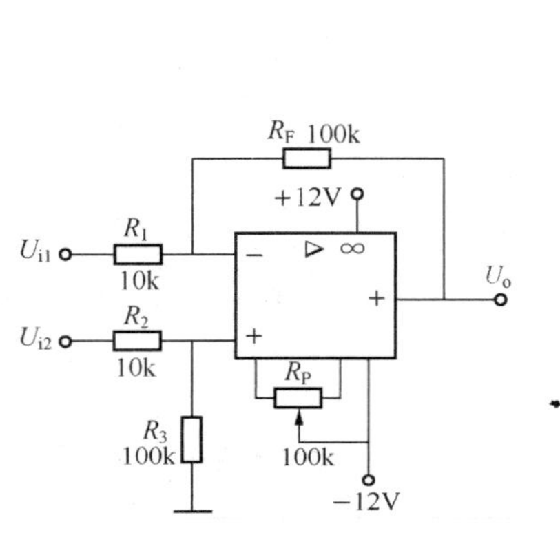


图 7-6-4　减法运算电路

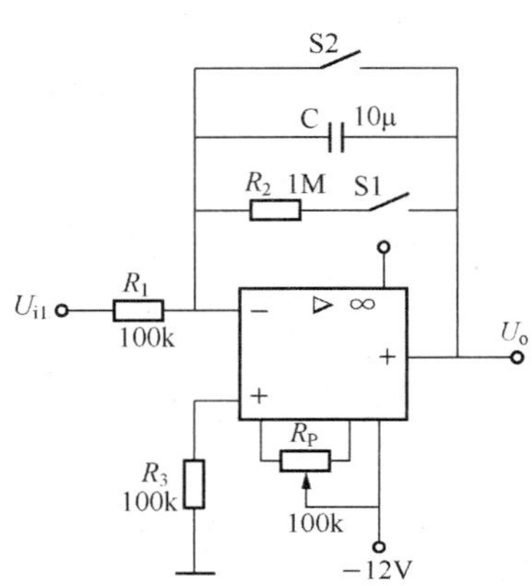


图 7-6-5　积分运算电路

在进行积分运算之前，首先应对运放调零。为了便于调节，将图中 S1 闭合，即通过电阻 R2 的负反馈作用帮助实现调零。但在完成调零后，应将 S1 打开，以免因 R2 的接入造成积分误差。S2 的设置一方面为积分电容放电提供通路，同时可实现积分电容初始电压 $u_C(0)=0$，另一方面，可控制积分起始点，即在加入信号 $u_i$ 后，只要 S2 一断开，电容就将被恒流充电，电路也就开始进行积分运算。

## 三、实验设备

实验设备见表 7-6-1。

**表 7-6-1　实验设备**

| 序号 | 名　称 | 型号与规格 | 数量 | 备注 |
|---|---|---|---|---|
| 1 | 直流电源 | ±12V | | |
| 2 | 函数信号发生器 | | | |
| 3 | 交流毫伏表 | | | |
| 4 | 直流电压表 | | | |
| 5 | 集成运算放大器 | μA741×1 | | |
| 6 | 电阻器、电容器若干 | | | |

## 四、实验内容

实验前要看清运放组件各引脚的位置；切忌正、负电源极性接反和输出端短路，否则将会损坏集运放。

1. 反相比例运算电路

1）按图 7-6-1 连接实验电路，接通±12V 电源，输入端对地短路，进行调零和消振。

2）输入 $f=100\text{Hz}$，$U_i=0.5\text{V}$ 的正弦交流信号，测量相应的 $U_o$，并用示波器观察 $u_o$ 和 $u_i$ 的相位关系，记入表 7-6-2。

**表 7-6-2　$U_i=0.5\text{V}$，$f=100\text{Hz}$**

| $U_i$/V | $U_o$/V | $u_i$ 波形 | $u_o$ 波形 | $A_u$ | |
|---|---|---|---|---|---|
| | | | | 实测值 | 计算值 |
| | | $u_i$ O t | $u_o$ O t | | |

2. 同相比例运算电路

1）按图 7-6-3（a）连接实验电路。实验步骤同实验内容 1，将结果记入表 7-6-3。

2）将图 7-6-3（a）中的 $R_1$ 断开，得图 7-6-3（b）电路重复内容 1）。

**表 7-6-3　$U_i=0.5\text{V}$　$f=100\text{Hz}$**

| $U_i$/V | $U_o$/V | $u_i$ 波形 | $u_o$ 波形 | $A_u$ | |
|---|---|---|---|---|---|
| | | | | 实测值 | 计算值 |
| | | $u_i$ O t | $u_o$ O t | | |

3. 反相加法运算电路

1）按图 7-6-2 连接实验电路，调零和消振。

2）输入信号采用直流信号，图 7-6-6 所示电路为简易直流信号源，由实验者自行完成。实验时要注意选择合适的直流信号幅度以确保集成运放工作在线性区。用直流电压表测量输入电压 $U_{i1}$、$U_{i2}$ 及输出电压 $U_o$，记入表 7-6-4。

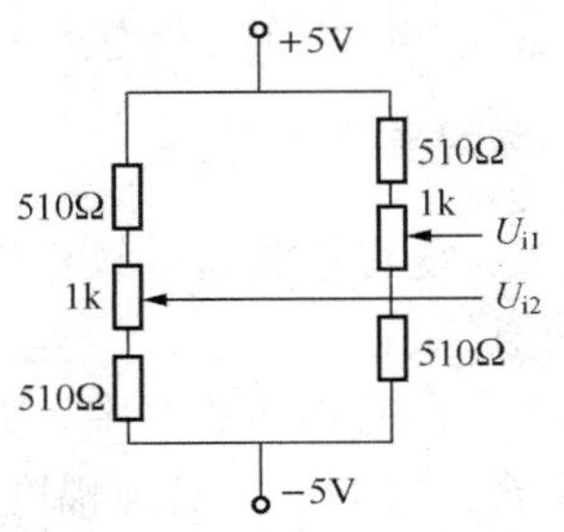


图 7-6-6　简易可调直流信号源

**表 7-6-4　实验数据**

| $U_{i1}$/V | | | | | |
|---|---|---|---|---|---|
| $U_{i2}$/V | | | | | |
| $U_o$/V | | | | | |

4. 减法运算电路

1）按图 7-6-4 连接实验电路，调零和消振。

2）采用直流输入信号，实验步骤同实验内容 3，记入表 7-6-5。

表 7-6-5　实验数据

| $U_{i1}$/V | | | | | |
|---|---|---|---|---|---|
| $U_{i2}$/V | | | | | |
| $U_o$/V | | | | | |

5. 积分运算电路

实验电路如图 7-6-5 所示。

1）断开 S2，闭合 S1，对运放输出进行调零。

2）调零完成后，再断开 S1，闭合 S2，使 $u_C(0)=0$。

3）预先调好直流输入电压 $U_i=0.5$V，接入实验电路，再断开 S2，然后用直流电压表测量输出电压 $U_o$，每隔 5s 读一次 $U_o$，记入表 7-6-6，直到 $U_o$ 不继续明显增大为止。

表 7-6-6　实验数据

| $t$/s | 0 | 5 | 10 | 15 | 20 | 25 | 30 | …… |
|---|---|---|---|---|---|---|---|---|
| $U_o$/V | | | | | | | | |

## 五、实验总结

1）整理实验数据，画出波形图（注意波形间的相位关系）。

2）将理论计算结果和实测数据相比较，分析产生误差的原因。

3）分析讨论实验中出现的现象和问题。

## 六、预习要求

1）复习集成运放线性应用部分内容，并根据实验电路参数计算各电路输出电压的理论值。

2）在反相加法器中，如 $U_{i1}$ 和 $U_{i2}$ 均采用直流信号，并选定 $U_{i2}=-1$V，当考虑到运算放大器的最大输出幅度（±12V）时，$|U_{i1}|$ 的大小不应超过多少伏？

3）在积分电路中，如 $R_1=100$kΩ，$C=4.7\mu$F，求时间常数。

假设 $U_i=0.5$V，问要使输出电压 $U_o$ 达到 5V，需多长时间（设 $u_C(0)=0$）？

4）为了不损坏集成运放，实验中应注意什么问题？

# 第七节　集成运算放大器的基本应用（Ⅱ）——有源滤波器

## 一、实验目的

1）熟悉用运放、电阻和电容组成有源低通滤波器、高通滤波器和带通滤波器、带阻滤波器。

2）学会测量有源滤波器的幅频特性。

## 二、实验原理

由 RC 元件与运算放大器组成的滤波器称为 RC 有源滤波器，其功能是让一定频率范围内的信号通过，抑制或急剧衰减此频率范围以外的信号。可用在信息处理、数据传输、抑制干扰等方面，但因受运算放大器频带限制，这类滤波器主要用于低频范围。根据对频率范围的选择不同，可分为低通（LPF）、高通（HPF）、带通（BPF）与带阻（BEF）等四种滤波器，它们的幅频特性如图 7-7-1 所示。

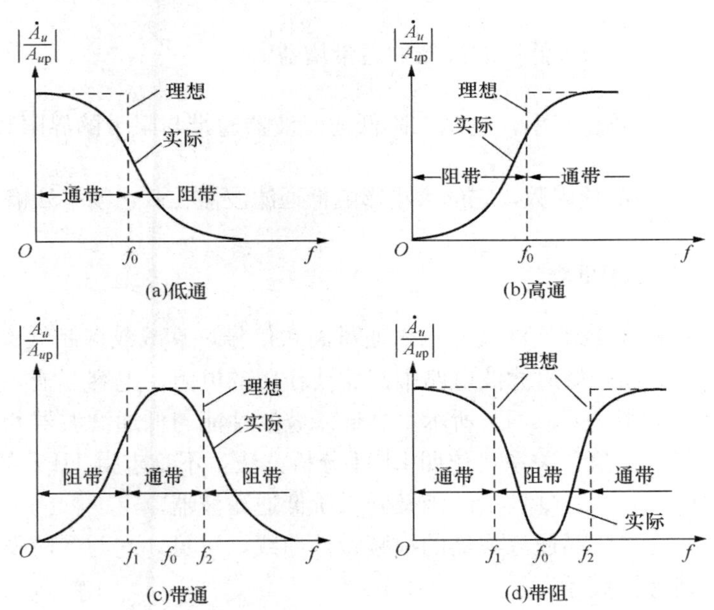


图 7-7-1　四种滤波电路的幅频特性示意图

具有理想幅频特性的滤波器是很难实现的，只能用实际的幅频特性去逼近理想的。一般来说，滤波器的幅频特性越好，其相频特性越差，反之亦然。滤波器的阶数越高，幅频特性衰减的速率越快，但 RC 网络的节数越多，元件参数计算越烦琐，电路调试越困难。任何高阶滤波器均可以用较低的二阶 RC 有滤波器级联实现。

### 1. 低通滤波器（LPF）

低通滤波器是用来通过低频信号衰减或抑制高频信号。

图 7-7-2（a）所示为典型的二阶有源低通滤波器。它由两级 RC 滤波环节与同相比例运算电路组成，其中第一级电容 C 接至输出端，引入适量的正反馈，以改善幅频特性。

图 7-7-2（b）为二阶低通滤波器幅频特性曲线。

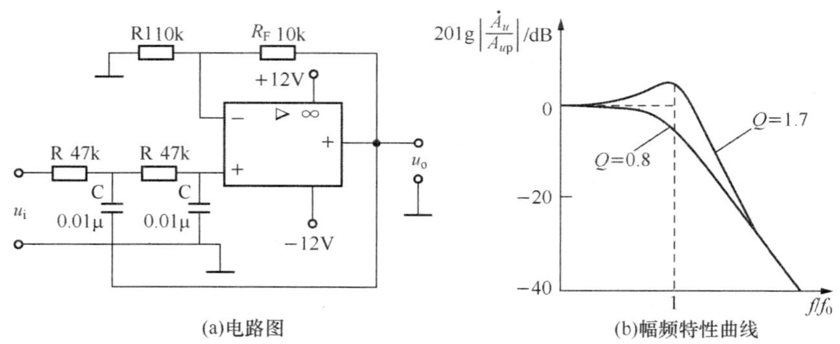


图 7-7-2　二阶低通滤波器

电路性能参数如下：

$A_{up}=1+\dfrac{R_f}{R_1}$ ——二阶低通滤波器的通带增益。

$f_0=\dfrac{1}{2\pi RC}$ ——截止频率，它是二阶低通滤波器通带与阻带的界限频率。

$Q=\dfrac{1}{3-A_{up}}$ ——品质因数，它的大小影响低通滤波器在截止频率处幅频特性的形状。

2. 高通滤波器（HPF）

与低通滤波器相反，高通滤波器用来通过高频信号，衰减或抑制低频信号。

只要将图 7-7-2（a）低通滤波电路中起滤波作用的电阻、电容互换，即可变成二阶有源高通滤波器，如图 7-7-3（a）所示。高通滤波器性能与低通滤波器相反，其频率响应和低通滤波器是“镜象”关系，仿照 LPH 分析方法，不难求得 HPF 的幅频特性。

电路性能参数 $A_{up}$、$f_0$、$Q$ 各量的函义同二阶低通滤波器。

图 7-7-3（b）为二阶高通滤波器的幅频特性曲线，可见，它与二阶低通滤波器的幅频特性曲线有“镜像”关系。

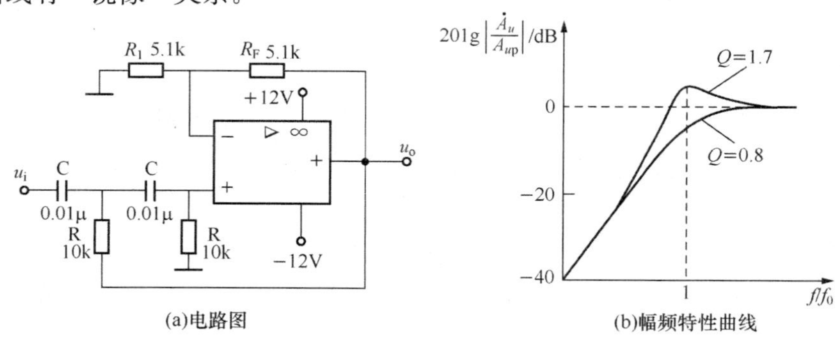


图 7-7-3　二阶高通滤波器

3. 带通滤波器（BPF）

这种滤波器的作用是只允许在某一个通频带范围内的信号通过，而比通频带下限频率低和比上限频率高的信号均加以衰减或抑制。

典型的带通滤波器可以从二阶低通滤波器中将其中一级改成高通而成，如图 7-7-4（a）所示。

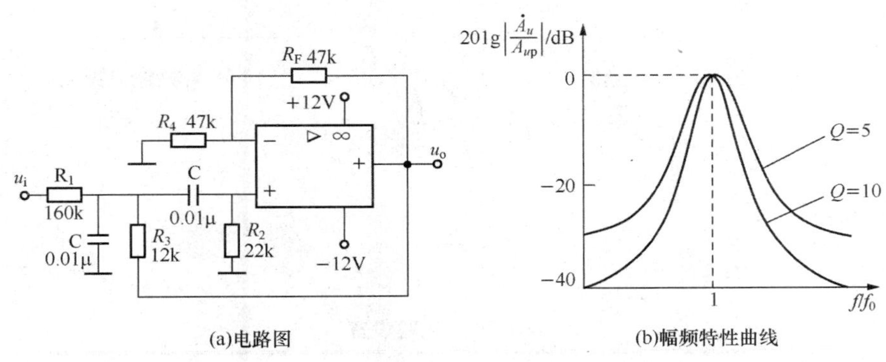


图 7-7-4　二阶带通滤波器

电路性能参数如下：

通带增益
$$A_{up}=\frac{R_4+R_f}{R_4R_1CB}$$

中心频率
$$f_0=\frac{1}{2\pi}\sqrt{\frac{1}{R_2C^2}\left(\frac{1}{R_1}+\frac{1}{R_3}\right)}$$

通带宽度
$$B=\frac{1}{C}\left(\frac{1}{R_1}+\frac{2}{R_2}-\frac{R_F}{R_3R_4}\right)$$

选择性
$$Q=\frac{\omega_0}{B}$$

此电路的优点是改变 $R_F$ 和 $R_4$ 的比例就可改变频宽而不影响中心频率。

4. 带阻滤波器（BEF）

如图 7-7-5（a）所示，这种电路的性能和带通滤波器相反，即在规定的频带内，信号不能通过（或受到很大衰减或抑制），而在其余频率范围，信号则能顺利通过。

在双 T 网络后加一级同相比例运算电路就构成了基本的二阶有源带阻滤波器。

电路性能参数如下：

通带增益
$$A_{up}=1+\frac{R_F}{R_1}$$

中心频率
$$f_0=\frac{1}{2\pi RC}$$

带阻宽度
$$B=2(1-A_{up})f_0$$

选择性
$$Q=\frac{1}{2(2-A_{up})}$$

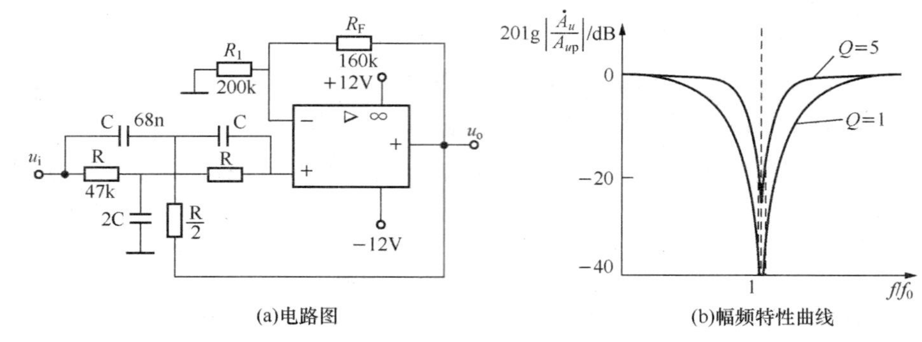


图 7-7-5　二阶带阻滤波器

## 三、实验设备

实验设备见表 7-7-1。

**表 7-7-1　实验设备**

| 序号 | 名　　称 | 型号与规格 | 数量 | 备注 |
|---|---|---|---|---|
| 1 | 直流电源 | ±12V | | |
| 2 | 函数信号发生器 | | | |
| 3 | 双踪示波器 | | | |
| 4 | 交流毫伏表 | | | |
| 5 | 频率计 | | | |
| 6 | | μA741×1 | | |
| 7 | 电阻器、电容器若干 | | | |

## 四、实验内容

### 1. 二阶低通滤波器

实验电路如图 7-7-2（a）所示。

1）粗测：接通±12V 电源。$u_i$ 接函数信号发生器，令其输出为 $U_i=1V$ 的正弦波信号，在滤波器截止频率附近改变输入信号频率，用示波器或交流毫伏表观察输出电压幅度的变化是否具备低通特性，如不具备，应排除电路故障。

2）在输出波形不失真的条件下，选取适当幅度的正弦输入信号，在维持输入信号幅度不变的情况下，逐点改变输入信号频率。测量输出电压，记入表 7-2-2 中，描绘幅频特性曲线。

**表 7-7-2　实验数据**

| $f$/Hz | | | | | | |
|---|---|---|---|---|---|---|
| $U_o$/V | | | | | | |

2. 二阶高通滤波器

实验电路如图 7-7-3（a）所示。

1）粗测：输入 $U_i=1V$ 正弦波信号，在滤波器截止频率附近改变输入信号频率，观察电路是否具备高通特性。

2）测绘高通滤波器的幅频特性曲线，记入表 7-7-3。

**表 7-7-3 实验数据**

| $f$/Hz | | | | | | |
|---|---|---|---|---|---|---|
| $U_o$/V | | | | | | |

3. 带通滤波器

实验电路如图 7-7-4（a）所示，测量其频率特性，记入表 7-7-4。

1）实测电路的中心频率 $f_0$。

2）以实测中心频率为中心，测绘电路的幅频特性曲线。

**表 7-7-4 实验数据**

| $f$/Hz | | | | | | |
|---|---|---|---|---|---|---|
| $U_o$/V | | | | | | |

4. 带阻滤波器

实验电路如图 7-7-5（a）所示。

1）实测电路的中心频率 $f_0$。

2）测绘电路的幅频特性，记入表 7-7-5。

**表 7-7-5 实验数据**

| $f$/Hz | | | | | | |
|---|---|---|---|---|---|---|
| $U_o$/V | | | | | | |

## 五、实验总结

1）整理实验数据，画出各电路实测的幅频特性。

2）根据实验曲线，计算截止频率、中心频率、带宽及品质因数。

3）总结有源滤波电路的特性。

## 六、预习要求

1）复习教材有关滤波器内容。

2）分析图 7-7-2～图 7-7-5 所示电路，写出它们的增益特性表达式。

3）计算图 7-7-2、图 7-7-3 的截止频率，图 7-7-4、图 7-7-5 的中心频率。

4）画出上述四种电路的幅频特性曲线。

## 第八节　集成运算放大器的基本应用（Ⅲ）——波形发生器

### 一、实验目的

1）学习用集成运放构成正弦波、方波和三角波发生器。

2）学习波形发生器的调整和主要性能指标的测试方法。

### 二、实验原理

由集成运放构成的正弦波、方波和三角波发生器有多种形式，本实验选用最常用的、线路比较简单的几种电路加以分析。

1. RC 桥式正弦波振荡器（文氏电桥振荡器）

图 7-8-1 为 RC 桥式正弦波振荡器。其中 RC 串、并联电路构成正反馈支路，同时兼作选频网络，$R_1$、$R_2$、$R_P$ 及二极管等构成负反馈和稳幅环节。调节电位器 $R_P$，可以改变负反馈深度，以满足振荡的振幅条件和改善波形。利用两只反向并联二极管 $VD_1$、$VD_2$ 正向电阻的非线性特性来实现稳幅。$VD_1$、$VD_2$ 采用硅管（温度稳定性好），且要求特性匹配，才能保证输出波形正、负半周对称。$R_3$ 的接入是为了削弱二极管非线性的影响，以改善波形失真。

电路的振荡频率　　$$f_o = \frac{1}{2\pi RC}$$

起振的幅值条件　　$$\frac{R_F}{R_1} \geqslant 2$$

式中，$R_F = R_P + R_2 + (R_3 \mathbin{/\!/} r_D)$，$r_D$——二极管正向导通电阻。

调整反馈电阻 $R_F$（调 RP），使电路起振，且波形失真最小。如不能起振，则说明负反馈太强，应适当加大 $R_F$。如波形失真严重，则应适当减小 $R_F$。

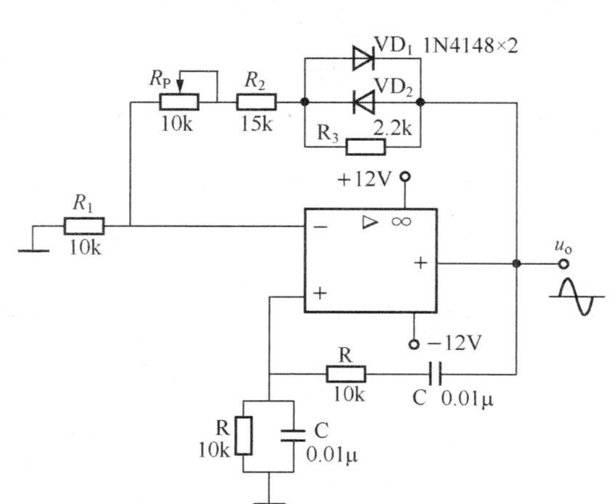


图 7-8-1　RC 桥式正弦波振荡器

改变选频网络的参数 $C$ 或 $R$，即可调节振荡频率。一般采用改变电容 C 作频率量程切换，而调节 R 作量程内的频率细调。

2. 方波发生器

由集成运放构成的方波发生器和三角波发生器，一般均包括比较器和 RC 积分器两大部分。图 7-8-2 所示为由滞回比较器及简单 RC 积分电路组成的方波-三角波发生器。它的特点是线路简单，但三角波的线性度较差。方波发生器主要用于产生方波，或对三角波要求不高的场合。

电路振荡频率　$f_0=\dfrac{1}{2R_F C_F \ln\left(1+\dfrac{2R_2}{R_1}\right)}$

式中，$R_1=R_1'+R'_P$，$R_2=R_2'+R''_P$。

方波输出幅值　$U_{om}=\pm U_Z$

三角波输出幅值　$U_{cm}=\dfrac{R_2}{R_1+R_2}U_Z$

调节电位器 RP（即改变 $R_2/R_1$），可以改变振荡频率，但三角波的幅值也随之变化。如要互不影响，则可通过改变 $R_F$（或 $C_F$）来实现振荡频率的调节。

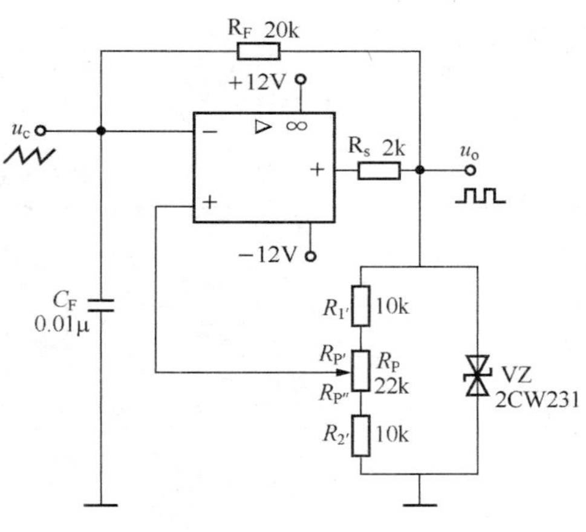


图 7-8-2　方波发生器

3. 方波-三角波发生器

如把滞回比较器和积分器首尾相接形成正反馈闭环系统（见图 7-8-3），则比较器 A1 输出的方波经积分器 A2 积分可得到三角波，三角波又触发比较器自动翻转形成方波，这样即可构成方波-三角波发生器。图 7-8-4 为方波、三角波发生器输出波形图。由于采用运放组成的积分电路，因此可实现恒流充电，使三角波线性大大改善。

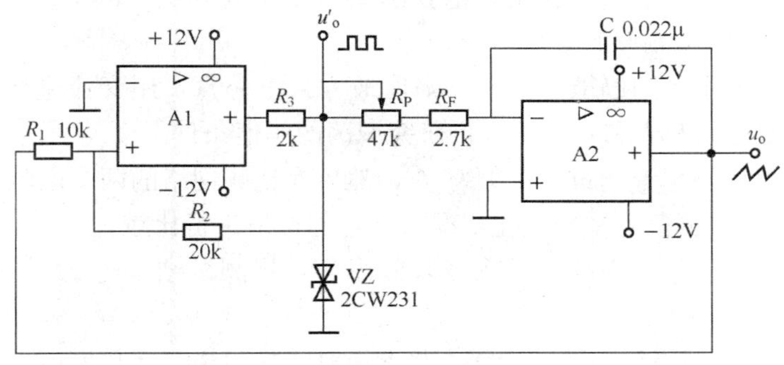


图 7-8-3　三角波、方波发生器

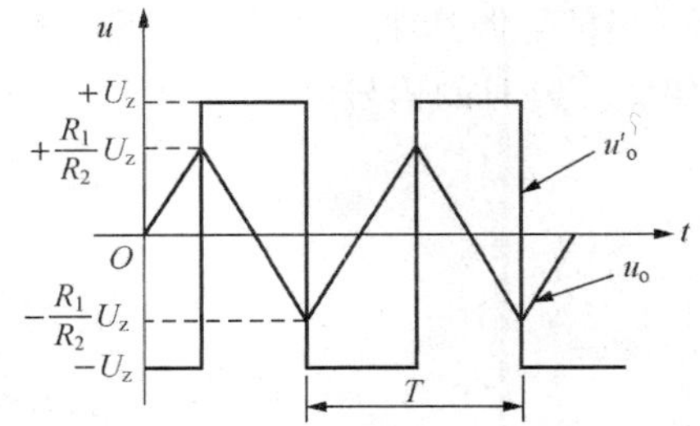


图 7-8-4　方波-三角波发生器输出波形图

电路振荡频率　$f_0=\dfrac{R_2}{4R_1(R_F+R_P)C_F}$

方波幅值　$U'_{om}=\pm U_Z$

三角波幅值　$U_{om}=\dfrac{R_1}{R_2}U_Z$

调节 RP 可以改变振荡频率，改变比值 $\dfrac{R_1}{R_2}$ 可调节三角波的幅值。

## 三、实验设备

实验设备见表 7-8-1。

**表 7-8-1　实验设备**

| 序号 | 名　　称 | 型号与规格 | 数量 | 备注 |
|---|---|---|---|---|
| 1 | 直流电源 | ±12V | | |
| 2 | 双踪示波器 | | | |
| 3 | 交流毫伏表 | | | |
| 4 | 频率计 | | | |
| 5 | 集成运算放大器 | μA741×2 | | |
| 6 | 二极管 | IN4148×2 | | |
| 7 | 稳压二极管 | 2CW231×1 | | 电阻器、电容器若干 |

## 四、实验内容

### 1. RC 桥式正弦波振荡器

按图 7-8-1 连接实验电路。

1）接通±12V 电源，调节电位器 RP，使输出波形从无到有，从正弦波到出现失真。描绘 $u_o$ 的波形，记下临界起振、正弦波输出及失真情况下的 RP 值，分析负反馈强弱对起振条件及输出波形的影响。

2）调节电位器 RP，使输出电压 $u_o$ 幅值最大且不失真，用交流毫伏表分别测量输出电压 $U_o$、反馈电压 $U+$ 和 $U-$，分析研究振荡的幅值条件。

3）用示波器或频率计测量振荡频率 $f_o$，然后在选频网络的两个电阻 R 上并联同一阻值电阻，观察记录振荡频率的变化情况，并与理论值进行比较。

4）断开二极管 VD1、VD2，重复 2）的内容，将测试结果与 2）进行比较，分析 VD1、VD2 的稳幅作用。

*5）RC 串并联网络幅频特性观察。将 RC 串并联网络与运放断开，由函数信号发生器注入 3V 左右正弦信号，并用双踪示波器同时观察 RC 串并联网络输入、输出波形。保持输入幅值（3V）不变，从低到高改变频率，当信号源达某一频率时，RC 串并联网络输出将达最大值（约 1V），且输入、输出同相位。此时的信号源频率为

$$f = f_0 = \frac{1}{2\pi RC}$$

### 2. 方波发生器

按图 7-8-2 连接实验电路。

1）将电位器 RP 调至中心位置，用双踪示波器观察并描绘方波 $u_o$ 及三角波 $u_C$ 的波形（注意对应关系），测量其幅值及频率，记录之。

2）改变 $R_P$ 动点的位置，观察 $u_o$、$u_C$ 幅值及频率变化情况。把动点调至最上端和最下端，测出频率范围，记录之。

3）将 $R_P$ 恢复至中心位置，将一只稳压二极管短接，观察 $u_o$ 波形，分析 VZ 的限幅作用。

3. 方波-三角波发生器

按图 7-8-3 连接实验电路。

1）将电位器 $R_P$ 调至合适位置，用双踪示波器观察并描绘三角波输出 $u_o$ 及方波输出 $u_p'$，测其幅值、频率及 $R_P$ 值，记录之。

2）改变 $R_P$ 的位置，观察对 $u_o$、$u_o'$幅值及频率的影响。

3）改变 $R_1$（或 $R_2$），观察对 $u_o$、$u_o'$幅值及频率的影响。

## 五、实验总结

1. 正弦波发生器

1）列表整理实验数据，画出波形，把实测频率与理论值进行比较。

2）根据实验分析 RC 振荡器的振幅条件。

3）讨论二极管 $VD_1$、$VD_2$ 的稳幅作用。

2. 方波发生器

1）列表整理实验数据，在同一坐标纸上，按比例画出方波和三角波的波形图（标出时间和电压幅值）。

2）分析 $R_P$ 变化时，对 $u_o$ 波形的幅值及频率的影响。

3）讨论 VZ 的限幅作用。

3. 方波-三角波发生器

1）整理实验数据，把实测频率与理论值进行比较。

2）在同一坐标纸上，按比例画出三角波及方波的波形，并标明时间和电压幅值。

3）分析电路参数变化（$R_1$、$R_2$ 和 $R_P$）对输出波形频率及幅值的影响。

## 六、预习要求

1）复习有关 RC 正弦波振荡器、三角波及方波发生器的工作原理，并估算图 7-8-1～图 7-8-3 所示电路的振荡频率。

2）设计实验表格。

3）为什么在 RC 正弦波振荡电路中要引入负反馈支路？为什么要增加二极管 VD1 和 VD2？它们是怎样稳幅的？

4）电路参数变化对图 7-8-2、图 7-8-3 产生的方波和三角波频率及电压幅值有什么影响？（或者怎样改变图 7-8-2、图 7-8-3 电路中方波及三角波的频率及幅值？）

5）在波形发生器各电路中，“相位补偿”和“调零”是否需要？为什么？

6）怎样测量非正弦波电压的幅值？

# 第九节　RC 正弦波振荡器

## 一、实验目的

1）进一步学习 RC 正弦波振荡器的组成及其振荡条件。

2）学会测量、调试 RC 正弦波振荡器。

## 二、实验原理

从结构上看，正弦波振荡器是没有输入信号的，带选频网络的正反馈放大器。若用 R、C 元件组成选频网络，就称为 RC 振荡器，一般用来产生 1Hz～1MHz 的低频信号。

### 1. RC 移相振荡器

电路结构形式如图 7-9-1 所示，选择 $R \gg R_i$。

振荡频率
$$f_0 = \frac{1}{2\pi\sqrt{6}RC}$$

起振条件　放大器 A 的电压放大倍数 $|\dot{A}| > 29$。

电路特点　简便，但选频作用差，振幅不稳，频率调节不便，一般用于频率固定且稳定性要求不高的场合。

频率范围　几赫至数十千赫。

### 2. RC 串并联网络（文氏桥）振荡器

电路结构形式如图 7-9-2 所示。

振荡频率
$$f_0 = \frac{1}{2\pi RC}$$

起振条件
$$|\dot{A}| > 3$$

电路特点　可方便地连续改变振荡频率，便于加负反馈稳幅，容易得到良好的振荡波形。

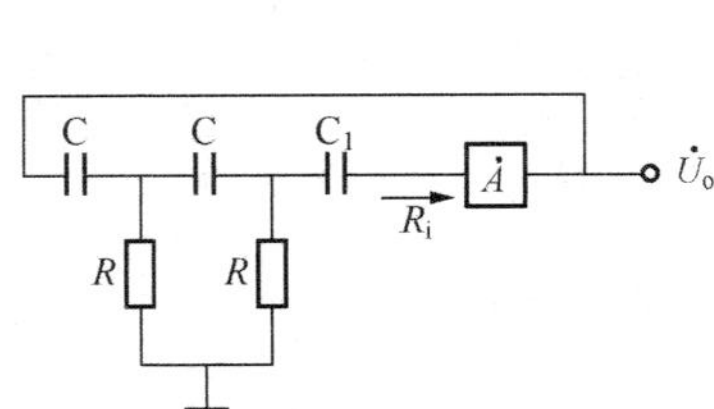

图 7-9-1　RC 移相振荡器原理图

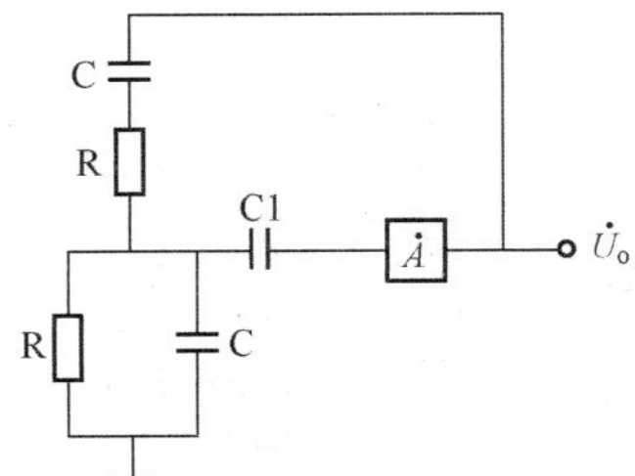

图 7-9-2　RC 串并联网络振荡器原理图

3. 双 T 选频网络振荡器

电路结构形式如图 7-9-3 所示。

振荡频率　$f_0 = \frac{1}{5RC}$

起振条件 $R' < \frac{R}{2}\quad |\dot{A}\dot{F}| > 1$

电路特点　选频特性好，调频困难，适于产生单一频率的振荡。

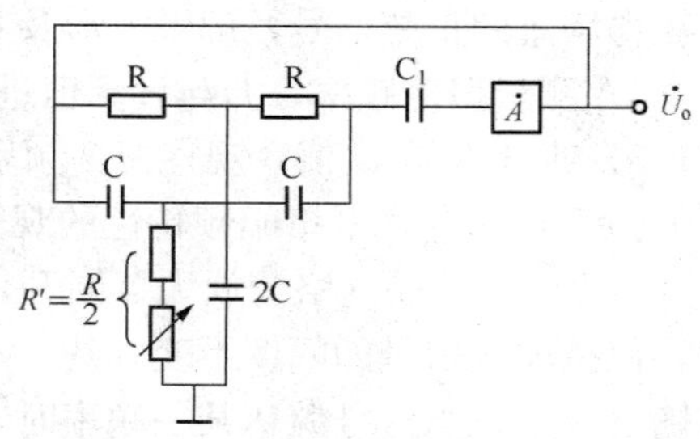


图 7-9-3　双 T 选频网络振荡器原理图

注：本实验采用两级共射极分立元件放大器组成 RC 正弦波振荡器。

## 三、实验设备

实验设备见表 7-9-1。

**表 7-9-1　实验设备**

| 序号 | 名　称 | 型号与规格 | 数量 | 备注 |
|---|---|---|---|---|
| 1 | 直流电源 | +12V | | |
| 2 | 函数信号发生器 | | | |
| 3 | 双踪示波器 | | | |
| 4 | 频率计 | | | |
| 5 | 直流电压表 | | | |
| 6 | 电阻、电容、电位器等 | 3DG12×2 或 9013×2 | | |
| 7 | | | | |

## 四、实验内容

1. RC 串并联选频网络振荡器

1）按图 7-9-4 组接线路。

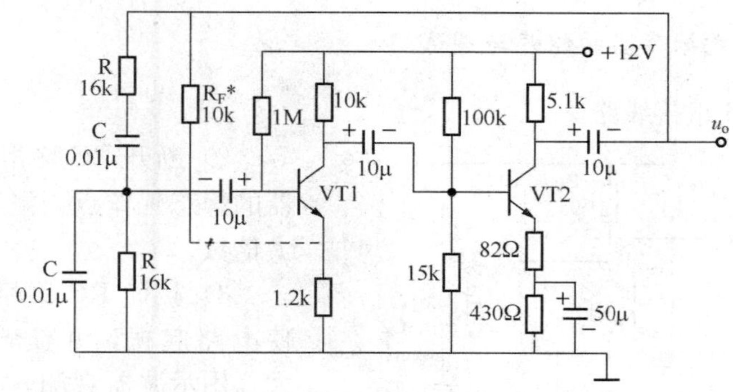


图 7-9-4　RC 串并联选频网络振荡器

2）断开 RC 串并联网络，测量放大器静态工作点及电压放大倍数。

3）接通 RC 串并联网络，并使电路起振，用示波器观测输出电压 $u_o$ 波形，调节 $R_F$

使获得满意的正弦信号，记录波形及其参数。

4）测量振荡频率，并与计算值进行比较。

5）改变 $R$ 或 $C$ 值，观察振荡频率变化情况。

6）RC 串并联网络幅频特性的观察。

将 RC 串并联网络与放大器断开，用函数信号发生器的正弦信号注入 RC 串并联网络，保持输入信号的幅度不变（约 3V），频率由低到高变化，RC 串并联网络输出幅值将随之变化，当信号源达某一频率时，RC 串并联网络的输出将达最大值（约 1V）。且输入、输出同相位，此时信号源频率为

$$f = f_0 = \frac{1}{2\pi RC}$$

2. 双 T 选频网络振荡器

1）按图 7-9-5 组接线路。

2）断开双 T 网络，调试 VT1 静态工作点，使 $U_{C1}$ 为 6～7V。

3）接入双 T 网络，用示波器观察输出波形。若不起振，调节 RP1，使电路起振。

4）测量电路振荡频率，并与计算值比较。

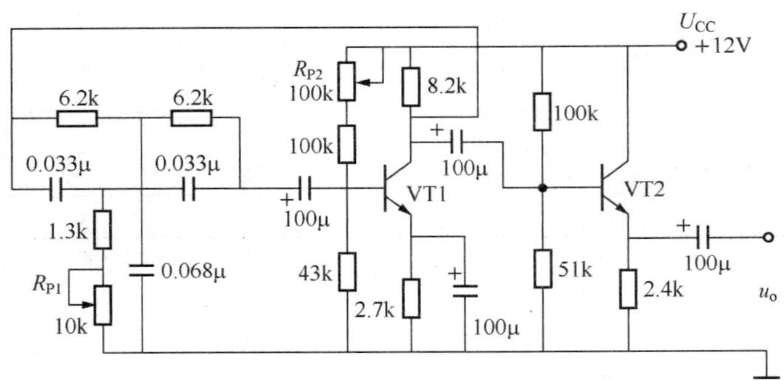


图 7-9-5　双 T 网络 RC 正弦波振荡器

*3. RC 移相式振荡器的组装与调试

1）按图 7-9-6 组接线路。

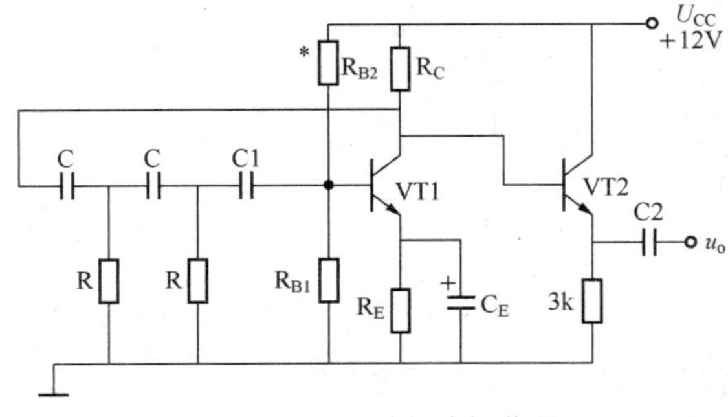


图 7-9-6　RC 移相式振荡器

2）断开 RC 移相电路，调整放大器的静态工作点，测量放大器电压放大倍数。

3）接通 RC 移相电路，调节 $R_{B2}$ 使电路起振，并使输出波形幅度最大，用示波器观测输出电压 $u_o$ 波形，同时用频率计和示波器测量振荡频率，并与理论值比较。

注：* 参数自选，时间不够可

不做。

## 五、实验总结

1）由给定电路参数计算振荡频率，并与实测值比较，分析误差产生的原因。

2）总结三类 RC 振荡器的特点。

## 六、预习要求

1）复习教材有关三种类型 RC 振荡器的结构与工作原理。

2）计算三种实验电路的振荡频率。

3）如何用示波器来测量振荡电路的振荡频率。

# 第十节　低频功率放大器——集成功率放大器

## 一、实验目的

1）了解集成功率放大器的应用。

2）学习集成功率放大器基本技术指标的测试。

## 二、实验原理

集成功率放大器由集成功放块和一些外部阻容元件构成。它具有线路简单、性能优越、工作可靠、调试方便等优点，已经成为在音频领域中应用十分广泛的功率放大器。

电路中最主要的组件为集成功放块，它的内部电路与一般分立元件功率放大器不同，通常包括前置级、推动级和功率级等几部分。有些还具有一些特殊功能（消除噪声、短路保护等）的电路，其电压增益较高（不加负反馈时，电压增益达 70～80dB；加典型负反馈时，电压增益在 40dB 以上）。

集成功放块的种类很多。本实验采用的集成功放块型号为 LA4112，它的内部电路如图 7-10-1 所示，由三级电压放大、一级功率放大以及偏置、恒流、反馈、退耦电路组成。

### 1. 电压放大级

第一级选用由 VT1 和 VT2 组成的差动放大器，这种直接耦合的放大器零漂较小，第二级的 VT3 完成直接耦合电路中的电平移动，VT4 是 VT3 的恒流源负载，以获得较大的增益；第三级由 VT6 等组成，此级增益最高，为防止出现自激振荡，需在该管的 B、C 极之间外接消振电容。

### 2. 功率放大级

由 VT7～VT13 等组成复合互补推挽电路。为提高输出级增益和正向输出幅度，需外接“自举”电容。

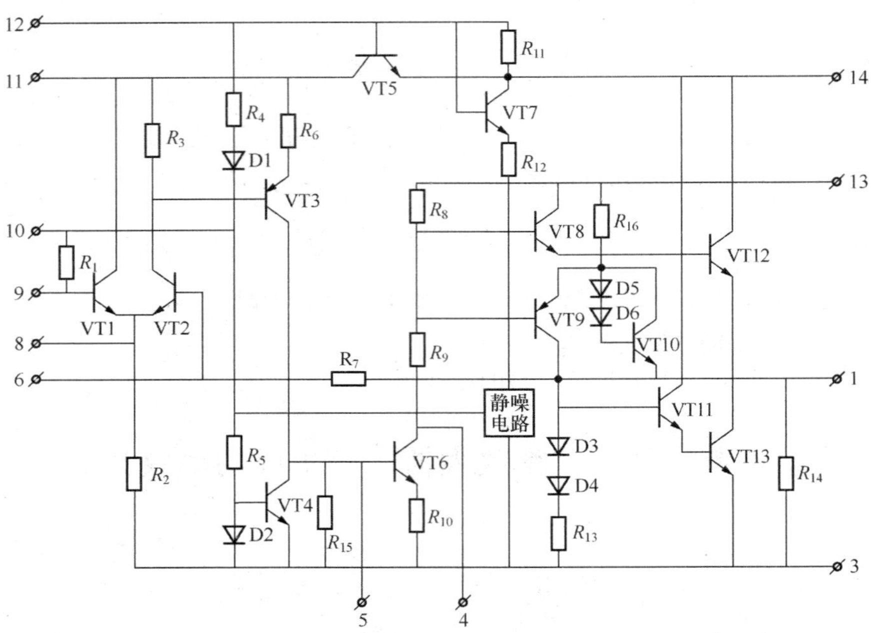


图 7-10-1　LA4112 内部电路图

3. 偏置电路

为建立各级合适的静态工作点而设立。

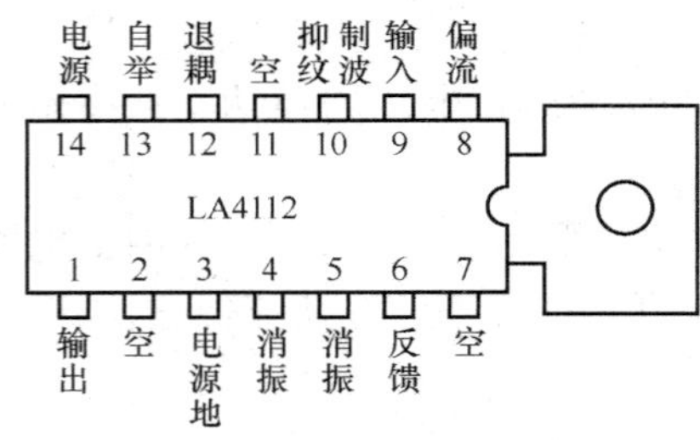


图 7-10-2　LA4112 外形及引脚排列图

除上述主要部分外，为了使电路工作正常，还需要和外部元器件一起构成反馈电路来稳定和控制增益。同时，还设有退耦电路来消除各级间的不良影响。

LA4112 集成功放大器是一种塑料封装十四脚的双列直插器件。它的外形如图 7-10-2 所示。表 7-10-1、表 7-10-2 是它的极限参数和电参数。

与 LA4112 集成功放大器技术指标相同的国内外产品还有 FD403、FY4112、D4112 等，可以互相替代使用。

**表 7-10-1　极限参数**

| 参　　数 | 符号与单位 | 额　定　值 |
|---|---|---|
| 最大电源电压 | $V_{CCmax}$/V | 13（有信号时） |
| 允许功耗 | $P_0$/W | 1.2 |
| | | 2.25（50mm×50mm 铜箔散热片） |
| 工作温度 | $T_{0pr}$/℃ | −20～+70 |

**表 7-10-2　电参数**

| 参　　数 | 符号与单位 | 测试条件 | 典　型　值 |
|---|---|---|---|
| 工作电压 | $V_{CC}$/V | | 9 |
| 静态电流 | $I_{CCQ}$/mA | $V_{CC}$=9V | 15 |
| 开环电压增益 | $A_{uo}$/dB | | 70 |
| 输出功率 | $P_o$/W | $R_L$=4Ω　$f$=1kHz | 1.7 |
| 输入阻抗 | $R_i$/kΩ | | 20 |

集成功率放大器 LA4112 的应用电路如图 7-10-3 所示，该电路中各电容和电阻的作用简要说明如下：

C1、C9——输入、输出耦合电容，隔直作用。

C2 和 $R_F$——反馈元件，决定电路的闭环增益。

C3、C4、C8——滤波、退耦电容。

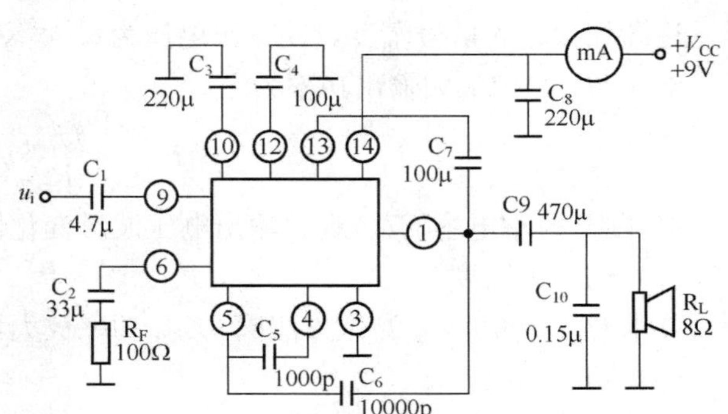


图 7-10-3　由 LA4112 构成的集成功放实验电路

C5、C6、C10——消振电容，消除寄生振荡。

C7——自举电容，若无此电容，将出现输出波形半边被削波的现象。

## 三、实验设备

实验设备见表 7-10-3。

**表 7-10-3　实验设备**

| 序号 | 名　　称 | 型号与规格 | 数量 | 备注 |
|---|---|---|---|---|
| 1 | 直流电源 | +9V | | |
| 2 | 函数信号发生器 | | | |
| 3 | 双踪示波器 | | | |
| 4 | 交流毫伏表 | | | |
| 5 | 直流电压表 | | | |
| 6 | 电流毫安表 | | | |
| 7 | 频率计 | | | |
| 8 | 集成功放块 | | | LA4112 |
| 9 | 扬声器 | 8Ω | | |
| 10 | 电阻器、电容器若干 | | | |

## 四、实验内容

按图 7-10-3 连接实验电路，输入端接函数信号发生器，输出端接扬声器。

1. 静态测试

将输入信号旋钮旋至零，接通＋9V 直流电源，测量静态总电流及集成块各引脚对地电压，记入自拟表格中。

2. 动态测试

（1） 最大输出功率

1） 接入自举电容 C7。输入端接 1kHz 正弦信号，输出端用示波器观察输出电压波形，逐渐加大输入信号幅度，使输出电压为最大不失真输出，用交流毫伏表测量此时的输出电压 $U_{om}$，则最大输出功率为

$$P_{om} = \frac{U_{om}^2}{R_L}$$

2） 断开自举电容 C7。观察输出电压波形变化情况。

（2） 输入灵敏度

要求 $U_i < 100$mV，测试方法同 OTL 功率放大器。

（3） 频率响应

测试方法同 OTL 功率放大器。

（4） 噪声电压

要求 $U_N < 2.5$mV，测试方法同 OTL 功率放大器。

3. 试听

## 五、实验总结

1） 整理实验数据，并进行分析。

2） 画频率响应曲线。

3） 讨论实验中发生的问题及解决办法。

## 六、预习要求

1） 复习有关集成功率放大器部分内容。

2） 若将电容 C7 除去，将会出现什么现象？

3） 若在无输入信号时，从接在输出端的示波器上观察到频率较高的波形，正常否？如何消除？

4） 如何由＋12V 直流电源获得＋9V 直流电源？

5） 进行本实验时，应注意以下几点：

① 电源电压不允许超过极限值，不允许极性接反，否则集成块将遭损坏。

② 电路工作时绝对避免负载短路，否则将烧毁集成块。

③ 接通电源后，时刻注意集成块的温度。有时，未加输入信号集成块就发热过甚，同时直流毫安表指示出较大电流及示波器显示出幅度较大、频率较高的波形，说明电路有自激

现象，应立即关机，然后进行故障分析、处理。待自激振荡消除后，才能重新进行实验。

④ 输入信号不要过大。

## 第十一节　直流稳压电源（Ⅰ）——串联型晶体管稳压电源

### 一、实验目的

1）研究单相桥式整流、电容滤波电路的特性。

2）掌握串联型晶体管稳压电源主要技术指标的测试方法。

### 二、实验原理

电子设备一般都需要直流电源供电。这些直流电除了少数直接利用干电池和直流发电机外，大多数是采用把交流电（市电）转变为直流电的直流稳压电源。

直流稳压电源由电源变压器、整流电路、滤波电路和稳压电路四部分组成，其原理框图如图 7-11-1 所示。电网供给的交流电压 $u_1$（220V/50Hz）经电源变压器降压后，得到符合电路需要的交流电压 $u_2$，然后由整流电路转换成方向不变、大小随时间变化的脉动电压 $u_3$，再用滤波电路滤去其交流分量，就可得到比较平直的直流电压 $U_I$。但这样的直流输出电压，还会随交流电网电压的波动或负载的变动而变化。在对直流供电要求较高的场合，还需要使用稳压电路，以保证输出直流电压更加稳定。

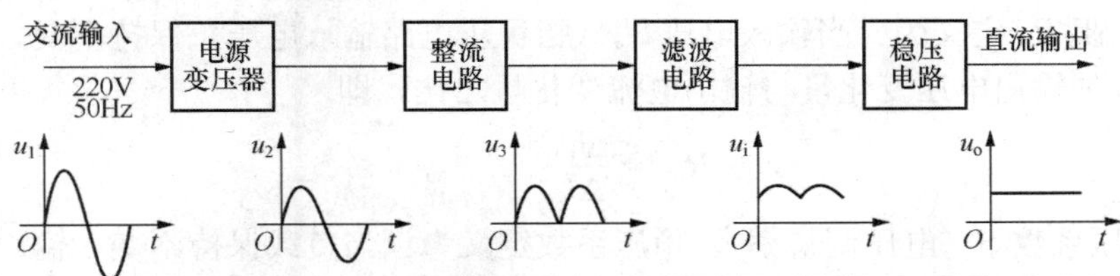


图 7-11-1　直流稳压电源框图

图 7-11-2 是由分立元件组成的串联型稳压电源的电路图。其整流部分为单相桥式整流、电容滤波电路。稳压部分为串联型稳压电路，它由调整元件（三极管 VT1），比较放大器 VT2、R7，取样电路 R1、R2、RP，基准电压电路 VD、R3 和过电流保护电路 VT3 及电阻 R4、R5、R6 等组成。整个稳压电路是一个具有电压串联负反馈的闭环系统，其稳压过程为：当电网电压波动或负载变动引起输出直流电压发生变化时，取样电路取出输出电压的一部分送入比较放大器，并与基准电压进行比较，产生的误差信号经 VT2 放大后送至调整管 VT1 的基极，使调整管改变其管压降，以补偿输出电压的变化，从而达到稳定输出电压的目的。

由于在稳压电路中，调整管与负载串联，因此流过它的电流与负载电流一样大。当输出电流过大或发生短路时，调整管会因电流过大或电压过高而损坏，所以需要对调整管加以保护。在图 7-11-2 电路中，三极管 VT3、R4、R5、R6 组成减流型保护电路。此电路设计在 $I_{0P}=1.2I_o$ 时开始起保护作用，此时输出电流减小，输出电压降低。故障排除后电路应能自动恢复正常工作。在调试时，若保护提前作用，应减少 R6 值；若保

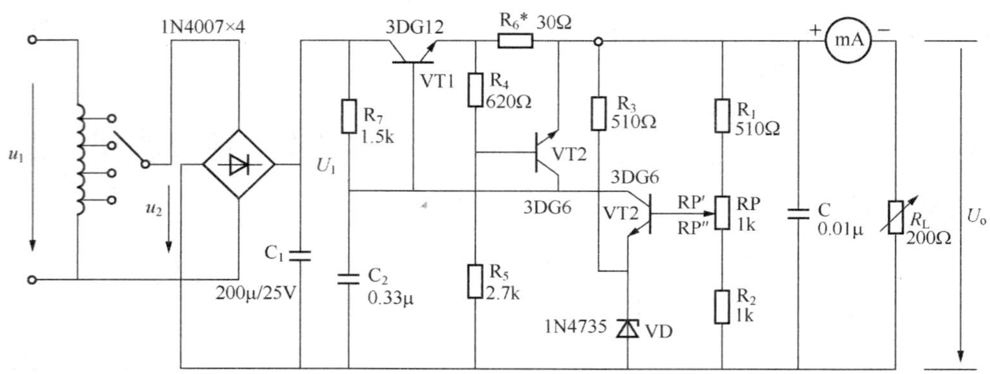

图 7-11-2　串联型稳压电源实验电路

护作用迟后，则应增大 R6 之值。

稳压电源的主要性能指标：

1）输出电压 $U_o$ 和输出电压调节范围为

$$U_o = \frac{R_1 + R_p + R_2}{R_2 + R''_p}(U_Z + U_{BE2})$$

调节 RP 可以改变输出电压 $U_o$。

2）最大负载电流 $I_{om}$。

3）输出电阻 $R_o$。

输出电阻 $R_o$ 定义为：当输入电压 $U_I$（指稳压电路输入电压）保持不变，由于负载变化而引起的输出电压变化量与输出电流变化量之比，即

$$R_o = \left.\frac{\Delta U_o}{\Delta I_o}\right|_{U_I = 常数}$$

4）稳压系数 $S$（电压调整率）。稳压系数定义为：当负载保持不变，输出电压相对变化量与输入电压相对变化量之比，即

$$S = \left.\frac{\Delta U_o / U_o}{\Delta U_I / U_I}\right|_{R_L = 常数}$$

由于工程上常把电网电压波动±10%作为极限条件，因此也有将此时输出电压的相对变化 $\Delta U_o/U_o$ 作为衡量指标，称为电压调整率。

5）纹波电压。输出纹波电压是指在额定负载条件下，输出电压中所含交流分量的有效值（或峰值）。

## 三、实验设备

实验设备见表 7-11-1。

**表 7-11-1　实验设备**

| 序号 | 名　　称 | 型号与规格 | 数量 | 备注 |
|---|---|---|---|---|
| 1 | 可调工频电源 | | | |
| 2 | 双踪示波器 | | | |

续表

| 序号 | 名　　称 | 型号与规格 | 数量 | 备注 |
|---|---|---|---|---|
| 3 | 交流毫伏表 | | | |
| 4 | 直流电压表 | | | |
| 5 | 直流毫安表 | | | |
| 6 | 滑线变阻器 | 200Ω/1A | | |
| 7 | 三极管 | 3DG6×2（9011×2）<br>3DG12×1（9013×1） | | |
| | 晶体二极管 | IN4007×4 | | |
| | 稳压管 | IN4735×1 | | 电阻器、电容器若干 |

## 四、实验内容

1．整流滤波电路测试

按图 7-11-3 连接实验电路。取可调工频电源电压为 16V，作为整流电路输入电压 $u_2$。

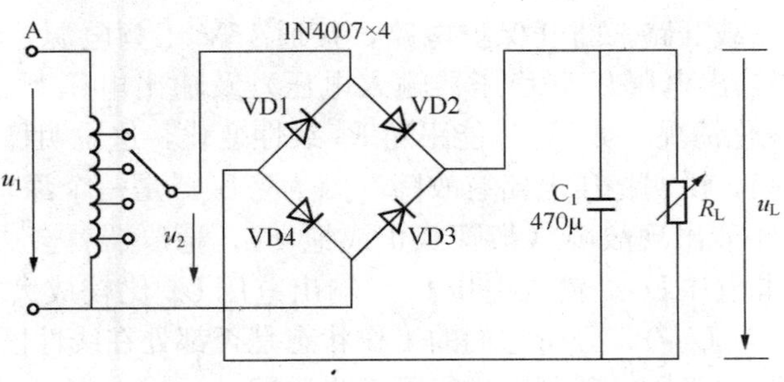


图 7-11-3　整流滤波电路

1）取 $R_L=240\Omega$，不加滤波电容，测量直流输出电压 $U_L$ 及纹波电压 $\widetilde{U}_L$，并用示波器观察 $u_2$ 和 $u_L$ 波形，记入表 7-11-1。

2）取 $R_L=240\Omega$，$C=470\mu F$，重复内容 1）的要求，记入表 7-11-2。

3）取 $R_L=120\Omega$，$C=470\mu F$，重复内容 1）的要求，记入表 7-11-2。

**表 7-11-2　$U_2=16V$**

| 电 路 形 式 | | $U_L/V$ | $\widetilde{U}_L/V$ | $u_L$ 波形 |
|---|---|---|---|---|
| $R_L=240\Omega$ | ~ | | | $u_L$ O t |

续表

| 电路形式 | | $U_L$/V | $\widetilde{U}_L$/V | $u_L$ 波形 |
| --- | --- | --- | --- | --- |
| $R_L=240\Omega$<br>$C=470\mu F$ | 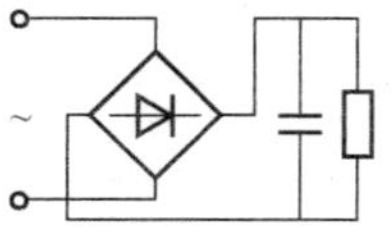 | | | 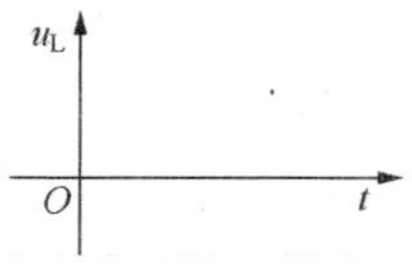 |
| $R_L=120\Omega$<br>$C=470\mu F$ | 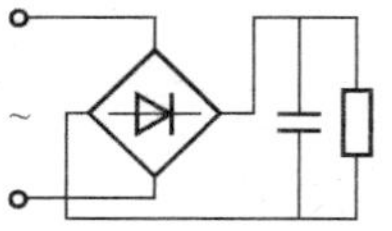 | | | 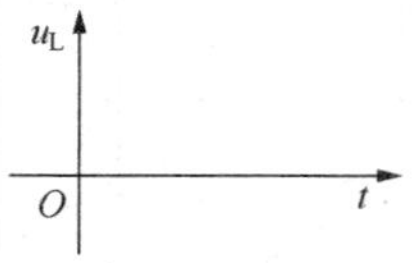 |

注意：

1）每次改接电路时，必须切断工频电源。

2）在观察输出电压 $u_L$ 波形的过程中，“Y 轴灵敏度”旋钮位置调好以后，不要再变动，否则将无法比较各波形的脉动情况。

2. 串联型稳压电源性能测试

切断工频电源，在图 7-11-3 基础上按图 7-11-2 连接实验电路。

（1）初测

稳压器输出端负载开路，断开保护电路，接通 16V 工频电源，测量整流电路输入电压 $U_2$，滤波电路输出电压 $U_i$（稳压器输入电压）及输出电压 $U_o$。调节电位器 RP，观察 $U_o$ 的大小和变化情况，如果 $U_o$ 能跟随 $R_P$ 线性变化，这说明稳压电路各反馈环路工作基本正常。否则，说明稳压电路有故障，因为稳压器是一个深负反馈的闭环系统，只要环路中任一个环节出现故障（某管截止或饱和），稳压器就会失去自动调节作用。此时可分别检查基准电压 $U_Z$、输入电压 $U_i$、输出电压 $U_o$ 比较放大器和调整管各电极的电位（主要是 $U_{BE}$ 和 $U_{CE}$），分析它们的工作状态是否都处在线性区，从而找出不能正常工作的原因。排除故障以后就可以进行下一步测试。

（2）测量输出电压可调范围

接入负载 $R_L$（滑线变阻器），并调节 $R_L$，使输出电流 $I_o \approx 100$mA。再调节电位器 RP，测量输出电压可调范围 $U_{omin} \sim U_{omax}$。且使 RP 动点在中间位置附近时 $U_o=12$V。若不满足要求，可适当调整 R1、R2 之值。

（3）测量各级静态工作点

调节输出电压 $U_o=12$V，输出电流 $I_o=100$mA，测量各级静态工作点，记入表 7-11-3。

**表 7-11-3　$U_2=16$V　$U_o=12$V　$I_o=100$mA**

| | VT1 | VT2 | VT3 |
| --- | --- | --- | --- |
| $U_B$/V | | | |
| $U_C$/V | | | |
| $U_E$/V | | | |

(4) 测量稳压系数 $S$

取 $I_o$＝100mA，按表 7-11-4 改变整流电路输入电压 $U_2$（模拟电网电压波动），分别测出相应的稳压器输入电压 $U_i$ 及输出直流电压 $U_o$，记入表 7-11-4。

(5) 测量输出电阻 $R_o$

取 $U_2$＝16V，改变滑线变阻器位置，使 $I_o$ 为空载、50mA 和 100mA，测量相应的 $U_o$ 值，记入表 7-11-5。

**表 7-11-4　$I_o$＝100mA**

| 测试值 | | | 计算值 |
|---|---|---|---|
| $U_2$/V | $U_i$/V | $U_o$/V | $S$ |
| 14 | | | $S_{12}$＝ |
| 16 | | 12 | |
| 18 | | | $S_{23}$＝ |

**表 7-11-5　$U_2$＝16V**

| 测试值 | | 计算值 |
|---|---|---|
| $I_0$/mA | $U_0$/V | $R_0$/Ω |
| 空载 | | $R_{o12}$＝ |
| 50 | 12 | |
| 100 | | $R_{o23}$＝ |

(6) 测量输出纹波电压

取 $U_2$＝16V，$U_o$＝12V，$I_o$＝100mA，测量输出纹波电压 $U_o$，记录之。

(7) 调整过流保护电路

1) 断开工频电源，接上保护回路，再接通工频电源，调节 RP 及 $R_L$ 使 $U_o$＝12V，$I_o$＝100mA，此时保护电路应不起作用。测出 VT3 各极电位值。

2) 逐渐减小 $R_L$，使 $I_o$ 增加到 120mA，观察 $U_o$ 是否下降，并测出保护起作用时 VT3 各极的电位值。若保护作用过早或迟后，可改变 R6 之值进行调整。

3) 用导线瞬时短接一下输出端，测量 $U_0$ 值，然后去掉导线，检查电路是否能自动恢复正常工作。

## 五、实验总结

1) 对表 7-11-2 所测结果进行全面分析，总结桥式整流、电容滤波电路的特点。

2) 根据表 7-11-4 和表 7-11-5 所测数据，计算稳压电路的稳压系数 $S$ 和输出电阻 $r_0$，并进行分析。

3) 分析讨论实验中出现的故障及其排除方法。

## 六、预习要求

1) 复习教材中有关分立元件稳压电源部分内容，并根据实验电路参数估算 $U_o$ 的可调范围及 $U_o$＝12V 时 VT1、VT2 的静态工作点（假设调整管的饱和压降 $U_{CE1S}\approx$ 1V）。

2) 说明图 7-11-2 中 $U_2$、$U_i$、$U_o$ 及 $U_o$ 的物理意义，并从实验仪器中选择合适的测量仪表。

3) 在桥式整流电路实验中，能否用双踪示波器同时观察 $u_2$ 和 $u_L$ 波形，为什么？

4) 在桥式整流电路中，如果某个二极管发生开路、短路或反接三种情况，将会出现什么问题？

5）为了使稳压电源的输出电压 $U_o = 12V$，则其输入电压的最小值 $U_{imin}$ 应等于多少？交流输入电压 $U_{2min}$ 又怎样确定？

6）当稳压电源输出不正常，或输出电压 $U_o$ 不随取样电位器 RP 而变化时，应如何进行检查找出故障所在？

7）分析保护电路的工作原理。

8）怎样提高稳压电源的性能指标（减小 $S$ 和 $R_o$）？

# 第十二节　直流稳压电源（Ⅱ）——集成稳压器

## 一、实验目的

1）研究集成稳压器的特点和性能指标的测试方法。

2）了解集成稳压器扩展性能的方法。

## 二、实验原理

随着半导体工艺的发展，稳压电路也制成了集成器件。由于集成稳压器具有体积小、外接线路简单、使用方便、工作可靠和通用性等优点，因此在各种电子设备中应用十分普遍，基本上取代了由分立元件构成的稳压电路。集成稳压器的种类很多，应根据设备对直流电源的要求来进行选择。对于大多数电子仪器、设备和电子电路来说，通常是选用串联线性集成稳压器。而在这种类型的器件中，又以三端式稳压器应用最为广泛。

W7800、W7900 系列三端式集成稳压器的输出电压是固定的，在使用中不能进行调整。W7800 系列三端式稳压器输出正极性电压，一般有 5V、6V、9V、12V、15V、18V、24V 七个档次，输出电流最大可达 1.5A（加散热片）。同类型 78M 系列稳压器的输出电流为 0.5A，78L 系列稳压器的输出电流为 0.1A。若要求负极性输出电压，则可选用 W7900 系列稳压器。

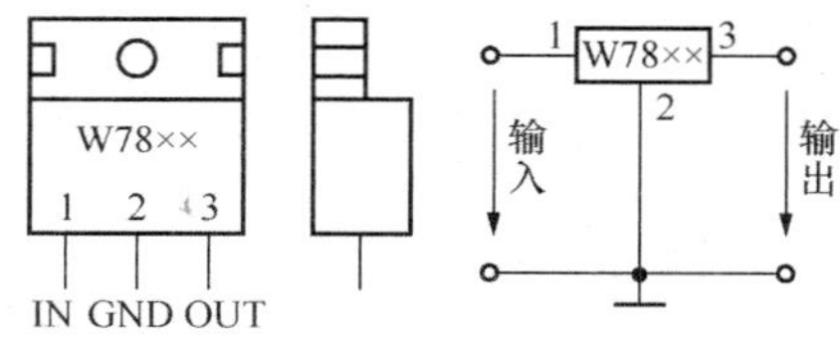


图 7-12-1　W7800 系列外形及接线图

图 7-12-1 为 W7800 系列的外形和接线图。它有三个引出端，即输入端（不稳定电压输入端，标以“1”）、输出端（稳定电压输出端，标以“3”）、公共端（标以“2”）。

除固定输出三端稳压器外，尚有可调式三端稳压器，后者可通过外接元件对输出电压进行调整，以适应不同的需要。

本实验所用集成稳压器为三端固定正稳压器 W7812，它的主要参数有：输出直流电压 $U_o = +12V$，输出电流 L：0.1A，M：0.5A，电压调整率 10mV/V，输出电阻 $R_o = 0.15\Omega$，输入电压 $U_i$ 的范围 15～17V。因为一般 $U_i$ 要比 $U_o$ 大 3～5V，才能保证集成稳压器工作在线性区。

图 7-12-2 是用三端式稳压器 W7812 构成的单电源电压输出串联型稳压电源的实验电路图。其中整流部分采用了由四只二极管组成的桥式整流器成品（又称桥堆），型号

为 2W06（或 KBP306），内部接线和外部引脚引线如图 7-12-3 所示。滤波电容 C1、C2 一般选取几百微法至几千微法。当稳压器距离整流、滤波电路比较远时，在输入端必须接入电容器 C3（数值为 0.33μF），以抵消线路的电感效应，防止产生自激振荡。输出端电容 C4（0.1μF）用以滤除输出端的高频信号，改善电路的暂态响应。

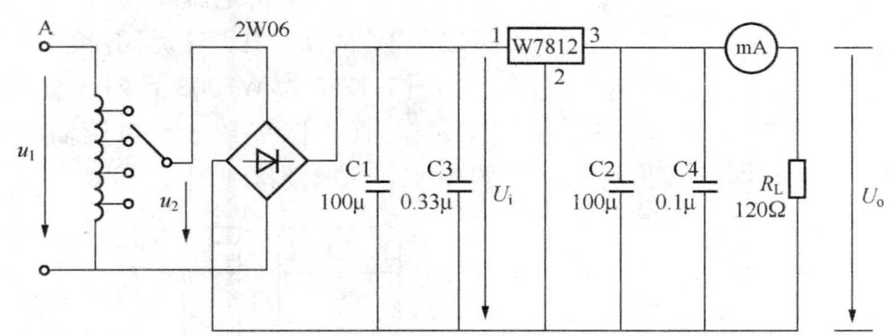


图 7-12-2 由 W7815 构成的串联型稳压电源

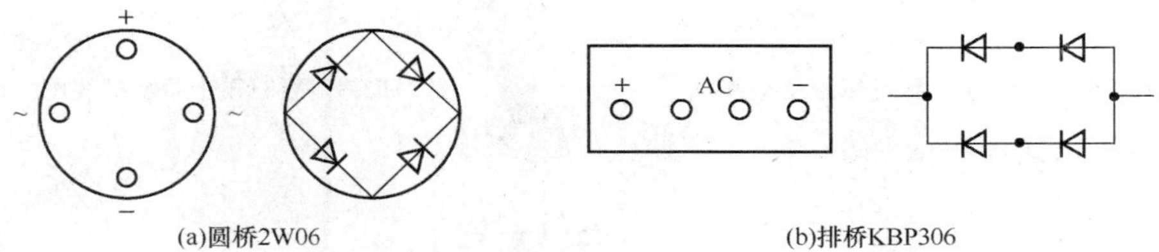


图 7-12-3 桥堆引脚图

图 7-12-4 为正、负双电压输出电路，例如需要 $U_{o1}=+15V$，$U_{o2}=-15V$，则可选用 W7815 和 W7915 三端稳压器，这时的 $U_i$ 应为单电压输出时的两倍。

当集成稳压器本身的输出电压或输出电流不能满足要求时，可通过外接电路来进行性能扩展。图 7-12-5 是一种简单的输出电压扩展电路。如 W7812 稳压器的 3、2 端间输出电压为 12V，因此只要适当选择 R 的值，使稳压二极管 VZ 工作在稳压区，则输出电压 $U_o=12+U_z$，可以高于稳压器本身的输出电压。

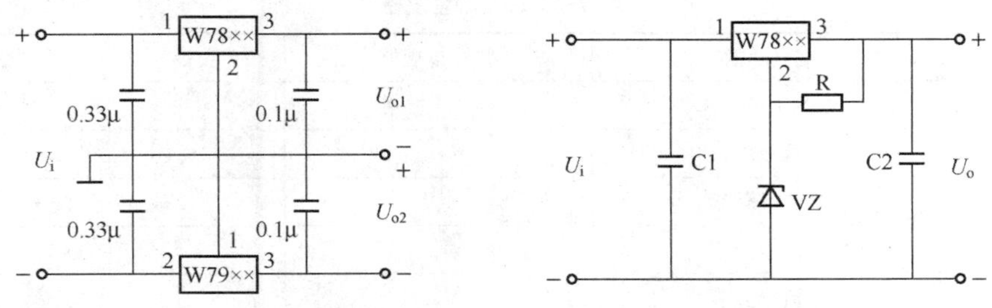


图 7-12-4 正、负双电压输出电路　　图 7-12-5 输出电压扩展电路

图 7-12-6 是通过外接三极管 VT 及电阻 R1 来进行电流扩展的电路。电阻 R1 的阻值由外接三极管的发射结导通电压 $U_{BE}$、三端式稳压器的输入电流 $I_i$（近似等于三端稳压器的输出电流 $I_{o1}$）和 VT 的基极电流 $I_B$ 来决定，即

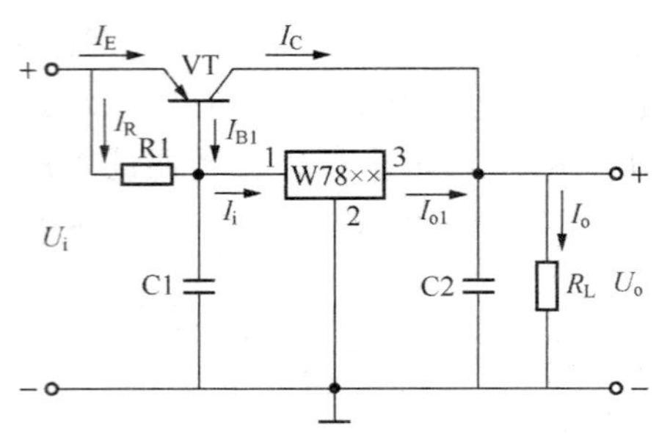


图 7-12-6　输出电流扩展电路

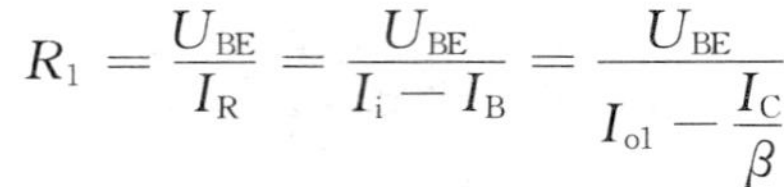

$$R_1=\frac{U_{BE}}{I_R}=\frac{U_{BE}}{I_i-I_B}=\frac{U_{BE}}{I_{o1}-\frac{I_C}{\beta}}$$

式中，$I_C$ 为三极管 VT 的集电极电流，等于$I_C=I_o-I_{o1}$；$\beta$为 VT 的电流放大系数；对于锗管 $U_{BE}$ 可按 0.3V 估算，对于硅管 $U_{BE}$按 0.7V 估算。

图 7-12-7 为 W7900 系列（输出负电压）外形及接线图。图 7-12-8 为可调输出正三端稳压器 W317 外形及接线图。

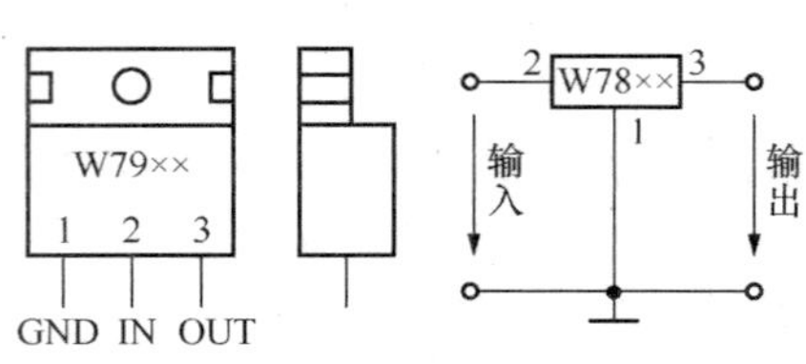


图 7-12-7　W7900 系列外形及接线图

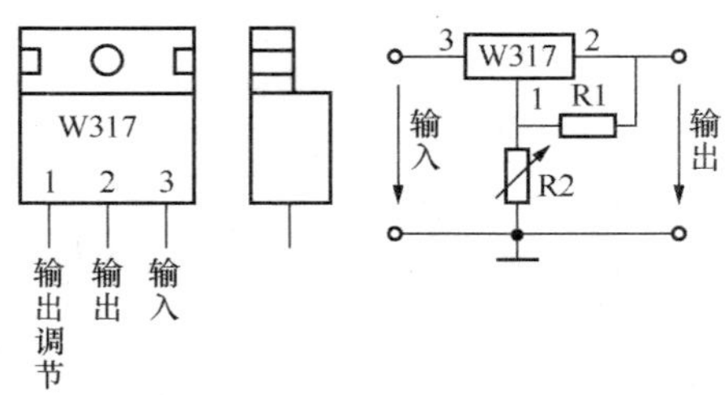


图 7-12-8　W317 外形及接线图

输出电压计算公式

$$U_o\approx 1.25\left(1+\frac{R_2}{R_1}\right)$$

最大输入电压

$$U_{im}=40\text{V}$$

输出电压范围

$$U_o=1.2\sim 37\text{V}$$

## 三、实验设备

实验设备见表 7-12-1。

**表 7-12-1　实验设备**

| 序号 | 名　称 | 型号与规格 | 数量 | 备注 |
|---|---|---|---|---|
| 1 | 可调工频电源 | | | |
| 2 | 双踪示波器 | | | |
| 3 | 交流毫伏表 | | | |
| 4 | 直流电压表 | | | |
| 5 | 直流毫安表 | | | |
| 6 | 三端稳压器 | W7812、W7815、W7915 | | |
| 7 | 桥堆 | 2W06（或 KBP306） | | |
| 8 | 电阻器、电容器若干 | | | |

## 四、实验内容

1. 整流滤波电路测试

按图 7-12-9 连接实验电路，取可调工频电源 14V 电压作为整流电路输入电压 $u_2$。接通工频电源，测量输出端直流电压 $U_L$ 及纹波电压 $\widetilde{U}_L$，用示波器观察 $u_2$、$u_L$ 的波形，把数据及波形记入自拟表格中。

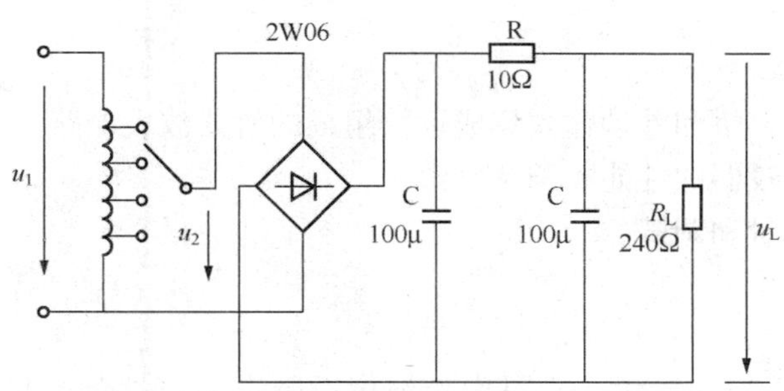


图 7-12-9　整流滤波电路

2. 集成稳压器性能测试

断开工频电源，按图 7-12-2 改接实验电路，取负载电阻 $R_L=120\Omega$。

(1) 初测

接通工频 14V 电源，测量 $U_2$ 值；测量滤波电路输出电压 $U_i$（稳压器输入电压），集成稳压器输出电压 $U_o$，它们的数值应与理论值大致符合，否则说明电路出了故障。设法查找故障并加以排除。

电路经初测进入正常工作状态后，才能进行各项指标的测试。

(2) 各项性能指标测试

1) 输出电压 $U_o$ 和最大输出电流 $I_{omix}$ 的测量。

在输出端接负载电阻 $R_L=120\Omega$，由于 7812 输出电压 $U_o=12V$，因此流过 $R_L$ 的电流 $I_{omix}=\frac{12}{120}A=100mA$。这时 $U_o$ 应基本保持不变，若变化较大则说明集成块性能不良。

2) 稳压系数 $S$ 的测量。

3) 输出电阻 $R_o$ 的测量。

4) 输出纹波电压的测量。

2)、3)、4) 的测试方法同第十节实验，把测量结果记入自拟表格中。

## 五、实验总结

1) 整理实验数据，计算 $S$ 和 $R_o$，并与手册上的典型值进行比较。

2) 分析讨论实验中发生的现象和问题。

## 六、预习要求

1）复习教材中有关集成稳压器部分内容。

2）列出实验内容中所要求的各种表格。

3）在测量稳压系数 $S$ 和内阻 $R_o$ 时，应怎样选择测试仪表？

# 第十三节　应用实验——温度监测及控制电路

## 一、实验目的

1）学习由双臂电桥和差动输入集成运放组成的桥式放大电路。

2）掌握滞回比较器的性能和调试方法。

3）学会系统测量和调试。

## 二、实验原理

实验电路如图 7-13-1 所示，它是由负温度系数电阻特性的热敏电阻（NTC 元件）$R_t$ 为一臂组成测温电桥，其输出经测量放大器放大后由滞回比较器输出“加热”与“停止”信号，经三极管放大后控制加热器“加热”与“停止”。改变滞回比较器的比较电压 $U_R$ 即改变控温的范围，而控温的精度则由滞回比较器的滞回宽度确定。

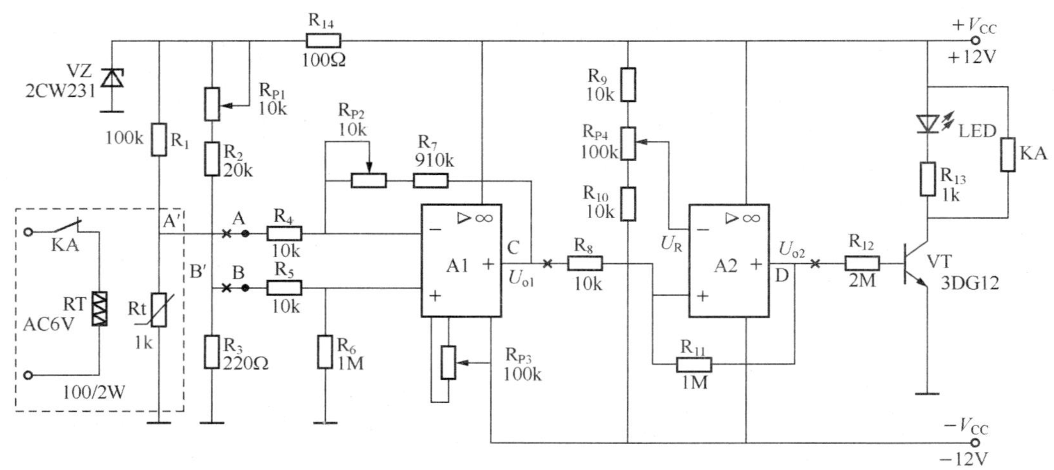


图 7-13-1　温度监测及控制实验电路

### 1. 测温电桥

由 $R_1$、$R_2$、$R_3$、$R_{P1}$ 及 $R_t$ 组成测温电桥，其中 $R_t$ 是温度传感器。其呈现出的阻值与温度成线性变化关系且具有负温度系数，而温度系数又与流过它的工作电流有关。为了稳定 $R_t$ 的工作电流，达到稳定其温度系数的目的，设置了稳压二极管 VZ。$R_{P1}$ 可决定测温电桥的平衡。

2. 差动放大电路

由 $A_1$ 及外围电路组成的差动放大电路，将测温电桥输出电压 $\Delta U$ 按比例放大。其输出电压为

$$U_{o1}=-\left(\frac{R_7+R_{P2}}{R_4}\right)U_A+\left(\frac{R_4+R_7+R_{P2}}{R_4}\right)\left(\frac{R_6}{R_5+R_6}\right)U_B$$

当 $R_4=R_5$，$(R_7+R_{P2})=R_6$ 时

$$U_{o1}=\frac{R_7+R_{P2}}{R_4}(U_B-U_A)$$

$R_{P3}$ 用于差动放大器调零。

可见差动放大电路的输出电压 $U_{o1}$ 仅取决于两个输入电压之差和外部电阻的比值。

3. 滞回比较器

差动放大器的输出电压 $U_{o1}$ 输入由 A2 组成的滞回比较器。

滞回比较器的单元电路如图 7-13-2 所示，设比较器输出高电平为 $U_{oH}$，输出低电平为 $U_{oL}$，参考电压 $U_R$ 加在反相输入端。

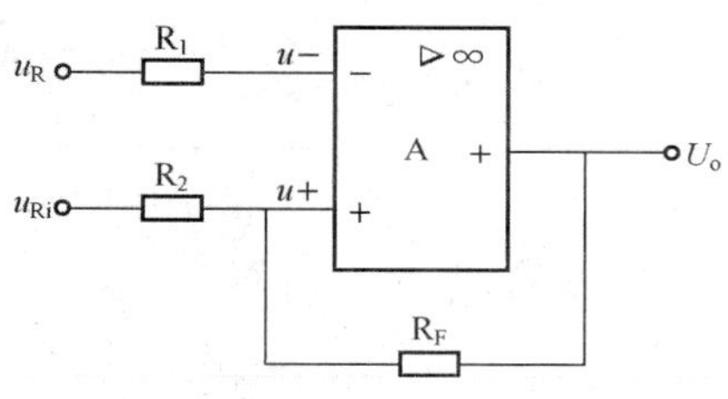


图 7-13-2　同相滞回比较器

当输出为高电平 $U_{oH}$ 时，运放同相输入端电位为

$$u_{+H}=\frac{R_F}{R_2+R_F}u_i+\frac{R_2}{R_2+R_F}U_{oH}$$

当 $u_i$ 减小到使 $u_{+H}=U_R$，即

$$u_i=u_{TL}=\frac{R_2+R_F}{R_F}U_R-\frac{R_2}{R_F}U_{oH}$$

此后，$u_i$ 稍有减小，输出就从高电平跳变为低电平。

当输出为低电平 $U_{oL}$ 时，运放同相输入端电位为

$$u_{+L}=\frac{R_F}{R_2+R_F}u_i+\frac{R_2}{R_2+R_F}U_{oL}$$

当 $u_i$ 增大到使 $u_{+L}=U_R$，即

$$u_i=U_{TH}=\frac{R_2+R_F}{R_F}U_R-\frac{R_2}{R_F}U_{oL}$$

此后，$u_i$ 稍有增加，输出又从低电平跳变为高电平。

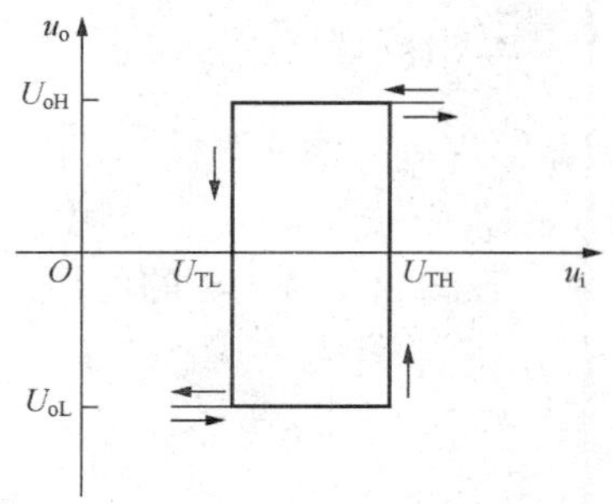


图 7-13-3　电压传输特性曲线

因此 $U_{TL}$ 和 $U_{TH}$ 为输出电平跳变时对应的输入电平，常称 $U_{TL}$ 为下门限电平，$U_{TH}$ 为上门限电平，而两者的差值

$$\Delta U_T=U_{TR}-U_{TL}=\frac{R_2}{R_F}(U_{oH}-U_{oL})$$

称为门限宽度，它们的大小可通过调节 $R_2/R_F$ 的比值来调节。

图 7-13-3 为滞回比较器的电压传输特性曲线。

由上述分析可见差动放器输出电压 $u_{o1}$ 经分压后 A2 组

成的滞回比较器，与反相输入端的参考电压 $U_R$ 相比较。当同相输入端的电压信号大于反相输入端的电压时，A2 输出正饱和电压，三极管 VT 饱和导通。通过发光二极管 LED 的发光情况，可见负载的工作状态为加热。反之，当同相输入信号小于反相输入端电压时，A2 输出负饱和电压，三极管 VT 截止，LED 熄灭，负载的工作状态为停止。调节 RP4 可改变参考电平，也同时调节了上、下门限电平，从而达到设定温度的目的。

## 三、实验设备

实验设备见表 7-13-1。

**表 7-13-1　实验设备**

| 序号 | 名　　称 | 型号与规格 | 数量 | 备注 |
|---|---|---|---|---|
| 1 | 直流电源 | ±12V | | |
| 2 | 函数信号发生器 | | | |
| 3 | 双踪示波器 | | | |
| 4 | 热敏电阻（NTC） | | | |
| 5 | 运算放大器 | μA741×2、三极管 3DG12、<br>稳压二极管 2CW231、发光管 LED | | |

## 四、实验内容

按图 7-13-2，连接实验电路，各级之间暂不连通，形成各级单元电路，以便各单元分别进行调试。

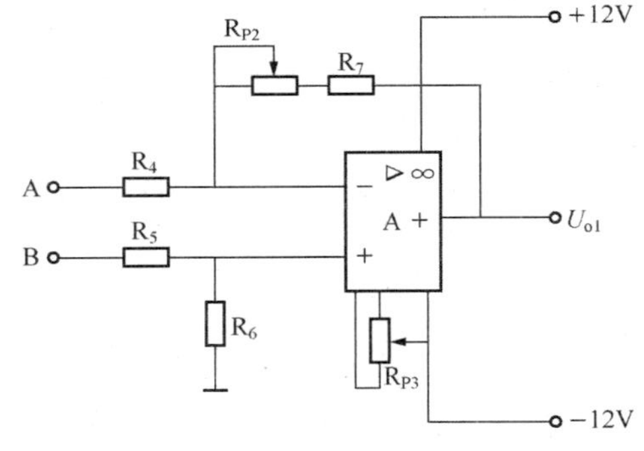


图 7-13-4　差动放大电路

### 1. 差动放大器

差动放大电路如图 7-13-4 所示。它可实现差动比例运算。

1）运放调零。将 A、B 两端对地短路，调节 $R_{P3}$ 使 $U_o=0$。

2）去掉 A、B 端对地短路线。从 A、B 端分别加入不同的两个直流电平。当电路中 $R_7+R_{P2}=R_6$，$R_4=R_5$ 时，其输出电压为

$$u_o=\frac{R_7+R_{P2}}{R_4}(U_B-U_A)$$

在测试时，要注意加入的输入电压不能太大，以免放大器输出进入饱和区。

3）将 B 点对地短路，把频率为 100Hz、有效值为 10mV 的正弦波加入 A 点。用示波器观察输出波形。在输出波形不失真的情况下，用交流毫伏表测出 $u_i$ 和 $u_o$ 的电压。算得此差动放大电路的电压放大倍数 $A$。

### 2. 桥式测温放大电路

将差动放大电路的 A、B 端与测温电桥的 A′、B′端相连，构成一个桥式测温放大电路。

(1) 在室温下使电桥平衡

在实验室室温条件下，调节 RP1，使差动放大器输出 $U_{o1}=0$（注意：前面实验中调好的 RP3 不能再动）。

(2) 温度系数 $K$(V/℃)

由于测温需升温槽，为使实验简易，可虚设室温 $T$ 及输出电压 $u_{o1}$，温度系数 $K$ 也定为一个常数，具体参数由读者自行填入表 7-13-2 中。

**表 7-13-2　实验数据**

| 温度 $T$/℃ | 室温/℃ | | | | |
|---|---|---|---|---|---|
| 输出电压 $U_{o1}$/V | 0 | | | | |

从表 7-13-2 中可得到 $K=\Delta U/\Delta T$。

(3) 桥式测温放大器的温度-电压关系曲线

根据前面测温放大器的温度系数 $K$，可画出测温放大器的温度-电压关系曲线，实验时要标注相关的温度和电压的值，如图 7-13-5 所示。从图中可求得在其他温度时，放大器实际应输出的电压值。也可得到在当前室温时，$U_{o1}$ 实际对应值 $U_s$。

重调 RP1，使测温放大器在当前室温下输出 $U_s$。即调 RP1，使 $U_{o1}=U_s$。

### 3. 滞回比较器

滞回比较器电路如图 7-13-6 所示。

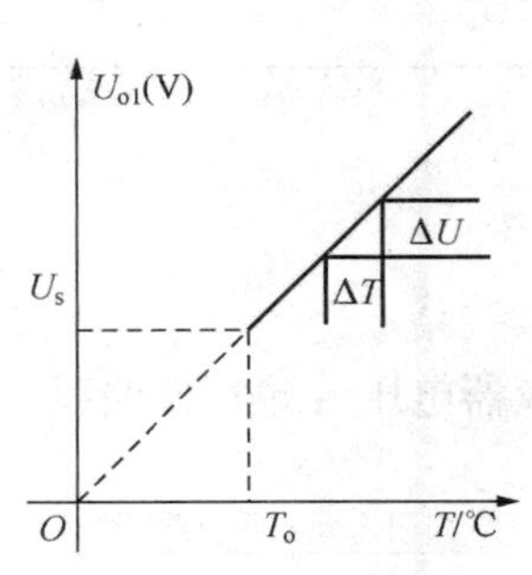


图 7-13-5　温度-电压关系曲线

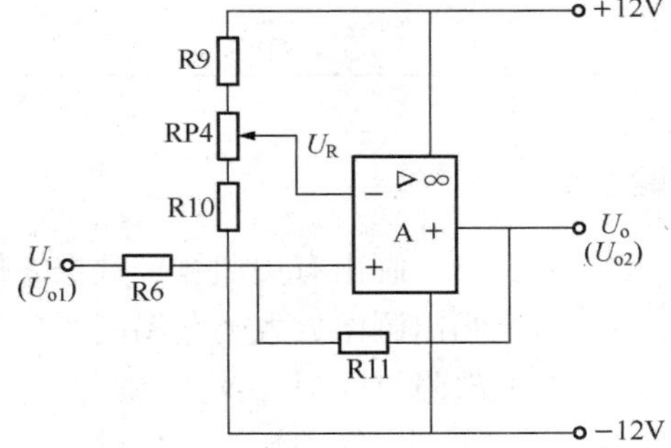


图 7-13-6　滞回比较器电路

(1) 直流法测试比较器的上、下门限电平

首先确定参考电平 $U_R$ 值。调 RP4，使 $U_R=2$V。然后将可变的直流电压 $U_i$ 加入比较器的输入端。比较器的输出电压 $U_o$ 送入示波器 Y 输入端（将示波器的“输入耦合方式开关”置于“DC”，X 轴“扫描触发方式开关”置于“自动”）。改变直流输入电压 $U_i$ 的大小，从示波器屏幕上观察到当 $u_o$ 跳变时所对应的 $U_i$ 值，即为上、下门限电平。

(2) 交流法测试电压传输特性曲线

将频率为 100Hz，幅度 3V 的正弦信号加入比较器输入端，同时送入示波器的 X 轴输入端，作为 X 轴扫描信号。比较器的输出信号送入示波器的 Y 轴输入端。微调正弦信号的大小，可从示波器显示屏上到完整的电压传输特性曲线。

4. 温度检测控制电路整机工作状况

1）按图 7-13-1 连接各级电路。（注意：可调元件 RP1、RP2、RP3 不能随意变动。如有变动，必须重新进行前面内容。）

2）根据所需检测报警或控制的温度 $T$，从测温放大器温度-电压关系曲线中确定对应的 $u_{o1}$ 值。

3）调节 RP4 使参考电压 $U'_R = U_R = U_{o1}$。

4）用加热器升温，观察温升情况，直至报警电路动作报警（在实验电路中，当 LED 发光时作为报警），记下动作时对应的温度值 $t_1$ 和 $U_{o11}$ 的值。

5）用自然降温法使热敏电阻降温，记下电路解除时所对应的温度值 $t_2$ 和 $U_{o12}$ 的值。

6）改变控制温度 $T$，重做步骤 2）、3）、4）、5）内容。把测试结果记入表 7-13-3。

根据 $t_1$ 和 $t_2$ 值，可得到检测灵敏度 $t_o = (t_2 - t_1)$。

注：实验中的加热装置可用一个 100Ω/2W 的电阻 RT 模拟，将此电阻靠近 $R_t$ 即可。

**表 7-13-3　实验数据**

| 设定温度 $T$/℃ | | | | | | | | |
|---|---|---|---|---|---|---|---|---|
| 设定电压 | 从曲线上查得 $U_{o1}$ | | | | | | | |
| | $U_R$ | | | | | | | |
| 动作温度 | $T_1$/℃ | | | | | | | |
| | $T_2$/℃ | | | | | | | |
| 动作电压 | $U_{o11}$/V | | | | | | | |
| | $U_{o12}$/V | | | | | | | |

## 五、实验总结

1）整理实数据，画出有关曲线、数据表格以及实验线路。

2）用方格纸画出测温放大电路温度系数曲线及比较器电压传输特性曲线。

3）实验中的故障排除情况及体会。

## 六、预习要求

1）阅读教材中有关集成运算放大器应用部分的章节。了解集成运算放大器构成的差动放大器等电路的性能和特点。

2）根据实验任务，拟出实验步骤及测试内容，画出数据记录表格。

3）依照实验电路板上集成运放插座的位置，从左到右安排前后各级电路。画出元件排列及布线图。元件排列既要紧凑，又不能相碰，以便缩短连线，防止引入干扰。同时又要便于实验中测试方便。

4）思考并回答下列问题：

① 如果放大器不进行调零，将会引起什么结果？

② 如何设定温度检测控制点？

# 第八章　数字电子实验技术

数字电子实验技术主要是对常用的数字集成器件引脚的识别，通过对其逻辑功能的测试，以加深课堂理论知识的理解和进一步应用。其应用重点表现为对各种逻辑电路和时序逻辑电路的分析与设计。

## 第一节　TTL 集成逻辑门的逻辑功能与参数测试

### 一、实验目的

1）掌握 TTL 集成与非门的逻辑功能和主要参数的测试方法。

2）掌握 TTL 器件的使用规则。

3）进一步熟悉数字电路实验装置的结构、基本功能和使用方法。

### 二、实验原理

本实验采用四输入双与非门 74LS20，即在一块集成块内含有两个互相独立的与非门，每个与非门有四个输入端。74LS20 逻辑框图、逻辑符号及引脚排列如图 8-1-1（a）、（b）、（c）所示。

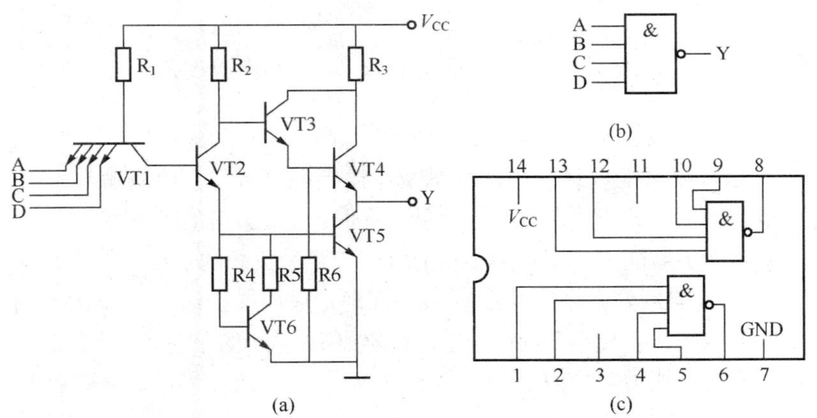


图 8-1-1　74LS20 逻辑框图、逻辑符号及引脚排列

1. 与非门的逻辑功能

与非门的逻辑功能是：当输入端中有一个或一个以上是低电平时，输出端为高电平；只有当输入端全部为高电平时，输出端才是低电平（即有“0”得“1”，全“1”得“0”）。

其逻辑表达式为

$$Y=\overline{AB\cdots}$$

2. TTL与非门的主要参数

(1) 低电平输出电源电流 $I_{CCL}$和高电平输出电源电流 $I_{CCH}$

与非门处于不同的工作状态，电源提供的电流是不同的。$I_{CCL}$是指所有输入端悬空，输出端空载时，电源提供器件的电流。$I_{CCH}$是指输出端空截，每个门各有一个以上的输入端接地，其余输入端悬空时，电源提供给器件的电流。通常 $I_{CCL}>I_{CCH}$，它们的大小标志着器件静态功耗的大小。器件的最大功耗为 $P_{CCL}=V_{CC}I_{CCL}$。手册中提供的电源电流和功耗值是指整个器件总的电源电流和总的功耗。$I_{CCL}$和 $I_{CCH}$测试电路如图 8-1-2 (a)、(b) 所示。

注意：TTL电路对电源电压要求较严，电源电压 $V_{CC}$只允许在 5V±10%的范围内工作，超过 5.5V 将损坏器件；低于 4.5V 器件的逻辑功能将不正常。

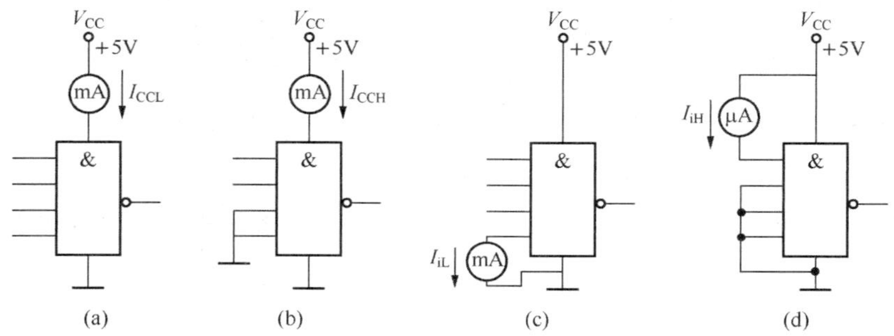


图 8-1-2 TTL与非门静态参数测试电路图

(2) 低电平输入电流 $I_{iL}$和高电平输入电流 $I_{iH}$

$I_{iL}$是指被测输入端接地，其余输入端悬空，输出端空载时，由被测输入端流出的电流值。在多级门电路中，$I_{iL}$相当于前级门输出低电平时，后级向前级门灌入的电流，因此它关系到前级门的灌电流负载能力，即直接影响前级门电路带负载的个数，因此希望 $I_{iL}$小些。

$I_{iH}$是指被测输入端接高电平，其余输入端接地，输出端空载时，流入被测输入端的电流值。在多级门电路中，它相当于前级门输出高电平时，前级门的拉电流负载，其大小关系到前级门的拉电流负载能力，希望 $I_{iH}$小些。由于 $I_{iH}$较小，难以测量，一般免于测试。

$I_{iL}$与 $I_{iH}$的测试电路如图 8-1-2 (c)、(d) 所示。

(3) 扇出系数 $N_o$

扇出系数 $N_o$是指门电路能驱动同类门的个数，它是衡量门电路负载能力的一个参数，TTL与非门有两种不同性质的负载，即灌电流负载和拉电流负载，因此有两种扇出系数，即低电平扇出系数 $N_{oL}$和高电平扇出系数 $N_{oH}$。通常 $I_{iH}<I_{iL}$，则 $N_{oH}>N_{oL}$，故常以 $N_{oL}$作为门的扇出系数。

$N_{oL}$的测试电路如图 8-1-3 所示，门的输入端全部悬空，输出端接灌电流负载 $R_L$，调节 $R_L$ 使 $I_{oL}$ 增大，$V_{oL}$ 随之增高，当 $V_{oL}$ 达到 $V_{oLm}$（手册中规定低电平规范值为

0.4V）时的 $I_{oL}$ 就是允许灌入的最大负载电流，则有

$$N_{oL}=\frac{I_{oL}}{I_{iL}}\qquad \text{通常}\quad N_{oL}\geqslant 8$$

（4）电压传输特性

门的输出电压 $v_o$ 随输入电压 $v_i$ 而变化的曲线 $v_o=f(v_i)$ 称为门的电压传输特性，通过它可读得门电路的一些重要参数，如输出高电平 $V_{oH}$、输出低电平 $V_{oL}$、关门电平 $V_{OFF}$、开门电平 $V_{ON}$、阈值电平 $V_T$ 及抗干扰容限 $V_{NL}$、$V_{NH}$ 等值。测试电路如图 8-1-4 所示，采用逐点测试法，即调节 RP，逐点测得 $V_i$ 及 $V_o$，然后绘成曲线。

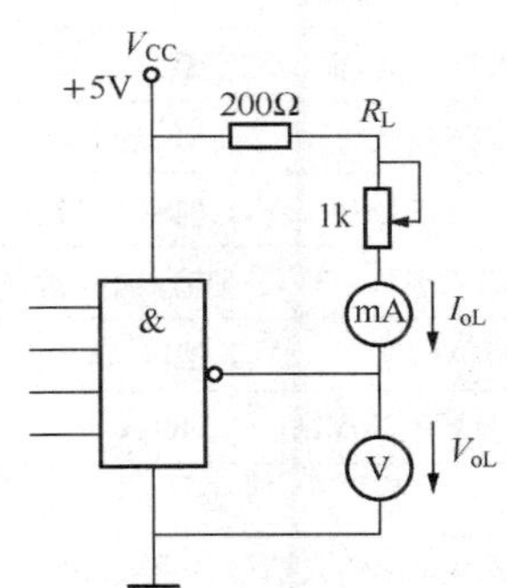


图 8-1-3　扇出系数测试电路

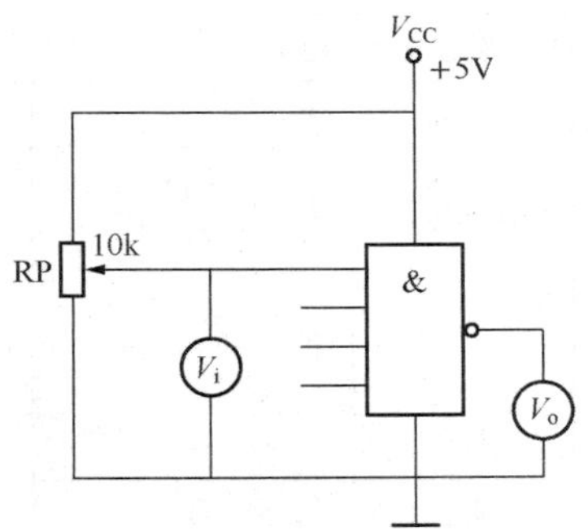


图 8-1-4　传输特性测试电路

（5）平均传输延迟时间 $t_{pd}$

$t_{pd}$ 是衡量门电路开关速度的参数，它是指输出波形边沿的 $0.5V_m$ 至输入波形对应边沿 $0.5V_m$ 点的时间间隔，如图 8-1-5 所示。

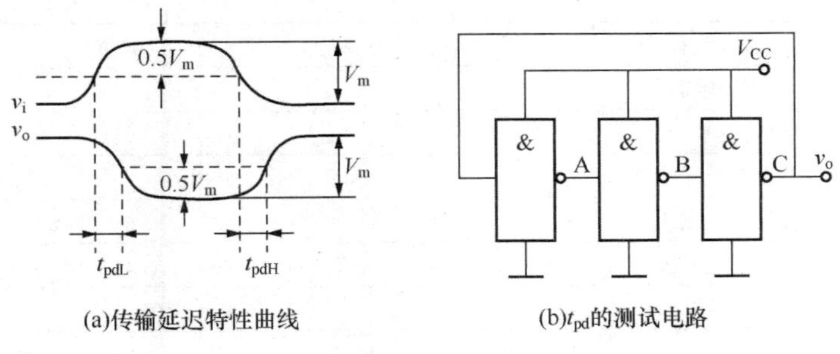


(a)传输延迟特性曲线　　(b)$t_{pd}$的测试电路

图 8-1-5　传输延迟特性曲线及测试电路

图 8-1-5（a）中的 $t_{pdL}$ 为导通延迟时间，$t_{pdH}$ 为截止延迟时间，平均传输延迟时间为

$$t_{pd}=\frac{1}{2}(t_{pdL}+t_{pdH})$$

$t_{pd}$ 的测试电路如图 8-1-5（b）所示，由于 TTL 门电路的延迟时间较小，直接测量时对信号发生器和示波器的性能要求较高，故实验采用测量由奇数个与非门组成的环形振荡器的振荡周期 $T$ 来求得。其工作原理是：假设电路在接通电源后某一瞬间，电路中的 A 点为逻辑“1”，经过三级门的延迟后，使 A 点由原来的逻辑“1”变为逻辑“0”；再经过三级门的延迟后，A 点电平又重新回到逻辑“1”。电路中其他各点电平也跟随变化。说明使 A 点发生

一个周期的振荡，必须经过六级门的延迟时间。因此平均传输延迟时间为

$$t_{pd} = \frac{T}{6}$$

TTL 电路的 $t_{pd}$ 一般在 10～40ns 之间。

74LS20 主要电参数规范见表 8-1-1。

**表 8-1-1 74LS20 主要电参数规范**

| 参数名称和符号 | | | 规范值 | 单位 | 测试条件 |
|---|---|---|---|---|---|
| 直流参数 | 通导电源电流 | $I_{CCL}$ | <14 | mA | $V_{CC}$=5V，输入端悬空，输出端空载 |
| | 截止电源电流 | $I_{CCH}$ | <7 | mA | $V_{CC}$=5V，输入端接地，输出端空载 |
| | 低电平输入电流 | $I_{iL}$ | ≤1.4 | mA | $V_{CC}$=5V，被测输入端接地，其他输入端悬空，输出端空载 |
| | 高电平输入电流 | $I_{iH}$ | <50 | μA | $V_{CC}$=5V，被测输入端 $V_i$=2.4V，其他输入端接地，输出端空载 |
| | | | <1 | mA | $V_{CC}$=5V，被测输入端 $V_i$=5V，其他输入端接地，输出端空载 |
| | 输出高电平 | $V_{oH}$ | ≥3.4 | V | $V_{CC}$=5V，被测输入端 $V_i$=0.8V，其他输入端悬空，$I_{oH}$=400μA |
| | 输出低电平 | $V_{oL}$ | <0.3 | V | $V_{CC}$=5V，输入端 $V_i$=2.0V，$I_{oL}$=12.8mA |
| | 扇出系数 | $N_o$ | 4～8 | V | 同 $V_{oH}$ 和 $V_{oL}$ |
| 交流参数 | 平均传输延迟时间 | $t_{pd}$ | ≤20 | ns | $V_{CC}$=5V，被测输入端输入信号：$V_i$=3.0V，$f$=2MHz |

## 三、实验设备

实验设备见表 8-1-2。

**表 8-1-2 实验设备**

| 序号 | 名　　称 | 型号与规格 | 数量 | 备注 |
|---|---|---|---|---|
| 1 | 直流电源 | +5V | | |
| 2 | 逻辑电平开关 | | | |
| 3 | 逻辑电平显示器 | | | |
| 4 | 直流数字电压表 | | | |
| 5 | 直流毫安表 | | | |
| 6 | 直流微安表 | | | |
| 7 | | 74LS20×2、1kΩ、10kΩ 电位器 | | 200Ω 电阻器（0.5W） |

## 四、实验内容

在合适的位置选取一个 14P 插座，按定位标记插好 74LS20 集成块。

1. 验证 TTL 集成与非门 74LS20 的逻辑功能

按图 8-1-6 接线，门的四个输入端接逻辑开关输出插口，以提供“0”与“1”电平信号，开关向上，输出逻辑“1”，向下为逻辑“0”。门的输出端接由 LED 发光二极管组成的逻辑电平显示器（又称 0—1 指示器）的显示插口，LED 亮为逻辑“1”，不亮为

逻辑“0”。按表 8-1-3 的真值表逐个测试集成电路中两个与非门的逻辑功能。74LS20 有 4 个输入端，有 16 个最小项，在实际测试时，只要通过对输入 1111、0111、1011、1101、1110 五项进行检测就可判断其逻辑功能是否正常。

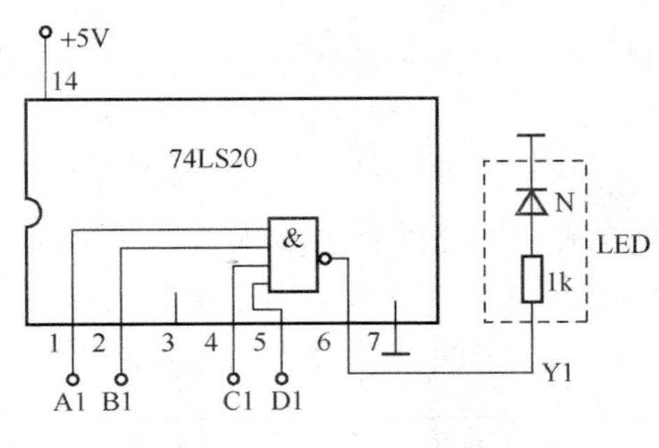


图 8-1-6　与非门逻辑功能测试电路

**表 8-1-3　真值表**

| 输　入 | | | | 输出 | |
|---|---|---|---|---|---|
| $A_n$ | $B_n$ | $C_n$ | $D_n$ | Y1 | Y2 |
| 1 | 1 | 1 | 1 | | |
| 0 | 1 | 1 | 1 | | |
| 1 | 0 | 1 | 1 | | |
| 1 | 1 | 0 | 1 | | |
| 1 | 1 | 1 | 0 | | |

2. 74LS20 主要参数的测试

1）分别按图 8-1-2、图 8-1-3、图 8-1-5（b）接线并进行测试，将测试结果记入表 8-1-4中。

**表 8-1-4　测试数据（一）**

| $I_{CCL}$/mA | $I_{CCH}$/mA | $I_{iL}$/mA | $I_{oL}$/mA | | $t_{pd}=(T/6)$/ns |
|---|---|---|---|---|---|
| | | | | | |

2）按图 8-1-4 接线，调节电位器 RP，使 $V_i$ 从 0V 向高电平变化，逐点测量 $V_i$ 和 $V_o$ 的对应值，记入表 8-1-5 中。

**表 8-1-5　测试数据（二）**

| $V_i$/V | 0 | 0.2 | 0.4 | 0.6 | 0.8 | 1.0 | 1.5 | 2.0 | 2.5 | 3.0 | 3.5 | 4.0 | … |
|---|---|---|---|---|---|---|---|---|---|---|---|---|---|
| $V_o$/V | | | | | | | | | | | | | |

## 五、实验报告

1）记录、整理实验结果，并对结果进行分析。

2）画出实测的电压传输特性曲线，并从中读出各有关参数值。

## 六、集成电路芯片简介

数字电路实验中所用到的集成芯片都是双列直插式的，其引脚排列规则如图 8-1-1 所示。识别方法是：正对集成电路型号（如 74LS20）或看标记（左边的缺口或小圆点标记），从左下角开始按逆时针方向以 1，2，3，…依次排列到最后一脚（在左上角）。在标准形 TTL 集成电路中，电源端 $V_{CC}$ 一般排在左上端，接地端 GND 一般排在右下端。如 74LS20 为 14 脚芯片，14 脚为 $V_{CC}$，7 脚为 GND。若集成芯片引脚上的功能标号为 NC，则表示该引脚为空脚，与内部电路不连接。

### 七、TTL 集成电路使用规则

1）接插集成块时，要认清定位标记，不得插反。

2）电源电压使用范围为＋4.5～＋5.5V 之间，实验中要求使用 $V_{CC}$＝＋5V。电源极性绝对不允许接错。

3）闲置输入端处理方法：

① 悬空，相当于正逻辑“1”，对于一般小规模集成电路的数据输入端，实验时允许悬空处理。但易受外界干扰，导致电路的逻辑功能不正常。因此，对于接有长线的输入端中规模以上的集成电路和使用集成电路较多的复杂电路，所有控制输入端必须按逻辑要求接入电路，不允许悬空。

② 直接接电源电压 $V_{CC}$（也可以串入一只 1～10kΩ 的固定电阻）或接至某一固定电压（＋2.4≤$V$≤4.5V）的电源上，或与输入端为接地的多余与非门的输出端相接。

③ 若前级驱动能力允许，可以与使用的输入端并联。

4）输入端通过电阻接地，电阻值的大小将直接影响电路所处的状态。当 $R$≤680Ω 时，输入端相当于逻辑“0”；当 $R$≥4.7kΩ 时，输入端相当于逻辑“1”。对于不同系列的器件，要求的阻值不同。

5）输出端不允许并联使用［集电极开路门（OC）和三态输出门电路（3S）除外］。否则，不仅会使电路逻辑功能混乱，并会导致器件损坏。

6）输出端不允许直接接地或直接接＋5V 电源，否则将损坏器件。有时为了使后级电路获得较高的输出电平，允许输出端通过电阻 R 接至 $V_{CC}$，一般取 $R$＝3～5.1kΩ。

## 第二节　CMOS 集成逻辑门的逻辑功能与参数测试

### 一、实验目的

1）掌握 CMOS 集成门电路的逻辑功能和器件的使用规则。

2）学会 CMOS 集成门电路主要参数的测试方法。

### 二、实验原理

#### 1. CMOS 集成电路的优点

CMOS 集成电路是将 N 沟道 MOS 三极管和 P 沟道 MOS 三极管同时用于一个集成电路中，成为组合二种沟道 MOS 管性能更优良的集成电路。CMOS 集成电路的主要优点是：

1）功耗低，其静态工作电流在 $8.9^{-9}$A 数量级，是目前所有数字集成电路中最低的，而 TTL 器件的功耗则大得多。

2）高输入阻抗，通常大于 $10^{10}$Ω，远高于 TTL 器件的输入阻抗。

3）接近理想的传输特性，输出高电平可达电源电压的 99.9％以上，低电平可达电源电压的 0.1％以下，因此输出逻辑电平的摆幅很大，噪声容限很高。

4）电源电压范围广，可在+3～+18V范围内正常运行。

5）由于有很高的输入阻抗，要求驱动电流很小，约0.1μA，输出电流在+5V电源下约为500μA，远小于TTL电路，如以此电流来驱动同类门电路，其扇出系数将非常大。在一般低频率时，无须考虑扇出系数，但在高频时，后级门的输入电容将成为主要负载，使其扇出能力下降，所以在较高频率工作时，CMOS电路的扇出系数一般取10～20。

2. CMOS门电路逻辑功能

尽管CMOS与TTL电路内部结构不同，但它们的逻辑功能完全一样。本实验将测定与门CC4081、或门CC4071、与非门CC4011、或非门CC4001的逻辑功能。各集成电路的逻辑功能与真值表参阅教材及有关资料。

3. CMOS与非门的主要参数

CMOS与非门主要参数的定义及测试方法与TTL电路相仿，从略。

4. CMOS电路的使用规则

由于CMOS电路有很高的输入阻抗，这给使用者带来一定的麻烦，即外来的干扰信号很容易在一些悬空的输入端上感应出很高的电压，以致损坏器件。CMOS电路的使用规则如下。

1）$V_{DD}$接电源正极，$V_{SS}$接电源负极（通常接地⊥），不得接反。CC4000系列的电源允许电压在+3～+18V范围内选择，实验中一般要求使用+5～+15V。

2）所有输入端一律不准悬空。闲置输入端的处理方法如下：

① 按照逻辑要求，直接接$V_{DD}$（与非门）或$V_{SS}$（或非门）。

② 在工作频率不高的电路中，允许输入端并联使用。

3）输出端不允许直接与$V_{DD}$或$V_{SS}$连接，否则将导致器件损坏。

4）在装接电路，改变电路连接或插、拔电路时，均应切断电源，严禁带电操作。

5）焊接、测试和储存时的注意事项如下：

① 电路应存放在导电的容器内，有良好的静电屏蔽；

② 焊接时必须切断电源，电烙铁外壳必须良好接地，或拔下电烙铁，靠其余热焊接；

③ 所有的测试仪器必须良好接地。

## 三、实验设备

实验设备见表8-2-1。

**表8-2-1　实验设备**

| 序号 | 名　称 | 型号与规格 | 数量 | 备注 |
|---|---|---|---|---|
| 1 | 直流电源 | +5V | | |
| 2 | 双踪示波器 | | | |
| 3 | 连续脉冲源 | | | |
| 4 | 逻辑电平开关 | | | |

续表

| 序号 | 名　称 | 型号与规格 | 数量 | 备注 |
|---|---|---|---|---|
| 5 | 逻辑电平显示器 | | | |
| 6 | 直流数字电压表 | | | |
| 7 | 直流毫安表 | | | |
| 8 | 直流微安表 | | | |
| 9 | CC4011、CC4001、CC4071、CC4081、电位器 100kΩ、电阻 1kΩ | | | |

## 四、实验内容

1）CMOS 与非门 CC4011 参数测试（方法与 TTL 电路相同）。

① 测试 CC4011 一个门的 $I_{CCL}$、$I_{CCH}$、$I_{iL}$、$I_{iH}$。

② 测试 CC4011 一个门的传输特性（一个输入端作信号输入，另一个输入端接逻辑高电平）。

③ 将 CC4011 的三个门串接成振荡器，用示波器观测输入、输出波形，并计算出 $t_{pd}$值。

2）验证 CMOS 各门电路的逻辑功能，判断其好坏。

验证与非门 CC4011、与门 CC4081、或门 CC4071 及或非门 CC4001 逻辑功能，其引脚见附录。

以 CC4011 为例，如图 8-2-1 所示。测试时，选好某一个 14P 插座，插入被测器件，其输入端 A、B 接逻辑开关的输出插口，其输出端 Y 接至逻辑电平显示器输入插口，拨动逻辑电平开关，逐个测试各门的逻辑功能，并记入表 8-2-2 中。

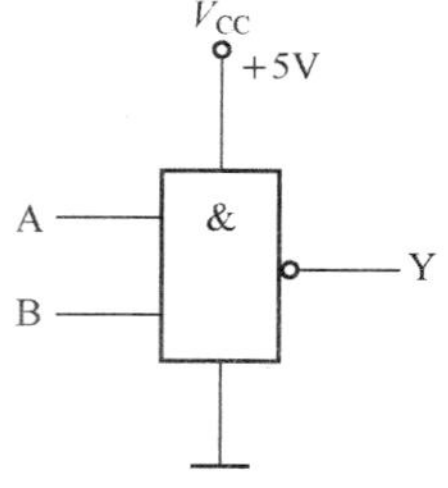


图 8-2-1　与非门逻辑功能测试

**表 8-2-2　真值表**

| 输　入 | | 输　出 | | | |
|---|---|---|---|---|---|
| A | B | Y1 | Y2 | Y3 | Y4 |
| 0 | 0 | | | | |
| 0 | 1 | | | | |
| 1 | 0 | | | | |
| 1 | 1 | | | | |

3）观察与非门、与门、或非门对脉冲的控制作用。

选用与非门按图 8-2-2（a）、（b）接线，将一个输入端接连续脉冲源（频率为 20kHz），用示波器观察两种电路的输出波形，记录之。

然后测定“与门”和“或非门”对连续脉冲的控制作用。

## 五、实验预习要求

1）复习 CMOS 门电路的工作原理。

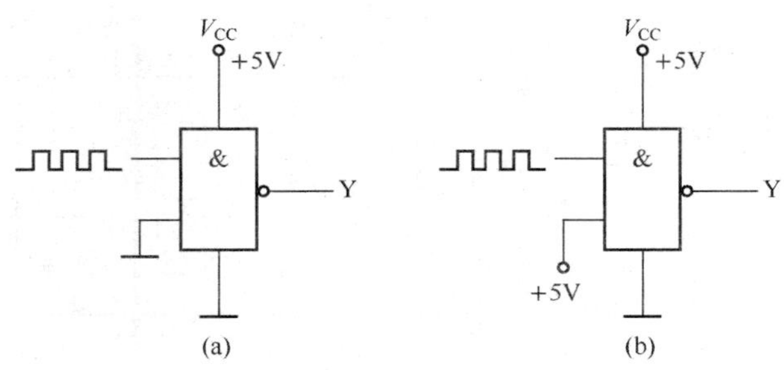


图 8-2-2　与非门对脉冲的控制作用

2）熟悉实验用各集成门引脚功能。

3）画出各实验内容的测试电路与数据记录表格。

4）画好实验用各门电路的真值表表格。

5）各 CMOS 门电路闲置输入端如何处理？

## 六、实验报告

1）整理实验结果，用坐标纸画出传输特性曲线。

2）根据实验结果，写出各门电路的逻辑表达式，并判断被测电路的功能好坏。

### 知识拓展 TTL 集电极开路门与三态输出门的应用

数字系统中有时需要把两个或两个以上集成逻辑门的输出端直接并接在一起完成一定的逻辑功能。对于普通的 TTL 门电路，由于输出级采用了推拉式输出电路，无论输出是高电平还是低电平，输出阻抗都很低。因此，通常不允许将它们的输出端并接在一起使用。

集电极开路门和三态输出门是两种特殊的 TTL 门电路，允许把输出端直接并接在一起使用。

1. TTL 集电极开路门（OC 门）

本实验所用 OC 与非门型号为 2 输入四与非门 74LS03，内部逻辑图及引脚排列如附图 8-2-1（a）、（b）所示。OC 与非门的输出管 VT3 是悬空的，工作时，输出端必须通过一只外接电阻 $R_L$ 和电源 $E_C$ 相连接，以保证输出电平符合电路要求。

（1）OC 门的应用

主要有下述三个方面：

1）利用电路的“线与”特性方便地完成某些特定的逻辑功能。

附图 8-2-2 所示，将两个 OC 与非门输出端直接并接在一起，则它们的输出 $F=FA \cdot FB=\overline{A_1A_2}\cdot\overline{B_1B_2}=\overline{A_1A_2+B_1B_2}$，即把两个（或两个以上）OC 与非门“线与”可完成“与或非”的逻辑功能。

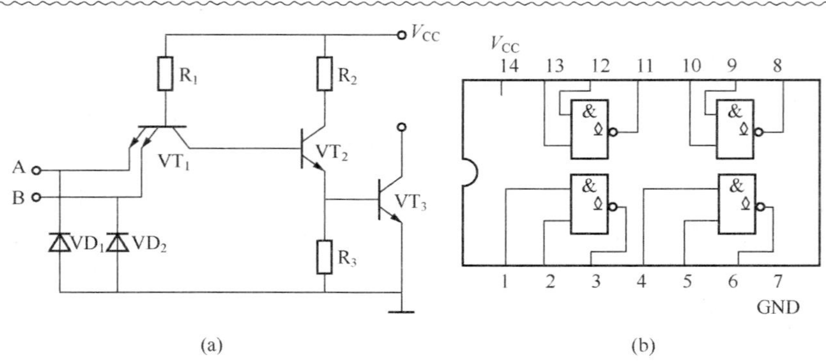


附图 8-2-1　74LS03 内部结构及引脚排列

2）实现多路信息采集，使两路以上的信息共用一个传输通道（总线）。

3）实现逻辑电平的转换，以推动荧光数码管、继电器、MOS 器件等多种数字集成电路。

（2）OC 门输出并联运用时负载电阻 $R_L$ 的选择

附图 8-2-3 所示电路由 $n$ 个 OC 与非门“线与”驱动有 $m$ 个输入端的 $N$ 个 TTL 与非门，为保证 OC 与非门输出电平符合逻辑要求，负载电阻 $R_L$ 阻值的选择范围为

$$R_{\mathrm{Lmax}} = \frac{E_C - V_{\mathrm{oH}}}{nI_{\mathrm{oH}} + mI_{\mathrm{iH}}}$$

$$R_{\mathrm{Lmin}} = \frac{E_C - V_{\mathrm{oL}}}{I_{\mathrm{LM}} + NI_{\mathrm{iL}}}$$

式中　$I_{\mathrm{OH}}$——OC 门输出管截止时（输出高电平 $V_{\mathrm{oH}}$）的漏电流（约 50μA）；

$I_{\mathrm{LM}}$——OC 门输出低电平 $V_{\mathrm{oL}}$ 时允许最大灌入负载电流（约 20mA）；

$I_{\mathrm{iH}}$——负载门高电平输入电流（<50μA）；

$I_{\mathrm{iL}}$——负载门低电平输入电流（<1.6mA）；

$E_C$——$R_L$ 外接电源电压；

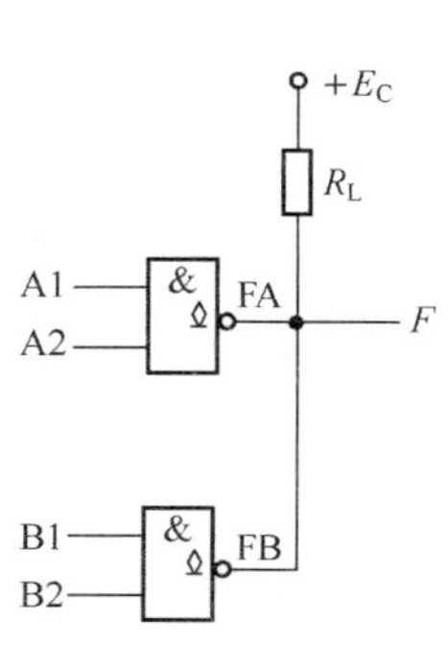


附图 8-2-2　OC 与非门“线与”电路

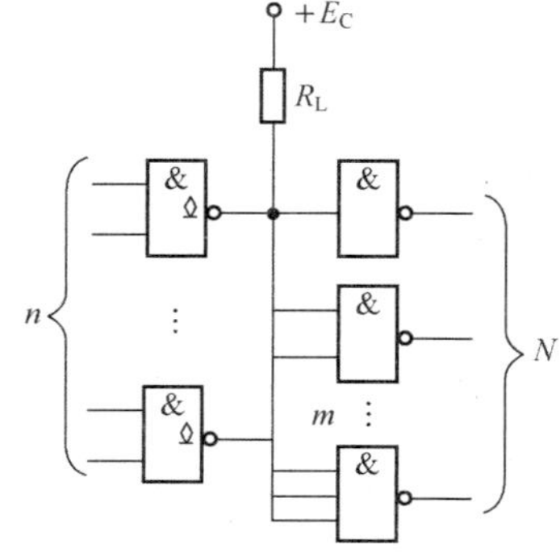


附图 8-2-3　OC 与非门负载电阻 $R_L$ 的确定

$n$——OC 门个数；

$N$——负载门个数；

$m$——接入电路的负载门输入端总个数。

$R_L$ 值须小于 $R_{Lmax}$，否则 $V_{oH}$ 将下降，$R_L$ 值须大于 $R_{Lmin}$，否则 $V_{oL}$ 将上升，又 $R_L$ 的大小会影响输出波形的边沿时间，在工作速度较高时，$R_L$ 应尽量选取接近 $R_{Lmin}$。

除了 OC 与非门外，还有其他类型的 OC 器件，$R_L$ 的选取方法也与此类同。

2. TTL 三态输出门（3S 门）

TTL 三态输出门是一种特殊的门电路，它与普通的 TTL 门电路结构不同，它的输出端除了通常的高电平、低电平两种状态外（这两种状态均为低阻状态），还有第三种输出状态——高阻状态，处于高阻状态时，电路与负载之间相当于开路。三态输出门按逻辑功能及控制方式来分有各种不同类型，本实验所用三态门的型号是 74LS125 三态输出四总线缓冲器。附图 8-2-4(a) 是三态输出四总线缓冲器的逻辑符号，它有一个控制端（又称禁止端或使能端）$\overline{E}$，$\overline{E}=0$ 为正常工作状态，实现 Y＝A 的逻辑功能；$\overline{E}=1$ 为禁止状态，输出 Y 呈现高阻状态。这种在控制端加低电平时电路才能正常工作的工作方式称为低电平使能。

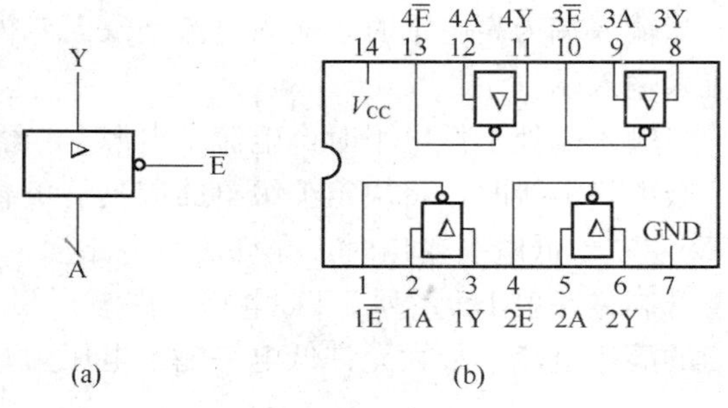


附图 8-2-4　74LS125 三态四总线缓冲器逻辑符号及引脚排列

附图 8-2-4 (b) 为 74LS125 引脚排列。附表 8-2-1 为功能表。

三态电路主要用途之一是实现总线传输，即用一个传输通道（称总线），以选通方式传送多路信息。如附图 8-2-5 所示，电路中把若干个三态 TTL 电路输出端直接连接在一起构成三态门总线，使用时，要求只有需要传输信息的三态控制端处于使能态($\overline{E}=0$)其余各门皆处于禁止状态（$\overline{E}=1$)。由于三态门输出电路结构与普通 TTL 电路相同，显然，若同时有两个或两个以上三态门的控制端处于使能态，将出现与普通 TTL 门“线与”运用时同样的问题，因而是绝对不允许的。

**附表 8-2-1　功能表**

| 输入 | | 输出 |
|---|---|---|
| $\overline{E}$ | A | Y |
| 0 | 0 | 0 |
| | 1 | 1 |
| 1 | 0 | 高阻态 |
| | 1 | |

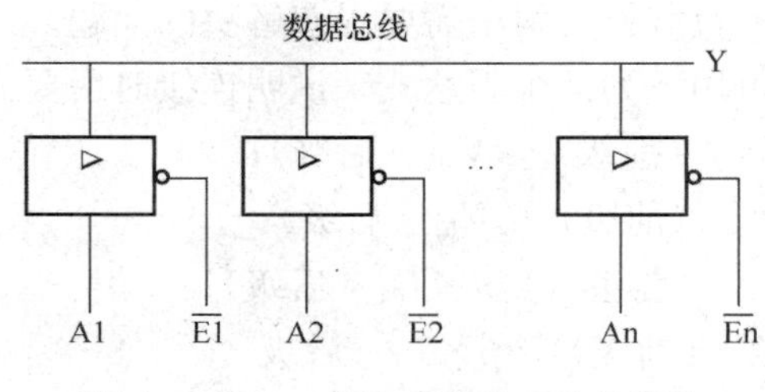


附图 8-2-5　三态输出门实现总线传输

# 第三节　集成逻辑电路的连接和驱动

## 一、实验目的

1）掌握 TTL、CMOS 集成电路输入电路与输出电路的性质。

2）掌握集成逻辑电路相互衔接时应遵守的规则和实际衔接方法。

## 二、实验原理

### 1. TTL 电路输入输出电路性质

当输入端为高电平时，输入电流是反向二极管的漏电流，电流极小。其方向是从外部流入输入端。

当输入端处于低电平时，电流由电源 $V_{CC}$经内部电路流出输入端，电流较大，当与上一级电路衔接时，将决定上级电路应具的负载能力。高电平输出电压在负载不大时为3.5V 左右。低电平输出时，允许后级电路灌入电流，随着灌入电流的增加，输出低电平将升高，一般 LS 系列 TTL 电路允许灌入 8mA 电流，即可吸收后级 20 个 LS 系列标准门的灌入电流。最大允许低电平输出电压为 0.4V。

### 2. CMOS 电路输入输出电路性质

一般 CC 系列的输入阻抗可高达 $10^{10}\Omega$，输入电容在 5pF 以下，输入高电平通常要求在 3.5V 以上，输入低电平通常为 1.5V 以下。由于 CMOS 电路的输出结构具有对称性，故对高低电平具有相同的输出能力，负载能力较小，仅可驱动少量的 CMOS 电路。当输出端负载很小时，输出高电平将十分接近电源电压；输出低电平时将十分接近地电位。

在高速 CMOS 电路 54/74HC 系列中的一个子系列 54/74HCT，其输入电平与 TTL 电路完全相同，因此在相互取代时，不需考虑电平的匹配问题。

### 3. 集成逻辑电路的衔接

在实际的数字电路系统中总是将一定数量的集成逻辑电路按需要前后连接起来。这时，前级电路的输出将与后级电路的输入相连并驱动后级电路工作。这就存在着电平的配合和负载能力两个需要妥善解决的问题。

可用下列几个表达式来说明连接时所要满足的条件：

$V_{oH}$（前级）$\geqslant V_{iH}$（后级）；

$V_{oL}$（前级）$\leqslant V_{iL}$（后级）；

$I_{oH}$（前级）$\geqslant n \times I_{iH}$（后级）；

$I_{oL}$（前级）$\geqslant n \times I_{Il}$（后级）。

$n$ 为后级门的数目。

（1）TTL 与 TTL 的连接

TTL 集成逻辑电路的所有系列，由于电路结构形式相同，电平配合比较方便，不需要外接元件可直接连接，不足之处是受低电平时负载能力的限制。表 8-3-1 列出了 74 系列 TTL 电路的扇出系数。

**表 8-3-1　74 系列 TTL 电路的扇出系数**

| | 74LS00 | 74ALS00 | 7400 | 74L00 | 74S00 |
|---|---|---|---|---|---|
| 74LS00 | 20 | 40 | 5 | 40 | 5 |
| 74ALS00 | 20 | 40 | 5 | 40 | 5 |
| 7400 | 40 | 80 | 10 | 40 | 10 |
| 74L00 | 10 | 20 | 2 | 20 | 1 |
| 74S00 | 50 | 100 | 12 | 100 | 12 |

（2）TTL 驱动 CMOS 电路

TTL 电路驱动 CMOS 电路时，由于 CMOS 电路的输入阻抗高，故此驱动电流一般不会受到限制，但在电平配合问题上，低电平是可以的，高电平时有困难，因为 TTL 电路在满载时，输出高电平通常低于 CMOS 电路对输入高电平的要求，因此为保证 TTL 输出高电平时，后级的 CMOS 电路能可靠工作，通常要外接一个提拉电阻 R，如图 8-3-1 所示，使输出高电平达到 3.5V 以上，R 的取值为 2～6.2kΩ 较合适，这时 TTL 后级的 CMOS 电路的数目实际上是没有什么限制的。

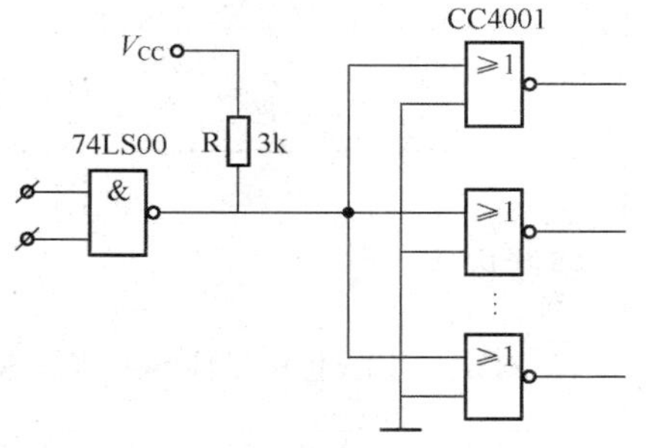

图 8-3-1　TTL 电路驱动 CMOS 电路

（3）CMOS 驱动 TTL 电路

CMOS 的输出电平能满足 TTL 对输入电平的要求，而驱动电流将受限制，主要是低电平时的负载能力。表 8-3-2 列出了一般 CMOS 电路驱动 TTL 电路时的扇出系数，从表中可见，除了 74HC 系列外的其他 CMOS 电路驱动 TTL 的能力都较低。

**表 8-3-2　一般 CMOS 电路驱动 TTL 电路时的扇出系数**

| | LS-TTL | L-TTL | TTL | ASL-TTL |
|---|---|---|---|---|
| CC4001B 系列 | 1 | 2 | 0 | 2 |
| MC14001B 系列 | 1 | 2 | 0 | 2 |
| MM74HC 及 74HCT 系列 | 10 | 20 | 2 | 20 |

既要使用此系列又要提高其驱动能力时，可采用以下两种方法：

1）采用 CMOS 驱动器，如 CC4049、CC4050 是专为给出较大驱动能力而设计的 CMOS 电路。

2）几个同功能的 CMOS 电路并联使用，即将其输入端并联，输出端并联（TTL

电路是不允许并联的)。

(4) CMOS 与 CMOS 的衔接

CMOS 电路之间的连接十分方便，不需另加外接元器件。对直流参数来讲，一个 CMOS 电路可带动的 CMOS 电路数量是不受限制的，但在实际使用时，应当考虑后级门输入电容对前级门的传输速度的影响，电容太大时，传输速度要下降，因此在高速使用时要从负载电容来考虑，例如 CC4000T 系列。CMOS 电路在 10MHz 以上速度运用时应限制在 20 个门以下。

## 三、实验设备

实验设备见表 8-3-3。

**表 8-3-3　实验设备**

| 序号 | 名　　称 | 型号与规格 | 数量 | 备　　注 |
|---|---|---|---|---|
| 1 | 直流电源 | +5V | | |
| 2 | 逻辑电平开关 | | | |
| 3 | 逻辑电平显示器 | | | |
| 4 | 逻辑笔 | | | |
| 5 | 直流数字电压表 | | | |
| 6 | 直流毫安表 | | | |
| 7 | | 74LS00×2 CC4001 74HC00 | | 电阻：100Ω　470Ω　3kΩ<br>电位器：47kΩ　10kΩ　4.7kΩ |

## 四、实验内容

1. 测试 TTL 电路 74LS00 及 CMOS 电路 CC4001 的输出特性

74LS00 与非门与 CC4001 或非门电路引脚排列如图 8-3-2 所示。

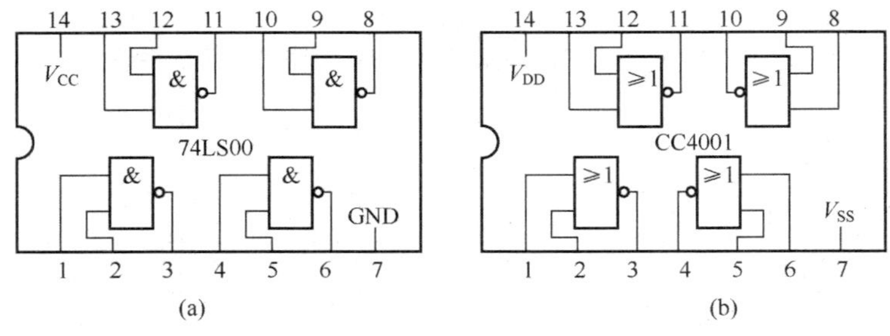


图 8-3-2　74LS00 与非门与 CC4001 或非门电路引脚排列

测试电路如图 8-3-3 所示，图中以与非门 74LS00 为例画出了高、低电平两种输出状态下输出特性的测量方法。改变电位器 RP 的阻值，从而获得输出特性曲线，R 为限流电阻。

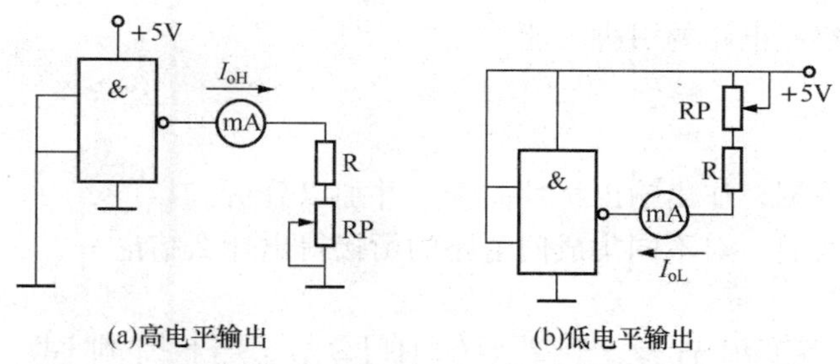


图 8-3-3　与非门电路输出特性测试电路

（1）测试 TTL 电路 74LS00 的输出特性

在实验装置的合适位置选取一个 14P 插座。插入 74LS00，R 取为 100Ω，高电平输出时 RP 取 47kΩ，低电平输出时 RP 取 10kΩ。高电平测试时，应测量空载到最小允许高电平（2.7V）之间的一系列点；低电平测试时，应测量空载到最大允许低电平（0.4V）之间的一系列点。

（2）测试 CMOS 电路 CC4001 的输出特性

测试时 *R* 取为 470Ω，RP 取 4.7kΩ。高电平测试时，应测量从空载到输出电平降到 4.6V 为止的一系列点；低电平测试时，应测量从空载到输出电平升到 0.4V 为止的一系列点。

2. TTL 电路驱动 CMOS 电路

用 74LS00 的一个门来驱动 CC4001 的四个门，实验电路如图 8-3-1 所示，R 取 3kΩ。测量连接 3kΩ 与不连接 3kΩ 电阻时 74LS00 的输出高低电平及 CC4001 的逻辑功能，测试逻辑功能时，可用实验装置上的逻辑笔进行测试，逻辑笔的电源 $+V_{CC}$ 接 +5V，其输入口 1NPVT 通过一根导线接至所需的测试点。

3. CMOS 电路驱动 TTL 电路

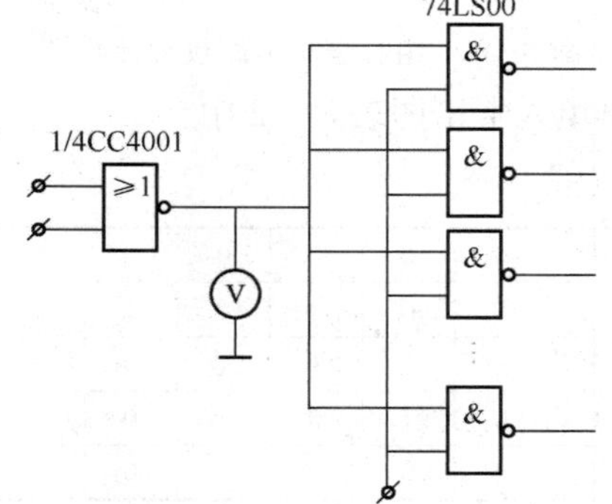


图 8-3-4　CMOS 驱动 TTL 电路

电路如图 8-3-4 所示，被驱动的电路用 74LS00 的八个门并联。

电路的输入端接逻辑开关输出插口，八个输出端分别接逻辑电平显示的输入插口。先用 CC4001 的一个门来驱动，观测 CC4001 的输出电平和 74LS00 的逻辑功能。然后将 CC4001 的其余三个门，一个个并联到第一个门上（输入与输入、输出与输出并联），分别观察 CMOS 的输出电平及 74LS00 的逻辑功能。最后用 1/474HC00 代替1/4CC4001，测试其输出电平及系统的逻辑功能。

## 五、预习要求

1）自拟各实验记录用的数据表格及逻辑电平记录表格。

2）熟悉所用集成电路的引脚功能。

## 六、实验报告

1）整理实验数据，作出输出特性曲线，并加以分析。

2）通过本次实验，对不同集成门电路的衔接得出什么结论？

# 第四节　组合逻辑电路的设计与测试

## 一、实验目的

掌握组合逻辑电路的设计与测试方法。

## 二、实验原理

1）使用中、小规模集成电路来设计组合电路是最常见的逻辑电路。设计组合电路的一般步骤如图 8-4-1 所示。

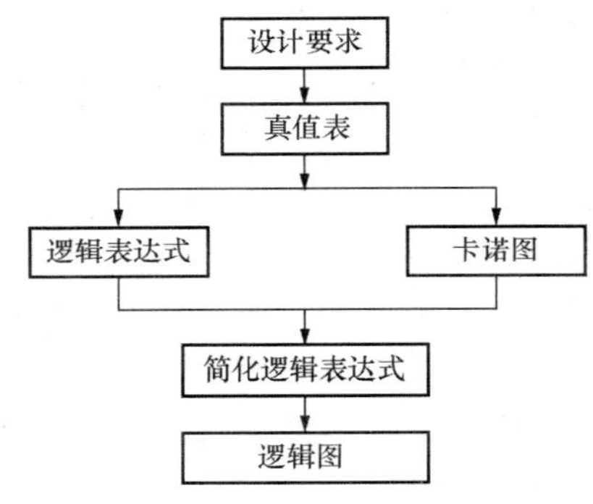


图 8-4-1　组合逻辑电路设计流程图

根据设计任务的要求建立输入、输出变量，并列出真值表。然后用逻辑代数或卡诺图化简法求出简化的逻辑表达式。并按实际选用逻辑门的类型修改逻辑表达式。根据简化后的逻辑表达式，画出逻辑图，用标准器件构成逻辑电路。最后，用实验来验证设计的正确性。

2）组合逻辑电路设计举例。用“与非”门设计一个表决电路。当四个输入端中有三个或四个为“1”时，输出端才为“1”。

设计步骤：根据题意列出真值表见表 8-4-1，再填入卡诺图表 8-4-2 中。

**表 8-4-1　真值表**

| D | 0 | 0 | 0 | 0 | 0 | 0 | 0 | 0 | 1 | 1 | 1 | 1 | 1 | 1 | 1 | 1 |
|---|---|---|---|---|---|---|---|---|---|---|---|---|---|---|---|---|
| A | 0 | 0 | 0 | 0 | 1 | 1 | 1 | 1 | 0 | 0 | 0 | 0 | 1 | 1 | 1 | 1 |
| B | 0 | 0 | 1 | 1 | 0 | 0 | 1 | 1 | 0 | 0 | 1 | 1 | 0 | 0 | 1 | 1 |
| C | 0 | 1 | 0 | 1 | 0 | 1 | 0 | 1 | 0 | 1 | 0 | 1 | 0 | 1 | 0 | 1 |
| Z | 0 | 0 | 0 | 0 | 0 | 0 | 0 | 1 | 0 | 0 | 0 | 1 | 0 | 1 | 1 | 1 |

**表 8-4-2　卡诺图形**

| DA / BC | 00 | 01 | 11 | 10 |
|---|---|---|---|---|
| 00 | | | | |
| 01 | | | 1 | |
| 11 | | 1 | 1 | 1 |
| 10 | | | 1 | |

由卡诺图得出逻辑表达式，并演化成“与非”的形式：

$$Z = ABC + BCD + ACD + ABD = \overline{\overline{ABC}\ \overline{BCD}\ \overline{ACD}\ \overline{ABC}}$$

根据逻辑表达式画出用“与非门”构成的逻辑电路如图 8-4-2 所示。

在实验装置适当位置选定三个 14P 插座，按照集成电路定位标记插好集成电路 CC4012。

按图 8-4-2 接线，输入端 A、B、C、D 接至逻辑开关输出插口，输出端 Z 接逻辑电平显示输入插口，按真值表（自拟）要求，逐次改变输入变量，测量相应的输出值，验证逻辑功能，与表 8-4-1 进行比较，验证所设计的逻辑电路是否符合要求。

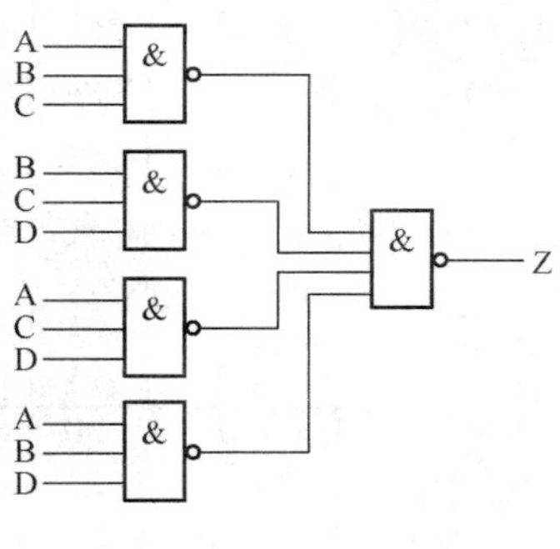


图 8-4-2　表决电路逻辑图

## 三、实验设备

实验设备见表 8-4-3。

**表 8-4-3　实验设备**

| 序号 | 名　　称 | 型号与规格 | 数量 | 备注 |
|---|---|---|---|---|
| 1 | 直流电源 | +5V | | |
| 2 | 逻辑电平开关 | | | |
| 3 | 逻辑电平显示器 | | | |
| 4 | 直流数字电压表 | | | |
| 5 | CC4011×2（74LS00）　CC4012×3（74LS20）<br>CC4030（74LS86）　CC4081（74LS08）<br>74LS54×2（CC4085）　CC4001（74LS02） | | | |

## 四、实验内容

1）设计用与非门及用异或门、与门组成的半加器电路。

要求按本文所述的设计步骤进行，直到测试电路逻辑功能符合设计要求为止。

2）设计一个一位全加器，要求用异或门、与门、或门组成。

3）设计一位全加器，要求用与或非门实现。

4）设计一个对两个两位无符号的二进制数进行比较的电路；根据第一个数是否大于、等于、小于第二个数，使相应的三个输出端中的一个输出为“1”，要求用与门、与非门及或非门实现。

## 五、实验预习要求

1）根据实验任务要求设计组合电路，并根据所给的标准器件画出逻辑图。

2）如何用最简单的方法验证“与或非”门的逻辑功能是否完好？

3）在“与或非”门中，当某一组与端不用时，应作如何处理？

## 六、实验报告

1）列写实验任务的设计过程，画出设计的电路图。

2）对所设计的电路进行实验测试，记录测试结果。

3）组合电路设计体会。

注：四路 2-3-3-2 输入与或非门 74LS54 的引脚排列及逻辑图如图 8-4-3 所示。

逻辑表达式　　$Y=\overline{A\cdot B+C\cdot D\cdot E+F\cdot G\cdot H+I\cdot J}$

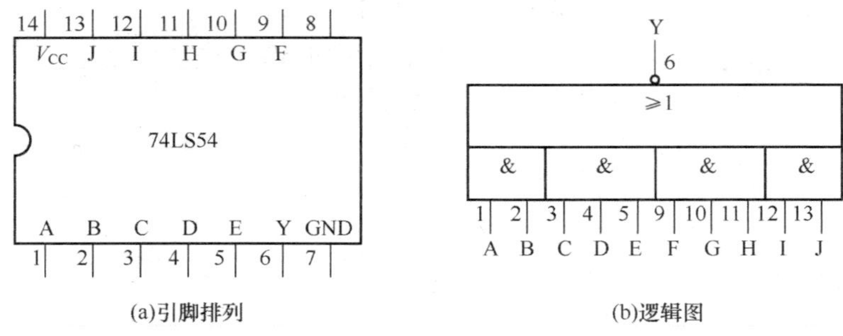

(a)引脚排列　　(b)逻辑图

图 8-4-3　与或非门 74LS54

# 第五节　译码器及其应用

## 一、实验目的

1）掌握中规模集成译码器的逻辑功能和使用方法。

2）熟悉数码管的使用。

## 二、实验原理

译码器是一个多输入、多输出的组合逻辑电路。它的作用是把给定的代码进行“翻译”，变成相应的状态，使输出通道中相应的一路有信号输出。译码器在数字系统中有广泛的用途，不仅用于代码的转换、终端的数字显示，还用于数据分配、存储器寻址和组合控制信号等。不同的功能可选用不同种类的译码器。

译码器可分为通用译码器和显示译码器两大类，前者又分为变量译码器和代码变换译码器。

### 1. 变量译码器

变量译码器（又称二进制译码器），用以表示输入变量的状态，如 2 线—4 线译码器、3 线—8 线译码器和 4 线—16 线译码器。若有 $n$ 个输入变量，则有 $2^n$ 个不同的组合状态，就有 $2^n$ 个输出端供其使用。而每一个输出所代表的函数对应于 $n$ 个输入变量的最小项。

以 3 线—8 线译码器 74LS138 为例进行分析，图 8-5-1（a）、（b）分别为其逻辑图及引脚排列。其中 A2、A1、A0 为地址输入端，$\overline{\mathrm{Y}}0$～$\overline{\mathrm{Y}}7$ 为译码输出端，S1、$\overline{\mathrm{S}}2$、$\overline{\mathrm{S}}3$ 为使能端。

表 8-5-1 为 74LS138 功能表。

当 S1＝1，$\overline{\mathrm{S}}2$＋$\overline{\mathrm{S}}3$＝0 时，器件使能，地址码所指定的输出端有信号（为 0）输出，其他所有输出端均无信号（全为 1）输出。当 S1＝0、$\overline{\mathrm{S}}2$＋$\overline{\mathrm{S}}3$＝X 时，或 S1＝X、$\overline{\mathrm{S}}2$＋$\overline{\mathrm{S}}3$＝1 时，译码器被禁止，所有输出同时为 1。

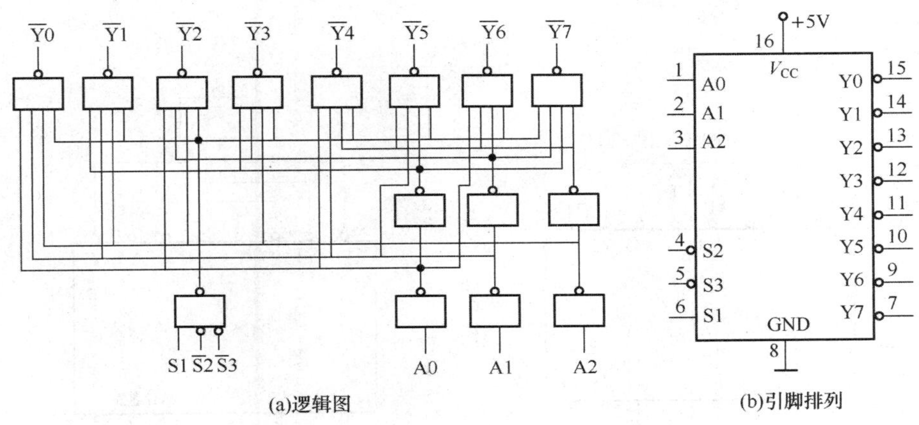


图 8-5-1　3 线－8 线译码器 74LS138 逻辑图及引脚排列

**表 8-5-1　74LS138 功能表**

| 输入 | | | | | 输出 | | | | | | | |
|---|---|---|---|---|---|---|---|---|---|---|---|---|
| S1 | $\overline{\mathrm{S}}2$＋$\overline{\mathrm{S}}3$ | A2 | A1 | A0 | $\overline{\mathrm{Y}}0$ | $\overline{\mathrm{Y}}1$ | $\overline{\mathrm{Y}}2$ | $\overline{\mathrm{Y}}3$ | $\overline{\mathrm{Y}}4$ | $\overline{\mathrm{Y}}5$ | $\overline{\mathrm{Y}}6$ | $\overline{\mathrm{Y}}7$ |
| 1 | 0 | 0 | 0 | 0 | 0 | 1 | 1 | 1 | 1 | 1 | 1 | 1 |
| 1 | 0 | 0 | 0 | 1 | 1 | 0 | 1 | 1 | 1 | 1 | 1 | 1 |
| 1 | 0 | 0 | 1 | 0 | 1 | 1 | 0 | 1 | 1 | 1 | 1 | 1 |
| 1 | 0 | 0 | 1 | 1 | 1 | 1 | 1 | 0 | 1 | 1 | 1 | 1 |
| 1 | 0 | 1 | 0 | 0 | 1 | 1 | 1 | 1 | 0 | 1 | 1 | 1 |
| 1 | 0 | 1 | 0 | 1 | 1 | 1 | 1 | 1 | 1 | 0 | 1 | 1 |
| 1 | 0 | 1 | 1 | 0 | 1 | 1 | 1 | 1 | 1 | 1 | 0 | 1 |
| 1 | 0 | 1 | 1 | 1 | 1 | 1 | 1 | 1 | 1 | 1 | 1 | 0 |
| 0 | × | × | × | × | 1 | 1 | 1 | 1 | 1 | 1 | 1 | 1 |
| × | 1 | × | × | × | 1 | 1 | 1 | 1 | 1 | 1 | 1 | 1 |

二进制译码器实际上也是负脉冲输出的脉冲分配器。若利用使能端中的一个输入端输入数据信息，器件就成为一个数据分配器（又称多路分配器），如图 8-5-2 所示。若

在 S1 输入端输入数据信息，$\overline{S}2=\overline{S}3=0$，地址码所对应的输出是 S1 端数据信息的反码；若从$\overline{S}2$ 端输入数据信息，令 S1=1、$\overline{S}3=0$，地址码所对应的输出就是$\overline{S}2$ 端数据信息的原码。若数据信息是时钟脉冲，则数据分配器便成为时钟脉冲分配器。

根据输入地址的不同组合译出唯一地址，故可用作地址译码器。接成多路分配器，可将一个信号源的数据信息传输到不同的地点。

二进制译码器还能方便地实现逻辑函数，如图 8-5-3 所示，实现的逻辑函数是 $Z=\overline{ABC}+\overline{A}B\,\overline{C}+A\,\overline{BC}+ABC$。

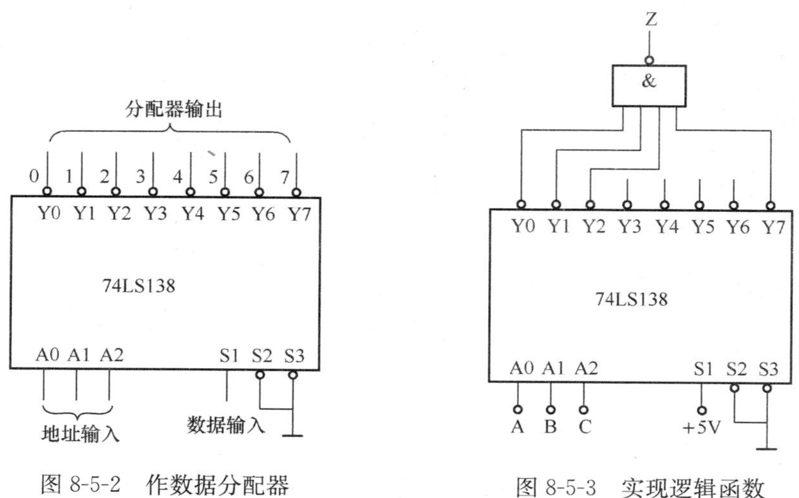


图 8-5-2　作数据分配器　　　　图 8-5-3　实现逻辑函数

利用使能端能方便地将两个 3 线—8 线译码器组合成一个 4 线—16 线译码器，如图 8-5-4所示。

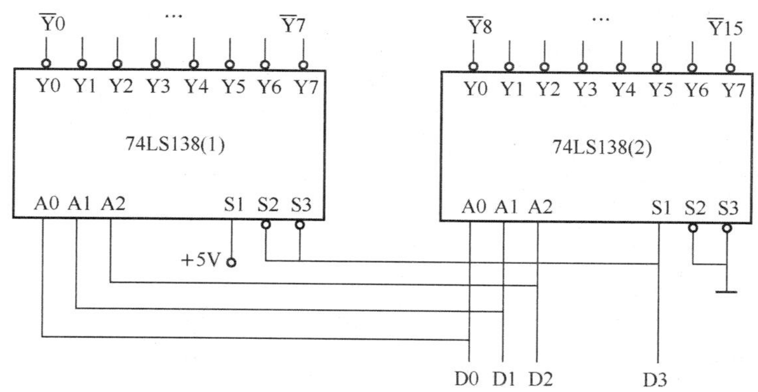


图 8-5-4　用两片 74LS138 组合成 4 线—16 线译码器

### 2. 数码显示译码器

(1) 七段发光二极管（LED）数码管

LED 数码管是目前最常用的数字显示器，图 8-5-5（a）、（b）为共阴管和共阳管的

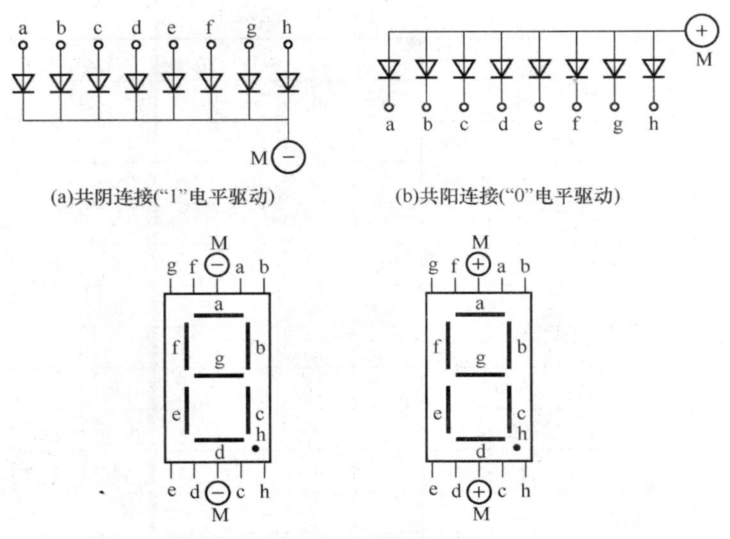


(a)共阴连接("1"电平驱动)　　(b)共阳连接("0"电平驱动)

(c)符号及引脚功能

图 8-5-5　LED 数码管

电路，(c) 为两种不同出线形式的引脚功能图。

一个 LED 数码管可用来显示一位 0～9 十进制数和一个小数点。小型数码管（0.5 寸和 0.36 寸）每段发光二极管的正向压降，随显示光（通常为红、绿、黄、橙色）的颜色不同略有差别，通常为 2～2.5V，每个发光二极管的点亮电流在 5～10mA。LED 数码管要显示 BCD 码所表示的十进制数字就需要有一个专门的译码器，该译码器不但要完成译码功能，还要有相当的驱动能力。

(2) BCD 码七段译码驱动器

此类译码器型号有 74LS47（共阳）、74LS48（共阴）、CC4511（共阴）等，本实验系采用 CC4511BCD 码锁存/七段译码/驱动器，驱动共阴极 LED 数码管。

16 15 14 13 12 11 10 9
$V_{DD}$ f g a b c d e
CC4511
B C $\overline{LT}$ $\overline{BI}$ LE D A $V_{SS}$
1 2 3 4 5 6 7 8

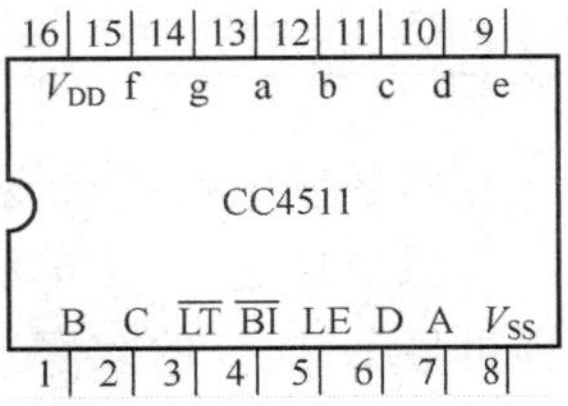

图 8-5-6　CC4511 引脚排列

图 8-5-6 为 CC4511 引脚排列。

其中：

A、B、C、D——BCD 码输入端；

a、b、c、d、e、f、g——译码输出端，输出"1"有效，用来驱动共阴极 LED 数码管；

$\overline{LT}$——测试输入端，$\overline{LT}$＝"0"时，译码输出全为"1"；

$\overline{BI}$——消隐输入端，$\overline{BI}$＝"0"时，译码输出全为"0"；

LE——锁定端，LE＝"1"时译码器处于锁定（保持）状态，译码输出保持在 LE＝0 时的数值，LE＝0 为正常译码。

表 8-5-2 为 CC4511 功能表。CC4511 内接有上拉电阻，故只需在输出端与数码管笔段之间串入限流电阻即可工作。译码器还有拒伪码功能，当输入码超过 1001 时，输出全为"0"，数码管熄灭。

**表 8-5-2　CC4511 功能表**

| 输入 | | | | | | | 输出 | | | | | | | |
|---|---|---|---|---|---|---|---|---|---|---|---|---|---|---|
| LE | $\overline{BI}$ | $\overline{LT}$ | D | C | B | A | a | b | c | d | e | f | g | 显示字形 |
| × | × | 0 | × | × | × | × | 1 | 1 | 1 | 1 | 1 | 1 | 1 | 8 |
| × | 0 | 1 | × | × | × | × | 0 | 0 | 0 | 0 | 0 | 0 | 0 | 消隐 |
| 0 | 1 | 1 | 0 | 0 | 0 | 0 | 1 | 1 | 1 | 1 | 1 | 1 | 0 | 0 |
| 0 | 1 | 1 | 0 | 0 | 0 | 1 | 0 | 1 | 1 | 0 | 0 | 0 | 0 | 1 |
| 0 | 1 | 1 | 0 | 0 | 1 | 0 | 1 | 1 | 0 | 1 | 1 | 0 | 1 | 2 |
| 0 | 1 | 1 | 0 | 0 | 1 | 1 | 1 | 1 | 1 | 1 | 0 | 0 | 1 | 3 |
| 0 | 1 | 1 | 0 | 1 | 0 | 0 | 0 | 1 | 1 | 0 | 0 | 1 | 1 | 4 |
| 0 | 1 | 1 | 0 | 1 | 0 | 1 | 1 | 0 | 1 | 1 | 0 | 1 | 1 | 5 |
| 0 | 1 | 1 | 0 | 1 | 1 | 0 | 0 | 0 | 1 | 1 | 1 | 1 | 1 | 6 |
| 0 | 1 | 1 | 0 | 1 | 1 | 1 | 1 | 1 | 1 | 0 | 0 | 0 | 0 | 7 |
| 0 | 1 | 1 | 1 | 0 | 0 | 0 | 1 | 1 | 1 | 1 | 1 | 1 | 1 | 8 |
| 0 | 1 | 1 | 1 | 0 | 0 | 1 | 1 | 1 | 1 | 0 | 0 | 1 | 1 | 9 |
| 0 | 1 | 1 | 1 | 0 | 1 | 0 | 0 | 0 | 0 | 0 | 0 | 0 | 0 | 消隐 |
| 0 | 1 | 1 | 1 | 0 | 1 | 1 | 0 | 0 | 0 | 0 | 0 | 0 | 0 | 消隐 |
| 0 | 1 | 1 | 1 | 1 | 0 | 0 | 0 | 0 | 0 | 0 | 0 | 0 | 0 | 消隐 |
| 0 | 1 | 1 | 1 | 1 | 0 | 1 | 0 | 0 | 0 | 0 | 0 | 0 | 0 | 消隐 |
| 0 | 1 | 1 | 1 | 1 | 1 | 0 | 0 | 0 | 0 | 0 | 0 | 0 | 0 | 消隐 |
| 0 | 1 | 1 | 1 | 1 | 1 | 1 | 0 | 0 | 0 | 0 | 0 | 0 | 0 | 消隐 |
| 1 | 1 | 1 | × | × | × | × | 锁存 | | | | | | | 锁存 |

在本数字电路实验装置上已完成了译码器 CC4511 和数码管 BS202 之间的连接。实验时，只要接通＋5V 电源和将十进制数的 BCD 码接至译码器的相应输入端 A、B、C、D 即可显示 0～9 的数字。四位数码管可接收四组 BCD 码输入。CC4511 与 LED 数码管的连接如图 8-5-7 所示。

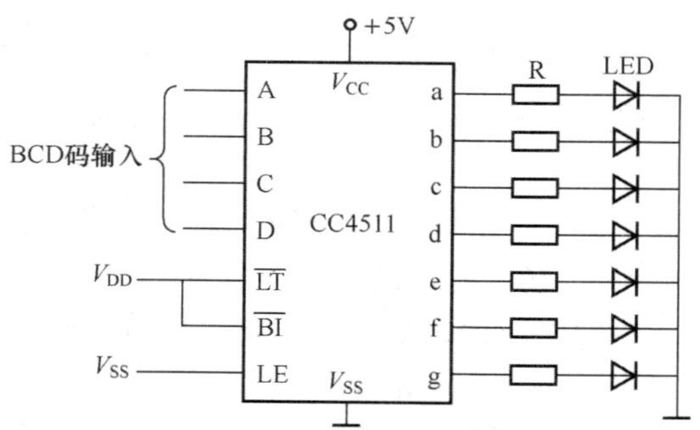


图 8-5-7　CC4511 驱动一位 LED 数码管

## 三、实验设备

实验设备见表 8-5-3。

**表 8-5-3　实验设备**

| 序号 | 名　　称 | 型号与规格 | 数量 | 备注 |
|---|---|---|---|---|
| 1 | 直流电源 | +5V | | |
| 2 | 双踪示波器 | | | |
| 3 | 连续脉冲源 | | | |
| 4 | 逻辑电平开关 | | | |
| 5 | 逻辑电平显示器 | | | |
| 6 | 拨码开关组 | | | |
| 7 | 译码显示器 | | | |
| 8 | | 74LS138×2 | | CC4511 |

## 四、实验内容

1）数据拨码开关的使用。将实验装置上的四组拨码开关的输出 $A_i$、$B_i$、$C_i$、$D_i$ 分别接至 4 组显示译码/驱动器 CC4511 的对应输入口，LE、$\overline{BI}$、$\overline{LT}$接至三个逻辑开关的输出插口，接上+5V 显示器的电源，然后按功能表 8-5-2 输入的要求按动四个数码的增减键（“+”与“−”键）和操作与 LE、$\overline{BI}$、$\overline{LT}$对应的三个逻辑开关，观测拨码盘上的四位数与 LED 数码管显示的对应数字是否一致，及译码显示是否正常。

2）74LS138 译码器逻辑功能测试。将译码器使能端 S1、$\overline{S}2$、$\overline{S}3$ 及地址端 A2、A1、A0 分别接至逻辑电平开关输出口，八个输出端$\overline{Y}7$～$\overline{Y}0$ 依次连接在逻辑电平显示器的八个输入口上，拨动逻辑电平开关，按表 8-5-1 逐项测试 74LS138 的逻辑功能。

3）用 74LS138 构成时序脉冲分配器。参照图 8-5-2 和实验原理说明，时钟脉冲 CP 频率约为 10kHz，要求分配器输出端$\overline{Y}0$～$\overline{Y}7$ 的信号与 CP 输入信号同相。

画出分配器的实验电路，用示波器观察和记录在地址端 A2、A1、A0 分别取 000～111 八种不同状态时$\overline{Y}0$～$\overline{Y}7$ 端的输出波形，注意输出波形与 CP 输入波形之间的相位关系。

4）用两片 74LS138 组合成一个 4 线-16 线译码器，并进行实验。

## 五、实验预习要求

1）复习有关译码器和分配器的原理。

2）根据实验任务，画出所需的实验线路及记录表格。

## 六、实验报告

1）画出实验线路，把观察到的波形画在坐标纸上，并标上对应的地址码。

2）对实验结果进行分析、讨论。

# 第六节　数据选择器及其应用

## 一、实验目的

1）掌握中规模集成数据选择器的逻辑功能及使用方法。

2）学习用数据选择器构成组合逻辑电路的方法。

## 二、实验原理

数据选择器又称“多路开关”。数据选择器在地址码（或叫选择控制）电位的控制下，从几个数据输入中选择一个并将其送到一个公共的输出端。数据选择器的功能类似一个多掷开关，如图 8-6-1 所示，图中有四路数据 D0～D3，通过选择控制信号 A1、A0（地址码）从四路数据中选中某一路数据送至输出端 Q。

数据选择器为目前逻辑设计中应用十分广泛的逻辑部件，它有 2 选 1、4 选 1、8 选 1、16 选 1 等类别。

数据选择器的电路结构一般由与或门阵列组成，也有用传输门开关和门电路混合而成的。

### 1. 8 选 1 数据选择器 74LS151

74LS151 为互补输出的 8 选 1 数据选择器，引脚排列如图 8-6-2 所示，功能表见表 8-6-1。

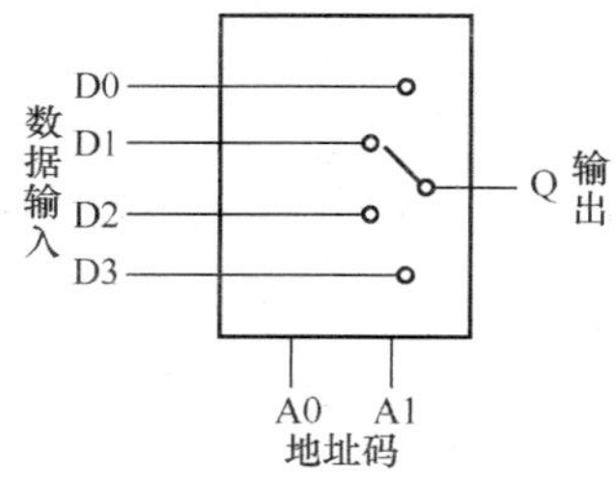


图 8-6-1　4 选 1 数据选择器示意图

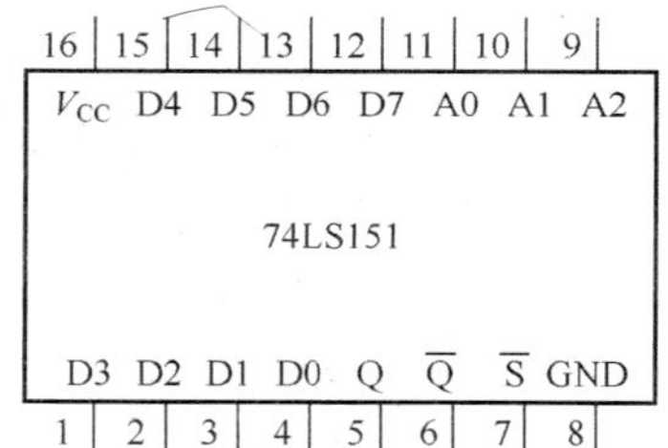


图 8-6-2　74LS151 引脚排列

**表 8-6-1　功能表**

| 输入 | | | | 输出 | |
|---|---|---|---|---|---|
| $\overline{S}$ | A2 | A1 | A0 | Q | $\overline{Q}$ |
| 1 | × | × | × | 0 | 1 |
| 0 | 0 | 0 | 0 | D0 | $\overline{D0}$ |
| 0 | 0 | 0 | 1 | D1 | $\overline{D1}$ |
| 0 | 0 | 1 | 0 | D2 | $\overline{D2}$ |

续表

| 输入 | | | | 输出 | |
|---|---|---|---|---|---|
| $\overline{S}$ | A2 | A1 | A0 | Q | $\overline{Q}$ |
| 0 | 0 | 1 | 1 | D3 | $\overline{D3}$ |
| 0 | 1 | 0 | 0 | D4 | $\overline{D4}$ |
| 0 | 1 | 0 | 1 | D5 | $\overline{D5}$ |
| 0 | 1 | 1 | 0 | D6 | $\overline{D6}$ |
| 0 | 1 | 1 | 1 | D7 | $\overline{D7}$ |

选择控制端（地址端）为 A2～A0，按二进制译码，从八个输入数据 D0～D7 中，选择一个需要的数据送到输出端 Q，$\overline{S}$为使能端，低电平有效。

1）使能端$\overline{S}$=1 时，不论 A2～A0 状态如何，均无输出（Q=0，$\overline{Q}$=1），多路开关被禁止。

2）使能端$\overline{S}$=0 时，多路开关正常工作，根据地址码 A2、A1、A0 的状态选择 D0～D7 中某一个通道的数据输送到输出端 Q。

例如，A2A1A0=000，则选择 D0 数据到输出端，即 Q=D0；A2A1A0=001，则选择 D1 数据到输出端，即 Q=D1，其余类推。

2. 双 4 选 1 数据选择器 74LS153

所谓双 4 选 1 数据选择器就是在一块集成芯片上有两个 4 选 1 数据选择器，其引脚排列如图 8-6-3 所示，功能表见表 8-6-2。

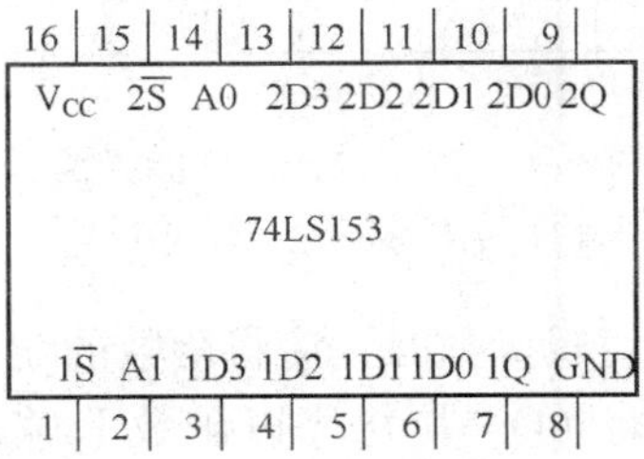

16 15 14 13 12 11 10 9
$V_{CC}$ 2$\overline{S}$ A0 2D3 2D2 2D1 2D0 2Q
74LS153
1$\overline{S}$ A1 1D3 1D2 1D1 1D0 1Q GND
1 2 3 4 5 6 7 8

图 8-6-3　74LS153 引脚功能

**表 8-6-2　功能表**

| 输入 | | | 输出 |
|---|---|---|---|
| $\overline{S}$ | A1 | A0 | Q |
| 1 | × | × | 0 |
| 0 | 0 | 0 | D0 |
| 0 | 0 | 1 | D1 |
| 0 | 1 | 0 | D2 |
| 0 | 1 | 1 | D3 |

1 $\overline{S}$、2 $\overline{S}$为两个独立的使能端；A1、A0 为公用的地址输入端；1D0～1D3 和 2D0～2D3 分别为两个 4 选 1 数据选择器的数据输入端；Q1、Q2 为两个输出端。

1）当使能端1$\overline{S}$(2$\overline{S}$)=1时，多路开关被禁止，无输出（Q=0）。

2）当使能端 1 $\overline{S}$(2 $\overline{S}$)=0 时，多路开关正常工作，根据地址码 A1、A0 的状态，将相应的数据 D0～D3 送到输出端 Q。

例如，A1A0=00，则选择 DO 数据到输出端，即 Q=D0；A1A0=01，则选择 D1 数据到输出端，即 Q=D1，其余类推。

数据选择器的用途很多，如多通道传输、数码比较、并行码变串行码以及实现逻辑函数等。

3. 数据选择器的应用——实现逻辑函数

例 1：用 8 选 1 数据选择器 74LS151 实现函数 $F=A\overline{B}+\overline{A}C+B\overline{C}$。采用 8 选 1 数据选择器 74LS151 可实现任意三输入变量的组合逻辑函数。

作出函数 F 的功能表，见表 8-6-3，将函数 F 功能表与 8 选 1 数据选择器的功能表相比较，可知：

1）将输入变量 C、B、A 作为 8 选 1 数据选择器的地址码 A2、A1、A0。

2）使 8 选 1 数据选择器的各数据输入 D0～D7 分别与函数 F 的输出值一一相对应。即

$$A2A1A0 = CBA$$
$$D0 = D7 = 0$$
$$D1 = D2 = D3 = D4 = D5 = D6 = 1$$

则 8 选 1 数据选择器的输出 Q 便实现了函数 $F=A\overline{B}+\overline{A}C+B\overline{C}$。

接线图如图 8-6-4 所示。

**表 8-6-3　功能表**

| 输入 | | | 输出 |
|---|---|---|---|
| C | B | A | F |
| 0 | 0 | 0 | 0 |
| 0 | 0 | 1 | 1 |
| 0 | 1 | 0 | 1 |
| 0 | 1 | 1 | 1 |
| 1 | 0 | 0 | 1 |
| 1 | 0 | 1 | 1 |
| 1 | 1 | 0 | 1 |
| 1 | 1 | 1 | 0 |

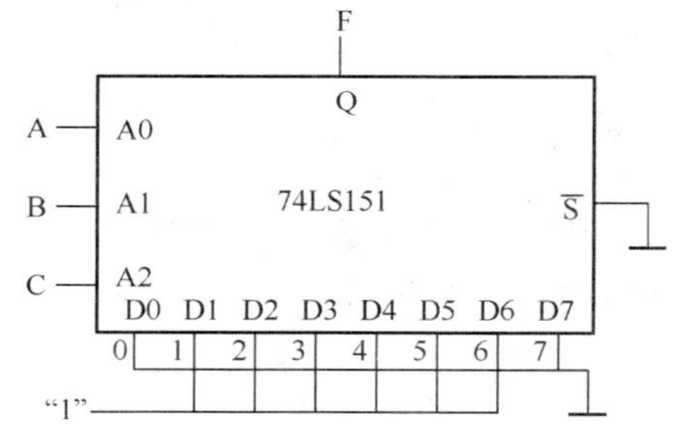


图 8-6-4　用 8 选 1 数据选择器实现 $F=A\overline{B}+\overline{A}C+B\overline{C}$的接线图

显然，采用具有 $n$ 个地址端的数据选择实现 $n$ 变量的逻辑函数时，应将函数的输入变量加到数据选择器的地址端（A），选择器的数据输入端（D）按次序以函数 F 输出值来赋值。

例 2：用 8 选 1 数据选择器 74LS151 实现函数 $F=A\overline{B}+\overline{A}B$。

1）列出函数 F 的功能表见表 8-6-4。

2）将 A、B 加到地址端 A1、A0，而 A2 接地，由表 8-6-4 可见，将 D1、D2 接 "1" 及 D0、D3 接地，其余数据输入端 D4～D7 都接地，则 8 选 1 数据选择器的输出 Q，便实现了函数 $F=A\overline{B}+B\overline{A}$。

接线图如图 8-6-5 所示。

表 8-6-4　功能表

| B | A | F |
|---|---|---|
| 0 | 0 | 0 |
| 0 | 1 | 1 |
| 1 | 0 | 1 |
| 1 | 1 | 0 |

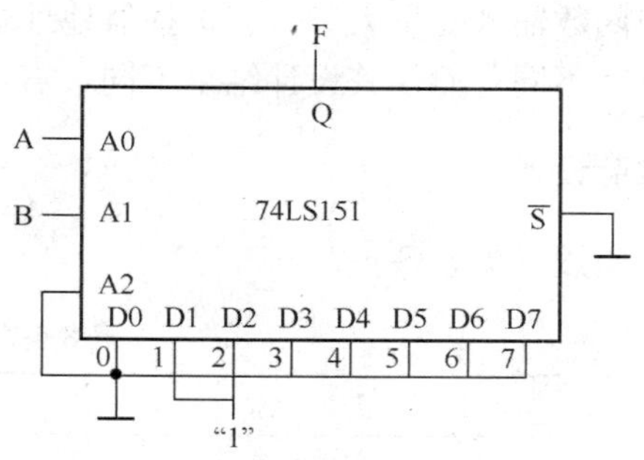

图 8-6-5　8 选 1 数据选择器实现 $F=A\overline{B}+\overline{A}B$ 的接线图

显然，当函数输入变量数小于数据选择器的地址端（A）时，应将不用的地址端及不用的数据输入端（D）都接地。

例 3：用 4 选 1 数据选择器 74LS153 实现函数 $F=\overline{A}BC+A\overline{B}C+AB\overline{C}+ABC$。

函数 F 的功能见表 8-6-5 所示。

表 8-6-5　功能表

| 输入 | | | 输出 | 输入 | | | 输出 |
|---|---|---|---|---|---|---|---|
| A | B | C | F | A | B | C | F |
| 0 | 0 | 0 | 0 | 1 | 0 | 0 | 0 |
| 0 | 0 | 1 | 0 | 1 | 0 | 1 | 1 |
| 0 | 1 | 0 | 0 | 1 | 1 | 0 | 1 |
| 0 | 1 | 1 | 1 | 1 | 1 | 1 | 1 |

函数 F 有三个输入变量 A、B、C，而数据选择器有两个地址端 A1、A0 少于函数输入变量个数，在设计时可任选 A 接 A1，B 接 A0。将函数功能表改画成表 8-6-6 形式，可见当将输入变量 A、B、C 中 A、B 接选择器的地址端 A1、A0，由表 8-6-6 不难看出：

$$D0=0,\quad D1=D2=C,\quad D3=1$$

则 4 选 1 数据选择器的输出，便实现了函数 $F=\overline{A}BC+A\overline{B}C+AB\overline{C}+ABC$。接线图如图 8-6-6 所示。

表 8-6-6　功能表

| 输入 | | | 输出 | 中选数据端 |
|---|---|---|---|---|
| A | B | C | F | |
| 0 | 0 | 0<br>1 | 0<br>0 | D0=0 |
| 0 | 1 | 0<br>1 | 0<br>1 | D1=C |
| 1 | 0 | 0<br>1 | 0<br>1 | D2=C |
| 1 | 1 | 0<br>1 | 1<br>1 | D3=1 |

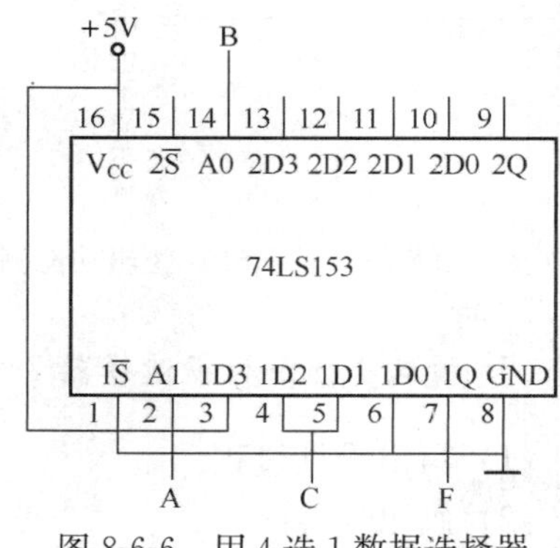

图 8-6-6　用 4 选 1 数据选择器实现 $F=\overline{A}BC+A\overline{B}C+AB\overline{C}+ABC$

当函数输入变量大于数据选择器地址端（A）时，可能随着选用函数输入变量作地址的方案不同，而使其设计结果不同，需对几种方案比较，以获得最佳方案。

## 三、实验设备

实验设备见表 8-6-7。

**表 8-6-7　实验设备**

| 序号 | 名　称 | 型号与规格 | 数量 | 备注 |
|---|---|---|---|---|
| 1 | 直流电源 | +5V | | |
| 2 | 逻辑电平开关 | | | |
| 3 | 逻辑电平显示器 | | | |
| 4 | | 74LS151（或 CC4512）<br>74LS153（或 CC4539） | | |

## 四、实验内容

### 1. 测试数据选择器 74LS151 的逻辑功能

按图 8-6-7 接线，地址端 A2、A1、A0、数据端 D0～D7、使能端$\overline{S}$接逻辑开关，输出端 Q 接逻辑电平显示器，按 74LS151 功能表逐项进行测试，记录测试结果。

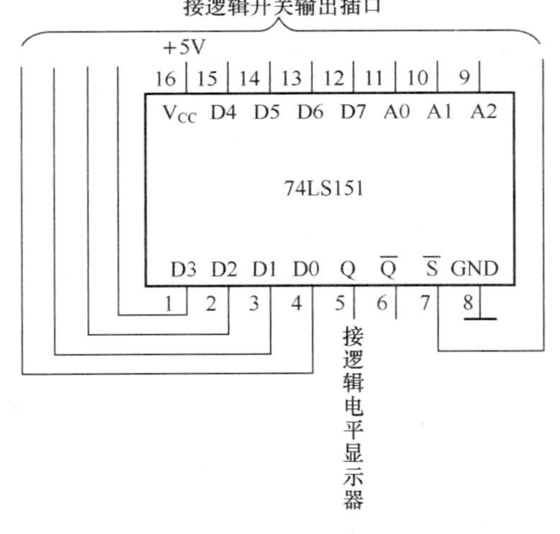


图 8-6-7　74LS151 逻辑功能测试

### 2. 测试 74LS153 的逻辑功能

测试方法及步骤同上，记录之。

### 3. 用 8 选 1 数据选择器 74LS151 设计三输入多数表决电路

1）写出设计过程。

2）画出接线图。

3）验证逻辑功能。

### 4. 用 8 选 1 数据选择器实现逻辑函数

1）写出设计过程。

2）画出接线图。

3）验证逻辑功能。

### 5. 用双 4 选 1 数据选择器 74LS153 实现全加器

1）写出设计过程。

2）画出接线图。

3）验证逻辑功能。

## 五、实验预习要求

1）复习数据选择器的工作原理。

2）用数据选择器对实验内容中各函数式进行预设计。

## 六、实验报告

用数据选择器对实验内容进行设计，写出设计全过程，画出接线图，进行逻辑功能测试；总结实验收获、体会。

# 第七节　触发器及其应用

## 一、实验目的

1）掌握基本 RS、JK、D 和 T 触发器的逻辑功能。

2）掌握集成触发器的逻辑功能及使用方法。

3）熟悉触发器之间相互转换的方法。

## 二、实验原理

触发器具有两个稳定状态，用以表示逻辑状态“1”和“0”，在一定的外界信号作用下，可以从一个稳定状态翻转到另一个稳定状态，它是一个具有记忆功能的二进制信息存储器件，是构成各种时序电路的最基本逻辑单元。

### 1. 基本 RS 触发器

图 8-7-1 为由两个与非门交叉耦合构成的基本 RS 触发器，它是无时钟控制低电平直接触发的触发器。基本 RS 触发器具有置“0”、置“1”和“保持”三种功能。通常称$\overline{S}$为置“1”端，因为$\overline{S}=0$($\overline{R}=1$)时触发器被置“1”；$\overline{R}$为置“0”端，因为$\overline{R}=0$($\overline{S}=1$)时触发器被置“0”，当$\overline{S}=\overline{R}=1$时状态保持；$\overline{S}=\overline{R}=0$时，触发器状态不定，应避免此种情况发生。表 8-7-1 为基本 RS 触发器的功能表。

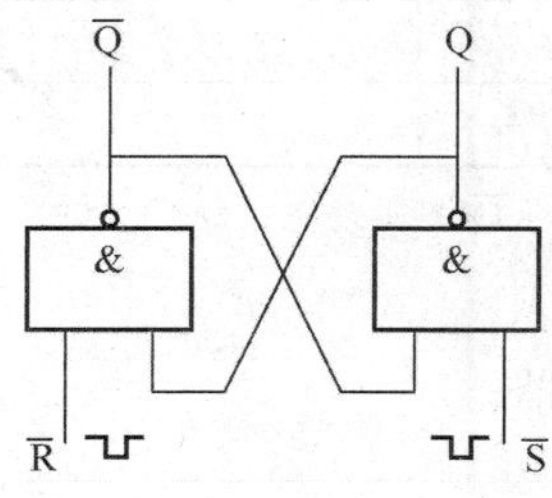

图 8-7-1　基本 RS 触发器

**表 8-7-1　功能表**

| 输入 | | 输出 | |
|---|---|---|---|
| $\overline{S}$ | $\overline{R}$ | $Q^{n+1}$ | $\overline{Q}^{n+1}$ |
| 0 | 1 | 1 | 0 |
| 1 | 0 | 0 | 1 |
| 1 | 1 | $Q^n$ | $\overline{Q}^n$ |
| 0 | 0 | $\phi$ | $\phi$ |

基本 RS 触发器也可以用两个“或非门”组成，此时为高电平触发有效。

### 2. JK 触发器

在输入信号为双端的情况下，JK 触发器是功能完善、使用灵活和通用性较强的一种触发器。本实验采用 74LS112 双 JK 触发器，是下降边沿触发的边沿触发器。JK 触发器的引脚功能及逻辑符号如图 8-7-2 所示。

JK 触发器的状态方程为

$$Q^{n+1} = J\overline{Q}^n + \overline{K}Q^n$$

J 和 K 是数据输入端，是触发器状态更新的依据，若 J、K 有两个或两个以上输入端时，组成“与”的关系。Q 与$\overline{Q}$为两个互补输出端。通常把 Q=0、$\overline{Q}$=1 的状态定为触发器“0”状态；而把 Q=1，$\overline{Q}$=0 定为“1”状态。

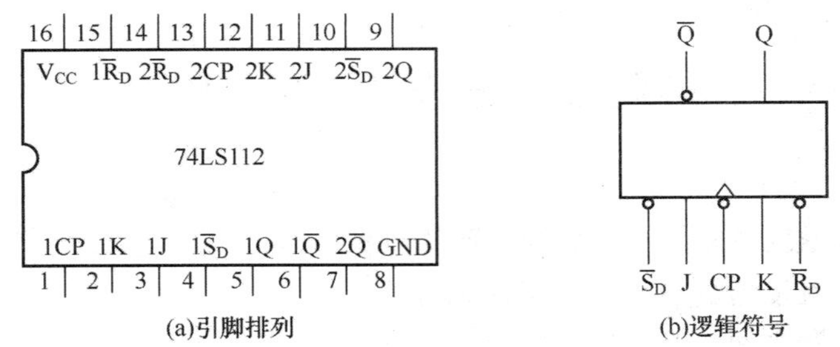


(a)引脚排列　　　　(b)逻辑符号

图 8-7-2　74LS112 双 JK 触发器引脚排列及逻辑符号

下降沿触发 JK 触发器的功能见表 8-7-2。

**表 8-7-2　功能表**

| 输入 | | | | | 输出 | |
|---|---|---|---|---|---|---|
| $\overline{S}_D$ | $\overline{R}_D$ | CP | J | K | $Q^{n+1}$ | $\overline{Q}^{n+1}$ |
| 0 | 1 | × | × | × | 1 | 0 |
| 1 | 0 | × | × | × | 0 | 1 |
| 0 | 0 | × | × | × | ϕ | ϕ |
| 1 | 1 | ↓ | 0 | 0 | $Q^n$ | $\overline{Q}^n$ |
| 1 | 1 | ↓ | 1 | 0 | 1 | 0 |
| 1 | 1 | ↓ | 0 | 1 | 0 | 1 |
| 1 | 1 | ↓ | 1 | 1 | $\overline{Q}^n$ | $Q^n$ |
| 1 | 1 | ↑ | × | × | $Q^n$ | $\overline{Q}^n$ |

注：×—任意态；↓—高到低电平跳变；↑—低到高电平跳变；$Q^n$（$\overline{Q}^n$）—现态；$Q^{n+1}$（$\overline{Q}^{n+1}$）—次态；ϕ—不定态。

JK 触发器常被用作缓冲存储器，移位寄存器和计数器。

3. D 触发器

在输入信号为单端的情况下，D 触发器用起来最为方便，其状态方程为 $Q^{n+1}=D^n$，其输出状态的更新发生在 CP 脉冲的上升沿，故又称为上升沿触发的边沿触发器，触发器的状态只取决于时钟到来前 D 端的状态。D 触发器的应用很广，可用作数字信号的寄存、移位寄存、分频和波形发生等。D 触发器有很多种型号可供各种用途的需要而选用。如双 D74LS74、四 D74LS175、六 D74LS174 等。

图 8-7-3 为双 D74LS74 的引脚排列及逻辑符号，其功能见表 8-7-3。

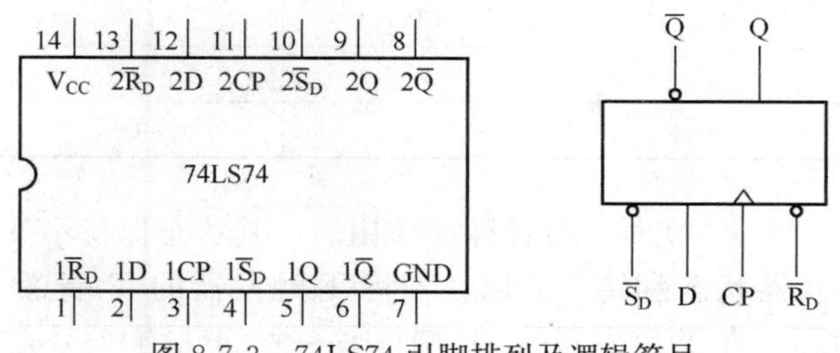


图 8-7-3　74LS74 引脚排列及逻辑符号

**表 8-7-3　功能表**

| 输入 | | | | 输出 | |
|---|---|---|---|---|---|
| $\overline{S}_D$ | $\overline{R}_D$ | CP | D | $Q^{n+1}$ | $\overline{Q}^{n+1}$ |
| 0 | 1 | × | × | 1 | 0 |
| 1 | 0 | × | × | 0 | 1 |
| 0 | 0 | × | × | $\phi$ | $\phi$ |
| 1 | 1 | ↑ | 1 | 1 | 0 |
| 1 | 1 | ↑ | 0 | 0 | 1 |
| 1 | 1 | ↓ | × | $Q^n$ | $\overline{Q}^n$ |

4. 触发器之间的相互转换

在集成触发器的产品中，每一种触发器都有自己固定的逻辑功能。但可以利用转换的方法获得具有其他功能的触发器。例如将 JK 触发器的 J、K 两端连在一起，并认它为 T 端，就得到所需的 T 触发器［见图 8-7-4（a)］，其状态方程为

$$Q^{n+1} = T\overline{Q}^n + \overline{T}Q^n$$

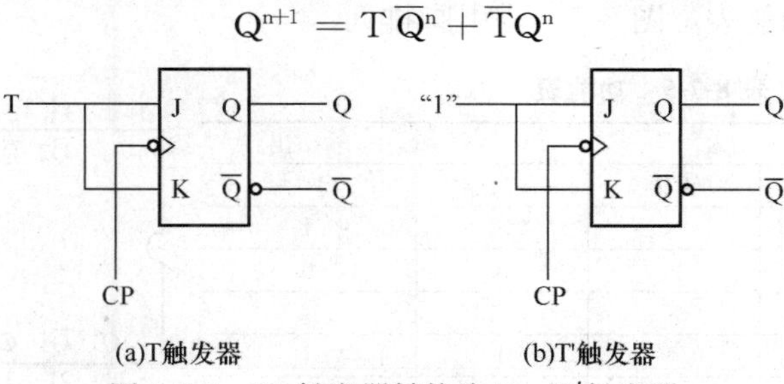


图 8-7-4　JK 触发器转换为 T、T′触发器

T 触发器的功能见表 8-7-4。

**表 8-7-4　功能表**

| 输入 | | | | 输出 |
|---|---|---|---|---|
| $\overline{S}_D$ | $\overline{R}_D$ | CP | T | $Q^{n+1}$ |
| 0 | 1 | × | × | 1 |
| 1 | 0 | × | × | 0 |

续表

| 输　入 | | | | 输　出 |
|---|---|---|---|---|
| $\overline{S}_D$ | $\overline{R}_D$ | CP | T | $Q^{n+1}$ |
| 1 | 1 | ↓ | 0 | $Q^n$ |
| 1 | 1 | ↓ | 1 | $\overline{Q}^n$ |

由功能表可见，当 T=0 时，时钟脉冲作用后，其状态保持不变；当 T=1 时，时钟脉冲作用后，触发器状态翻转。所以，若将 T 触发器的 T 端置“1”［见图 8-7-4(b)］，即得 T′触发器。在 T′触发器的 CP 端每来一个 CP 脉冲信号，触发器的状态就翻转一次，故称之为反转触发器，广泛用于计数电路中。

同样，若将 D 触发器$\overline{Q}$端与 D 端相连，便转换成 T′触发器，如图 8-7-5 所示。

JK 触发器也可转换为 D 触发器，如图 8-7-6 所示。

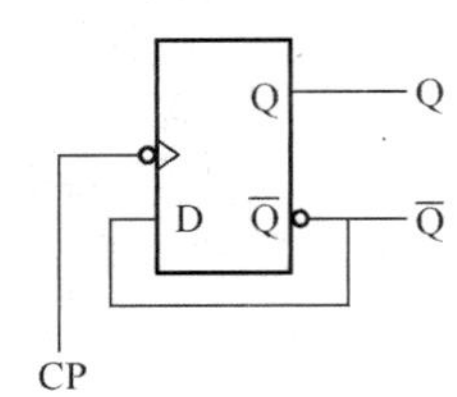


图 8-7-5　D 触发器转成 T′触发器

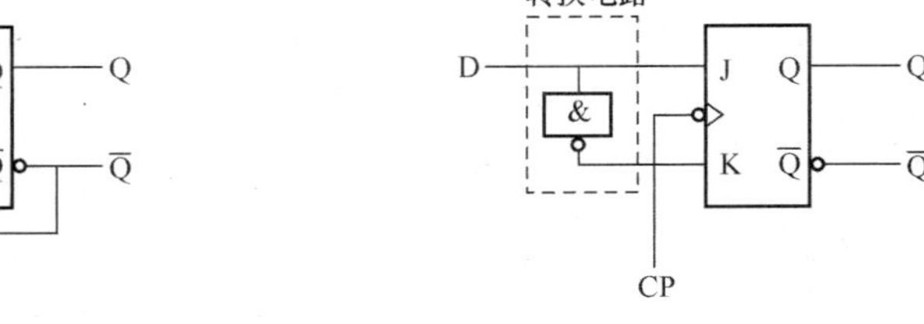


图 8-7-6　JK 触发器转成 D 触发器

5. CMOS 触发器

(1) CMOS 边沿型 D 触发器

CC4013 是由 CMOS 传输门构成的边沿型 D 触发器。它是上升沿触发的双 D 触发器，表 8-7-5 为其功能表，图 8-7-7 为引脚排列。

**表 8-7-5　功能表**

| 输　入 | | | | 输　出 |
|---|---|---|---|---|
| S | R | CP | D | $Q^{n+1}$ |
| 1 | 0 | × | × | 1 |
| 0 | 1 | × | × | 0 |
| 1 | 1 | × | × | ϕ |
| 0 | 0 | ↑ | 1 | 1 |
| 0 | 0 | ↑ | 0 | 0 |
| 0 | 0 | ↓ | × | $Q^n$ |

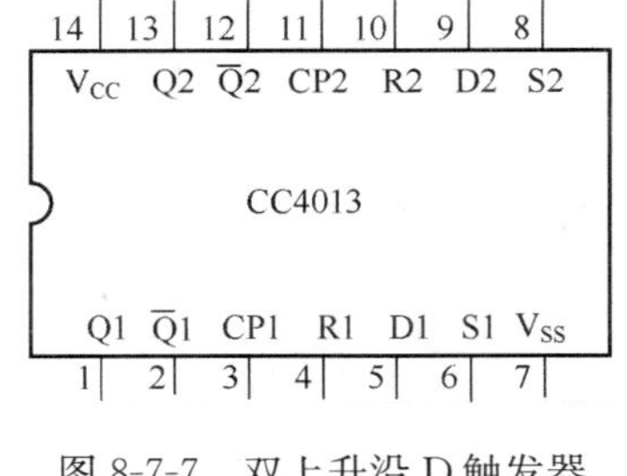


图 8-7-7　双上升沿 D 触发器

(2) CMOS 边沿型 JK 触发器

CC4027 是由 CMOS 传输门构成的边沿型 JK 触发器，它是上升沿触发的双 JK 触发器，表 8-7-6 为其功能表，图 8-7-8 为引脚排列。

CMOS 触发器的直接置位、复位输入端 S 和 R 是高电平有效，当 S=1（或 R=1）时，触发器将不受其他输入端所处状态的影响，使触发器直接接置 1（或置 0）。但直接置位、复位输入端 S 和 R 必须遵守 RS=0 的约束条件。CMOS 触发器在按逻辑功能工作时，S 和 R 必须均置 0。

## 三、实验设备

实验设备见表 8-7-6，功能表见表 8-7-7。

**表 8-7-6　实验设备**

| 序号 | 名　称 | 型号与规格 | 数量 | 备注 |
|---|---|---|---|---|
| 1 | 直流电源 | +5V | | |
| 2 | 双踪示波器 | | | |
| 3 | 连续脉冲源 | | | |
| 4 | 单次脉冲源 | | | |
| 5 | 逻辑电平开关 | | | |
| 6 | 逻辑电平显示器 | | | |
| 7 | | 74LS112（或 CC4027）<br>74LS00（或 CC4011）<br>74LS74（或 CC4013） | | |

**表 8-7-7　功能表**

| 输　入 | | | | | 输　出 |
|---|---|---|---|---|---|
| S | R | CP | J | K | $Q^{n+1}$ |
| 1 | 0 | × | × | × | 1 |
| 0 | 1 | × | × | × | 0 |
| 1 | 1 | × | × | × | ϕ |
| 0 | 0 | ↑ | 0 | 0 | $Q^n$ |
| 0 | 0 | ↑ | 1 | 0 | 1 |
| 0 | 0 | ↑ | 0 | 1 | 0 |
| 0 | 0 | ↑ | 1 | 1 | $\overline{Q}^n$ |
| 0 | 0 | ↓ | × | × | $Q^n$ |

## 四、实验内容

1. 测试基本 RS 触发器的逻辑功能

按图 8-7-8，用两个与非门组成基本 RS 触发器，输入端$\overline{R}$、$\overline{S}$接逻辑开关的输出插口，输出端 Q、$\overline{Q}$接逻辑电平显示输入插口，按表 8-7-8 要求测试，记录之。

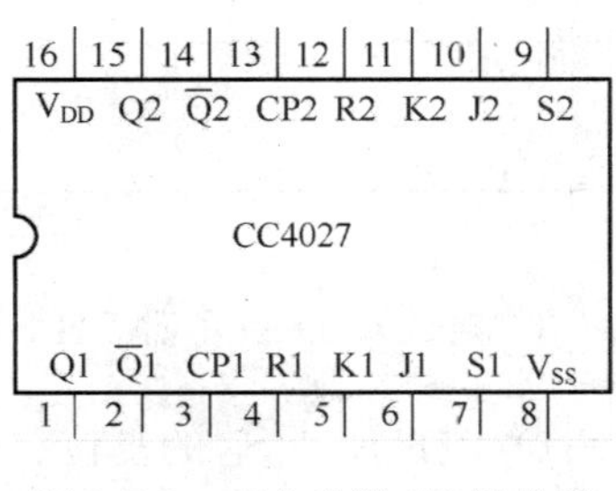


图 8-7-8　双上升沿 JK 触发器

**表 8-7-8 功能表**

| $\overline{R}$ | $\overline{S}$ | Q | $\overline{Q}$ |
|---|---|---|---|
| 1 | 1→0 | | |
| | 0→1 | | |
| 1→0 | 1 | | |
| 0→1 | | | |
| 0 | 0 | | |

2. 测试双 JK 触发器 74LS112 逻辑功能

1）测试$\overline{R}_D$、$\overline{S}_D$的复位、置位功能。任取一只 JK 触发器，$\overline{R}_D$、$\overline{S}_D$、J、K 端接逻辑开关输出插口，CP 端接单次脉冲源，Q、$\overline{Q}$端接至逻辑电平显示输入插口。要求改变$\overline{R}_D$、$\overline{S}_D$（J、K、CP 处于任意状态），并在$\overline{R}_D=0$（$\overline{S}_D=1$）或$\overline{S}_D=0$（$\overline{R}_D=1$）作用期间任意改变 J、K 及 CP 的状态，观察 Q、$\overline{Q}$状态。自拟表格并记录之。

2）测试 JK 触发器的逻辑功能按表 8-7-9 的要求改变 J、K、CP 端状态，观察 Q、$\overline{Q}$状态变化，观察触发器状态更新是否发生在 CP 脉冲的下降沿（即 CP 由 1→0），记录之。

3）将 JK 触发器的 J、K 端连在一起，构成 T 触发器。在 CP 端输入 1Hz 连续脉冲，观察 Q 端的变化。

在 CP 端输入 1kHz 连续脉冲，用双踪示波器观察 CP、Q、$\overline{Q}$端波形，注意相位关系，描绘之。

**表 8-7-9 功能表**

| J | K | CP | $Q^{n+1}$ | |
|---|---|---|---|---|
| | | | $Q^n=0$ | $Q^n=1$ |
| 0 | 0 | 0→1 | | |
| | | 1→0 | | |
| 0 | 1 | 0→1 | | |
| | | 1→0 | | |
| 1 | 0 | 0→1 | | |
| | | 1→0 | | |
| 1 | 1 | 0→1 | | |
| | | 1→0 | | |

3. 测试双 D 触发器 74LS74 的逻辑功能

1）测试$\overline{R}_D$、$\overline{S}_D$的复位、置位功能。测试方法同实验内容 2、1），自拟表格记录。

2）测试 D 触发器的逻辑功能。

按表 8-7-10 要求进行测试，并观察触发器状态更新是否发生在 CP 脉冲的上升沿（即由 0→1），记录之。

**表 8-7-10　功能表**

| D | CP | $Q^{n+1}$ | |
|---|---|---|---|
| | | $Q^n=0$ | $Q^n=1$ |
| 0 | 0→1 | | |
| | 1→0 | | |
| 1 | 0→1 | | |
| | 1→0 | | |

3）将 D 触发器的 $\overline{Q}$ 端与 D 端相连接，构成 T′触发器。测试方法同实验内容 2、3），记录之。

4. 双相时钟脉冲电路

用 JK 触发器及与非门构成的双相时钟脉冲电路如图 8-7-9 所示，此电路是用来将时钟脉冲 CP 转换成两相时钟脉冲 $CP_A$ 及 $CP_B$，其频率相同、相位不同。

分析电路工作原理，并按图 8-7-9 接线，用双踪示波器同时观察 CP 与 $CP_A$、CP 与 $CP_B$ 及 $CP_A$ 与 $CP_B$ 波形，并描绘之。

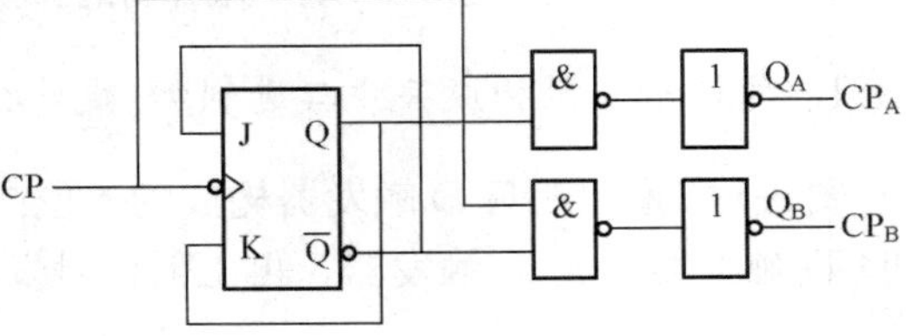

图 8-7-9　双相时钟脉冲电路

5. 乒乓球练习电路

电路功能要求：模拟二名动运员在练球时，乒乓球能往返运转。

提示：采用双 D 触发器 74LS74 设计实验线路，两个 CP 端触发脉冲分别由两名运动员操作，两触发器的输出状态用逻辑电平显示器显示。

## 五、实验预习要求

1）复习有关触发器内容。

2）列出各触发器功能测试表格。

3）按实验内容 4、5 的要求设计线路，拟定实验方案。

## 六、实验报告

1）列表整理各类触发器的逻辑功能。

2）总结观察到的波形，说明触发器的触发方式。

3）体会触发器的应用。

4）利用普通的机械开关组成的数据开关所产生的信号是否可作为触发器的时钟脉冲信号？为什么？是否可以用作触发器其他输入端的信号？又是为什么？

# 第八节　计数器及其应用

## 一、实验目的

1）学习用集成触发器构成计数器的方法。

2）掌握中规模集成计数器的使用及功能测试方法。

3）运用集成计数计构成 $1/N$ 分频器。

## 二、实验原理

计数器是一个用以实现计数功能的时序部件。它不仅可用来计脉冲数，还常用作数字系统的定时、分频和执行数字运算以及其他特定的逻辑功能。

计数器种类很多。按构成计数器中的各触发器是否使用一个时钟脉冲源来分，有同步计数器和异步计数器。根据计数制的不同，分为二进制计数器、十进制计数器和任意进制计数器。根据计数的增减趋势，又分为加法计数器、减法计数器和可逆计数器。另外，还有可预置数和可编程序功能计数器等等。目前，无论是 TTL 集成电路还是 CMOS 集成电路，都有品种较齐全的中规模集成计数器。使用者只要借助于器件手册提供的功能表和工作波形图以及引出端的排列，就能正确地运用这些器件。

### 1. 用 D 触发器构成异步二进制加/减计数器

图 8-8-1 是用四只 D 触发器构成的 4 位二进制异步加法计数器，它的连接特点是将每只 D 触发器接成 T′触发器，再由低位触发器的 $\overline{Q}$ 端和高 1 位的 CP 端相连接。

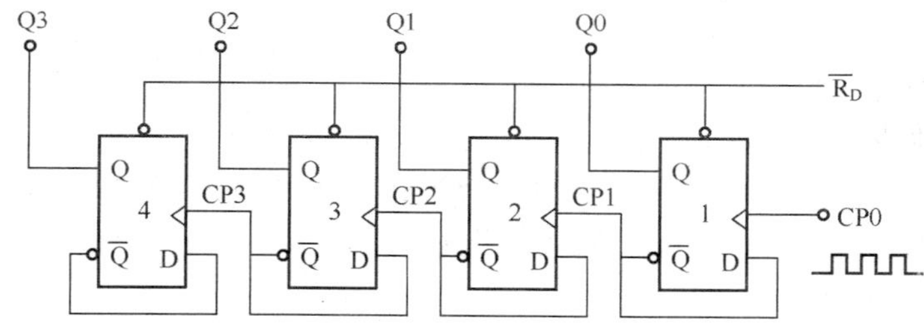


图 8-8-1　4 位二进制异步加法计数器

若将图 8-8-1 稍加改动，即将低位触发器的 Q 端与高一位的 CP 端相连接，即构成了一个 4 位二进制减法计数器。

### 2. 中规模十进制计数器

CC40192 是同步十进制可逆计数器，具有双时钟输入、清除和置数等功能，其引脚排列及逻辑符号如图 8-8-2 所示。

图中：$\overline{LD}$——置数端；

　　$CP_U$——加计数端；

$CP_D$——减计数端；

$\overline{CO}$——非同步进位输出端；

$\overline{BO}$——非同步借位输出端；

D0、D1、D2、D3——计数器输入端；

Q0、Q1、Q2、Q3——数据输出端；

CR——清除端。

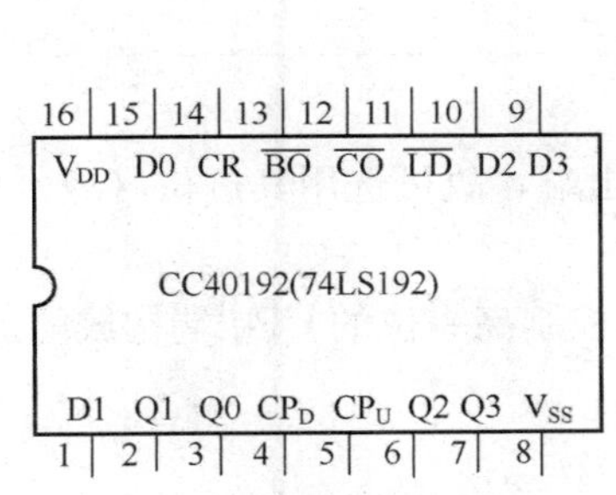


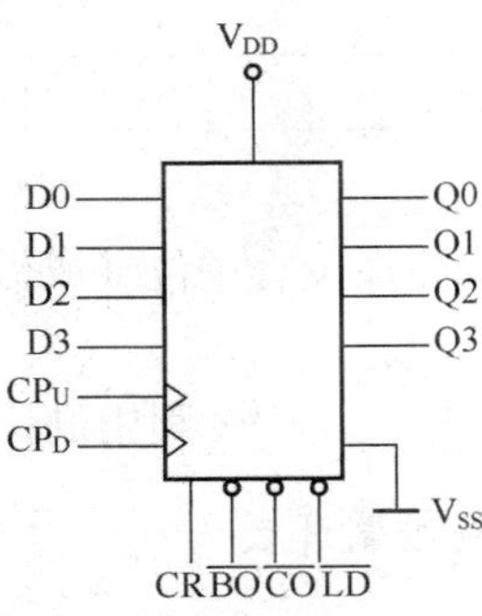


图 8-8-2　CC40192 引脚排列及逻辑符号

CC40192（同 74LS192，二者可互换使用）的功能见表 8-8-1，说明如下：

当清除端 CR 为高电平“1”时，计数器直接清零；CR 置低电平，则执行其他功能。

当 CR 为低电平，置数端$\overline{LD}$也为低电平时，数据直接从置数端置入计数器。

当 CR 为低电平，$\overline{LD}$为高电平时，执行计数功能。执行加计数时，减计数端 $CP_D$ 接高电平，计数脉冲由加计数端 $CP_U$ 输入；在计数脉冲上升沿进行 8421 码十进制加法计数。执行减计数时，加计数端 $CP_U$ 接高电平，计数脉冲由减计数端 $CP_D$ 输入，表 8-8-2 为 8421 码十进制加、减计数器的状态转换表。

**表 8-8-1　功能表**

| 输入 | | | | | | | | 输出 | | | |
|---|---|---|---|---|---|---|---|---|---|---|---|
| CR | $\overline{LD}$ | $CP_U$ | $CP_D$ | D3 | D2 | D1 | D0 | Q3 | Q2 | Q1 | Q0 |
| 1 | × | × | × | × | × | × | × | 0 | 0 | 0 | 0 |
| 0 | 0 | × | × | d | c | b | a | d | c | b | a |
| 0 | 1 | ↑ | 1 | × | × | × | × | 加计数 | | | |
| 0 | 1 | 1 | ↑ | × | × | × | × | 减计数 | | | |

3. 计数器的级联使用

一个十进制计数器只能表示 0～9 十个数，为了扩大计数器范围，常用多个十进制计数器级联使用。

表 8-8-2　8421 码十进制加、减计数器的状态转换表　加法计数

| 输入脉冲数 | | 0 | 1 | 2 | 3 | 4 | 5 | 6 | 7 | 8 | 9 |
|---|---|---|---|---|---|---|---|---|---|---|---|
| 输出 | Q3 | 0 | 0 | 0 | 0 | 0 | 0 | 0 | 0 | 1 | 1 |
| | Q2 | 0 | 0 | 0 | 0 | 1 | 1 | 1 | 1 | 0 | 0 |
| | Q1 | 0 | 0 | 1 | 1 | 0 | 0 | 1 | 1 | 0 | 0 |
| | Q0 | 0 | 1 | 0 | 1 | 0 | 1 | 0 | 1 | 0 | 1 |

减计数

同步计数器往往设有进位（或借位）输出端，故可选用其进位（或借位）输出信号驱动下一级计数器。

图 8-8-3 是由 CC40192 利用进位输出$\overline{CO}$控制高一位的 $CP_U$ 端构成的加数级联图。

4．实现任意进制计数

用复位法获得任意进制计数器。假定已有 $N$ 进制计数器，而需要得到一个 $M$ 进制计数器时，只要 $M<N$，用复位法使计数器计数到 $M$ 时置“0”，即获得 $M$ 进制计数器。图 8-8-4 所示为一个由 CC40192 十进制计数器接成的六进制计数器。

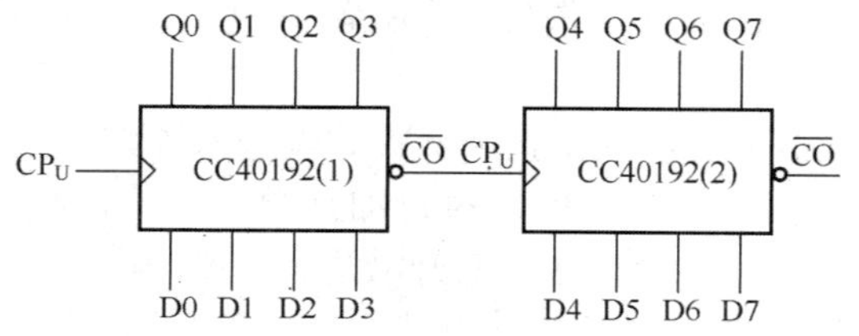


图 8-8-3　CC40192 级联电路

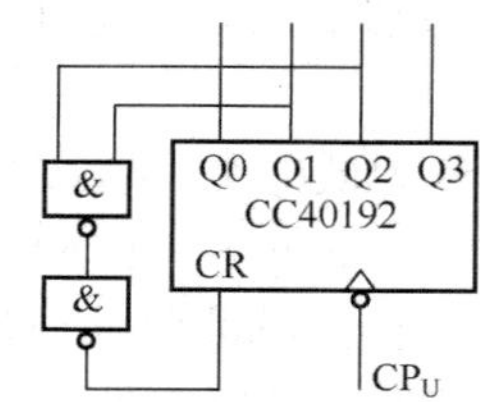


图 8-8-4　六进制计数器

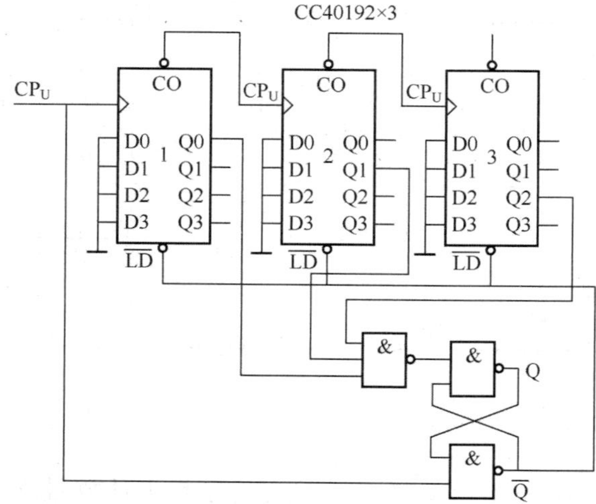


图 8-8-5　421 进制计数器

图 8-8-6 是一个特殊十二进制的计数器电路方案。在数字钟里，对时位的计数序列是 1、2、…11，12、1、…是十二进制的，且无 0 数。如图所示，当计数到 13 时，通过与非门产生一个复位信号，使 CC40192（2）〔时十位〕直接置成 0000，而 CC40192（1），即时的个位直接置成 0001，从而实现了 1～12 计数。

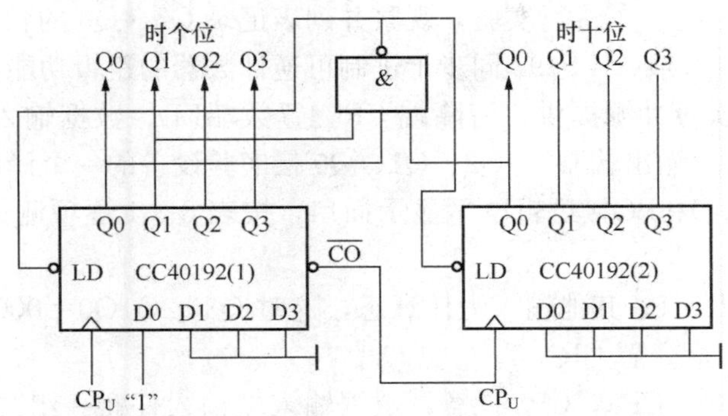


图 8-8-6　特殊十二进制计数器

## 三、实验设备

实验设备见表 8-8-3。

**表 8-8-3　实验设备**

| 序号 | 名　称 | 型号与规格 | 数量 | 备注 |
|---|---|---|---|---|
| 1 | 直流电源 | +5V | | |
| 2 | 双踪示波器 | | | |
| 3 | 连续脉冲源 | | | |
| 4 | 单次脉冲源 | | | |
| 5 | 逻辑电平开关 | | | |
| 6 | 逻辑电平显示器 | | | |
| 7 | 译码显示器 | | | |
| 8 | | CC4013×2（74LS74）<br>CC40192×3（74LS192）<br>CC4011（74LS00）<br>CC4012（74LS20） | | |

## 四、实验内容

1）用 CC4013 或 74LS74D 触发器构成 4 位二进制异步加法计数器。

① 按图 8-8-1 接线，$\overline{R}_D$ 接至逻辑开关输出插口，将低位 CP0 端接单次脉冲源，输出端 Q3、Q2、Q3、Q0 接逻辑电平显示输入插口，各$\overline{S}_D$ 接高电平“1”。

② 清零后，逐个送入单次脉冲，观察并列表记录 Q3～Q0 状态。

③ 将单次脉冲改为 1Hz 的连续脉冲，观察 Q3～Q0 的状态。

④ 将 1Hz 的连续脉冲改为 1kHz，用双踪示波器观察 CP、Q3、Q2、Q1、Q0 端波形，描绘之。

⑤ 将图 8-8-1 电路中的低位触发器的 Q 端与高一位的 CP 端相连接，构成减法计数器，按实验内容②、③、④进行实验，观察并列表记录 Q3～Q0 的状态。

2）测试 CC40192 或 74LS192 同步十进制可逆计数器的逻辑功能。

计数脉冲由单次脉冲源提供，清除端 CR、置数端$\overline{LD}$、数据输入端 D3、D2、D1、D0 分别接逻辑开关，输出端 Q3、Q2、Q1、Q0 接实验设备的一个译码显示输入相应插口 A、B、C、D；$\overline{CO}$和$\overline{BO}$接逻辑电平显示插口。按表 8-8-1 逐项测试并判断该集成电路的功能是否正常。

① 清除。令 CR＝1，其他输入为任意态，这时 Q3Q2Q1Q0＝0000，译码数字显示为 0。清除功能完成后，置 CR＝0。

② 置数。CR＝0，$CP_U$，$CP_D$ 任意，数据输入端输入任意一组二进制数，令$\overline{LD}$＝0，观察计数译码显示输出，予置功能是否完成，此后置$\overline{LD}$＝1。

③ 加计数。CR＝0，$\overline{LD}$＝$CP_D$＝1，$CP_U$ 接单次脉冲源。清零后送入 10 个单次脉冲，观察译码数字显示是否按 8421 码十进制状态转换表进行；输出状态变化是否发生在 $CP_U$ 的上升沿。

④ 减计数。CR＝0，$\overline{LD}$＝$CP_U$＝1，$CP_D$ 接单次脉冲源。参照③进行实验。

3）如图 8-8-3 所示，用两片 CC40192 组成两位十进制加法计数器，输入 1Hz 连续计数脉冲，进行由 00～99 累加计数，记录之。

4）将两位十进制加法计数器改为两位十进制减法计数器，实现由 99～00 递减计数，记录之。

5）按图 8-8-4 电路进行实验，记录之。

6）按图 8-8-5 或图 8-8-6 进行实验，记录之。

7）设计一个数字钟移位六十进制计数器并进行实验。

## 五、实验预习要求

1）复习有关计数器部分内容。

2）绘出各实验内容的详细线路图。

3）拟出各实验内容所需的测试记录表格。

4）查手册，给出并熟悉实验所用各集成电路的引脚排列图。

## 六、实验报告

1）画出实验线路图，记录、整理实验现象及实验所得的有关波形。对实验结果进行分析。

2）总结使用集成计数器的体会。

# 第九节　移位寄存器及其应用

## 一、实验目的

1）掌握中规模 4 位双向移位寄存器逻辑功能及使用方法。

2）熟悉移位寄存器的应用—实现数据的串行、并行转换和构成环形计数器。

## 二、实验原理

### 1. 移位寄存器的特点

移位寄存器是一个具有移位功能的寄存器，是指寄存器中所存的代码能够在移位脉冲的作用下依次左移或右移。既能左移又能右移的称为双向移位寄存器，只需要改变左、右移的控制信号便可实现双向移位要求。根据移位寄存器存取信息的方式不同分为串入串出、串入并出、并入串出、并入并出四种形式。

本实验选用的 4 位双向通用移位寄存器，型号为 CC40194 或 74LS194，两者功能相同，可互换使用。CC40194 的逻辑符号及引脚排列如图 8-9-1 所示。

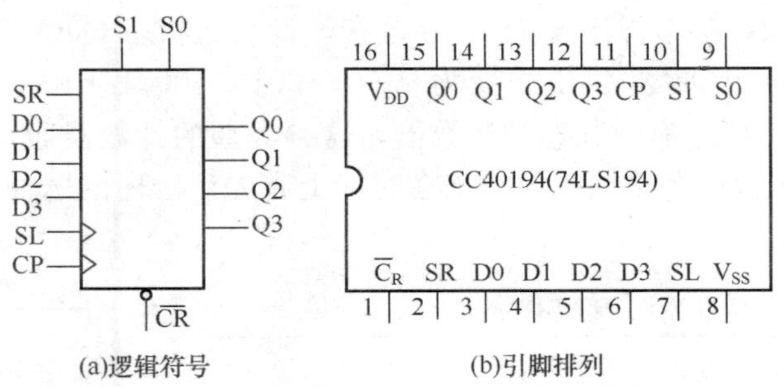


图 8-9-1　CC40194 的逻辑符号及引脚排列

其中，D0、D1、D2、D3 为并行输入端；Q0、Q1、Q2、Q3 为并行输出端；SR 为右移串行输入端，SL 为左移串行输入端；S1、S0 为操作模式控制端；$\overline{\text{C}}$R 为直接无条件清零端；CP 为时钟脉冲输入端。

CC40194 有五种不同操作模式，即并行送数寄存、右移（方向由 Q0→Q3）、左移（方向由 Q3→Q0）、保持及清零。

S1、S0 和$\overline{\text{C}}$R 端的控制作用如表 8-9-1。

**表 8-9-1　控制作用表**

| 功能 | 输入 | | | | | | | | | | 输出 | | | |
|---|---|---|---|---|---|---|---|---|---|---|---|---|---|---|
| | CP | $\overline{\text{C}}$R | S1 | S0 | SR | SL | DO | D1 | D2 | D3 | Q0 | Q1 | Q2 | Q3 |
| 清除 | × | 0 | × | × | × | × | × | × | × | × | 0 | 0 | 0 | 0 |
| 送数 | ↑ | 1 | 1 | 1 | × | × | a | b | c | d | a | b | c | d |

续表

| 功能 | 输入 | | | | | | | | | | 输出 | | | |
|---|---|---|---|---|---|---|---|---|---|---|---|---|---|---|
| | CP | $\overline{CR}$ | S1 | S0 | SR | SL | DO | D1 | D2 | D3 | Q0 | Q1 | Q2 | Q3 |
| 右移 | ↑ | 1 | 0 | 1 | $D_{SR}$ | × | × | × | × | × | $D_{SR}$ | $Q_0$ | $Q_1$ | $Q_2$ |
| 左移 | ↑ | 1 | 1 | 0 | × | $D_{SL}$ | × | × | × | × | $Q_1$ | $Q_2$ | $Q_3$ | $D_{SL}$ |
| 保持 | ↑ | 1 | 0 | 0 | × | × | × | × | × | × | $Q_0^n$ | $Q_1^n$ | $Q_2^n$ | $Q_3^n$ |
| 保持 | ↓ | 1 | × | × | × | × | × | × | × | × | $Q_0^n$ | $Q_1^n$ | $Q_2^n$ | $Q_3^n$ |

2. 移位寄存器的分类及应用

移位寄存器应用很广，可构成移位寄存器型计数器、顺序脉冲发生器、串行累加器；可用作数据转换，即把串行数据转换为并行数据，或把并行数据转换为串行数据等。本实验研究移位寄存器用作环形计数器和数据的串、并行转换。

(1) 环形计数器

把移位寄存器的输出反馈到它的串行输入端，就可以进行循环移位，如图 8-9-2 所示，把输出端 Q3 和右移串行输入端 SR 相连接，设初始状态 Q0Q1Q2Q3＝1000，则在时钟脉冲作用下 Q0Q1Q2Q3 将依次变为 0100→0010→0001→1000→…，见表 8-9-2。可见，它是一个具有四个有效状态的计数器，这种类型的计数器通常称为环形计数器。图 8-9-2 所示电路可以由各个输出端输出在时间上有先后顺序的脉冲，因此也可作为顺序脉冲发生器。

**表 8-9-2　功能表**

| CP | Q0 | Q1 | Q2 | Q3 |
|---|---|---|---|---|
| 0 | 1 | 0 | 0 | 0 |
| 1 | 0 | 1 | 0 | 0 |
| 2 | 0 | 0 | 1 | 0 |
| 3 | 0 | 0 | 0 | 1 |

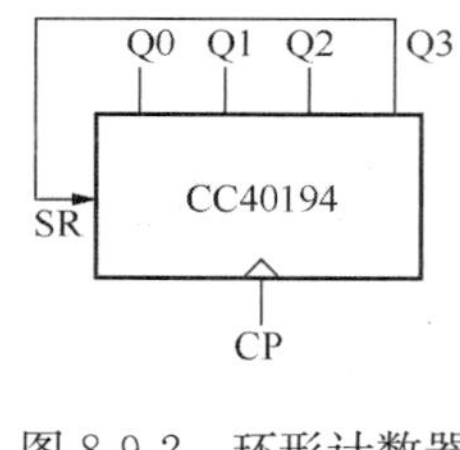


图 8-9-2　环形计数器

如果将输出 Q0 与左移串行输入端 SL 相连接，即可达左移循环移位。

(2) 串行/并行转换器

串行/并行转换器是指串行输入的数码，经转换电路之后转换成并行输出。

图 8-9-3 是用两片 CC40194（74LS194）4 位双向移位寄存器组成的 7 位串行/并行数据转换电路。

电路中 S0 端接高电平 1，S1 受 Q7 控制，两片寄存器连接成串行输入右移工作模式。Q7 是转换结束标志。当 Q7＝1 时，S1 为 0，使之成为 S1S0＝01 的串入右移工作方式，当 Q7＝0 时，S1＝1，有 S1S0＝10，则串行送数结束，标志着串行输入的数据已转换成并行输出了。

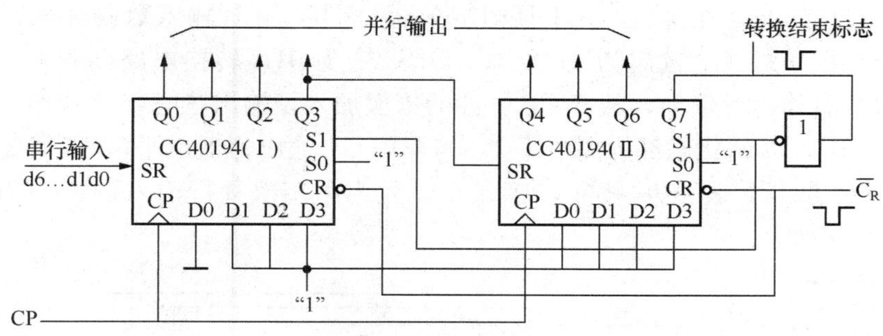


图 8-9-3　7 位串行/并行转换器

串行/并行转换的具体过程如下：

转换前，$\overline{C}_R$ 端加低电平，使两片寄存器的内容清零，此时 S1S0＝11，寄存器执行并行输入工作方式。当第一个 CP 脉冲到来后，寄存器的输出状态 Q0～Q7 为 01111111，与此同时 S1S0 变为 01，转换电路变为执行串入右移工作方式，串行输入数据由 1 片的 SR 端加入。随着 CP 脉冲的依次加入，输出状态的变化可列成表 8-9-3。

**表 8-9-3　功能表**

| CP | Q0 | Q1 | Q2 | Q3 | Q4 | Q5 | Q6 | Q7 | 说明 |
|---|---|---|---|---|---|---|---|---|---|
| 0 | 0 | 0 | 0 | 0 | 0 | 0 | 0 | 0 | 清零 |
| 1 | 0 | 1 | 1 | 1 | 1 | 1 | 1 | 1 | 送数 |
| 2 | d0 | 0 | 1 | 1 | 1 | 1 | 1 | 1 | 右移操作七次 |
| 3 | d1 | d0 | 0 | 1 | 1 | 1 | 1 | 1 | |
| 4 | d2 | d1 | d0 | 0 | 1 | 1 | 1 | 1 | |
| 5 | d3 | d2 | d1 | d0 | 0 | 1 | 1 | 1 | |
| 6 | d4 | d3 | d2 | d1 | d0 | 0 | 1 | 1 | |
| 7 | d5 | d4 | d3 | d2 | d1 | d0 | 0 | 1 | |
| 8 | d6 | d5 | d4 | d3 | d2 | d1 | d0 | 0 | |
| 9 | 0 | 1 | 1 | 1 | 1 | 1 | 1 | 1 | 送数 |

由表 8-9-3 可见，右移操作七次之后，Q7 变为 0，S1S0 又变为 11，说明串行输入结束。这时，串行输入的数码已经转换成了并行输出了。

当再来一个 CP 脉冲时，电路又重新执行一次并行输入，为第二组串行数码转换作好了准备。

（3）并行/串行转换器

并行/串行转换器是指并行输入的数码经转换电路之后，换成串行输出。

图 8-9-4 是用两片 CC40194（74LS194）组成的 7 位并行/串行转换电路，它比图 8-9-3 多了两个与非门 $G_1$ 和 $G_2$，电路工作方式同样为右移。

寄存器清零后，加一个转换起动信号（负脉冲或低电平）。此时，由于方式控制 S1S0 为 11，转换电路执行并行输入操作。当第一个 CP 脉冲到来后，

Q0Q1Q2Q3Q4Q5Q6Q7 的状态为 0D1D2D3D4D5D6D7，并行输入数码存入寄存器。从而使得 G1 输出为 1，G2 输出为 0，结果，S1S2 变为 01，转换电路随着 CP 脉冲的加入，开始执行右移串行输出，随着 CP 脉冲的依次加入，输出状态依次右移，待右移操作七次后，Q0～Q6 的状态都为高电平 1，与非门 G1 输出为低电平，G2 门输出为高电平，S1S2 又变为 11，表示并/串行转换结束，且为第二次并行输入创造了条件。转换过程如表 8-9-4 所示。

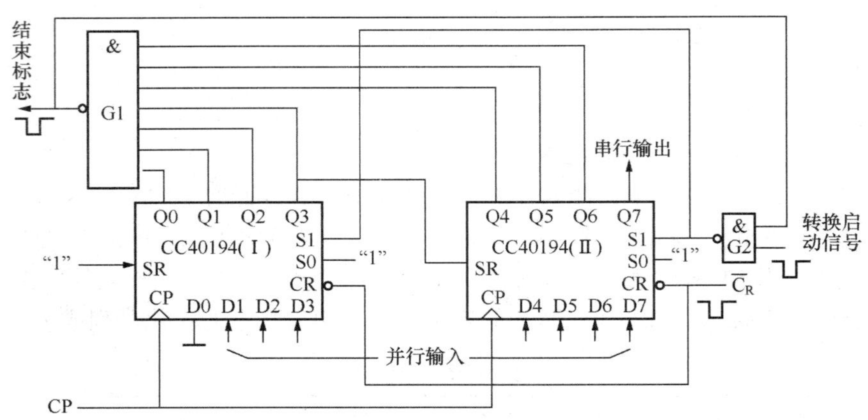


图 8-9-4　7 位并行/串行转换器

**表 8-9-4　转换表**

| CP | Q0 | Q1 | Q2 | Q3 | Q4 | Q5 | Q6 | Q7 | 串行输出 | | | | | | |
|---|---|---|---|---|---|---|---|---|---|---|---|---|---|---|---|
| 0 | 0 | 0 | 0 | 0 | 0 | 0 | 0 | 0 | | | | | | | |
| 1 | 0 | D1 | D2 | D3 | D4 | D5 | D6 | D7 | | | | | | | |
| 2 | 1 | 0 | D1 | D2 | D3 | D4 | D5 | D6 | D7 | | | | | | |
| 3 | 1 | 1 | 0 | D1 | D2 | D3 | $D_4$ | D5 | D6 | D7 | | | | | |
| 4 | 1 | 1 | 1 | 0 | D1 | D2 | D3 | D4 | D5 | D6 | D7 | | | | |
| 5 | 1 | 1 | 1 | 1 | 0 | D1 | D2 | D3 | D4 | D5 | D6 | D7 | | | |
| 6 | 1 | 1 | 1 | 1 | 1 | 0 | D1 | D2 | D3 | D4 | D5 | D6 | D7 | | |
| 7 | 1 | 1 | 1 | 1 | 1 | 1 | 0 | D1 | D2 | D3 | D4 | D5 | D6 | D7 | |
| 8 | 1 | 1 | 1 | 1 | 1 | 1 | 1 | 0 | D1 | D2 | D3 | D4 | D5 | D6 | D7 |
| 9 | 0 | D1 | D2 | D3 | D4 | D5 | D6 | D7 | | | | | | | |

中规模集成移位寄存器，其位数往往以 4 位居多，当需要的位数多于 4 位时，可把几片移位寄存器用级联的方法来扩展位数。

## 三、实验设备

实验设备见表 8-9-5。

**表 8-9-5　实验设备**

| 序号 | 名　称 | 型号与规格 | 数量 | 备注 |
|---|---|---|---|---|
| 1 | 直流电源 | +5V | | |
| 2 | 单次脉冲源 | | | |
| 3 | 逻辑电平开关 | | | |
| 4 | 逻辑电平显示器 | | | |
| 5 | | CC40194×2（74LS194）<br>CC4011（74LS00）<br>CC4068（74LS30） | | |

## 四、实验内容

1. 测试 CC40194（或 74LS194）的逻辑功能

按图 8-9-5 接线，$\overline{CR}$、S1、S0、SL、SR、D0、D1、D2、D3 分别接至逻辑开关的输出插口；Q0、Q1、Q2、Q3 接至逻辑电平显示输入插口。CP 端接单次脉冲源。按表 8-9-6所规定的输入状态，逐项进行测试。

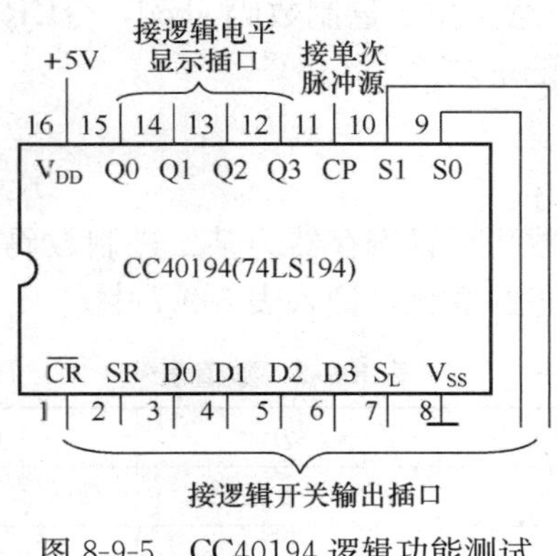


图 8-9-5　CC40194 逻辑功能测试

**表 8-9-6　功能表**

| 清除 | 模式 | | 时钟 | 串行 | | 输入 | 输出 | 功能总结 |
|---|---|---|---|---|---|---|---|---|
| $\overline{CR}$ | S1 | S0 | CP | $S_L$ | $S_R$ | D0D1D2D3 | Q0Q1Q2Q3 | |
| 0 | × | × | × | × | × | ×××× | | |
| 1 | 1 | 1 | ↑ | × | × | abcd | | |
| 1 | 0 | 1 | ↑ | × | 0 | ×××× | | |
| 1 | 0 | 1 | ↑ | × | 1 | ×××× | | |

续表

| 清除 | 模式 | | 时钟 | 串行 | | 输入 | 输出 | 功能总结 |
|---|---|---|---|---|---|---|---|---|
| $\overline{CR}$ | S1 | S0 | CP | $S_L$ | $S_R$ | D0D1D2D3 | Q0Q1Q2Q3 | |
| 1 | 0 | 1 | ↑ | × | 0 | ×××× | | |
| 1 | 0 | 1 | ↑ | × | 0 | ×××× | | |
| 1 | 1 | 0 | ↑ | 1 | × | ×××× | | |
| 1 | 1 | 0 | ↑ | 1 | × | ×××× | | |
| 1 | 1 | 0 | ↑ | 1 | × | ×××× | | |
| 1 | 1 | 0 | ↑ | 1 | × | ×××× | | |
| 1 | 0 | 0 | ↑ | × | × | ×××× | | |

1）清除：令$\overline{CR}$=0，其他输入均为任意态，这时寄存器输出 Q0、Q1、Q2、Q3 应均为 0。清除后，置$\overline{CR}$=1。

2）送数：令$\overline{CR}$=S1=S0=1，送入任意 4 位二进制数，如 D0D1D2D3=abcd，加 CP 脉冲，观察 CP=0、CP 由 0→1、CP 由 1→0 三种情况下寄存器输出状态的变化，观察寄存器输出状态变化是否发生在 CP 脉冲的上升沿。

3）右移：清零后，令$\overline{CR}$=1，S1=0，S0=1，由右移输入端 $S_R$ 送入二进制数码如 0100，由 CP 端连续加四个脉冲，观察输出情况，记录之。

4）左移：先清零或予置，再令$\overline{CR}$=1，S1=1，S0=0，由左移输入端 $S_L$ 送入二进制数码如 1111，连续加四个 CP 脉冲，观察输出端情况，记录之。

5）保持：寄存器予置任意 4 位二进制数码 abcd，令$\overline{CR}$=1，S1=S0=0，加 CP 脉冲，观察寄存器输出状态，记录之。

2. 环形计数器

自拟实验线路用并行送数法予置寄存器为某二进制数码（如 0100），然后进行右移循环，观察寄存器输出端状态的变化，记入表 8-9-7 中。

**表 8-9-7　数值表**

| CP | Q0 | Q1 | Q2 | Q3 |
|---|---|---|---|---|
| 0 | 0 | 1 | 0 | 0 |
| 1 | | | | |
| 2 | | | | |
| 3 | | | | |
| 4 | | | | |

3. 实现数据的串/并行转换

（1）串行输入、并行输出

按图 8-9-3 接线，进行右移串入、并出实验，串入数码自定；改接线路用左移方式实现并行输出。自拟表格，记录之。

（2）并行输入、串行输出

按图 8-9-4 接线，进行右移并入、串出实验，并入数码自定。再改接线路用左移方式实现串行输出。自拟表格，记录之。

**五、实验预习要求**

1）复习有关寄存器及串行/并行转换器有关内容。

2）查阅 CC40194、CC4011 及 CC4068 逻辑线路。熟悉其逻辑功能及引脚排列。

3）在对 CC40194 进行送数后，若要使输出端改成另外的数码，是否一定要使寄存器清零？

4）使寄存器清零，除采用$\overline{CR}$输入低电平外，可否采用右移或左移的方法？可否使用并行送数法？若可行，如何进行操作？

5）若进行循环左移，图 8-9-4 接线应如何改接？

6）画出用两片 CC40194 构成的 7 位左移串/并行转换器线路。

7）画出用两片 CC40194 构成的 7 位左移并/串行转换器线路。

**六、实验报告**

1）分析表 8-9-4 的实验结果，总结移位寄存器 CC40194 的逻辑功能并写入表格功能总结一栏中。

2）根据实验内容 2 的结果，画出 4 位环形计数器的状态转换图及波形图。

3）分析串/并、并/串转换器所得结果的正确性。

## 第十节　555 时基电路及其应用

**一、实验目的**

1）熟悉 555 型集成时基电路结构、工作原理及其特点。

2）掌握 555 型集成时基电路的基本应用。

**二、实验原理**

集成时基电路又称为集成定时器或 555 电路，是一种数字、模拟混合型的中规模集成电路，应用十分广泛。它是一种产生时间延迟和多种脉冲信号的电路，由于内部电压标准使用了三只 5kΩ 电阻，故取名 555 电路。其电路类型有双极型和 CMOS 型两大类，二者的结构与工作原理类似。几乎所有的双极型产品型号最后的 3 位数码都是 555 或 556；所有的 CMOS 产品型号最后 4 位数码都是 7555 或 7556，二者的逻辑功能和引脚排列完全相同，易于互换。555 和 7555 是单定时器。556 和 7556 是双定时器。双极型的电源电压 $V_{CC}=+5\sim+15V$，输出的最大电流可达 200mA，CMOS 型的电源电压为 $+3\sim+18V$。

### 1. 555 电路的工作原理

555 电路的内部电路框图如图 8-10-1 所示。它含有两个电压比较器、一个基本 RS 触发器、一个放电开关管 VT，比较器的参考电压由三只 5kΩ 的电阻器构成的分压器提供。它们分别使高电平比较器 A1 的同相输入端和低电平比较器 A2 的反相输入端的参考电平为$\frac{2}{3}V_{CC}$和$\frac{1}{3}V_{CC}$。A1 与 A2 的输出端控制 RS 触发器状态和放电管开关状态。当输入信号自 6 脚，即高电平触发输入并超过参考电平$\frac{2}{3}V_{CC}$时，触发器复位，555 的输出端 3 脚输出低电平，同时放电开关管导通；当输入信号自 2 脚输入并低于$\frac{1}{3}V_{CC}$时，触发器置位，555 的 3 脚输出高电平，同时放电开关管截止。

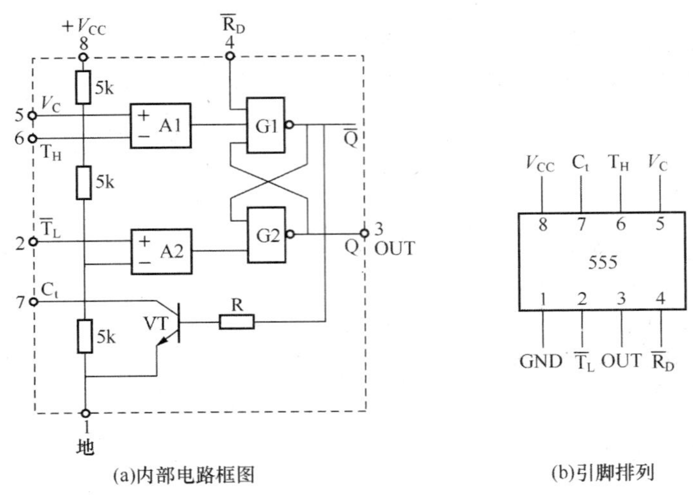


图 8-10-1　555 定时器内部电路框图及引脚排列

$\overline{R}_D$ 是复位端（4 脚），当$\overline{R}_D=0$时，555 输出低电平。平时$\overline{R}_D$ 端开路或接 $V_{CC}$。

$V_C$ 是控制电压端（5 脚），平时输出$\frac{2}{3}V_{CC}$作为比较器 A1 的参考电平，当 5 脚外接一个输入电压，即改变了比较器的参考电平，从而实现对输出的另一种控制。在不接外加电压时，通常接一个 0.01μF 的电容器到地，起滤波作用，以消除外来的干扰，以确保参考电平的稳定。

VT 为放电管，当 VT 导通时，将给接于 7 脚的电容器提供低阻放电通路。

555 定时器主要是与电阻器、电容器构成充放电电路，并由两个比较器来检测电容器上的电压，以确定输出电平的高低和放电开关管的通断。这就很方便地构成从微秒到数十分钟的延时电路，可方便地构成单稳态触发器、多谐振荡器、施密特触发器等脉冲产生或波形转换电路。

2. 555 定时器的典型应用

(1) 构成单稳态触发器

图 8-10-2 (a) 为由 555 定时器和外接定时元件 R、C 构成的单稳态触发器。触发电路由 C1、R1、VD 构成，其中 VD 为钳位二极管，稳态时 555 电路输入端处于电源电平，内部放电开关管 VT 导通，输出端 F 输出低电平。当有一个外部负脉冲触发信号经 C1 加到 2 端。并使 2 端电位瞬时低于$\frac{1}{3}V_{CC}$时，低电平比较器动作，单稳态电路即开始一个暂态过程，电容器 C 开始充电，$V_C$ 按指数规律增长。当 $V_C$ 充电到$\frac{2}{3}V_{CC}$时，高电平比较器动作，比较器 A1 翻转，输出 $V_o$ 从高电平返回低电平，放电开关管 VT 重新导通，电容器 C 上的电荷很快经放电开关管放电，暂态结束，恢复稳态，为下个触发脉冲的来到做好准备。波形图如图 8-10-2 (b) 所示。

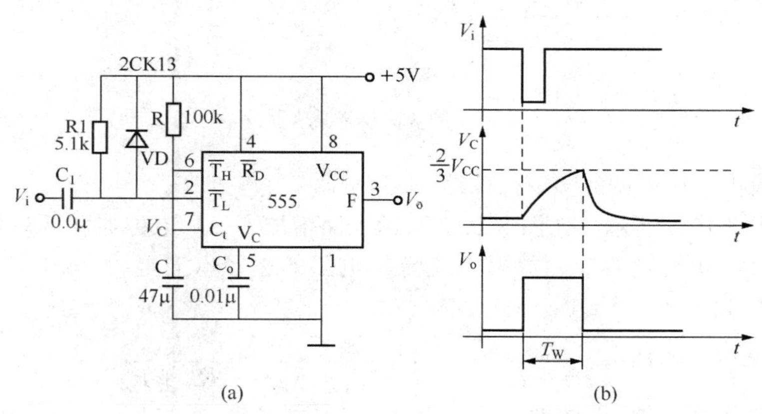


图 8-10-2　单稳态触发器

暂稳态的持续时间 $t_w$ (即为延时时间) 决定于外接元件 R、C 值的大小。

$$t_w = 1.1RC$$

通过改变 R、C 的大小，可使延时时间在几微秒到几十分钟之间变化。当这种单稳态电路作为计时器时，可直接驱动小型继电器，并可以使用复位端 (4 脚) 接地的方法来中止暂态，重新计时。此外尚须用一个续流二极管与继电器线圈并接，以防继电器线圈反电动势损坏内部功率管。

(2) 构成多谐振荡器

如图 8-10-3 (a) 所示，由 555 定时器和外接元件 R1、R2、C 构成多谐振荡器，2 脚与 6 脚直接相连。电路没有稳态，仅存在两个暂稳态，电路亦不需要外加触发信号，利用电源通过 R1、R2 向 C 充电，以及 C 通过 R2 向放电端 Ct 放电，使电路产生振荡。电容器 C 在$\frac{1}{3}V_{CC}$和$\frac{2}{3}V_{CC}$之间充电和放电，其波形如图 8-10-3 (b) 所示。输出信号的时间参数是

$$T = t_{w1} + t_{w2},\quad t_{w1} = 0.7(R_1 + R_2)C,\quad t_{w2} = 0.7R_2C$$

555 电路要求 $R_1$ 与 $R_2$ 均应大于或等于 1kΩ，但 $R_1 + R_2$ 应小于或等于 3.3MΩ。

外部元件的稳定性决定了多谐振荡器的稳定性，555 定时器配以少量的元器件即可获得较高精度的振荡频率和具有较强的功率输出能力。因此这种形式的多谐振荡器应用很广。

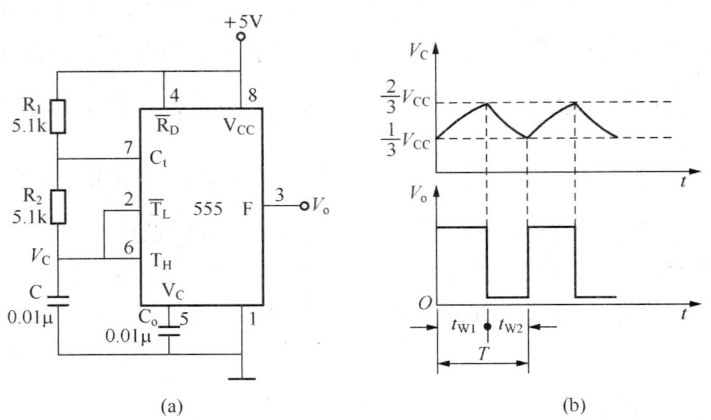


图 8-10-3　多谐振荡器

（3）组成占空比可调的多谐振荡器

电路如图 8-10-4 所示，比图 8-10-3 所示电路增加了一只电位器和两只导引二极管。VD1、VD2 用来决定电容充、放电电流流经电阻的途径（充电时 VD1 导通，VD2 截止；放电时 VD2 导通，VD1 截止）。

占空比

$$P = \frac{t_{w1}}{t_{w1} + t_{w2}} \approx \frac{0.7R_AC}{0.7C(R_A + R_B)} = \frac{R_A}{R_A + R_B}$$

可见，若取 $R_A = R_B$ 电路即可输出占空比为 50% 的方波信号。

（4）组成占空比连续可调并能调节振荡频率的多谐振荡器

电路如图 8-10-5 所示。对 $C_1$ 充电时，充电电流通过 $R_1$、$VD_1$、$RP_2$ 和 $RP_2$；放电时通过 $RP_1$、$RP_2$、$VD_2$、$R_2$。当 $R_1 = R_2$、$RP_2$ 调至中心点，因充放电时间基本相等，其占空比约为 50%，此时调节 $RP_1$ 仅改变频率，占空比不变。如 $RP_2$ 调至偏离中心点，再调节 $RP_1$，不仅振荡频率改变，而且对占空比也有影响。$RP_1$ 不变，调节 $RP_2$，仅改变占空比，对频率无影响。因此，当接通电源后，应首先调节 $RP_1$ 使频率至规定值，再调节 $RP_2$，以获得需要的占空比。若频率调节的范围比较大，还可以用波段开关改变 $C_1$ 的值。

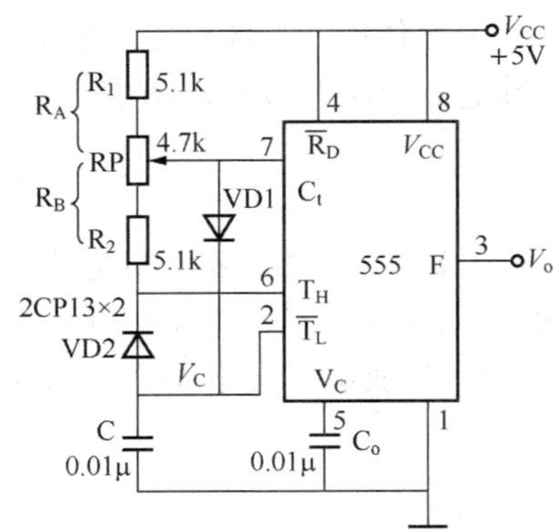


图 8-10-4　占空比可调的多谐振荡器

（5）组成施密特触发器

电路如图 8-10-6 所示，只要将 2、6 脚连在一起作为信号输入端，即得到施密特触发器。图 8-10-7 示出了 $V_s$，$V_i$ 和 $V_o$ 的波形图。

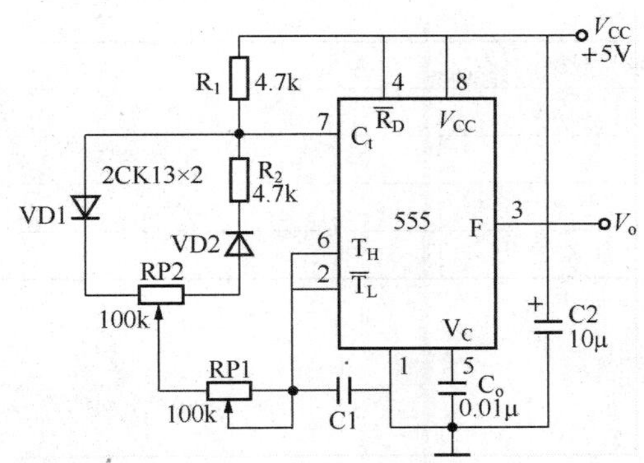


图 8-10-5　占空比与频率均可调的多谐振荡器

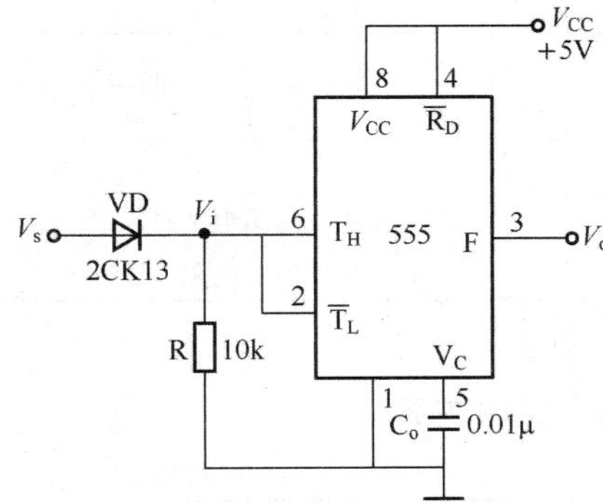


图 8-10-6　施密特触发器

设被整形变换的电压为正弦波 $v_s$，其正半波通过二极管 VD 同时加到 555 定时器的 2 脚和 6 脚，得 $v_i$ 为半波整流波形。当 $v_i$ 上升到$\frac{2}{3}V_{CC}$时，$v_o$ 从高电平翻转为低电平；当 $v_i$ 下降到$\frac{1}{3}V_{CC}$时，$v_o$ 又从低电平翻转为高电平。电路的电压传输特性曲线如图 8-10-8 所示。

回差电压
$$\Delta V=\frac{2}{3}V_{CC}-\frac{1}{3}V_{CC}=\frac{1}{3}V_{CC}$$

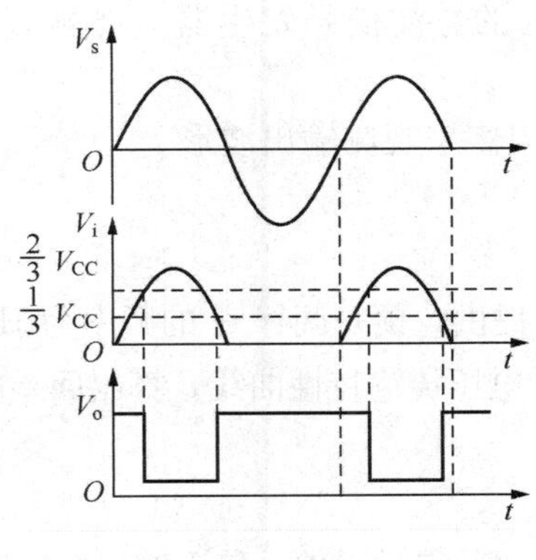


图 8-10-7　波形变换图

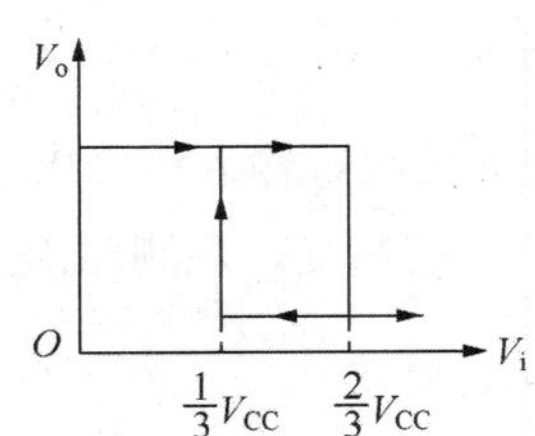


图 8-10-8　电压传输特性

## 三、实验设备

实验设备见表 8-10-1。

**表 8-10-1　实验设备**

| 序号 | 名　称 | 型号与规格 | 数量 | 备注 |
|---|---|---|---|---|
| 1 | 直流电源 | +5V | | |
| 2 | 双踪示波器 | | | |
| 3 | 连续脉冲源 | | | |
| 4 | 单次脉冲源 | | | |

续表

| 序号 | 名　　称 | 型号与规格 | 数量 | 备注 |
|---|---|---|---|---|
| 5 | 音频信号源 | | | |
| 6 | 数字频率计 | | | |
| 7 | 逻辑电平显示器 | | | |
| 8 | 电位器、电阻、电容若干 | 555×2　2CK13×2 | | |

## 四、实验内容

### 1. 单稳态触发器

1）按图 8-10-2 连线，取 $R$=100kΩ，$C$=47μF，输入信号 $v_i$ 由单次脉冲源提供，用双踪示波器观测 $v_i$，$v_C$，$v_o$ 波形。测定幅度与暂稳时间。

2）将 $R$ 改为 1kΩ，$C$ 改为 0.1μF，输入端加 1kHz 的连续脉冲，观测波形 $v_i$，$v_C$，$v_o$，测定幅度及暂稳时间。

### 2. 多谐振荡器

1）按图 8-10-3 接线，用双踪示波器观测 $v_C$ 与 $v_o$ 的波形，测定频率。

2）按图 8-10-4 接线，组成占空比为 50%的方波信号发生器。观测 $v_C$ 与 $v_o$ 波形，测定波形参数。

3）按图 8-10-5 接线，通过调节 RP1 和 RP2 来观测输出波形。

### 3. 施密特触发器

按图 8-10-6 接线，输入信号由音频信号源提供，预先调好 $v_s$ 的频率为 1kHz，接通电源，逐渐加大 $v_s$ 的幅度，观测输出波形，测绘电压传输特性曲线，算出回差电压 ΔU。

### 4. 模拟声响电路

按图 8-10-9 接线，组成两个多谐振荡器，调节定时元件，使Ⅰ输出较低频率，Ⅱ输出较高频率，连好线，接通电源，试听音响效果。调换外接阻容元件，再试听音响效果。

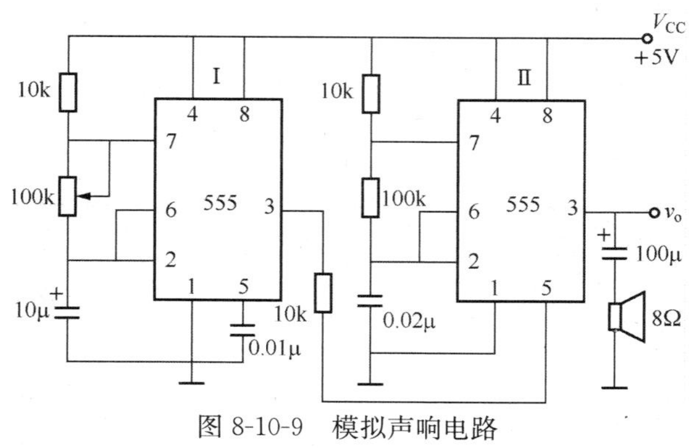

图 8-10-9　模拟声响电路

## 五、实验预习要求

1）复习有关 555 定时器的工作原理及其应用。
2）拟定实验中所需的数据、表格等。
3）如何用示波器测定施密特触发器的电压传输特性曲线？
4）拟定各次实验的步骤和方法。

## 六、实验报告

1）绘出详细的实验线路图，定量绘出观测到的波形。
2）分析、总结实验结果。

# 第十一节　D/A 转换器与 A/D 转换器

## 一、实验目的

1）了解 D/A 转换器和 A/D 转换器的基本工作原理和基本结构。
2）掌握大规模集成 D/A 转换器和 A/D 转换器的功能及其典型应用。

## 二、实验原理

在数字电子技术的很多应用场合往往需要把模拟量转换为数字量，称为模/数转换器（A/D 转换器，ADC）；或把数字量转换成模拟量，称为数/模转换器（D/A 转换器，DAC）。完成这种转换的线路有多种，特别是单片大规模集成 A/D、D/A 转换器问世，为实现上述的转换提供了极大的方便。使用者可借助于手册提供的器件性能指标及典型应用电路，即可正确使用这些器件。本实验将采用大规模集成电路 DAC0832 实现 D/A 转换，ADC0809 实现 A/D 转换。

1. D/A 转换器 DAC0832

DAC0832 是采用 CMOS 工艺制成的单片电流输出型 8 位 D/A 转换器。图 8-11-1 是 DAC0832 的逻辑框图及引脚排列。

器件的核心部分采用倒 T 形电阻网络的 8 位 D/A 转换器，如图 8-11-2 所示。它是由倒 T 形 R-2R 电阻网络、模拟开关、运算放大器和参考电压 $V_{REF}$ 四部分组成。

运算放大器的输出电压为

$$V_o = \frac{V_{REF}R_F}{2^n R}(2^{n-1}D_{n-1} + 2^{n-2}D_{n-2} + \cdots + 2^0 D_0)$$

由上式可见，输出电压 $V_o$ 与输入的数字量成正比，这就实现了从数字量到模拟量的转换。

一个 8 位的 D/A 转换器有 8 个输入端，每个输入端是 8 位二进制数的 1 位，有一个模拟输出端，输入可有 $2^8=256$ 个不同的二进制组态，输出为 256 个电压之一，即输出电压不是整个电压范围内任意值，而只能是 256 个可能值。

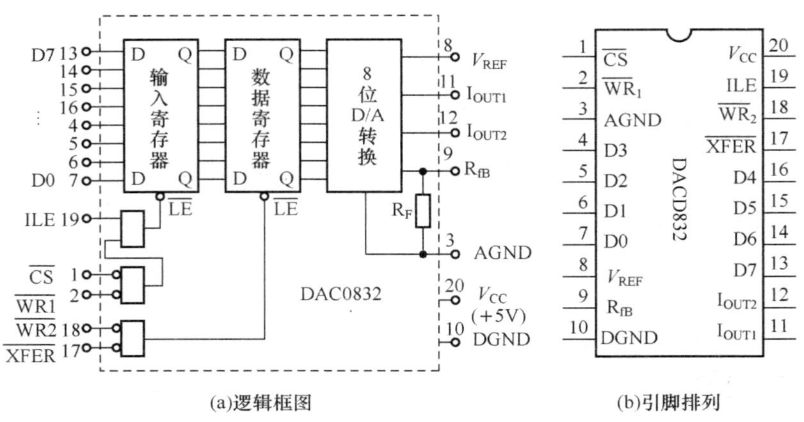


(a)逻辑框图　　(b)引脚排列

图 8-11-1　DAC0832 单片 D/A 转换器逻辑框图和引脚排列

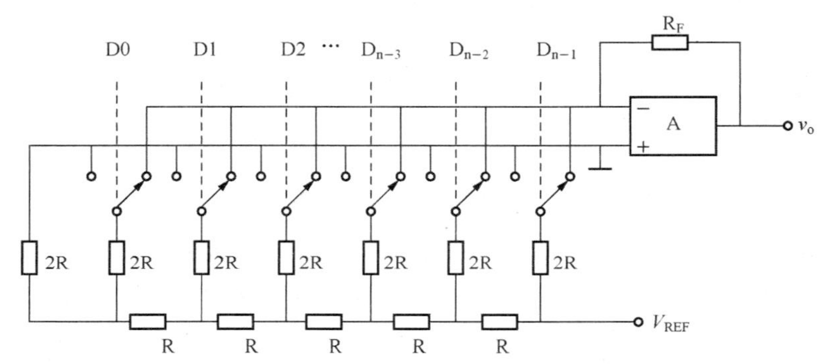


图 8-11-2　倒 T 形电阻网络 D/A 转换电路

DAC0832 的引脚功能说明如下：

$D_0 \sim D_7$——数字信号输入端；

ILE——输入寄存器允许，高电平有效；

$\overline{CS}$——片选信号，低电平有效；

$\overline{WR1}$——写信号 1，低电平有效；

$\overline{XFER}$——传送控制信号，低电平有效；

$\overline{WR2}$——写信号 2，低电平有效；

$I_{OUT1}$，$I_{OUT2}$——DAC 电流输出端；

$R_{fB}$——反馈电阻，是集成在片内的外接运放的反馈电阻；

$V_{REF}$——基准电压（−10～+10V）；

$V_{CC}$——电源电压（+5～+15V）；

AGND/NGND——模拟地/数字地，两者可接在一起使用。

DAC0832 输出的是电流，要转换为电压，还必须经过一个外接的运算放大器，实验线路如图 8-11-3 所示。

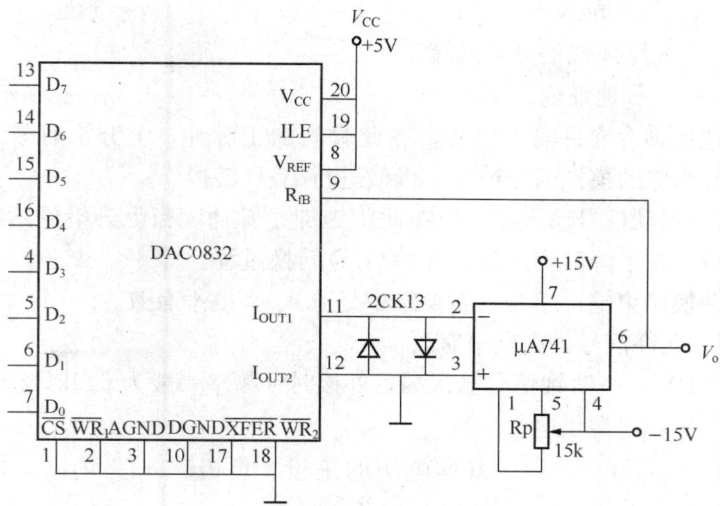


图 8-11-3　D/A 转换器实验线路

2. A/D 转换器 ADC0809

ADC0809 是采用 CMOS 工艺制成的单片 8 位 8 通道逐次渐近型 A/D 转换器，其逻辑框图及引脚排列如图 8-11-4 所示。

器件的核心部分是 8 位 A/D 转换器，它由比较器、逐次渐近寄存器、D/A 转换器及控制和定时五部分组成。

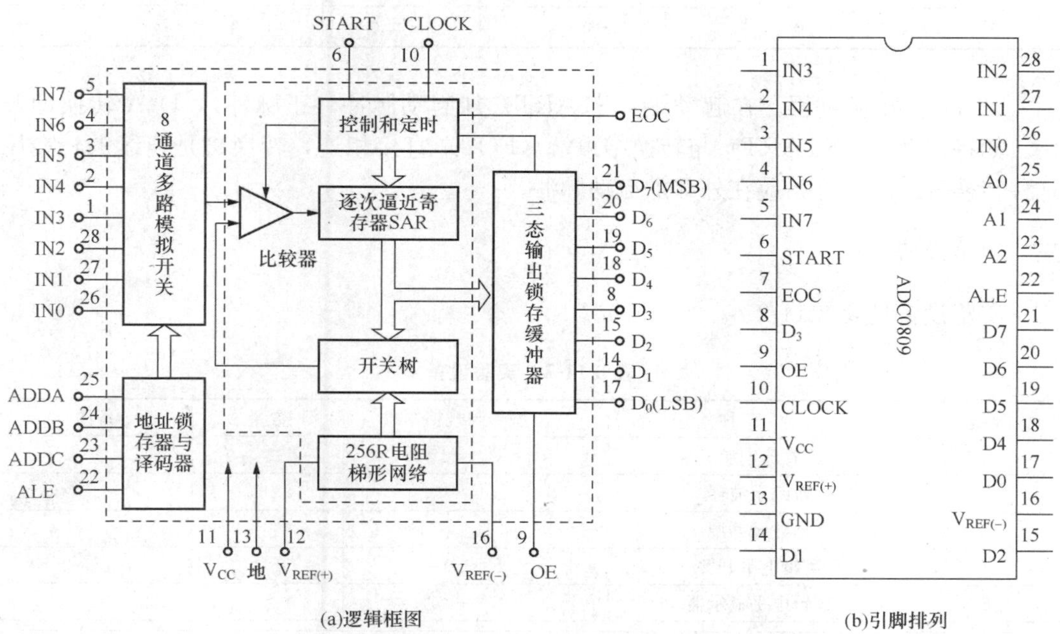


图 8-11-4　ADC0809 转换器逻辑框图及引脚排列

ADC0809 的引脚功能说明如下：

$IN_0$～$IN_7$——8 路模拟信号输入端。

A2、A1、A0——地址输入端。

ALE——地址锁存允许输入信号，在此脚施加正脉冲，上升沿有效，此时锁存地址码，从而选通相应的模拟信号通道，以便进行 A/D 转换。

START——起动信号输入端，应在此脚施加正脉冲，当上升沿到达时，内部逐次逼近寄存器复位，在下降沿到达后，开始 A/D 转换过程。

EOC——转换结束输出信号（转换结束标志），高电平有效。

OE——输入允许信号，高电平有效。

CLOCK（CP）——时钟信号输入端，外接时钟频率一般为 640kHz。

$V_{CC}$——+5V 单电源供电。

$V_{REF}$（+）、$V_{REF}$（−）——基准电压的正极、负极。一般 $V_{REF(+)}$ 接+5V 电源，$V_{REF(-)}$ 接地。

D7～D0——数字信号输出端。

1）模拟量输入通道选择。八路模拟开关由 A2、A1、A0 三地址输入端选通八路模拟信号中的任何一路进行 A/D 转换，地址译码与模拟输入通道的选通关系见表 8-11-1 所示。

**表 8-11-1　地址译码与模拟输入通道的选通关系**

| 被选模拟通道 | | $IN_0$ | $IN_1$ | $IN_2$ | $IN_3$ | $IN_4$ | $IN_5$ | $IN_6$ | $IN_7$ |
|---|---|---|---|---|---|---|---|---|---|
| 地址 | A2 | 0 | 0 | 0 | 0 | 1 | 1 | 1 | 1 |
| | A1 | 0 | 0 | 1 | 1 | 0 | 0 | 1 | 1 |
| | A0 | 0 | 1 | 0 | 1 | 0 | 1 | 0 | 1 |

2）D/A 转换过程。在起动端（START）加起动脉冲（正脉冲），D/A 转换即开始。如将起动端（START）与转换结束端（EOC）直接相连，转换将是连续的，在用这种转换方式时，开始应在外部加起动脉冲。

## 三、实验设备

实验设备见表 8-11-2。

**表 8-11-2　实验设备**

| 序号 | 名　称 | 型号与规格 | 数量 | 备注 |
|---|---|---|---|---|
| 1 | 直流电源 | +5V、±15V | | |
| 2 | 双踪示波器 | | | |
| 3 | 计数脉冲源 | | | |
| 4 | 逻辑电平开关 | | | |
| 5 | 逻辑电平显示器 | | | |
| 6 | 直流数字电压表 | | | |
| 7 | 电位器、电阻、电容若干 | μA741 | 1 | DAC0832、ADC0809 |

## 四、实验内容

1. D/A 转换器——DAC0832

1）按图 8-11-3 接线，电路接成直通方式，即 $\overline{CS}$、$\overline{WR_1}$、$\overline{WR_2}$、$\overline{XFER}$ 接地；ALE、$V_{CC}$、$V_{REF}$ 接+5V 电源；运放电源接±15V；D0～D7 接逻辑开关的输出插口，输出端 $v_o$ 接直流数字电压表。

2）调零，令 D0～D7 全置零，调节运算放大器的电位器使 μA741 输出为零。

3）按表 8-11-3 所列的输入数字信号，用数字电压表测量运算放大器的输出电压 $V_o$，并将测量结果填入表中，并与理论值进行比较。

**表 8-11-3　功能表**

| 输入数字量 | | | | | | | | 输出模拟量 $V_o$/V |
|---|---|---|---|---|---|---|---|---|
| D7 | D6 | D5 | D4 | D3 | D2 | D1 | D0 | $V_{CC}$=+5V |
| 0 | 0 | 0 | 0 | 0 | 0 | 0 | 0 | |
| 0 | 0 | 0 | 0 | 0 | 0 | 0 | 1 | |
| 0 | 0 | 0 | 0 | 0 | 0 | 1 | 0 | |
| 0 | 0 | 0 | 0 | 0 | 1 | 0 | 0 | |
| 0 | 0 | 0 | 0 | 1 | 0 | 0 | 0 | |
| 0 | 0 | 0 | 1 | 0 | 0 | 0 | 0 | |
| 0 | 0 | 1 | 0 | 0 | 0 | 0 | 0 | |
| 0 | 1 | 0 | 0 | 0 | 0 | 0 | 0 | |
| 1 | 0 | 0 | 0 | 0 | 0 | 0 | 0 | |
| 1 | 1 | 1 | 1 | 1 | 1 | 1 | 1 | |

2. A/D 转换器——ADC0809

按图 8-11-5 接线。

1）八路输入模拟信号 1～4.5V，由+5V 电源经电阻器 R 分压组成；转换结果 D0～D7 接逻辑电平显示器输入插口，CP 时钟脉冲由计数脉冲源提供，取 $f$=100kHz；A0～A2 地址端接逻辑电平输出插口。

2）接通电源后，在起动端（START）加一正单次脉冲，下降沿一到即开始 A/D 转换。

3）按表 8-11-4 的要求观察，记录 $IN_0$～$IN_7$ 八路模拟信号的转换结果，并将转换结果换算成十进制数表示的电压值，并与数字电压表实测的各路输入电压值进行比较，分析误差原因。

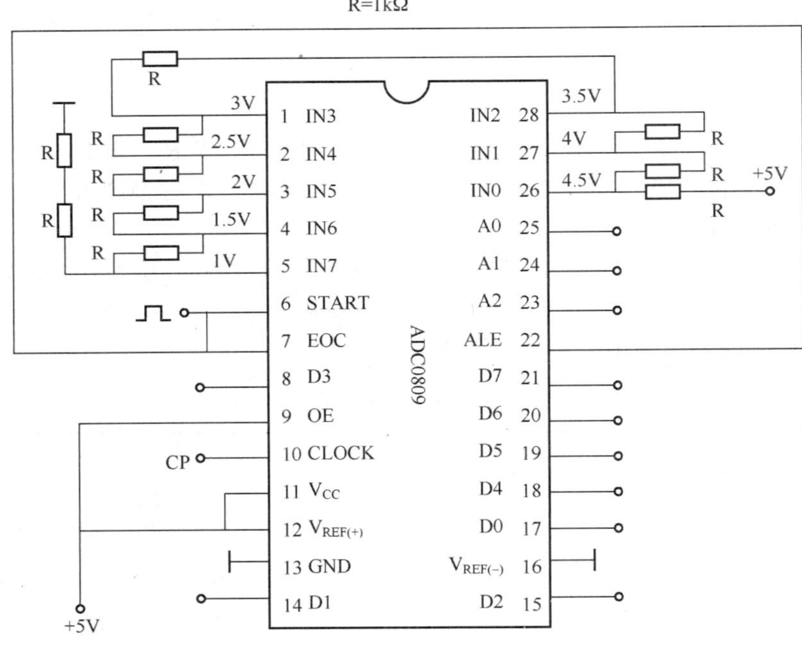


图 8-11-5 ADC0809 实验线路

**表 8-11-4 转换表**

| 被选模拟通道 | 输入模拟量 | 地址 | | | 输出数字量 | | | | | | | | |
|---|---|---|---|---|---|---|---|---|---|---|---|---|---|
| IN | $v_i$/V | A2 | A1 | A0 | D7 | D6 | D5 | D4 | D3 | D2 | D1 | D0 | 十进制 |
| IN0 | 4.5 | 0 | 0 | 0 | | | | | | | | | |
| IN1 | 4.0 | 0 | 0 | 1 | | | | | | | | | |
| IN2 | 3.5 | 0 | 1 | 0 | | | | | | | | | |
| IN3 | 3.0 | 0 | 1 | 1 | | | | | | | | | |
| IN4 | 2.5 | 1 | 0 | 0 | | | | | | | | | |
| IN5 | 2.0 | 1 | 0 | 1 | | | | | | | | | |
| IN6 | 1.5 | 1 | 1 | 0 | | | | | | | | | |
| IN7 | 1.0 | 1 | 1 | 1 | | | | | | | | | |

## 五、实验预习要求

1）复习 A/D、D/A 转换的工作原理。

2）熟悉 ADC0809、DAC0832 各引脚功能、使用方法。

3）绘好完整的实验线路和所需的实验记录表格。

4）拟定各个实验内容的具体实验方案。

## 六、实验报告

整理实验数据，分析实验结果。

# 第十二节　智力竞赛抢答装置

## 一、实验目的

1）学习数字电路中D触发器、分频电路、多谐振荡器、CP时钟脉冲源等单元电路的综合运用。

2）熟悉智力竞赛抢赛器的工作原理。

3）了解简单数字系统实验、调试及故障排除方法。

## 二、实验原理

图 8-12-1 为供四人用的智力竞赛抢答装置线路，用以判断抢答优先权。

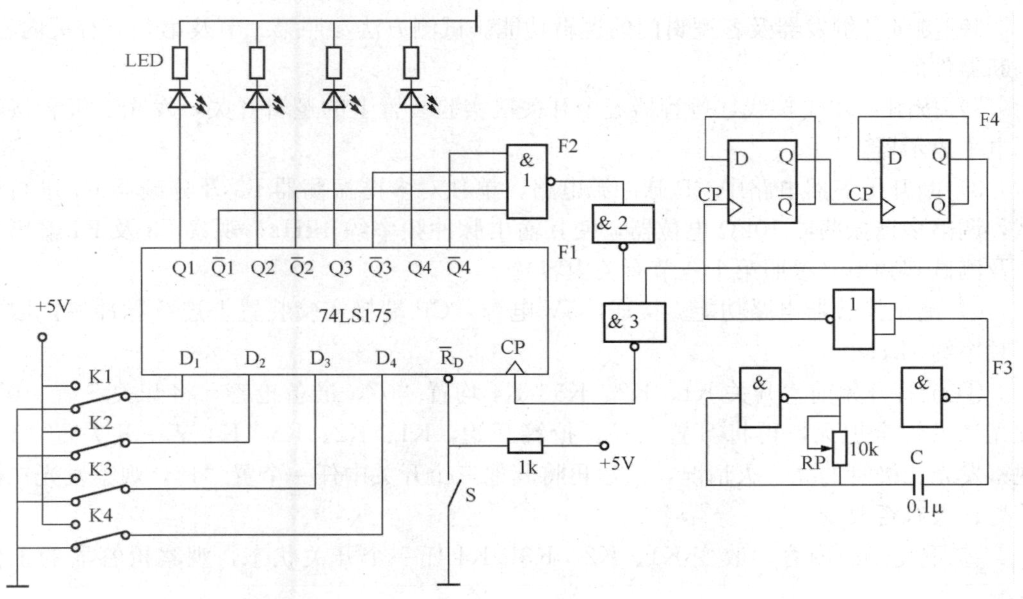


图 8-12-1　智力竞赛抢答装置原理图

图中 F1 为四 D 触发器 74LS175，它具有公共置 0 端和公共 CP 端，引脚排列见附录；F2 为双 4 输入与非门 74LS20；F3 是由 74LS00 组成的多谐振荡器；F4 是由 74LS74 组成的四分频电路，F3、F4 组成抢答电路中的 CP 时钟脉冲源，抢答开始时，由主持人清除信号，按下复位开关 S，74LS175 的输出 Q1～Q4 全为 0，所有发光二极管 LED 均熄灭，当主持人宣布“抢答开始”后，首先作出判断的参赛者立即按下开关，对应的发光二极管点亮，同时，通过与非门 F2 送出信号锁住其余三个抢答者的电路，不再接受其他信号，直到主持人再次清除信号为止。

## 三、实验设备

实验设备见表 8-12-1。

**表 8-12-1　实验设备**

| 序号 | 名　　称 | 型号与规格 | 数量 | 备注 |
|---|---|---|---|---|
| 1 | 直流电源 | +5V | | |
| 2 | 逻辑电平开关 | | | |
| 3 | 逻辑电平显示器 | | | |
| 4 | 双踪示波器 | | | |
| 5 | 数字频率计 | | | |
| 6 | 直流数字电压表 | | | |
| 7 | | 74LS175、74LS20、74LS74、74LS00 | | |

## 四、实验内容

1）测试各触发器及各逻辑门的逻辑功能。试测方法参照第二节及第九节有关内容，判断器件的好坏。

2）按图 8-12-1 接线，抢答器五个开关接实验装置上的逻辑开关，发光二极管接逻辑电平显示器。

3）断开抢答器电路中 CP 脉冲源电路，单独对多谐振荡器 F3 及分频器 F4 进行调试，调整多谐振荡器 10kΩ 电位器，使其输出脉冲频率约 4kHz，观察 F3 及 F4 输出波形及测试其频率（参照第十三节有关内容）。

4）测试抢答器电路功能。接通+5V 电源，CP 端接实验装置上连续脉冲源，取重复频率约 1kHz。

① 抢答开始前，开关 K1、K2、K3、K4 均置“0”，准备抢答，将开关 S 置“0”，发光二极管全熄灭，再将 S 置“1”。抢答开始，K1、K2、K3、K4 某一开关置“1”，观察发光二极管的亮、灭情况，然后再将其他三个开关中任一个置“1”，观察发光二极的亮、灭有否改变。

② 重复①的内容，改变 K1、K2、K3、K4 任一个开关状态，观察抢答器的工作情况。

③ 整体测试，断开实验装置上的连续脉冲源，接入 F3 及 F4，再进行实验。

## 五、实验预习要求

若在图 8-12-1 电路中加一个计时功能，要求计时电路显示时间精确到秒，最多限制为 2min，一旦超出限时，则取消抢答权，电路如何改进。

## 六、实验报告

1）分析智力竞赛抢答装置各部分功能及工作原理。

2）总结数字系统的设计、调试方法。

3）分析实验中出现的故障及解决办法。

# 第十三节　数字频率计

数字频率计是用于测量信号（方波、正弦波或其他脉冲信号）的频率，并用十进制数字显示，具有精度高、测量迅速、读数方便等优点。

## 一、工作原理

脉冲信号的频率就是在单位时间内所产生的脉冲个数，其表达式为 $f=N/T$，其中 $f$ 为被测信号的频率，$N$ 为计数器所累计的脉冲个数，$T$ 为产生 $N$ 个脉冲所需的时间。计数器所记录的结果，就是被测信号的频率。如在 1s 内记录 1000 个脉冲，则被测信号的频率为 1000Hz。

本实验课题仅讨论一种简单易制的数字频率计，其原理框图如图 8-13-1 所示。

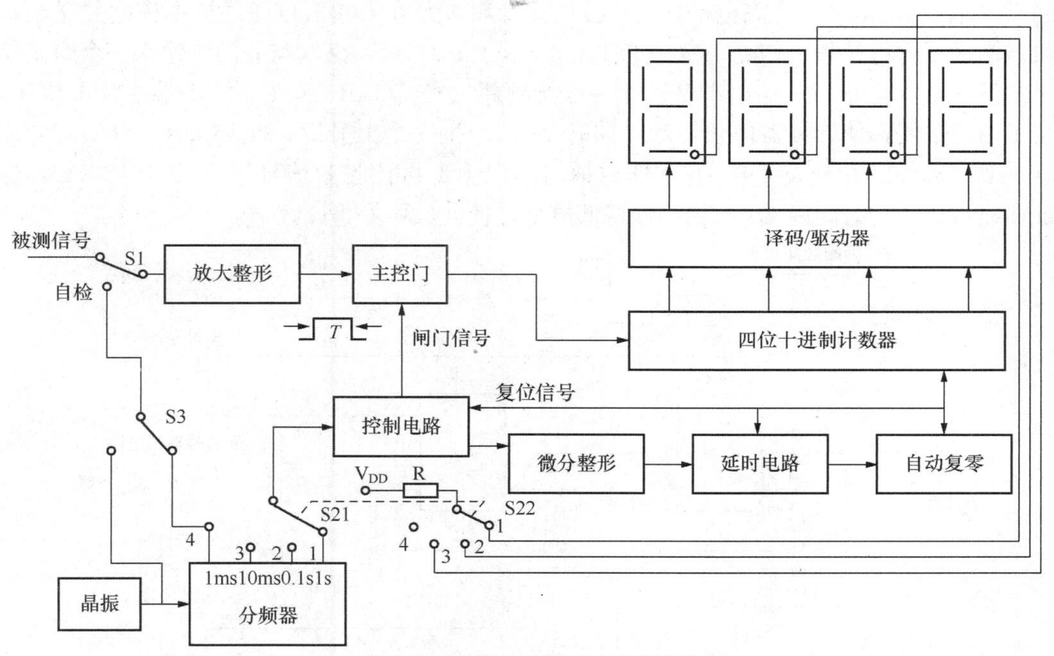


图 8-13-1　数字频率计原理框图

晶振产生较高的标准频率，经分频器后可获得各种时基脉冲（如 1ms、10ms、0.1s、1s 等），时基信号的选择由开关 S2 控制。被测频率的输入信号经放大整形后变成矩形脉冲加到主控门的输入端，如果被测信号为方波，放大整形可以不要，将被测信号直接加到主控门的输入端。时基信号经控制电路产生闸门信号至主控门，只有在闸门信号采样期间内（时基信号的一个周期），输入信号才通过主控门。若时基信号的周期为 $T$，进入计数器的输入脉冲数为 $N$，则被测信号的频率 $f=N/T$，改变时基信号的周期 $T$，即可得到不同的测频范围。当主控门关闭时，计数器停止计数，显示器显示记录结果。此时控制电路输出一个置零信号，经延时、整形电路的延时，当达到所调节的延时时间时，延时电路输出一个复位信号，使计数器和所有的触发器置 0，为后续新的一次取样作好准备，即能锁住一次显示的时间，使保留到接收新的一次取样为止。

当开关 S2 改变量程时，小数点能自动移位。

若开关 S1、S3 配合使用，可将测试状态转为“自检”工作状态（即用时基信号本身作为被测信号输入）。

## 二、有关单元电路的设计及工作原理

### 1. 控制电路

控制电路与主控门电路如图 8-13-2 所示。

主控电路由双 D 触发器 CC4013 及与非门 CC4011 构成。CC4013（a）的任务是输出闸门控制信号，以控制主控门（2）的开启与关闭。如果通过开关 S2 选择一个时基信号，当给与非门（1）输入一个时基信号的下降沿时，门 1 就输出一个上升沿，则 CC4013（a）的 $Q_1$ 端就由低电平变为高电平，将主控门 2 开启。允许被测信号通过该主控门并送至计数器输入端进行计数。相隔 1s（或 0.1s、10ms、1ms）后，又给与非门 1 输入一个时基信号的下降沿，与非门 1 输出端又产生一个上升沿，使 CC4013（a）的 Q1 端变为低电平，将主控门关闭，使计数器停止计数，同时$\overline{Q}1$ 端产生一个上升沿，使 CC4013（b）翻转成 $Q_2=1$，$\overline{Q}_2=0$。由于$\overline{Q}_2=0$，它立即封锁与非门 1 不再让时基信号进入 CC4013（a），保证在显示读数的时间内 Q1 端始终保持低电平，使计数器停止计数。

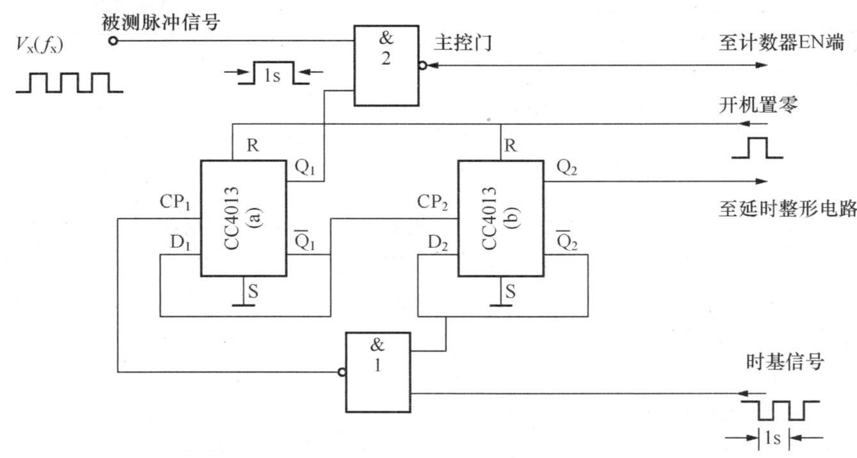


图 8-13-2　控制电路及主控门电路

利用 Q2 端的上升沿送到下一级的延时、整形单元电路。当到达所调节的延时时间时，延时电路输出端立即输出一个正脉冲，将计数器和所有 D 触发器全部置 0。复位后，Q1=0，$\overline{Q}1=1$，为下一次测量作好准备。当时基信号又产生下降沿时，则上述过程重复。

### 2. 微分、整形电路

电路如图 8-13-3 所示。CC4013（b）的 Q2 端所产生的上升沿经微分电路后，送到由与非门 CC4011 组成的施密特整形电路的输入端，在其输出端可得到一个边沿十分陡峭且具有一定脉冲宽度的负脉冲，然后再送至下一级延时电路。

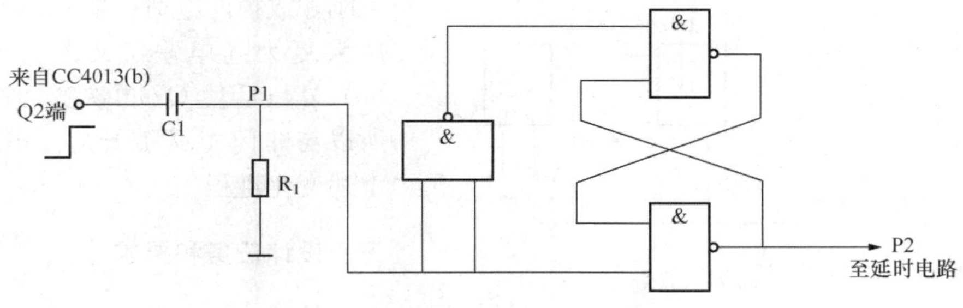


图 8-13-3　微分、整形电路

3. 延时电路

延时电路由 D 触发器 CC4013（c）、积分电路（由电位器 RP1 和电容器 $C_2$ 组成）、非门（3）以及单稳态电路所组成，如图 8-13-4 所示。由于 CC4013（c）的 D3 端接 $V_{DD}$，因此，在 P2 点所产生的上升沿作用下，CC4013（c）翻转，翻转后$\overline{Q}_3=0$，由于开机置“0”时或门（1）（见图 8-13-5）输出的正脉冲将 CC4013（c）的 $Q_3$ 端置“0”，因此$\overline{Q}_3=1$，经二极管 2AP9 迅速给电容器 $C_2$ 充电，使 $C_2$ 两端的电压达“1”电平，而此时$\overline{Q}_3=0$，电容器 $C_2$ 经电位器 RP1 缓慢放电。当电容器 $C_2$ 上的电压放电降至非门（3）的阈值电平 $V_T$ 时，非门（3）的输出端立即产生一个上升沿，触发下一级单稳态电路。此时，P3 点输出一个正脉冲，该脉冲宽度主要取决于时间常数 $R_tC_t$ 的值，延时时间为上一级电路的延时时间及这一级延时时间之和。

由实验求得，如果电位器 RP1 用 510Ω 的电阻代替，$C_2$ 取 3μF，则总的延迟时间也就是显示器所显示的时间为 3s 左右。如果电位器 RP1 用 2MΩ 的电阻取代，C2 取 22μF，则显示时间可达 10s 左右。可见，调节电位器 RP1 可以改变显示时间。

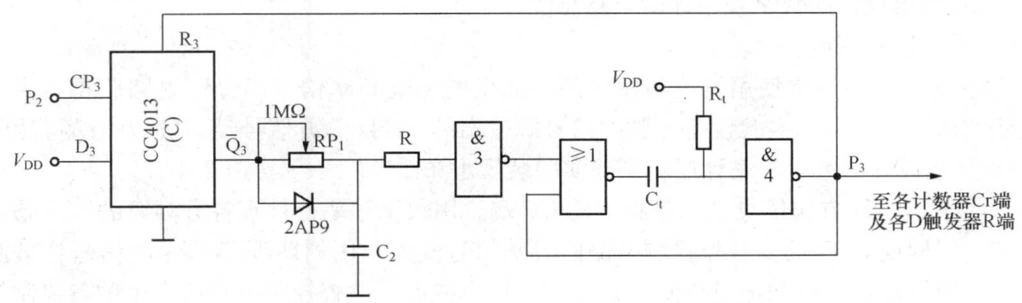


图 8-13-4　延时电路

4. 自动清零电路

P3 点产生的正脉冲送到图 8-13-5 所示的或门组成的自动清零电路，将各计数器及所有的触发器置零。在复位脉冲的作用下，$Q_3=0$，$\overline{Q}_3=1$，于是$\overline{Q}_3$ 端的高电平经二极

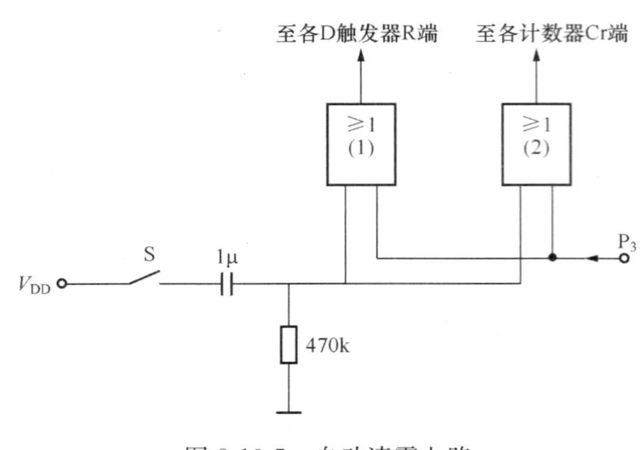

图 8-13-5　自动清零电路

管 2AP9 再次对电容器 C2 充电，补上刚才放掉的电荷，使 C2 两端的电压恢复为高电平，又因为 CC4013 (b) 复位后使 Q2 再次变为高电平，所以与非门 1 又被开启，电路重复上述变化过程。

## 三、设计任务和要求

使用中、小规模集成电路设计与制作一台简易的数字频率计。应具有下述功能：

1）位数。计数位数主要取决于被测信号频率的高低，如果被测信号频率较高，精度又较高，可相应增加显示位数。

2）量程。主要包括以下四个：

第一挡：最小量程挡，最大读数是 9.999kHz，闸门信号的采样时间为 1s。

第二挡：最大读数为 99.99kHz，闸门信号的采样时间为 0.1s。

第三挡：最大读数为 999.9kHz，闸门信号的采样时间为 10ms。

第四挡：最大读数为 9999kHz，闸门信号的采样时间为 1ms。

3）显示方式。主要包括以下几个：

① 用七段 LED 数码管显示读数，做到显示稳定、不跳变。

② 小数点的位置跟随量程的变更而自动移位。

③ 为了便于读数，要求数据显示的时间在 0.5～5s 内连续可调。

4）具有“自检”功能。

5）被测信号为方波信号。

6）画出设计的数字频率计的电路总图。

7）组装和调试：

① 时基信号通常使用石英晶体振荡器输出的标准频率信号经分频电路获得。为了实验调试方便，可用实验设备上脉冲信号源输出的 1kHz 方波信号经 3 次 10 分频获得。

② 按设计的数字频率计逻辑图在实验装置上布线。

③ 用 1kHz 方波信号送入分频器的 CP 端，用数字频率计检查各分频级的工作是否正常。用周期为 1s 的信号作控制电路的时基信号输入，用周期等于 1ms 的信号作被测信号，用示波器观察和记录控制电路输入、输出波形，检查控制电路所产生的各控制信号能否按正确的时序要求控制各个子系统。用周期为 1s 的信号送入各计数器的 CP 端，用发光二极管指示检查各计数器的工作是否正常。用周期为 1s 的信号作延时、整形单元电路的输入，用两只发光二极管作指示，检查延时、整形单元电路的输入，用两只发光二极管作指示，检查延时、整形单元电路的工作是否正常。若各个子系统的工作都正常了，再将各子系统连起来统调。

8）调试合格后，写出综合实验报告。

## 四、实验设备

实验设备见表 8-13-1，真值表见表 8-13-2。

**表 8-13-1　实验设备**

| 序号 | 名　称 | 型号与规格 | 数量 | 备注 |
|---|---|---|---|---|
| 1 | 直流电源 | ＋5V | | |
| 2 | 双踪示波器 | | | |
| 3 | 连续脉冲源 | | | |
| 4 | 逻辑电平显示器 | | | |
| 5 | 直流数字电压表 | | | |
| 6 | 数字频率计 | | | |
| 7 | 主要元、器件（供参考） | CC4518（二-十进制同步计数器） | 4 只 | |
| | | CC4553（三位十进制计数器） | 2 只 | |
| | | CC4013（双 D 型触发器） | 2 只 | |
| | | CC4011（四 2 输入与非门） | 2 只 | |
| | | CC4069（六反相器） | 1 只 | |
| | | CC4001（四 2 输入或非门） | 1 只 | |
| | | CC4071（四 2 输入或门） | 1 只 | |
| | | 2AP9（二极管） | 1 只 | |
| | | 电位器（1MΩ） | 1 只 | |
| | | 电阻器、电容器 | 若干 | |

注：1）CC4553 三位十进制计数器引脚排列及功能如图 8-13-6 和表 8-13-2。

2）若测量的频率范围低于 1MHz，分辨率为 1Hz，建议采用如图 8-13-7 所示的电路，只要选择参数正确，连线无误，通电后即能正常工作，无须调试。有关它的工作原理留给同学们自行研究分析。

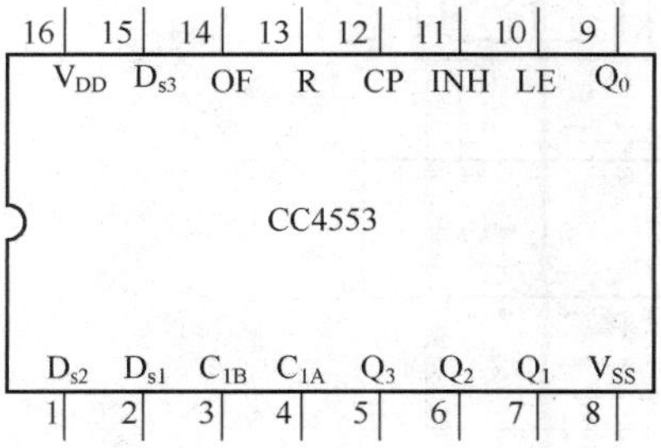

16 15 14 13 12 11 10 9
$V_{DD}$ $D_{s3}$ OF R CP INH LE $Q_0$
CC4553
$D_{s2}$ $D_{s1}$ $C_{1B}$ $C_{1A}$ $Q_3$ $Q_2$ $Q_1$ $V_{SS}$
1 2 3 4 5 6 7 8

CP:进钏输入端
INH:时钏禁止端
LE:锁存允许端
R:清除端
$DS_1$~$DS_3$:数据选择输出端
OF:溢出输出端
$C_{1A}$、$C_{1B}$:振荡器外接电容端
$Q_0$~$Q_3$:BCD码输出端

图 8-13-6　计数器引脚排列

**表 8-13-2　真值表**

| 输　入 | | | | 输　出 |
|---|---|---|---|---|
| R | CP | INH | LE | |
| 0 | ↑ | 0 | 0 | 不变 |
| 0 | ↓ | 0 | 0 | 计数 |
| 0 | × | 1 | × | 不变 |
| 0 | 1 | ↑ | 0 | 计数 |
| 0 | 1 | ↓ | 0 | 不变 |
| 0 | 0 | × | × | 不变 |
| 0 | × | × | ↑ | 锁存 |
| 0 | × | × | 1 | 锁存 |
| 1 | × | × | 0 | Q0～Q3＝0 |

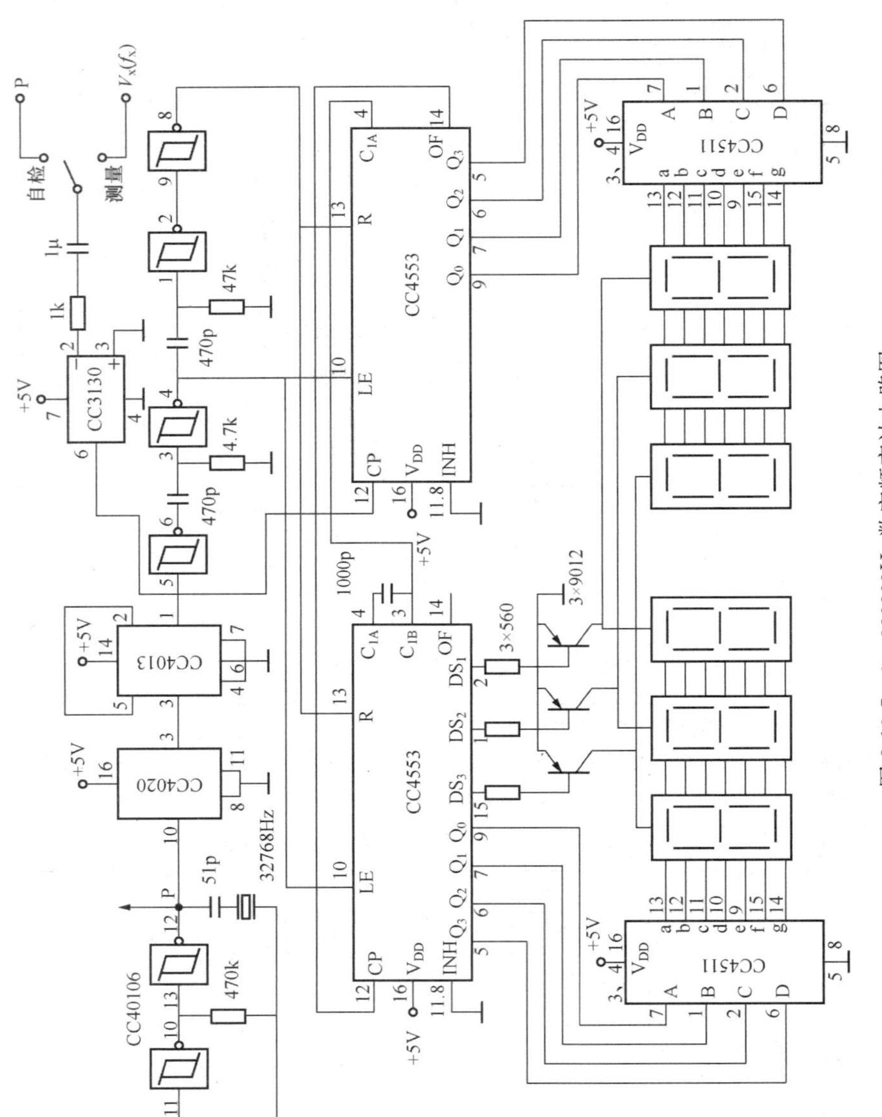


图 8-13-7　0～999999Hz 数字频率计电路图

# 附录　常用数字集成电路引脚排列图

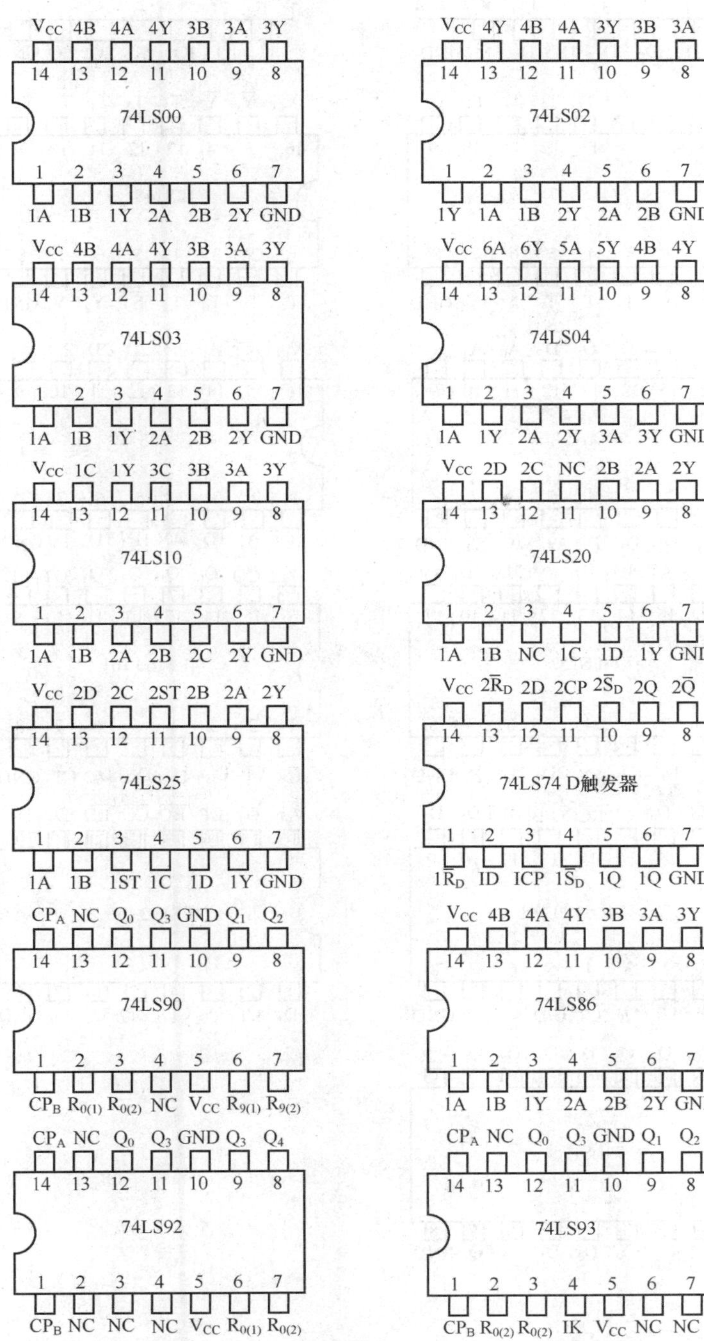

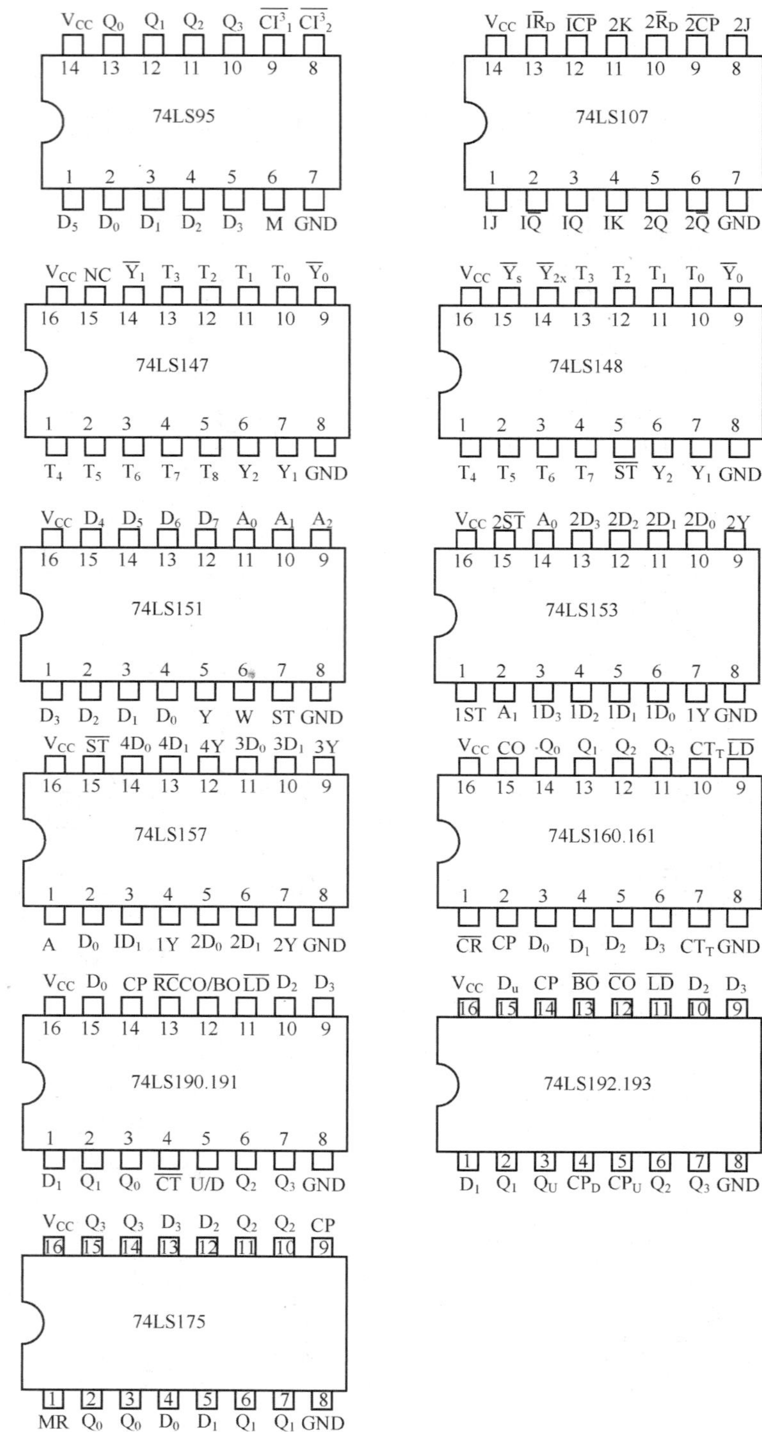
74LS95
74LS107
74LS147
74LS148
74LS151
74LS153
74LS157
74LS160.161
74LS190.191
74LS192.193
74LS175

# 主要参考文献


陈颖 . 2001. 电子材料与元器件 [M]. 北京：电子工业出版社 .

黄仁欣 . 2005. 电子技术实践与训练 [M]. 北京：清华大学出版社 .

金仁贵 . 2005. 电工电子基本技能实训 [M]. 北京：北京大学出版社 .

金仁贵 . 2005. 电工基础 [M]. 北京：北京大学出版社 .

梁长垠 . 2005. 家用电子产品维修工 [M]. 北京：清华大学出版社 .

孟贵华 . 2004. 电子技术工艺基础 [M]. 北京：电子工业出版社 .

苏丽萍 . 2002. 电子技术基础 [M]. 西安：西安电子科技大学出版社 .

王慧玲 . 2004. 电子技术实验 [M]. 北京：机械工业出版社 .

王卫平 . 1997. 电子工艺基础 [M]. 北京：电子工业出版社 .

吴兆华，周德俭 . 2002. 表面组装技术基础 [M]. 北京：国防工业出版社 .

杨清学 . 2003. 电子装配工艺 [M]. 北京：电子工业出版社 .

叶淬 . 2001. 电工电子技术实践教程 [M]. 北京：中国劳动社会保障出版社 .

叶永春 . 2005. 电工电子实训教程 [M]. 北京：清华大学出版社 .

朱永金 . 2005. 电子技术实训指导 [M]. 北京：清华大学出版社 .